普通高等教育公共基础课系列教材·计算机类
湖北高校一流本科课程配套教材

计算机应用基础

（第五版）

主　编　聂玉峰　邓　娟　周　冰
副主编　周凤丽　李　庆　熊　军

科 学 出 版 社
北　京

内 容 简 介

本书全面地介绍了信息技术与计算机、计算机基础知识、计算机网络与 Internet 应用等基础知识，详细地介绍了 Windows 10 操作系统及 Office 办公软件 Word 2016、Excel 2016、PowerPoint 2016 的功能与操作方法。本书深入浅出、通俗易懂，注重培养学生的实际操作能力和常用软件工具的使用能力。

本书既可作为应用型本科及高职高专学生计算机公共基础课教材，也可作为相关培训机构计算机基础知识的培训教材及全国计算机等级考试（一级）的培训参考教材。

图书在版编目（CIP）数据

计算机应用基础/聂玉峰，邓娟，周冰主编. —5 版. —北京：科学出版社，2023.8

（普通高等教育公共基础课系列教材・计算机类）

ISBN 978-7-03-075421-9

Ⅰ. ①计… Ⅱ. ①聂… ②邓… ③周… Ⅲ. ①电子计算机-高等学校-教材 Ⅳ. ①TP3

中国国家版本馆 CIP 数据核字（2023）第 069079 号

责任编辑：戴 薇 李程程 / 责任校对：马英菊
责任印制：吕春珉 / 封面设计：东方人华平面设计部

科学出版社 出版
北京东黄城根北街 16 号
邮政编码：100717
http://www.sciencep.com

三河市中晟雅豪印务有限公司印刷
科学出版社发行 各地新华书店经销
*
2012 年 8 月第一版 2023 年 8 月第五版
2014 年 8 月第二版 2023 年 8 月第三十一次印刷
2018 年 8 月第三版 开本：787×1092 1/16
2020 年 8 月第四版 印张：20 1/4
字数：481 000

定价：66.00 元

（如有印装质量问题，我社负责调换〈中晟雅豪〉）
销售部电话 010-62136230 编辑部电话 010-62135319-2030

第五版前言

教育、科技、人才是全面建设社会主义现代化国家的基础性、战略性支撑，信息技术是当今世界上发展极快、应用极广泛的科学技术之一。为了进一步适应人才培养的新形势，加快推进教育数字化，推动计算机教育的变革和创新，坚持为党育人、为国育才的原则，满足应用型本科及高职高专各类专业学生学习计算机基础知识的需要，特编写了本书。

全书共分 7 章。第 1 章介绍信息技术与计算机，帮助读者了解信息时代及其基本特征，探寻计算机发展历程；第 2 章介绍计算机基础知识，帮助读者理解计算机的基本工作原理、计算机中信息的表示方式，从使用的角度介绍计算机系统中相关概念、术语及发展动态；第 3 章介绍 Windows 10 操作系统；第 4 章～第 6 章分别介绍办公自动化软件中使用较为普遍的文字处理软件 Word 2016、电子表格软件 Excel 2016 及演示文稿软件 PowerPoint 2016；第 7 章介绍计算机网络与 Internet 应用，包括网络的组成与结构、计算机网络协议、计算机网络的主要应用模式、Internet 应用及网络安全基础知识。各章均附有习题，供读者练习思考，以加深对书中内容的理解。

本书源于计算机基础教育的教学实践，凝聚了一线任课教师多年的教学经验。本书 Office 软件操作采取任务驱动的编写手段，将知识点融入实际的工作任务中，增加了真实性和可操作性，使知识点更易于理解和掌握，以培养学生的实际操作能力和使用常用软件工具的能力。本书配套教学课件可从科学出版社职教技术出版中心网站 www.abook.cn 下载，也可通过 E-mail（562185706@qq.com）与编者联系获取。同时，本书还同步推出了配套的实验教材《计算机应用基础实验指导与习题集》（第五版）（李明倩、谭新兴主编，科学出版社出版）。

本书具体编写分工如下：第 1 章由聂玉峰编写，第 2 章由熊军编写，第 3 章和第 5 章由周冰编写，第 4 章由周凤丽编写，第 6 章由邓娟编写，第 7 章由李庆编写。聂玉峰、雷洁、程黎艳、周冰、邓娟、李庆、李欣录制讲解视频。全书由聂玉峰提出框架，并负责统稿。

在本书编写过程中，余正红、朱倩、李欣、余红珍、杨艳霞、刘永真、李雪燕、黄丽、石松芳等老师提出了许多宝贵意见，在此表示衷心感谢。

由于编者水平有限，书中难免有不妥和疏漏之处，恳请广大读者批评指正。

编　者

2023 年 2 月

第一版前言

计算机信息技术是当今世界发展最快、应用最广泛的科学技术。使用计算机的意识和应用计算机解决问题的能力已经成为衡量现代人才素质的一个重要指标。为了进一步适应人才培养的新要求，满足高职高专各类专业学生学习计算机基础知识的需要，特编写本书。

全书共分 8 章。第 1 章介绍了计算机基础知识，帮助读者理解计算机的基本工作原理、计算机中信息的表示方式，从使用的角度介绍了计算机系统中的有关概念、术语以及发展动态；第 2 章介绍了 Windows XP 操作系统；第 3～5 章分别介绍了办公自动化软件中常用的文字处理软件 Word 2003、电子表格软件 Excel 2003 以及演示文稿软件 PowerPoint 2003；第 6 章介绍了计算机网络基础，包括网络的组成与结构、计算机网络协议、计算机网络的主要应用模式以及 Internet 应用；第 7 章介绍了多媒体技术基础，使读者熟悉各种媒体文件的类型及特点，了解图像处理软件 Adobe Photoshop 的基本功能及操作；第 8 章介绍了信息安全和计算机知识产权的相关知识，包括计算机病毒的防治、检查、清除以及防火墙的使用等。各章均附有习题，供读者练习思考，以加深对书中内容的理解。

本书源于计算机基础教育的教学实践，凝聚了一线任课教师多年的教学经验。本书注重教学的可操作性，理论联系实际，内容丰富、翔实，结构严谨，体系合理，图文并茂，通俗易懂，注重培养学生的实际操作能力和常用软件工具的使用能力。为了便于复习、测试和实验教学，同步出版了与本书配套的《计算机应用基础实验指导与习题集》（聂玉峰、李聪、黄丽主编，科学出版社）。本书适合作为应用型本科及高职高专院校计算机公共基础课教材，也可作为计算机基础知识的培训教材及全国计算机等级考试（一级）的培训教材。

本书由聂玉峰、余正红、朱倩担任主编，周冰、彭露、杨艳霞、周凤丽、李庆、李欣担任副主编。在编写本书的过程中，郭冀生、代炽伯、罗传萍、高兴、刘芳、于海平、刘永真、江伟、李雪燕、曾志华、吴远丽等老师提出了许多宝贵意见，在此表示衷心的感谢。

由于编者水平和时间有限，书中难免有不妥和疏漏之处，恳请广大专家、读者批评指正。

编　者

2012年4月

目　录

第 1 章　信息技术与计算机

历史发展到今天，人类社会步入信息时代，其主要得益于以计算机技术、通信技术和控制技术为核心的现代信息技术的飞速发展和广泛应用。信息技术的应用给予人们很多的机遇，帮助人们在信息化社会中、在个人职业生涯中不断地探索和解决问题，提高创新的能力。掌握以计算机为核心的信息技术的基础知识和应用能力，是现代大学生必备的基本素质。

1.1　信息技术发展史

1-1　信息技术的发展历程

1-2　现代信息技术的内容及应用

信息是各种事物在其运动、演化及相互作用等过程中所呈现的现象、属性、关系与规律。人们通过信息可以了解和认识外部世界；可以相互交流、建立联系；可以组织社会生产、生活，推动社会进步。信息、物质和能源是人类社会赖以发展的三大重要资源，在当今信息化社会的任何一个领域，信息都是众多资源中十分重要、有特殊价值的那一个。

信息技术由人类社会发展形成，并随着科学技术的进步而不断变革，至今已发生过 5 次信息革命。

第一次信息革命是建立了语言。这是人类进化和文明发展的一个重要里程碑，语言的出现促进了人类思维能力的提高，并为人们相互交流思想、传递信息提供了有效的工具。

第二次信息革命是创建了文字。使用文字作为信息的载体，可以使知识、经验长期得以保存，并使信息的交流能够克服时间、空间的障碍，可以长距离或隔地传递信息。

第三次信息革命是发明了印刷术。印刷术的产生推动了书刊、报纸等载体的出现，极大地促进了信息的共享和文化的普及。

第四次信息革命是发明了电报、电话、广播、电视等事物。电报、电话、广播、电视等信息传播手段的广泛普及，使人类的经济和文化生活发生了革命性的变化。

当前，人类正处在第五次信息革命浪潮中。第五次信息革命的标志是计算机数据处理技术与新一代通信技术的有机结合，即计算机与互联网和移动通信技术的结合。

预计信息技术未来将朝着高速化、多元化、智能化、网络化、集成化和虚拟化等方向发展。

进入 21 世纪之后，人们明显感受到了信息的重要性，尤其是在互联网广泛普及的今天。近几十年是信息技术高速发展的时期，信息给产业赋能带来的价值正在得到更多的展现。随着信息技术的发展，信息技术会成为社会进步最重要的推动力，给人们带来更多的好处。信息技术最重要的成果和代表就是计算机。从人类活动有记载以来，对自动计算的追求就一直没有停止过，计算机正是这一追求的集大成者，其发明建立在人类千百年来不懈的追求和探索之上。下面简要回顾一下计算机的历史发展进程。

1.1.1 计算机的发展

1-3 计算工具的发展　1-4 电子计算机的诞生和发展

1. 计算机的诞生

使用计算工具是人类文明的一种表现。计算工具的演化经历了由简单到复杂、从低级到高级的多个阶段，如从结绳计数到算筹、算盘、计算尺、机械计算机等。这一演变过程，反映了人类认识世界、改造世界的历程，同时也启发了现代电子计算机的研制思想。

1936 年，被世人公认为“计算机之父”的英国科学家阿兰·图灵，首次提出了一个名为图灵机的通用计算设备的设想：所有的计算都可以在一种特殊的机器上执行。图灵机虽然只是数学上的描述，但证明了计算可以自动化，肯定了实现计算机的可能性，同时它也给出了计算机应有的主要架构。

1943 年，正值第二次世界大战之际，美国研制新武器过程中涉及大量、复杂的计算，仅靠手工计算已经远远满足不了要求，亟须能自动计算的机器。在美国陆军部的资助下，宾夕法尼亚大学开始了电子计算机的研制。

1946 年 2 月 15 日，世界上第一台电子计算机在美国宾夕法尼亚大学诞生，全称为电子数值积分计算机（electronic numerical integrator and computer，ENIAC），如图 1.1 所示。ENIAC 使用了 18 800 个电子管，另加 1 500 个继电器及其他器件，其总体积约 90 m^3，重约 30 t，占地约 170 m^2，功率达 150 kW，运算速度为每秒 5 000 次加法运算，主要用于火炮和弹道计算。

图 1.1 世界上第一台电子计算机 ENIAC

ENIAC 是第一台正式投入运行的电子计算机，但它还不具备现代计算机“存储程序”的主要特征。ENIAC 每次计算时，都要先按计算步骤写出一条条指令，然后逐条按指令的要求接通或断开分布在外部线路中的接线开关，使用非常不便。1946 年 6 月，美籍匈牙利科学家冯・诺依曼提出了具有全新“存储程序”的通用计算机设计方案。全新的存储程序的设计思想如下：将计算机要执行的指令和要处理的数据都采用二进制表示，将要执行的指令和要处理的数据按照顺序编写出程序，然后存储到计算机内部并让它自动执行。根据这一思想设计的离散变量自动电子计算机（electronic discrete variable automatic computer，EDVAC）解决了程序的“内部存储”和“自动运行”两大难题，从而大大提高了计算机的运算速度。1952 年，EDVAC 正式投入运行，它使用水银延迟线作为存储器，运算速度相比 ENIAC 有了较大提高。EDVAC 确立了构成计算机的基本组成部分：处理器（运算器、控制器）、存储器、输入设备和输出设备。从 EDVAC 问世直到今天，计算机基本体系结构采用的都是冯・诺依曼所提出的“存储程序”设计思想，因此，计算机基本体系结构又称为冯・诺依曼体系结构，冯・诺依曼也被称为“现代计算机之父”。

2. 计算机的发展历程

自 ENIAC 问世以来，计算机技术得到了飞速发展。根据计算机的性能和使用的主要元件的不同，一般将计算机的发展划分为以下 4 个阶段。

（1）第一代计算机——电子管计算机（1946～1958 年）

第一代计算机的特征是采用电子管作为计算机的基本电子元件，内存储器采用水银延迟线，外存储器采用纸带、卡片、磁带和磁鼓等。

第一代计算机已经采用了二进制数，由电位的“高”和“低”、电子元件的“导通”和“截止”来表示“1”或“0”。此时计算机还没有系统软件，科学家们只能用机器语言或汇编语言编程，工作十分浩繁辛苦。由于当时研制水平及制造工艺的限制，运算速度只有每秒几千次到几万次，内存容量仅几千字节。因此，第一代计算机体积庞大，造价高昂，主要用于军事和科学研究工作。除 ENIAC 外，著名的第一代计算机还有 EDVAC、EDSAC、UNIVAC 等。

（2）第二代计算机——晶体管计算机（1959～1964 年）

第二代计算机的运算速度比第一代计算机提高了近百倍。特征是用晶体管代替了电子管，内存储器普遍采用磁芯，每颗磁芯可存一位二进制数，外存储器采用磁盘。运算速度提高到每秒几十万次，内存容量扩大到几十万字节，价格大幅度下降。

在软件方面也有了较大发展，面对硬件的监控程序已经投入实际运行并逐步发展成为操作系统。人们已经开始用 FORTRAN、ALGOL60、COBOL 等高级语言编写程序，这使计算机的使用效率大幅提升。自此，计算机的应用从数值计算扩大到数据处理和事务处理、工业过程控制等领域，并开始进入商业市场，其代表机型有 IBM 7090、UNIVAC Ⅱ以及贝尔的 TRADIC 等。

（3）第三代计算机——集成电路计算机（1965～1970 年）

20 世纪 60 年代初期，美国的基尔比和诺伊斯发明了集成电路（integrated circuit，IC）。集成电路工艺可以在几平方毫米的单晶硅片上集成由十几个甚至上百个电子元件组成的逻辑电路。第三代计算机的基本特征是逻辑元件采用小规模集成电路（small scale integrated circuit，SSI）和中规模集成电路（medium scale integrated circuit，MSI）。此后，集成电路的集成度以每 3～4 年提高一个数量级的速度增长。第三代计算机的运算速度每秒可达几十万次到几百万次。随着存储器进一步发展，计算机的体积越来越小，价格越来越低，软件也越来越完善。

这一时期，计算机同时向标准化、多样化、通用化、机种系列化发展。系统软件发展到了分时操作系统，支持多个用户共享一台计算机的资源。程序设计语言方面则出现了以 Pascal 语言为代表的结构化程序设计语言，以及会话式的高级语言，如 BASIC 语言。计算机开始广泛应用于各个领域，其代表机型有 IBM 360 系列、Honeywell 6000 系列、富士通 F230 系列等。

（4）第四代计算机——大规模集成电路计算机（1971 年至今）

第四代计算机的基本元件采用大规模集成电路（large scale integrated circuit，LSI）和超大规模集成电路（very large scale integrated circuit，VLSI）技术，在硅半导体上集成了大量的电子元器件，并且用集成度很高的半导体存储器替代了磁芯存储器，运算速度可达每秒几百万次甚至上亿次。这使计算机的体积、重量、成本大幅度降低。

操作系统随着计算机软件的进一步发展不断完善，应用软件的开发已逐步成为一个现代产业。计算机的应用已渗透到社会生活的各个领域。

特别值得一提的是，这一时期出现了微型计算机（microcomputer），微型计算机的问世真正使人类认识了计算机并能广泛使用计算机。1971 年 11 月，美国 Intel 公司把运算器和逻辑控制电路集成在一起，成功地用一块芯片实现了中央处理器的功能，制成了世界上第一片微处理器 Intel 4004，并以它为核心组成微型计算机 MCS-4。随后，诸多公司（如 Motorola、Zilog 等）争相研制微处理器，生产微型计算机。微型计算机以其功能强、体积小、灵活性大、价格便宜等优势，显示了强大的生命力。表 1.1 列出了计算机的发展历程。

表 1.1 计算机的发展历程

主要指标	第一代 （1946～1958 年）	第二代 （1959～1964 年）	第三代 （1965～1970 年）	第四代 （1971 年至今）
电子器件	电子管	晶体管	中小规模集成电路	大规模集成电路和 超大规模集成电路
主存储器	磁芯、磁鼓	磁芯、磁鼓	磁芯、磁鼓、 半导体存储器	半导体存储器
处理方式	机器语言 汇编语言	监控程序 作业批量连续处理 高级语言编译	操作系统 多道程序 实时系统 会话式高级语言	实时、分时处理 网络操作系统 数据库系统
运算速度	几千次/秒～几万次/秒	几十万次/秒	几十万次/秒～几百万次/秒	上千万次/秒～数万亿次/秒
主要应用	科学计算 和军事计算	开始广泛应用于数据 处理领域	在科学计算、数据处理、 工业控制等领域得到 广泛应用	深入到各行各业，家庭 和个人开始使用计算机

3. 我国计算机工业的发展

1958 年 8 月 1 日，我国第一台小型电子管数字计算机 103 机诞生。该机字长 32 位，运算速度是 30 次/秒，采用磁鼓内部存储器，容量为 1 KB。1959 年 9 月，我国第一台大型电子管计算机 104 机（图 1.2）研制成功。该机运算速度为 1 万次/秒，字长 39 位，采用磁芯存储器，容量为 2～4 KB，并配备了磁鼓外部存储器、光电纸带输入机和 1/2 寸磁带机。

图 1.2　我国第一台大型电子管计算机 104 机

1965 年 6 月，我国自行设计的第一台大型晶体管计算机 109 乙机在中国科学院计算技术研究所诞生，其字长为 32 位，运算速度为 10 万次/秒，内存容量为双体 24 KB。

1981 年 5 月，《信息交换用汉字编码字符集　基本集》（GB/T 2312—1980）国家标准正式颁发。这是我国第一个汉字信息技术标准。

1981 年 7 月，由北京大学负责总体设计的汉字激光照排系统原理性样机通过鉴定。汉字激光照排系统在激光输出精度和软件的某些功能方面，达到了当时国际先进水平。

1983 年 12 月，国防科技大学研制成功我国第一台亿次巨型计算机“银河-I”，其运算速度为 1 亿次/秒。银河机的研制成功，标志着我国计算机科研水平达到了一个新高度。

1989 年 7 月，金山公司的 WPS 软件问世，它填补了我国计算机文字处理软件的空白，并得到了极其广泛的应用。

1994 年 4 月，中关村地区教育与科研示范网络（national computing and networking facility of China，NCFC）完成了与 Internet 的全功能 IP 连接，从此，中国正式被国际上承认是接入 Internet 的国家。

2002 年 9 月，中国科学院计算技术研究所宣布中国第一个可以批量投产的通用 CPU “龙芯 1 号”芯片研制成功。该芯片指令系统与国际主流系统单字长定点指令平均执行速度（million instructions per second，MIPS）兼容，定点字长 32 位，浮点字长 64 位，最高主频可达 266 MHz。此芯片的逻辑设计与版图设计具有完全自主的知识产权，打破了中国无“芯”的历史。采用该 CPU 的曙光“龙腾”服务器同时发布。

2003 年 12 月，联想承担的国家网格主节点“深腾 6800”超级计算机正式研制成功，其实际运算速度达到 4.183 万亿次/秒，全球排名第 14 位，运行效率 78.5%。

2004 年 6 月，美国能源部劳伦斯伯克利国家实验室公布了当时最新的全球计算机 500 强名单，曙光计算机公司研制的超级计算机“曙光 4000A”排名第十，运算速度达 8.061 万亿次/秒。

2005 年 4 月，由中国科学院计算技术研究所研制的中国首个拥有自主知识产权的通用高性能 CPU“龙芯 2 号”正式亮相。“龙芯 2 号”采用 0.18μm 工艺，实际性能与 1GHz 的奔腾 4 性能相当。“龙芯 2 号”支持 64 位 Linux 操作系统和 X-Window 视窗系统，比 32 位的“龙芯 1 号”更流畅地支持视窗系统、桌面办公、网络浏览、DVD 播放等应用。

2009 年 10 月，国防科技大学成功研制出峰值性能达 1 206 万亿次/秒的“天河一号”超级计算机，如图 1.3 所示。“天河一号”超级计算机在 2010 年 11 月的“世界超级计算机 500 强”排行榜中位列第一。“天河一号”的研制成功，标志着我国超级计算机领域进入国际先进行列。

图 1.3 “天河一号”超级计算机

2015 年 11 月，“天河二号”连续 6 次登上世界运算速度最快的超级计算机宝座。

2016 年 6 月，由国家并行计算机工程技术研究中心研制的“神威·太湖之光”（图 1.4）取代“天河二号”登上榜首。它不仅速度比第二名“天河二号”快出近 2 倍，效率也提高了 3 倍。同年 11 月，我国科研人员依托“神威·太湖之光”超级计算机的应用成果首次荣获“戈登·贝尔”奖，实现了我国高性能计算应用成果在该奖项上零的突破。

图 1.4 “神威·太湖之光”超级计算机

2017 年 11 月，“神威・太湖之光”以 9.3 亿亿次/秒的浮点运算速度第 4 次夺冠。

作为算盘这一古老计算器的发明者，中国拥有了历史上计算速度最快的工具，中国超算上榜总数量也超过了美国，位列世界第一。

1.1.2　计算机的分类

随着计算机技术的发展和应用，尤其是微处理器的发展，计算机的类型越来越多样化。根据用途及使用范围的不同，计算机可分为专用机和通用机。专用机大多是针对某种特殊要求和应用而专门设计的计算机，有专用的硬件和专用的软件，扩展性不强，一般功能都比较单一，难以升级，也不能当通用计算机使用。通用机则是为满足大多数应用场合而推出的计算机，可灵活应用于多个领域，通用性强。为适应多种应用领域，通用机的系统一般比较复杂，功能较为全面，支持它的软件也五花八门，应有尽有。通用机可以应用于各种场合，只需配置相应的软件。与专用计算机相比，通用机的应用非常广泛，是生产最多的一种机型。

按信息处理方式的不同，计算机可分为模拟计算机和数字计算机两大类。模拟计算机的主要特点是，参与运算的数值由不间断的连续量表示，其运算过程是连续的。模拟计算机由于受元器件质量影响，计算精度较低，应用范围较窄，目前已很少生产。数字计算机的主要特点是，参与运算的数值用断续的数字量表示，运算过程按数字位进行计算。数字计算机由于具有逻辑判断等功能，以近似人类大脑的“思维”方式进行工作，所以又被称为“电脑”。

按物理结构的不同，计算机可分为单片机（如 IC 卡，由一片集成电路制成，体积小，质量轻，结构十分简单）、单板机（如 IC 卡机、公用电话计费器等）和芯片机（如手机、掌上电脑等）。

按计算机的运算速度等性能指标划分，计算机可分为高性能计算机、微型计算机、工作站、服务器和嵌入式计算机等。这种分类标准不是固定不变的，只能针对某一个时期。

1. 高性能计算机

高性能计算机是指目前速度最快、处理能力最强的计算机，过去被称为巨型计算机或大型计算机。它是当代运算速度最高、存储容量最大、通道速度最快、处理能力最强、工艺技术性能最先进的通用超级计算机。高性能计算机代表了一个国家科学技术的发展水平，世界上只有少数几个国家可以生产高性能计算机。

中国的“巨型计算机之父”是 2002 年国家最高科学技术奖获得者金怡濂院士。金院士在 20 世纪 90 年代初提出了一个我国超大规模巨型计算机研制的全新的跨越式方案。这一方案把巨型计算机的峰值运算速度从 10 亿次/秒提升到 3 000 亿次/秒以上，跨越了两个数量级，闯出了一条中国巨型计算机赶超世界先进水平的发展道路。金怡濂院士也是我国“神威”系列超级计算机的总设计师。

高性能计算机数量不多，但却有着重要和特殊的用途。在军事上，它可用于战略防御系统、大型预警系统、航天测控系统等。在民用方面，它可用于大区域中长期天气预报、大面积物探信息处理系统、大型科学计算和模拟系统等。

2. 微型计算机

微型计算机（简称微型机）是一种面向个人的计算机，也称为PC（personal computer），因其体积小、功耗低、功能强、可靠性高、结构灵活，对使用环境要求低，一般家庭和个人都能消费，得到了迅速普及和广泛应用。微型机的普及程度代表了一个国家的计算机应用水平。微型机技术发展速度迅猛，平均每2～3个月就有新产品推出，1～2年产品就会更新换代一次，每两年芯片的集成度可提高一倍，性能提高一倍。

微型机的问世和发展，使计算机真正走出了科学的殿堂，进入人类社会生产和生活的方方面面。计算机从过去只限于少数专业人员使用普及到广大民众，成为人们工作和生活中不可缺少的工具，将人类社会推入了信息时代。

微型机的种类有很多，大体上分为三类：台式计算机（desktop computer）、笔记本式计算机（notebook computer）和掌上电脑（personal digital assistant）。

3. 工作站

工作站是一种介于微型机与小型机之间的高档微型机系统，其运算速度比微型机快，且有较强的联网功能。工作站通常配有高分辨率的大屏幕显示器和大容量的内、外存储器，具有较强的数据处理能力与高性能的图像、图形处理功能。

4. 服务器

服务器是一种在网络环境中为多个用户提供服务的计算机系统。从硬件上来说，一台普通的微型机也可以充当服务器，关键是它需要安装网络操作系统、网络协议和各种服务软件，具有大容量的存储设备和丰富的外部设备，有较高的运行速度。服务器的管理和服务包括文件、数据库、图形、图像、打印、通信、安全、保密服务和系统管理、网络管理等，服务器上的资源可供网络用户共享。

5. 嵌入式计算机

嵌入式计算机是作为一个信息处理部件，嵌入到应用系统之中的计算机。嵌入式计算机与通用型计算机最大的区别是运行固化的软件用户很难或不能改变。嵌入式计算机目前广泛用于各种家用电器之中，如电冰箱、自动洗衣机、数字电视机、数码照相机等。

1.1.3 未来新型计算机

从1946年世界上第一台电子计算机诞生以来，电子计算机已经走过了七十多年的历程，计算机的体积不断变小，但性能、速度却在不断提高。然而，人类的追求是无止境的，一刻也没有停止过研究更好、更快、功能更强的计算机，计算机将朝着微型化、巨型化、网络化和智能化方向发展。但是，目前几乎所有的计算机都被称为冯·诺依曼计算机，从目前的研究情况来看，未来新型计算机将可能在下列几个方面取得革命性的突破。

1. 生物计算机

生物计算机，即脱氧核糖核酸（deoxyribonucleic acid，DNA）分子计算机，主要由生物工程技术产生的蛋白质分子组成的生物芯片构成，通过控制 DNA 分子间的生化反应来完成运算。

20 世纪 70 年代，人们发现 DNA 处于不同状态时可以代表信息的有或无。DNA 分子中的遗传密码相当于存储的数据，DNA 分子间通过生化反应，从一种基因代码转变为另一种基因代码。反应前的基因代码相当于输入数据，反应后的基因代码相当于输出数据。只要能控制这一反应过程，就可以制成 DNA 计算机。

以色列科学家在《自然》杂志上宣布，他们已经研制出一种由 DNA 分子和酶分子构成的微型生物计算机，一万亿个这样的计算机仅一滴水大小，每秒钟可以进行 10 亿次运算，而且准确率高达 99.8%以上。这是全球第一台生物计算机。以色列魏茨曼研究所的科学家说，他们使用两种酶作为计算机“硬件”，DNA 作为“软件”，输入和输出的“数据”都是 DNA 链。把溶有这些成分的溶液恰当地混合，就可以在试管中自动发生反应，进行“运算”。

目前，在生物计算机研究领域已经有了新的进展，在超微技术领域也取得了某些突破，制造出了微型机器人。长远目标是让这种微型机器人成为一台微小的生物计算机，它们不仅小巧玲珑，而且可以像微生物那样自我复制和繁殖，可以钻进人体中杀死病毒，修复血管、心脏、肾脏等内部器官的损伤，或者使引起癌变的 DNA 突变发生逆转，从而使人延年益寿。

2. 分子计算机

分子计算机的运行基于分子晶体可以吸收以电荷形式存在的信息，并以更有效的方式进行组织排列。凭借着分子纳米级的尺寸，分子计算机的体积将剧减。此外，分子计算机耗电可大大减少并能更长期地存储大量数据。

加利福尼亚大学洛杉矶分校和惠普公司研究小组曾在英国《科学》杂志上撰文，称他们通过把能生成晶体结构的轮烷分子夹在金属电极之间，制作出了分子“逻辑门”这种分子电路的基础元件。美国橡树岭国家实验所则采用将菠菜中的一种微小蛋白质分子附着于金箔表面并控制分子排列方向的方案，制造出了“逻辑门”。这种蛋白质可在光照几万分之一秒的时间内产生感应电流。据称基于单个分子的芯片体积可比现在的芯片体积大大减小，而效率大大提高。

3. 光子计算机

光子计算机利用光子取代电子进行数据运算、传输和存储。在光子计算机中，不同波长的光表示不同的数据，可快速完成复杂的计算工作。制造光子计算机，需要开发出可以用一条光束来控制另一条光束变化的晶体管。尽管目前可以制造出这样的装置，但是它庞大而笨拙，用其制造一台计算机，体积将有一辆汽车那么大。因此，短期内光子计算机达到实用很难。

与传统的硅芯片计算机相比，光子计算机有三大优势。首先，光子的传播速度无与伦比，电子在导线中的运行速度与其无法相比。采用硅-光混合技术后，其传播速度可达到万亿字节/秒。其次，光子不像带电的电子那样相互作用，因此经过同样窄小的空间通道可以传送更多数据。最后，光无须物理连接。如果能将普通的透镜和激光器做得很小，小到足以装在微芯片的背面，那么未来的计算机就可以通过稀薄的空气传递信号了。根据推测，未来光子计算机的运算速度可能比今天的超级计算机快 1 000 到 10 000 倍。

1990 年，美国贝尔实验室宣布研制成功了世界上第一台光学计算机。它采用砷化镓光学开关，运算速度达 10 亿次/秒。尽管这台光学计算机与理论上的光学计算机还有一定距离，但它已显示出强大的生命力。目前光学计算机的许多关键技术，如光存储技术、光存储器、光电子集成电路等都已取得重大突破。预计在不久的未来，这种新型计算机可取得突破性进展。

4. 量子计算机

量子计算机是指利用处于多现实态下的原子进行运算的计算机，这种多现实态是量子力学的标志。在某种条件下，原子世界存在着多现实态，即原子和亚原子粒子可以同时存在于此处和彼处，可以同时表现出高速和低速，可以同时向上和向下运动。如果用这些不同的原子状态分别代表不同的数字或数据，就可以利用一组具有不同潜在状态组合的原子，在同一时间对某一问题的所有答案进行探寻，再利用一些巧妙的手段，就可以使代表正确答案的组合脱颖而出。

把量子力学和计算机结合起来的可能性，是在 1982 年由美国著名物理学家理查德·费因曼首次提出的。随后，英国牛津大学物理学家戴维·多伊奇于 1985 年初步阐述了量子计算机的概念，并指出量子并行处理技术会使量子计算机比传统的计算机功能更强大。美国、英国、以色列等国家都先后开展了有关量子计算机的基础研究。2001 年年底，美国 IBM 公司的科学家将专门设计的多个分子放在试管内作为 7 个量子比特的量子计算机，成功地进行了量子计算机的复杂运算。

与传统的电子计算机相比，量子计算机具有运算速度快、存储量大、搜索功能强、安全性较高等优点。

第一代至第四代计算机代表了计算机发展的过去和现在，从新一代计算机身上则可以展望计算机的未来。虽然目前这些新型计算机还远没有达到实用阶段，人们也还只能搭建出以人脑神经系统处理信息的原理为基础设计的非冯·诺依曼计算机模型，但有理由相信，就像巴贝奇的分析机模型和阿兰·图灵的图灵机都先后变成现实一样，如今还在研制中的非冯·诺依曼式计算机，将来也必将成为现实。

1.1.4 计算机的应用领域

计算机及其应用已渗透到社会的各行各业，正在改变着传统的工作、学习和生活方式，推动着社会的发展。下面简单介绍计算机在各领域的应用。

1. 工商

工商是应用计算机较早的领域之一，现在大多数的公司极度依赖计算机维持公司的正常运转。

在银行业中，计算机每天要处理大量的文档，如支票、存款单、取款单、贷款和抵押清偿等几乎所有的票据，账户的结算更是通过计算机完成的。另外，所有银行都提供了自动化服务，如24小时自动取款机（automatic teller machine，ATM）、电子转账、账单自动支付等，这些服务都需要计算机来完成。对银行业来说，计算机技术最大的优点是提高了票据处理的效率。

在商业中，零售商店运用计算机管理商品的销售情况和库存情况，为管理人员提供最佳的决策；实现了电子商务，即利用计算机和网络进行商务活动。

在建筑业中，建筑物的内部和外部都可以使用计算机进行详细的设计，生成动画形式的三维视图。在正式动工之前，不仅可以预览完工后的效果，还可以检测设计是否完整，以及是否符合标准。

在制造业中，从面包机到航天器等各种类型的产品都可以使用计算机进行设计。计算机设计的图形可以是三维图形，可以在屏幕上自由旋转，从不同的角度表现设计，清晰地展现所有独立的部件。计算机还可以应用于生产设备，实现从设计到生产的完全自动化。

2. 教育

早期的计算机辅助教育非常机械。通常在计算机屏幕上显示一道题，让学生输入或选择答案，显然，这种方式不能激发学生的创造力和想象力。随着多媒体技术的广泛应用，教育软件不再仅仅显示简单的文字和图形，还包括音乐、语音、三维动画及视频。有些软件采用真人发音方式，让学生更加投入地练习语言发音。有些软件采用了仿真技术，在屏幕上再现现实世界的某些事物，如让医学院的学生在计算机上进行人体解剖实验。开展计算机辅助教育不仅使学校教育发生了根本变化，还使学生在学校中就能体验计算机的应用，树立牢固的计算机的应用意识。

计算机在教育领域的另一个重要应用是远程教育。当今的网络技术和通信技术已经能够在不同的站点之间建立起一种快速的双向通信，突破了时空的限制，跨越传统陈旧的教育模式，极大地激发了学生学习知识的兴趣，减少了教育中大量人力物力的投入，节省了学生往返学校的时间，增大了知识的连接。这种远程教育形式不仅适用于在校学生，也适用于一般业余进学者，包括电视广播、辅导专线、互联网等多种学习渠道，不仅增大了教育范围，还增加了学习的方式，如尔雅通识课学习等网络远程教育形式。

3. 医药

计算机在医药行业中应用非常普遍。医院的日常事务采用计算机管理，如电子病历、电子处方等，各种用途的医疗设备也都由计算机自动控制。

在医药领域，计算机的另一项重要应用是医学成像，它能够帮助医生清楚地看到患者体内的情况，而不损伤患者身体。计算机断层扫描术（computer tomography，CT）利用 X 射线得到患者体内器官的一系列二维图像，最后生成一个真实的三维构造。磁共振成像（magnetic resonance imaging，MRI）通过测量人体内化学元素发出的无线电波，由计算机将信号转换成二维图像，最后也可以生成三维场景。

与 Internet 同步发展起来的是远程诊疗技术。一个偏远地区的医院可能既没有先进设备又没有专家，而利用远程会诊系统，一个北京的专家就可以根据传来的图像和资料，对当地医院的疑难病例进行会诊，甚至指导当地的医生完成手术。这种远程会诊系统可使患者免受长途奔波之苦，并能及时地收到来自专家的意见，以免耽误治疗。

4. 政府

政府无疑是最大的计算机应用客户。许多政府部门一直在使用计算机管理日常业务，实现了办公自动化。为了适应信息化建设的现实需求和面对信息时代、知识经济的挑战，提高政府的行政效率，政府已经开始充分利用网络优势，在不远的将来我们会看到一个全新的政府——“电子政府”。

电子政府是指通过网络成立一个虚拟的政府，在 Internet 上实现政府的职能工作。凡是在线下可以实现的政府职能工作，在线上也要实现（一些特殊情况除外）。政府搬上网络以后，可以通过网络向公众公开政府部门的有关资料、档案、日常活动等，从而建立政府与公众之间相互交流的桥梁，为公众与政府部门沟通交流提供方便，也方便公众利用网络行使对政府的民主监督权利。同时，公众也可通过网络完成如纳税、项目审批等与政府有关的各项工作。在政府内部，各部门之间也可以通过 Internet 互相联系，各级领导也可以通过网络向各部门作出各项指示，指导各部门机构的工作。

5. 娱乐

计算机游戏已经不再像早期的下棋游戏那样简单，而是多媒体网络游戏。远隔千里的玩家可以把自己置身于虚拟现实中，通过 Internet 对战。在虚拟现实中，游戏通过特殊装备为玩家营造身临其境的感受，甚至有些游戏还要求戴上特殊的目镜和头盔，将三维图像直接带到玩家的眼前，使其恍若处于一个“真实”的世界，有的还要求戴上特殊的手套，真正“接触”虚拟现实中的物体。此外，特殊设计的运动平台可使人体验高速运动时的抖动、颠簸、倾斜等感觉。

计算机在电影中的主要应用是电影特技，通过计算机巧妙地合成和剪辑，制作出在现实世界中无法拍摄的场景，营造令人震撼的视觉效果。

今后计算机娱乐的一个发展趋势是游戏与影视剧的互动，即在拍摄影视剧的同时制作相应的游戏。用户可体验影视剧的主人公与游戏中的主人公相互切换，真正做到剧中有我，游戏中有他，游戏与影视剧情融为一体。

计算机应用在音乐领域无处不在。利用计算机不仅可以录制、编辑、保存和播放音乐，还可以改善音乐效果。用户可以从 Internet 下载高保真的音乐，甚至可以直接在计算机上制作数码音乐等。

6. 科研

计算机在科研中一直占有重要地位。第一台计算机 ENIAC 就是为科研发明的。现在许多实验室都用计算机监控试验过程，收集实验及模拟期间的数据，然后用软件对结果进行统计分析，并判断它们的重要性。在许多科研工作中，计算机是必不可少的工具。

7. 家庭

计算机已经进入家庭，家庭信息化将使家庭所有的信息产品实现数字化；报纸、杂志、书籍、照片、音乐、声音和影像等信息的处理、存储和传输也在应用数字化技术。家庭计算机不仅能够接收报纸、杂志和书籍等信息，还能够通过有线或无线接收电影、音乐等信息产品和新闻、天气预报等电视节目。它不仅是信息接收装置，还是从家庭向外发送信息的中心。家庭、学校、政府机关、医院、企事业单位等都被连接在一起。申请、申报、订货、咨询等过去需要通过电话和到邮局办理的手续今后都可以在电子认证的前提下改用网络完成，并且由于采用了移动通信技术，出差在外也能够享受像在家里那样的服务。组装了微处理器的数字化家庭电器经由家庭内网络与 Internet 联网，由计算机对水、电、燃气等进行有效控制，达到节约能源和资源的目的。

1.1.5 计算机的应用类型

归纳起来，计算机应用主要有以下几种类型。

1. 科学计算

科学计算又称为数值计算，是计算机最早的应用领域。科学计算主要指在国防、航天等尖端研究领域中十分庞大而复杂的计算。这些计算利用了计算机速度快、精度高、存储容量大的特点。例如，天气预报需要求解大型线性方程组，导弹飞行需要在很短的时间内计算出它的飞行轨迹并控制其飞行。此外，宏观的天文数字计算和微观的分子结构计算也离不开计算机。

2. 数据处理

数据处理又称为非数值计算，主要是指利用计算机来加工、管理和操作任何形式的数据资料，包括对数据资料的收集、存储、加工、分类、排序、检索和发布等一系列工作。传输和处理的数据包括文字、图形、声音及图像等各种信息。数据处理包括办公自动化、财务管理、金融业务、情报检索、计划调度、项目管理、市场营销、决策系统的实现等。

特别值得一提的是，我国成功地将计算机应用于印刷业，真正告别了“铅与火”的时代，进入了“光与电”的时代。近年来，国内许多机构纷纷建设自己的管理信息系统（management information system，MIS）；生产企业也开始采用制造资源规划（manufacturing resource planning，MRPII）软件；商业流通领域则逐步使用电子数据交换（electronic data interchange，EDI）系统，即无纸贸易。

数据处理是计算机应用最广泛的领域，特点是要处理的原始数据量大，而算术运算比较简单，并有大量的逻辑运算和判断，结果要求以表格或图形等形式存储或输出。事实上，计算机在非数值计算方面的应用已经远远超过了在数值计算方面的应用。

3. 生产过程控制

过程控制又称为适时控制，是指用计算机实时采集检测数据，按最佳值迅速对控制对象进行自动控制或自动调节。利用计算机进行过程控制，不仅可以大大提高控制的自动化水平，还可以提高控制的及时性和准确性，从而改善劳动条件，提高质量，节约能源，降低成本。计算机过程控制已在化工、冶金、机械、电力、石油和轻工业领域得到广泛的应用，且效果非常显著。例如，化工生产过程中对原料配比、温度、压力的控制，机械加工中数控机床对加工工序及切削精度的控制，巷道掘进作业中对机械手的控制等。计算机在现代家用电器中也有不少应用，如全自动洗衣机的控制。

4. 计算机辅助技术

计算机辅助技术应用范围非常广泛，主要包括计算机辅助设计（computer aided design，CAD）、计算机辅助制造（computer aided manufacturing，CAM）和计算机集成制造系统（computer integrated manufacturing system，CIMS）等。

计算机辅助设计是指使用计算机帮助设计人员进行设计，实现最优化的设计方案，并进行绘图。这样不仅可以提高设计质量，还可以大大缩短设计周期。在我国，建筑设计、机械设计、电子电路设计等的CAD系统已相当成熟。

计算机辅助制造是指使用计算机进行生产设备的管理、控制和操作。例如，在产品的制造过程中，使用计算机控制机器的运行，处理生产过程中所需的数据、控制和处理材料的流动及对产品进行检验等。使用CAM技术可以提高产品的质量，降低成本，缩短生产周期，改善劳动统计。

除了CAD、CAM之外，计算机辅助系统还包括计算机辅助工艺规划（computer aided process planning，CAPP）、计算机辅助工程（computer aided engineering，CAE）、计算机辅助测试（computer aided testing，CAT）、计算机辅助教学（computer assisted instruction，CAI）等。

计算机集成制造系统是指以计算机为中心的现代化信息技术应用于企业管理与产品开发制造的新一代制造系统，是CAD、CAPP、CAE、计算机辅助质量管理（computer aided quality management，CAQM）、产品数据管理系统（product data management system，PDMS）、管理与决策、网络与数据库及质量保证系统等子系统的技术集成。它将设计、制造与企业管理相结合，全面统一考虑一个制造企业的状况，合理安排工作流程和工序，使企业实现整体最优效益。

5. 电子商务

电子商务（electronic commerce，EC）是指利用计算机和网络进行的商务活动。具体来说，是指在Internet开放的网络下，基于客户端/服务器应用方式，主要为电子商户提供服务、实现消费者的网上购物、商户之间的网上交易和在线电子支付的一种商业运营模式。

Internet 上的电子商务可以分为 3 个方面：信息服务、交易和支付。主要内容包括电子商情广告、电子选购和交易、电子交易凭证的交换、电子支付与结算及网上售后服务等。主要交易类型分为企业与个人的交易和企业之间的交易两种。参与电子商务的实体有 4 类：顾客（个人消费者或企业集团）、商户（包括销售商、制造商、储运商）、银行（包括发卡行、收单行）及认证中心。

电子商务是 Internet 爆炸式发展的直接产物，是网络技术应用的全新发展方向。Internet 本身所具有的开放性、全球性、低成本及高效率的特点，也成为电子商务的内在特征，并使电子商务大大超越了作为一种新的贸易形式所具有的价值。它不仅会改变企业本身的生产、经营及管理活动，还会影响整个社会的经济运行结构。

电子商务对人们的生活方式也产生了深远影响。网络购物、网络搜索功能可方便地让消费者货比多家。同时，消费者能够以一种十分轻松自由的自我服务方式来完成交易，从而使用户对服务的满意度大幅度提高。

6. 多媒体技术

多媒体（multimedia），又称为超媒体（hypermedia），是一种以交互方式将文本、图形、图像、音频、视频等多种媒体信息，经过计算机设备的获取、操作、编辑、存储等综合处理后，以单独或合成的形态表现出来的技术和方法。特别是将图形、图像和声音结合起来表达客观事物，在方式上非常生动、直观，易被人们接受。

人们熟悉的报纸、电影、电视等，都是以它们各自的媒体进行信息传播。有些是以文字为媒体，有些是以图像为媒体，有些是以图、文、声、像为媒体。以电视为例，虽然它也是以图、文、声、像为媒体，但它与多媒体系统存在明显的差别。第一，电视观赏的全过程均是被动的，而多媒体系统为用户提供了交互特性，极大地调动了人的积极性和主动性。第二，人们过去熟悉的图、文、声、像等媒体是以模拟量的形式进行存储和传播的，而多媒体是以数字量的形式进行存储和传播的。

多媒体技术是以计算机技术为核心，将现代声像技术和通信技术融为一体，以追求更自然、更丰富的接口界面，因而其应用领域十分广泛。它不仅覆盖计算机的绝大部分应用领域，同时还拓展了新的应用领域，如可视电话、视频会议系统等。实际上，多媒体系统的应用正以极强的渗透力进入人们工作和生活的各个领域，改变着人们的工作和生活方式，成功地塑造了一个绚丽多彩的划时代的多媒体世界。

7. 人工智能

人工智能（artificial intelligence，AI）是指用计算机来模拟人类的智能行为，包括理解语言、学习、推理和解决问题等。目前，一些人工智能系统已经能够替代人的部分脑力劳动，获得了实际的应用，尤其是在机器人、专家系统、模式识别等方面。

人工智能是计算机学科的一个分支，被认为是 21 世纪三大尖端技术（基因工程、纳米科学、人工智能）之一。近年来，人工智能得到了迅速发展，在很多学科领域都获得了广泛应用，并取得了丰硕的成果。人工智能已逐步成为一个独立的分支，无论在理论和实践上都已自成一个系统。

总之，计算机的广泛应用，是千万科技工作者集体智慧的结晶，是人类科学发展史上卓越的成就之一，是人类进步与社会文明史上的里程碑。计算机技术及其应用已渗透到了人类社会的各个领域，改变着人们的工作、生活方式。各种形态的计算机就像一把“万能”钥匙，任何问题只要能用计算机语言进行描述，就都能在计算机上加以解决。从航天飞行到交通通信，从产品设计到生产过程控制，从天气预报到地质勘探，从图书馆管理到商品销售，从资料的收集检索到教师授课、学生考试、学生作业等，计算机都得到了广泛的应用，发挥着其他工具不可替代的作用。

1.1.6 计算机应用技术的新发展

1. 云计算

云计算（cloud computing）是指通过网络以按需、易扩展的方式获得所需资源和服务。这种服务既可以是信息技术服务、软件服务、网络相关服务，也可拓展为其他领域的服务。

云计算的核心思想和根本理念是资源来自网络，即通过网络提供用户所需的计算力、存储空间、软件功能和信息服务等，是将大量用网络连接的计算资源统一管理和调度，构成一个计算资源池向用户提供按需服务。提供资源的网络被称为“云”。“云”中的资源在使用者看来是可以无限扩展的，并且可以随时获取，按需使用，随时扩展，按使用量付费，就像燃气、水、电一样，取用方便，费用低廉，它们最大的不同在于，“云”中的资源是通过互联网进行传输的。

2. 大数据

数据是指存储在某种介质上包含信息的物理符号。进入电子时代后，人们生产数据的能力得到飞速提升，而这些数据的增加促使了大数据的产生。大数据是指无法在一定时间范围内用常规软件工具进行捕捉、管理、处理的数据集合。对大数据进行分析不仅需要采用集群方法获取强大的数据分析能力，还需要研究面向大数据的新数据分析算法。

针对大数据进行分析的大数据技术，是指为了传送、存储、分析和应用大数据而采用的软件和硬件技术，也可将其看作面向数据的高性能计算系统。从技术层面看，大数据与云计算的关系密不可分，大数据必须采用分布式架构对海量数据进行分布式数据挖掘，这使它必须依托云计算的分布式处理、分布式数据库、云存储和虚拟化技术。

大数据处理的数据源类型多种多样，在不同的场合通常需要使用不同的处理方法。在处理大数据的过程中，通常需要经历采集、导入、预处理、统计分析、数据挖掘和数据展现等步骤，即在适当的工具的辅助下，对广泛异构的数据源进行抽取和集成，按照一定的标准统一存储数据，并通过合适的数据分析技术对其进行分析，最后提取信息，选择合适的方式将结果展示给终端用户。

例如，搜索引擎就是常用的大数据系统，它能有效地完成互联网上数据量巨大的信息的收集、分类和处理工作。搜索引擎系统大多基于集群架构，其发展为大数据研究积累了宝贵的经验。

3. 物联网

物联网（internet of things，IoT）是新一代信息技术的重要组成部分，顾名思义，物联网就是物物相联的互联网。这里有两层意思：第一，物联网的核心和基础仍然是互联网，是在互联网基础上延伸和扩展的网络；第二，其用户端延伸和扩展到了任何物品与物品之间进行信息交换和通信。因此，物联网的定义是通过射频识别、红外感应器、全球定位系统、激光扫描器等信息传感设备，按约定的协议，把任何物品与互联网相连接，进行信息交换和通信，以实现对物品的智能化识别、定位、跟踪、监控和管理的一种网络。

物联网被视为互联网的应用扩展，应用创新是物联网发展的核心，以用户体验为核心的创新是物联网发展的灵魂。和传统的互联网相比，物联网有其鲜明的特征。首先，它是各种感知技术的广泛应用。物联网上部署了海量的多种类型传感器，每个传感器都是一个信息源，不同类别的传感器所捕获的信息内容和信息格式不同。传感器获得的数据具有实时性，按一定的频率周期性地采集环境信息，并不断更新数据。其次，它是一种建立在互联网上的泛在网络。物联网技术的重要基础和核心仍旧是互联网，通过各种有线和无线网络与互联网融合，将物体的信息实时准确地传递出去。物联网上的传感器定时采集的信息需要通过网络传输，由于其数据量极其庞大，形成了海量信息，在传输过程中，为了保障数据的正确性和及时性，必须适应各种异构网络和协议。物联网不仅提供了传感器的连接，而且传感器本身也具有智能处理的能力，能够对物体实施智能控制。物联网将传感器和智能处理相结合，利用云计算、模式识别等各种智能技术，扩充其应用领域，并从传感器获得的海量信息中分析、加工和处理出有意义的数据，以适应不同用户的不同需求，发现新的应用领域和应用模式。

4. VR 技术、AR 技术、MR 技术与 CR 技术

（1）VR 技术

虚拟现实（virtual reality，VR）技术又称为灵境技术，是以沉浸性、交互性和构想性为基本特征的计算机高级人机界面。它综合利用了计算机图形学、仿真技术、多媒体技术、人工智能技术、计算机网络技术、并行处理技术和多传感器技术，模拟人的视觉、听觉、触觉等感觉器官的功能，使人能够沉浸在计算机生成的虚拟境界中，并能够通过语言、手势等自然方式与之进行实时交互，创建了一种适人化的多维信息空间。VR 技术的研究和开发萌生于 20 世纪 60 年代，进一步完善和应用于 20 世纪 90 年代到 21 世纪初，并逐步向增强现实（augmented reality，AR）、混合现实（mixed reality，MR）和影像现实（cinematic reality，CR）等技术方向发展。

（2）AR 技术

AR 技术是一种实时计算摄影机影像位置及角度，并赋予其相应图像、视频、3D 模

型的技术。AR 技术的目标是在屏幕上把虚拟世界套入现实世界，然后与之进行互动。VR 技术是百分之百的虚拟世界，而 AR 技术则是以现实世界中的实体为主体，借助数字技术让用户可以探索现实世界并与之交互。虚拟现实看到的场景、人物都是虚拟的，AR 技术看到的场景、人物半真半假，现实场景和虚拟场景的结合需要借助摄像头进行拍摄，在拍摄画面的基础上结合虚拟画面进行展示和互动。

AR 技术包含多媒体、三维建模、实时视频显示及控制、多传感器融合、实时跟踪及注册、场景融合等多项新技术。AR 技术与 VR 技术的应用领域类似，如尖端武器、飞行器的研制与开发，数据模型的可视化、虚拟训练、娱乐与艺术等，但 AR 技术对真实环境进行增强显示输出的特性，使其在医疗、军事、古迹复原、工业维修、网络视频通信、电视转播、娱乐游戏、旅游展览、建设规划等领域的表现更加出色。

（3）MR 技术

MR 技术可以看作 VR 技术和 AR 技术的集合，VR 技术是纯虚拟数字画面，AR 技术是在虚拟数字画面上加上裸眼现实，MR 技术则是数字化现实加上虚拟数字画面，它结合了 VR 技术与 AR 技术的优势。利用 MR 技术，用户不仅可以看到真实世界，还可以看到虚拟物体，将虚拟物体置于真实世界中，让用户可以与虚拟物体进行互动。

（4）CR 技术

CR 技术是 Google 公司投资的 Magic Leap 公司提出的概念，通过光波传导棱镜设计，多角度地将画面直接投射于用户的视网膜上，直接与视网膜交互，产生真实的影像和效果。CR 技术与 MR 技术的理念类似，都是现实世界与虚拟世界的集合，所完成的任务、应用的场景、提供的内容，都与 MR 技术相似。与 MR 技术的投射显示技术相比，CR 技术虽然投射方式不同，但本质上仍是 MR 技术的不同实现方式。

5. 3D 打印

3D 打印是一种快速成型技术，以数字模型文件为基础，运用特殊蜡材、粉末状金属或塑料等可黏合材料，通过逐层打印的方式来构造三维物体。

3D 打印需要借助 3D 打印机来实现。3D 打印机的工作原理是把数据和介质放进 3D 打印机中，机器按照程序把产品一层一层地打印出来。用于 3D 打印的介质种类非常多，如塑料、金属、陶瓷、橡胶类物质等；结合不同介质，可打印出不同质感和硬度的物品。

3D 打印技术作为一种新兴技术，在模具制造、工业设计等领域应用十分广泛。例如，在产品制造过程中直接使用 3D 打印技术打印出零部件。同时，3D 打印技术在珠宝、鞋类、工业设计、建筑设计、工程施工、汽车、航空航天、医疗、教育、地理信息系统等领域也都有所应用。

1.2 信息安全

随着计算机的快速发展，以及计算机网络的普及，计算机安全问题越来越受到广泛的重视与关注。国际标准化组织（International Organization for Standardization，ISO）对计算机安全的定义是，为数据处理系统建立和采取的技术及管理的安全保护，保护计算机硬件、软件、数据不因偶然的或恶意的原因而遭破坏、更改、泄露。

计算机安全面临的威胁多种多样，大体分为自然因素和人为因素两类。自然因素指一些意外事故的威胁；人为因素指人为的入侵和破坏，主要指计算机病毒和网络黑客。

1.2.1 计算机病毒

1. 计算机病毒概述

1983年，美国计算机安全专家弗雷德·科恩首次通过实验证明了计算机病毒的可实现性，计算机病毒正式命名。1984年，他又发表了有关计算机病毒理论和实践的文章，但当时并未引起学术界的重视。1986年初，第一个真正的计算机病毒问世，它是由巴基斯坦巴斯特和阿姆捷特兄弟创造的，名为C-Brain。1987年，世界各地的计算机用户几乎同时发现了各种形形色色的计算机病毒，如“圣诞树”等。众多的计算机用户乃至专业人员都很震惊。1988年2月1日，美国《新闻周刊》以“当心病毒！请接种疫苗”为题报道了计算机病毒在几分钟内破坏了计算机系统运行的消息。

1989年3月，我国西南铝加工厂计算中心首次报道发现了被称为“小球”的计算机病毒。随后，在国内许多地区相继发现了多种计算机病毒。由于当时只有西南铝加工厂发现的“小球”计算机病毒是经公安部门认证并备案的，故被认定为我国首例计算机病毒。但可以肯定的是，实际上在这之前计算机病毒就已在我国很多计算机系统中潜伏，只不过没有发作或无人报告而已。

Internet 的飞速发展给计算机病毒的传播提供了更快捷的途径，使人们无时无刻不处在计算机病毒的威胁之下。因此，普及计算机病毒的知识、认真分析计算机病毒和研究计算机病毒防范措施有着十分重要的意义。

（1）计算机病毒的定义

简单来说，计算机病毒是一种特殊的计算机程序，这种程序会像微生物学中的病毒一样在计算机系统中繁殖、生存和传播；也像微生物学中的病毒给动植物带来伤害那样对计算机资源造成严重的破坏。因此，人们借用这一微生物学名词形象地描述这种具有危害性的程序为“计算机病毒”。

1994年2月18日，我国颁布了《中华人民共和国计算机信息系统安全保护条例》。该条例于2011年1月进行了修订。该条例的第二十八条明确指出：“计算机病毒，是指编制或者在计算机程序中插入的破坏计算机功能或者毁坏数据，影响计算机使用，并能自我复制的一组计算机指令或者程序代码。”

（2）计算机病毒的特点

计算机病毒的特点有很多，概括起来主要有以下几点。

1）传染性。传染性是病毒的基本特征。一旦一个程序感染上了计算机病毒，当此程序运行时，该病毒就能够传染给访问计算机系统的其他程序和文件。于是，病毒很快就传染给整个计算机系统，还可通过网络传染给其他计算机系统，其传播速度异常惊人。

2）潜伏性。病毒程序往往是先潜伏下来，等到特定的条件或时间才触发，使病毒程序的破坏力大为增强。在用户意识到病毒的存在之前，病毒程序有充分的时间进行传播。例如，著名的“黑色星期五”病毒在逢 13 号的星期五暴发。这些病毒平时会隐藏得很好，只有在发作日才会触发。计算机病毒的潜伏性与传染性相辅相成，潜伏性越好，病毒传染范围越广。

3）破坏性。计算机病毒轻则影响系统的工作效率，占用存储空间、中央处理器运行时间等系统资源；重则可能毁掉系统的部分数据甚至全部数据，并使其无法恢复；还可能对系统级数据进行篡改，使系统的输出结果面目全非，甚至导致系统瘫痪。根据此特性可将计算机病毒分为计算机良性病毒与计算机恶性病毒。计算机良性病毒可能只会造成显示画面或音乐、语句，或者根本没有任何破坏动作，但会占用系统资源。计算机恶性病毒则有明确的目的，或破坏数据、删除文件，或加密磁盘、格式化磁盘，有的还会对数据造成不可恢复的破坏。

4）隐蔽性。计算机病毒一般是具有很高编程技巧、短小精悍的程序。它们通常捆绑在正常程序中或处在磁盘较隐蔽的位置，也有个别的以隐含文件的形式出现，其目的是不让用户发现它的存在。如果不经过代码分析，病毒程序与正常程序是不容易区分的。一般在没有防护措施的情况下，计算机病毒程序取得系统控制权后，可以在很短的时间内传染大量程序。受到传染后计算机系统通常仍能正常运行，使用户感受不到任何异常。正是由于病毒的隐蔽性，病毒得以在用户没有察觉的情况下扩散到上百万台计算机中。大部分计算机病毒的代码之所以设计得非常短小，也是为了隐藏。当计算机存取文件时，病毒转瞬之间便可将这短小的代码捆绑到正常程序之中，人们非常不易察觉。

5）清除不易性。计算机病毒即使被发现，数据和程序乃至操作系统的恢复也非常困难。在许多情况下，特别是在网络操作情况下，病毒程序可能通过网络系统反复地传播，所以病毒程序的清除非常复杂。

6）不可预见性。从对计算机病毒的检测方面看，计算机病毒还具有不可预见性。不同种类的计算机病毒代码千差万别，但有些操作是共有的（如驻内存、改中断）。因此，有些人利用病毒的这种共性，制作了声称可查所有计算机病毒的程序。这种程序的确可以判别一些新的计算机病毒，但由于目前的软件种类极其丰富，且某些正常程序也使用了类似计算机病毒的操作，甚至借鉴了某些计算机病毒的技术，因此使用这种方法对计算机病毒进行检测势必会造成较多的误报。同时，计算机病毒的制作技术也在不断地提高，计算机病毒对反计算机病毒软件永远是超前的。

人类进入网络时代后，计算机病毒还具有以下新特点：种类、数量激增；传播途径更多，传播速度更快；电子邮件成为主要传播媒介；造成的破坏日益严重。

（3）计算机病毒的传播途径

1）存储设备。早期的计算机病毒大都以磁盘等存储设备来传播，包括软盘、硬盘、磁带机、光盘、闪存盘等。在这些存储设备中，闪存盘是使用最广泛的移动存储设备，是病毒传染的主要途径。

2）下载。随着 Internet 技术的迅猛发展，当前计算机用户几乎每天都会从网络上下载一些有用的资料信息。同时，Internet 也是计算机病毒滋生的温床，在人们通过 Internet 下载各种资料、软件的同时，无疑给计算机病毒的传播提供了良好的侵入通道。

3）电子邮件。当互联网与电子邮件成为人们日常工作必备的工具之后，E-mail 病毒无疑是计算机病毒传播的最佳方式。近年来出现的危害性比较大的计算机病毒几乎全是通过 E-mail 进行传播的。据国际计算机安全协会统计资料，现在几乎有 60%的计算机病毒是通过 E-mail 传播的。

4）其他。部分计算机病毒通过特殊的途径进行感染，如固化在硬件中的计算机病毒等。

2. 计算机病毒的防范

计算机病毒预防的关键是要从思想上、管理上、技术上做好预防工作，具体可从以下 4 个方面采取积极的预防措施。

（1）加强管理

实行严格的计算机管理制度，对有关人员，特别是系统管理人员进行职责教育，制定有效的应用和操作规范，机器要有专人管理负责；除原始的系统盘外，尽量不用其他磁盘去引导系统；对外来软件和闪存盘进行防病毒检查，谨慎使用公用软件和共享软件，严禁使用来历不明的软件和非法解密或复制的软件；严禁在部门计算机上玩计算机游戏，因为很多游戏盘带有病毒；保护好随机的原始资料和软件版本，建立安全的备份制度和介质分组管理制度；安装正版防病毒软件，并定期升级进行病毒迹象侦查；不随意在网络上使用、下载不明软件；接收到来历不明的电子邮件时不要打开并立即删除；电子邮件的附件查毒后再使用；如发现计算机病毒，杀毒后应立即重新启动计算机，并再次查毒。

（2）从技术上防范

从技术上防范计算机病毒的手段有很多，主要有以下几种。

1）关闭 BIOS 中的软件升级支持功能，如果底板上有跳线，则应该将跳线跳接到不允许更新 BIOS。

2）安装防火墙，对内部网络实行安全保护。

3）安装较新的正式版本的防杀计算机病毒软件并启用实时监控功能，定期更新杀毒软件版本。

4）必要时使用 DOS 平台防杀计算机病毒软件检查系统，确保没有计算机病毒存在。

5）从网络接口中去掉暂时不用的协议，避免病毒或黑客借助这些协议的漏洞进行攻击。

6）在浏览器中设置合适的 Internet 安全级别。

7）严格保护好硬盘，对重要的程序和数据文件设置禁写保护。

8）经常备份系统中重要的数据和文件。

9）在 Word、Excel 和 PowerPoint 中将“宏病毒防护”打开。

10）若要使用 Outlook、Outlook Express 收发电子邮件，则应关闭信件预览功能。

（3）及时安装补丁

一般大型的应用程序和操作系统或多或少都存在漏洞，当软件编制者发现存在的漏洞后，就会发布一些软件包对有问题的软件进行修复，这些软件包通常被称为漏洞的补丁。因此，应及时下载或安装适合的补丁，以避免各种基于系统漏洞的错误和攻击。

（4）法律约束

按照计算机病毒犯罪的法规，对制造、施放和出售计算机病毒软件者依法进行严厉惩处。

3. 计算机病毒的检测和清除

计算机病毒尽管有很大的破坏作用，但若能及时发现病毒症状，并立刻用杀毒工具清除系统中的病毒，就能够将病毒对计算机系统的危害降到最低。

（1）计算机系统中毒的常见表现

计算机系统中毒后常会有以下表现：文件莫名其妙丢失；系统运行速度异常慢；有特殊文件自动生成；检查内存时发现有不该驻留的程序；磁盘空间自动产生坏区或磁盘空间减少；系统启动突然变得很慢；系统异常重启或死机次数增多；计算机屏幕出现异常提示信息、异常滚动、异常图形显示等。当发现这些异常现象时，应及时进行计算机病毒检测。

（2）计算机病毒的检测

计算机病毒的检测通常采用手工检测和自动检测两种方法。

1）手工检测。手工检测是指通过一些软件工具提供的功能进行病毒的检测。这种方法比较复杂，需要检测者熟悉机器指令和操作系统，因而无法普及。

2）自动检测。自动检测是指用杀毒软件定期检测病毒并及时更新病毒库。自动检测相对比较简单，一般用户都可以进行，但需要有专业的检测软件。

（3）计算机病毒的清除

通常，清除计算机病毒的方法有以下 3 种。

1）人工处理方法。用诊断软件找出系统内的病毒，并将其清除。该方法是用正常的文件覆盖被病毒感染的文件或删除被病毒感染的文件或重新格式化磁盘，但这种方法有一定的危险性，容易破坏文件数据。

2）使用反病毒软件。使用反病毒软件对病毒进行清除是一种较好的方法。常用的反病毒软件有金山毒霸、360、诺顿、卡巴斯基等。现在的反病毒软件通常都具有在线监视功能，操作系统启动后即可自动装载并运行，时刻监视打开的磁盘文件、从网络上下载的文件及收发的邮件等。

3）格式化磁盘。这是最干净、彻底地清除病毒的方法，但会造成磁盘上所有文件、数据的丢失，使用户损失惨重。

1.2.2 信息安全

1. 人类面临的信息安全威胁

当前，人类面临的信息安全威胁主要涉及以下 3 个方面。

（1）信息基础设施

信息基础设施由各种通信设备、信道、终端和软件构成，是信息空间存在、运作的物质基础。当发生战争时，信息基础设施将首当其冲遭到破坏。

（2）信息资源

信息是与物质、能源同等重要的、人类赖以生存的三大资源之一。信息资源的安全已经成为直接关系到国家安全的战略问题。信息在存储和传输过程中，常常会被破坏、篡改、截获。

（3）信息管理

有效地管理信息，可以增强信息的安全程度，反之可能增大安全隐患，甚至动摇社会经济基础。

由于信息具有抽象性、可塑性、可变性及多样性等特征，因此信息在处理、存储、传输和使用中十分脆弱，即很容易被干扰、滥用、遗漏和丢失，甚至被泄漏、窃取、篡改、冒充和破坏。因此，信息安全面临着上述 3 个方面的严峻挑战。

2. 信息安全的评估准则

由于信息安全直接涉及国家利益、安全和主权，各国政府对信息产品、信息系统安全性的测评认证要比其他产品更为严格。信息安全认证成为信息化时代国家测评认证工作的新领域。①市场准入上，发达国家为严格进出口控制，通过颁布有关法律、法规和技术标准，推行安全认证制度，以控制国外进口产品和国内出口产品的安全性能。②对国内使用的产品，实行强制性认证，凡未通过强制性认证的安全产品一律不得出厂、销售和使用。③对于信息技术和信息安全技术中的核心技术，由政府直接控制，如密码技术和密码产品，多数发达国家都严加控制，即使是政府允许出口的密码产品，其关键技术仍控制在政府手中。④在国家信息安全各主管部门的支持和指导下由标准化和质量技术监督主管部门授权并依托专业的职能机构提供技术支持，形成政府行政管理与技术支持相结合、相依赖的管理体制。

（1）国际信息安全标准

为了给用户提供计算机系统处理机密信息或敏感信息可信程度的评价标准，并为计算机生产厂家制造符合安全要求的计算机提供依据，美国国防部计算机安全保密中心在 1983 年 8 月发布了《可信计算机系统评估准则》（Trusted Computer System Evaluation Criteria，TCSEC）。TCSEC 是世界上第一个安全评估准则。该准则对不同物理安全、操作系统软件的可信度等进行了详尽的描述，说明了如何创建不同系统的安全需求等，它以单机为考虑对象，以加密为主要手段，没有考虑网络系统和数据库的安全需求。该准则将计算机系统的安全定义为 D、C1、C2、B1、B2、B3、A 7 个级别。为了推动全球的信息化发展，国际标准化组织于 1999 年颁布了通用国际标准评估准则——ISO/IEC 15408（即信息技术安全性评估准则，又称为通用准则 CC）。目前，世界各国在信息技术安全性评估方面尺度不一、各自为政的局面已逐渐改变。国际上都把通用准则 CC 作为评估信息技术安全性的通用尺度和方法，特别是欧盟以及美国、加拿大等发达国家纷纷依据 CC 建立了或正在建立本国的信息安全评估体系。

（2）我国信息安全标准

为了加强计算机信息系统的安全保护工作，促进计算机应用和发展，保障社会主义现代化顺利进行，1994 年 2 月 18 日，国务院发布了《中华人民共和国计算机信息系统安全保护条例》。1999 年 2 月 9 日，我国正式成立了中国国家信息安全测评认证中心，同年正式颁布了《计算机信息系统 安全保护等级划分准则》（GB 17859—1999），并于 2001 年 1 月 1 日起实施。该准则将信息系统安全分为 5 个等级：自主保护级、系统审计保护级、安全标记保护级、结构化保护级和访问验证保护级。主要安全考核指标有身份认证、自主访问控制、数据完整性、审计、隐蔽信道分析、客体重用、强制访问控制、安全标记、可信路径和可信恢复等，这些指标涵盖了不同级别的安全要求。除此之外，我国还制定并颁布了一系列相关技术标准和法律性文件。

信息安全是一门新兴的学科，目前尚有许多理论与工程实践问题没有解决。信息安全没有一劳永逸的措施，需要综合利用各种安全防护技术，以便提高信息系统的整体安全水平。

1.3 信息素养

信息素养是一个内容丰富的概念，不仅包括利用信息工具和信息资源的能力，还包括选择、获取、识别信息，加工、处理、传递信息并创造信息的能力。

信息素养的本质是全球信息化需要人们具备的一种基本能力，其简单定义来自 1989 年美国图书馆学会，包括能够判断何时需要信息，懂得如何获取、评价和有效利用所需的信息。

2003 年 1 月，我国颁布的《普通高中信息技术课程标准》将信息素养定义为：信息的获取、加工、管理与传递的基本能力；对信息和信息活动的过程、方法、结果进行评价的能力；流畅地发表观点、交流思想、开展合作，勇于创新，并解决学习和生活中的实际问题的能力；遵守道德与法律，形成社会责任感。

由此可以看出，信息素养是一种基本能力，是一种对信息社会的适应能力，涉及信息的意识、信息的获取和信息的应用。同时，信息素养也是一种综合能力，涉及各方面的知识，是一种特殊的、涵盖面很广的能力，包含人文、技术、经济、法律方面的诸多因素，与许多学科有着紧密的联系。

具体来说，信息素养主要包括以下 4 方面。

1）信息意识。信息意识是指个体对信息的敏感度和对信息价值的判断力，是人们对自然界和社会各种现象、行为、理论观点等，从信息角度的理解、感受和评价。通俗地讲，面对不懂的东西，能积极主动地去寻找答案并知道到哪里、用什么方法去寻求答案，这就是信息意识。

2）信息知识。信息知识既是信息科学技术的理论基础，又是学习信息技术的基本要求。只有掌握信息技术的知识，才能更好地理解与应用它。它不仅体现着人们所具有的信息知识的丰富程度，还制约着人们对信息知识的进一步掌握。

3）信息能力。它包括信息系统的基本操作能力，信息的采集、传输、加工处理和应用的能力，以及对信息系统与信息进行评价的能力等，这也是信息时代重要的生存能力。

4）信息道德。培养学生具有正确的信息道德修养，要让学生学会对媒体信息进行判断和选择，自觉地选择对学习、生活有用的内容，抑制不健康的内容，不组织和参与非法活动，不利用计算机网络从事危害他人信息系统和网络安全、侵犯他人合法权益的活动。

信息素养的四要素共同构成了一个不可分割的整体。信息意识是先导，信息知识是基础，信息能力是核心，信息道德是保证。

信息素养是信息社会人们发挥各方面能力的基础，正如科学素养是工业化时代的基础一样。可以认为，信息素养是工业化时代文化素养的延伸与发展，它包含更高的驾驭全局和应对变化的能力，它的独特性是由时代特征所决定的。

习　题　1

一、单选题

1．一般认为，信息是（　　）。

A．数据

B．人们关心的事情的消息

C．反映物质及其运动属性及特征的原始事实

D．记录下来的可鉴别的符号

2．下列描述中，正确的是（　　）。

A．反病毒软件通常滞后于计算机新病毒的出现

B．反病毒软件总是超前于病毒的出现，它可以查、杀任何种类的病毒

C．感染过计算机病毒的计算机具有对该病毒的免疫性

D．计算机病毒会危害计算机用户的健康

3．计算机病毒会造成（　　）。

A．CPU 的烧毁　　B．磁盘驱动器的损坏

C．程序和数据的破坏　　D．磁盘的损坏

二、填空题

1．物质、能源和________是人类赖以生存、发展的三大重要资源。

2．按计算机的运算速度等性能指标划分，计算机可分为________、________、________、________、________等。这种分类标准不是固定不变的，只能针对某一个时期。

3．计算机病毒是_______，它能够侵入_______，并且能够通过修改其他程序，把

自己或者自己的变种复制插入到其他程序中，这些程序又可传染别的程序，实现繁殖传播。

三、简答题

1. 计算机的发展经历了哪几个阶段？各阶段的主要特征是什么？
2. 信息安全包含哪些方面？
3. 简述当代计算机的主要应用。
4. 简述现代社会的信息素养。

第 2 章　计算机基础知识

计算机是 20 世纪人类伟大发明之一，已经深入人类社会的各个领域，给人们的工作、学习和生活带来了深刻的影响。因此，掌握以计算机为核心的信息技术的应用，已成为各行业对从业人员的基本素质要求之一。为了更好地使用计算机，必须了解计算机系统组成、工作原理、数制和信息表示等基础知识。

2.1　计算机概述

2-1　计算机系统组成与工作原理

2.1.1　计算机系统的组成

一个完整的计算机系统由硬件系统和软件系统两部分组成，如图 2.1 所示。硬件系统是组成计算机系统的各种物理设备的总称，是计算机系统的物质基础，如 CPU、存储器、输入设备、输出设备等。硬件系统又称为裸机，裸机只能识别由“0”和“1”组成的机器代码，没有软件系统的计算机几乎无法使用。软件系统是为运行、管理和维护计算机而编制的各种程序、数据和文档的总称。实际上，用户面对的是经过若干层软件“包装”的计算机，计算机的功能不仅仅取决于硬件系统，更大程度上它是由所安装的软件系统所决定的。

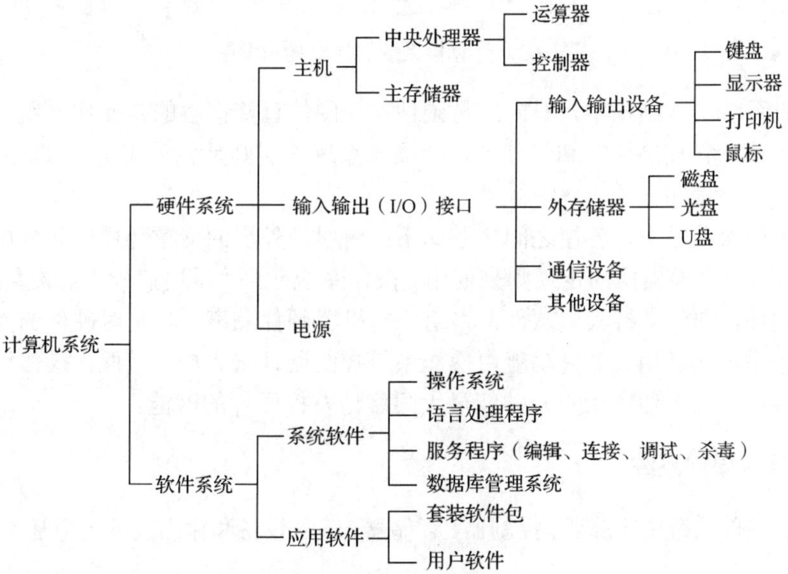

图 2.1　计算机系统组成

当然，在计算机系统中，对于软件和硬件的功能并没有一个明确的分界线。软件实现的功能也可以用硬件来实现，这称为硬化或固化。例如，微型机的 ROM 芯片就是固化了系统的引导程序。同样，硬件实现的功能也可以用软件来实现，这称为硬件软化。例如，在多媒体计算机中，视频卡用于对视频信息进行处理（包括获取、编码、压缩、存储、解压缩和回放等），而现在的计算机一般通过软件（如播放软件）来实现上述功能。

对于一些具体功能，到底是由硬件来实现还是由软件来实现并无严格规定，完全由设计人员依据经济性、可行性、合理性来决定。一般来说，同一功能用硬件来实现，速度快，可减少所需存储容量，但灵活性和适应性差，且成本较高；用软件来实现，可提高灵活性和适应性，但速度通常会降低。

如上所述，计算机系统由硬件和软件组成，硬件和软件又可分为很多类型，那么综合起来，一个计算机系统实际上又是按层次关系组织起来的，这种层次关系如图 2.2 所示。

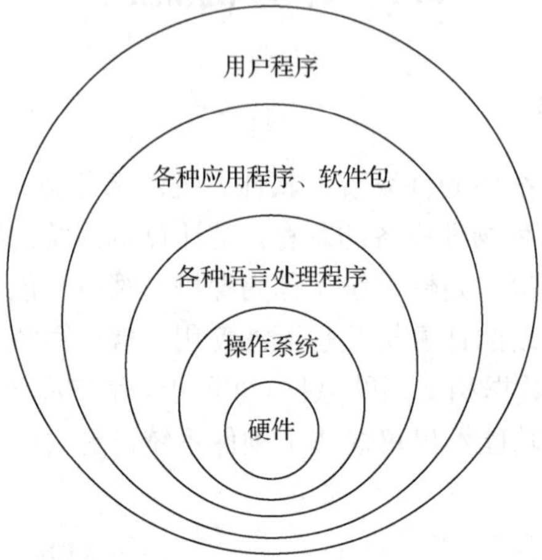

图 2.2　计算机系统层次结构示意图

计算机系统层次结构中，最内层是硬件，与硬件直接接触的是操作系统，操作系统属于系统软件，它直接控制和管理硬件。操作系统外层则是各种语言处理程序等软件，最外层才是用户程序。

在这种层次关系中，各层之间关系如下：内层是外层的支撑环境，而外层不必了解内层的细节，只需要根据约定规则来使用。操作系统起到“承内启外”至关重要的作用，向内控制硬件，向外支持其他软件，将用户与机器硬件隔离，凡是对硬件的操作均被转化为对操作系统的调用，最终功能由操作系统控制硬件来完成。因此，操作系统是用户和硬件的接口，它方便了用户，并能最大限度地发挥硬件的潜能。

2.1.2　计算机硬件系统

计算机硬件系统由运算器、控制器、存储器、输入设备和输出设备 5 个基本部分组成。

1. 运算器

运算器又称为算术逻辑部件（arithmetic and logic unit，ALU），主要功能是对二进制代码进行算术运算和逻辑运算。计算机中最主要的工作是运算，大量的数据运算任务是在运算器中进行的。

在计算机中，算术运算是指加、减、乘、除等基本运算；逻辑运算是指逻辑判断、关系比较及其他基本逻辑运算，如与、或、非等。但不管是算术运算还是逻辑运算，都只是基本运算。也就是说，运算器只能完成这些最简单的运算，复杂运算都要通过基本运算一步步实现。运算器的运算速度快得惊人，所以计算机具备高速信息处理功能。

运算器中的数据取自内存储器，运算的结果又送回内存储器。运算器对内存储器的读、写操作是在控制器的控制之下进行的。

2. 控制器

控制器（control unit，CU）是整个硬件系统的控制中心，在它的控制之下整个计算机有条不紊地工作，自动执行程序。控制器的功能是依次从存储器取出指令、翻译指令、分析指令、向其他部件发出控制信号，指挥计算机各部件协同工作。

控制器由程序计数器、指令寄存器、指令译码器、时序控制电路及微操作控制电路等组成。

1）程序计数器（program counter，PC）。它用来对程序中的指令进行计数，使控制器能够依次读取指令。

2）指令寄存器（instruction register，IR）。它用来在指令执行期间暂时保存正在执行的指令。

3）指令译码器（instruction decoder，ID）。它用来识别指令的功能，分析指令的操作要求。

4）时序控制电路。它用来生成时序信号，以协调指令执行周期内各部件的工作。

5）微操作控制电路。它用来产生各种控制操作命令。

3. 存储器

计算机的重要特点之一就是具有存储能力，这是它能自动连续执行程序，进行庞大的信息处理的重要基础。存储器的基本功能是按指定位置（地址）写入或取出信息。

存储器通常分为内存储器和外存储器。

1）内存储器：简称内存（又称主存），是计算机中信息交流的中心。用户通过输入设备输入的程序和数据最初送入内存，控制器执行的指令和运算器处理的数据取自内存，运算的中间结果和最终结果保存在内存中，输出设备输出的信息来自内存，内存中的信息如要长期保存，应送到外存储器中。总之，内存要与计算机的各个部件打交道，进行数据交换。因此，内存的存取速度直接影响计算机的运算速度。

内存通常以半导体芯片作为存储介质。由于价格和技术方面的原因，内存的存储容量受到限制，而且大部分内存是不能长期保存信息的随机存储器，所以还需要能长时间保存大量信息的外存储器。

2）外存储器：简称外存（又称辅存），设置在主机外部，主要用来长期存放暂时不用的程序和数据。通常外存不与计算机的其他部件直接交换数据，只与内存交换数据，而且不是按单个数据进行存取，而是成批地进行数据交换。

常用的外存有磁盘、光盘、闪存盘等。

外存与内存有许多不同之处。一是外存不用担心停电，如磁盘上的信息可以保存几年，甚至几十年，只读光盘（compact disc read-only memory，CD-ROM）可以永久保存；二是外存的容量不像内存那样受多种限制，可以大得多，如当今硬盘的容量有 2 TB、4 TB、8 TB 等；三是外存速度要比内存慢得多。

由于外存安装在主机外部，所以也可以归属于外部设备。

存储器的有关术语简述如下。

1）位（bit）。在数字电路和计算机技术中采用二进制存储，代码只有“0”和“1”，其中无论是“0”还是“1”，在 CPU 中都是 1 位，音译为“比特”。

2）字节（byte）。8 个二进制位为 1 字节，音译为“拜特”。这里为了便于衡量存储器的大小，统一以字节为单位，简记为 B，1B=8 bit。存储容量一般用 KB、MB、GB、TB、PB 来表示，它们之间的换算关系如下所示。

1 KB=1 024 B

1 MB=1 024 KB

1 GB=1 024 MB

1 TB=1 024 GB

1 PB=1 024 TB

3）字长（length word）。字长是 CPU 在单位时间内（同一时间）能一次处理的二进制数的位数。计算机字长有 8 位、16 位、32 位和 64 位等，相应的计算机也就是经常说的 8 位机、16 位机、32 位机和 64 位机等。显然，字长越长，一次处理的数据位数越多，运算精度越高，处理速度越快，但价格也越高。通常，字长是 8 的整数倍。

4）地址（address）。在微型机中，整个内存被分成一个个字节，每个字节都由一个唯一的地址来标识。这类似于旅馆中每个房间的房间号。CPU 能够访问内存的最大寻址范围与 CPU 的地址总线的根数有关。例如，若 CPU 的地址总线有 32 根，则寻址范围为 $0 \sim 2^{32}-1$。

位、字节和字长之间的关系如图 2.3 所示。

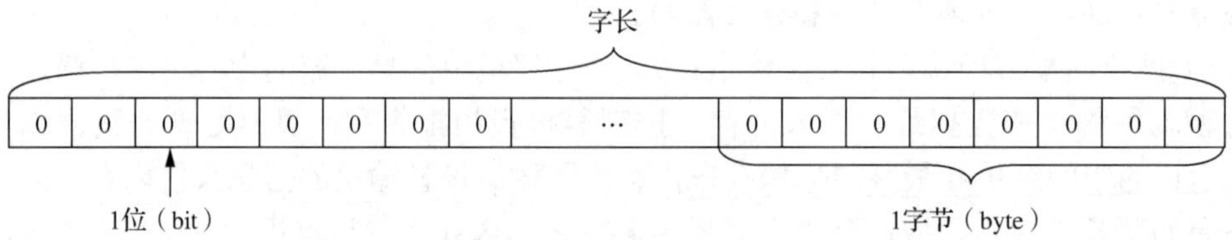

图 2.3 位、字节和字长之间的关系

4. 输入设备

输入设备用来接收用户输入的原始数据和程序，并将它们转变为计算机可以识别的形式（二进制代码）存放到内存中。常用的输入设备有键盘、鼠标、扫描仪、光笔、数字化仪等。

5. 输出设备

输出设备用于将存放在内存中由计算机处理的结果转变为人们所能接受的形式。常用的输出设备有显示器、打印机、绘图仪、扬声器等。

通常将输入设备和输出设备统称为 I/O（input/output）设备，它们属于计算机的外部设备。

2.1.3 计算机软件系统

计算机软件系统包括系统软件和应用软件两部分。计算机软件是在计算机硬件上运行的各种程序及有关文档资料的总称。系统软件一般由计算机厂商提供，应用软件则是为解决某一问题而由用户或软件公司开发的软件。

1. 系统软件

系统软件是指控制和协调计算机及外部设备，支持应用软件开发和运行的系统，是无须用户干预的各种程序的集合。系统软件的主要功能是调度、监控和维护计算机系统；负责管理计算机系统中各种独立的硬件，使它们可以协调工作。系统软件是用户和裸机的接口，主要包括操作系统、语言处理系统、数据库管理系统和服务程序等。

（1）操作系统

操作系统（operating system，OS）是控制计算机系统并对其进行管理的一组程序。它是用户和计算机硬件系统之间的接口，为用户和应用软件提供了访问和控制计算机硬件系统的桥梁。

操作系统的功能是管理计算机的所有软件和硬件资源，使计算机系统最大限度地发挥作用，为用户提供方便、有效、友善的服务界面。

（2）语言处理系统

计算机作为一种重要的工具，也需要用自己的语言和人类打交道、交换信息，这种语言就是计算机语言，又称为程序设计语言。程序设计语言一般可分为机器语言、汇编语言和高级语言三大类。

1）机器语言。用直接与计算机打交道的二进制代码指令表达的计算机编程语言称为机器语言。显然计算机能直接识别机器语言，不需要任何翻译。但用机器语言编写的程序难以阅读，容易出错，难于记忆和修改，所以用机器语言编写程序非常不方便；然而任何其他语言编写的程序最终必须翻译成机器语言程序（目标程序）后才能在计算机上运行。

2）汇编语言。为了克服机器语言的缺点，人们用一些认识和容易记忆的符号来代替机器指令，这些符号使用容易记忆、表意明确的英文单词，当单词较长时还可以加以简化。用这种能反映指令功能的助记符表达的计算机语言称为汇编语言，它是符号化的机器语言。

用汇编语言编写的程序称为汇编语言源程序，只有将其使用汇编程序这种语言处理程序翻译成机器语言的目标程序后才能由计算机执行。汇编语言同样是面向机器的语言，依赖于具体的 CPU，所以由它编写出的源程序的通用性较差，推广较困难。

3）高级语言。汇编语言必须依赖具体 CPU 的指令系统，通用性差，虽然执行效率高，但编写、调试效率低，与自然语言相距甚远，很不符合人们的习惯。20 世纪 50 年代，科学家们创造了一种与具体的计算机指令系统无关，描述方法接近人类求解问题的表达方法，又易于掌握和书写的计算机语言，即高级语言。高级语言的共同特点如下。

① 使用高级语言完全不必知道相应的机器指令系统。

② 高级语言的一条执行语句通常包括多条机器指令。

③ 高级语言所用的一套符号、标记更接近于人们的日常习惯，便于理解、掌握和记忆。

④ 用高级语言编写的程序，有时只需要少量修改便可在不同计算机上运行，通用性强。不过高级语言程序不能被计算机直接理解和执行，必须经过高级语言处理程序翻译成机器语言目标程序后才能被计算机执行。

语言处理系统的作用就是对各种语言源程序进行翻译，生成计算机可识别的二进制代码的可执行程序，即目标程序。常见的语言处理系统有汇编程序、编译程序和解释程序。

1）汇编程序。汇编程序的功能是将汇编语言源程序中的指令翻译成机器语言指令，在翻译过程中可以检查源程序是否有错，并显示错误发生的位置。汇编成功后还要由装配链接程序链接成能直接执行的文件。

2）编译程序。编译程序的功能是将由高级语言编写的源程序翻译为机器语言程序。编译程序是将整个源程序一次性加以翻译，检查并指出源程序中的语法错误，经用户修改、源程序没有任何语法错误时，编译才算完成。编译结束后生成目标程序模块，这些模块经过装配链接后就成为最终可以直接在计算机上执行的磁盘文件。

3）解释程序。解释程序的功能同样是将高级语言源程序翻译为机器语言程序，但翻译的方式和编译程序不同，它是边翻译，边检查错误，边执行。它不产生目标程序模块，在翻译过程中如发现错误，马上显示错误信息，停止运行，待用户改正错误后再继续运行。这种执行方式速度慢、效率低，但使用灵活方便，发现错误能及时纠正，适合于初学者使用。

（3）数据库管理系统

数据库是指存储在计算机内部，具有较高的数据独立性、较少的数据冗余、数据规范化，并且相互之间有联系的数据文件的集合。数据库管理系统（database management system，DBMS）是一种管理数据库的软件，能维护数据库，接收和完成用户提出的访问数据库的各种要求，是帮助用户建立和使用数据库的一种工具和手段。

（4）服务程序

服务程序主要包括编辑程序、连接程序、调试程序和杀毒软件等。

2. 应用软件

为解决计算机各类应用问题而编写的程序称为应用软件，它们具有很强的实用性。随着计算机应用领域的不断拓展和计算机应用的广泛普及，各种各样的应用软件与日俱增，大体上可分为用户软件和套装软件包两类。

（1）用户软件

用户软件是用户为解决自己特定的具体问题而开发的软件。编制用户软件应充分利用计算机系统的现有软件，在系统软件和应用软件包的支持下进行开发。各种各样的科学计算程序、工程设计程序、数据处理程序、自动控制程序、企业管理程序、情报检索程序等都属于用户软件。

（2）套装软件包

套装软件包是为实现某种特殊功能或特殊计算，经过精心设计的独立软件系统，是一套满足同类应用诸多用户需求的软件。例如，WPS、Microsoft Office 就是办公自动化软件包，它们提供了现代企业办公中必需的六大功能：文字处理、电子表格、演示文稿制作、网页浏览、邮件管理和图片浏览。

使用应用软件时一定要注意系统环境，也就是说，运行应用软件需要系统软件的支持。在不同系统软件下开发的应用程序要在相应的系统软件下运行。

需要指出的是，随着计算机应用的不断深入，系统软件与应用软件的划分已不再有明显的界限。一些具有通用价值的应用程序已纳入系统软件之中，成为供给用户的一种资源，如一些服务性程序和工具软件等。

随着计算机技术的发展，在计算机系统中，硬件和软件之间已没有一条明确的分界线。在许多情况下，计算机的某些功能既可以由硬件实现，也可以由软件实现。计算机软件随硬件技术的迅速发展而发展，而软件的不断发展与完善又促进了硬件的更新。

2.1.4 计算机系统工作原理

计算机的工作过程实际上就是快速自动执行指令的过程。计算机运行时，先从内存中取出第一条指令，通过控制器的译码，按指令的要求从存储器中取出数据进行指定的运算和逻辑操作等加工，然后按地址把结果送到内存中；接下来，再取出第二条指令，在控制器的指挥下完成规定操作，依此类推，直至遇到停止指令。程序与数据存取一样，同样按程序编排的顺序一步一步取出指令，并自动完成指令所规定的操作，这一原理可以概括为 8 个字：存储程序、程序控制。

存储程序，即将解题的步骤编成程序（通常由若干指令组成），并把程序存放在计算机的存储器（内存）中。

程序控制，即从计算机内存中读取指令并送入计算机的控制器，控制器根据当前指令的功能控制计算机执行指令规定的操作，完成指令的功能。重复这一操作，直到指令执行完毕。

1. 指令系统

指令是能被计算机识别并执行的二进制代码，它规定了计算机所能完成的某种操作。一条指令通常由操作码和操作数两个部分组成。

（1）操作码

操作码指明该指令要完成的操作的类型或性质，如取数、做加法或输出数据等。操作码的位数决定了一个机器操作的指令条数。当使用定长操作码格式时，若操作码位数为 n，则指令条数可为 2^n。

（2）操作数

操作数指明操作对象的内容或所在的单元地址，操作数大多数情况下是地址码，地址码可以有 0～3 个。从地址码得到的仅是数据所在的地址，可以是源操作数的存放地址，也可以是操作结果的存放地址。

一台计算机中所有指令的集合称为该计算机的指令系统。计算机的指令系统决定了计算机硬件的主要性能和基本功能。指令系统以微指令的形式固化在计算机 CPU 中，不同 CPU 的指令系统也不尽相同。指令系统不但能在硬件上实现，而且它又是软件的基础，所以说指令系统实际上是计算机软件、硬件的界面。

不同类型的计算机，指令系统的指令条数也不同。但无论哪种类型的计算机，指令系统都应具有以下功能的指令。

1）数据传送类指令。该类指令将数据在内存与 CPU 之间进行传送，如存储器传送指令、内部传送指令、输入输出传送指令、堆栈指令等。

2）数据处理指令。该类指令用于对数据进行算术运算、逻辑运算、移位和比较，如算术运算指令、逻辑运算指令、移位指令、比较指令等。

3）程序控制指令。该类指令用于控制程序中指令的执行顺序，如无条件转移指令、条件转移指令、转子程序指令、中断指令、暂停指令、空操作指令等。

4）状态管理指令。该类指令用于管理程序的状态，如允许中断指令、屏蔽中断指令等。

2. 计算机的工作过程

计算机的整个工作过程可以归纳为输入、处理、输出和存储 4 个阶段。用户程序和数据由输入设备输入到内存中保存，数据由程序交给运算器进行运算处理，所产生的结果或中间结果也存放在存储器中，最终结果由输出设备交给用户。这 4 个阶段是一个循环过程。输入、处理、输出、存储并不一定严格按照这个顺序操作，而是在指令的指挥下，控制器根据需要决定采取哪一个步骤，整个工作流程都在控制器的控制、协调下有条不紊地运转。

计算机的工作过程跟人脑的工作过程非常类似，这也是人们常将计算机称为“电脑”的原因。下面看一个示例，看看人脑是如何进行计算的。假设要做一道计算题“8+6÷2”，首先，用笔将这道题记录在纸上，经过脑神经元的思考，结合数学知识，先算出 6÷2=3 这一中间结果，然后算出 8+3=11 这一最终结果，并记录在纸上。将计算题记录在纸上相当于计算机的存储过程。大脑记住了这道题就相当于计算机的输入过程，根据数学知识进行解题的先后顺序就相当于计算机程序在控制整个计算过程，即计算机的处理过程。最后将结果记录到纸上即相当于计算机输出结果到纸上或显示器上的过程。

计算机的工作原理示意图如图 2.4 所示。图中空心箭头“⇨”代表数据和指令，在计算机内由二进制数表示；单箭头“⟶”代表控制信号，在计算机内以高低电平表示，起控制作用。控制器控制输入设备预先把指挥计算机如何进行操作的指令序列（程序）和原始数据输送到计算机内存中。每条指令均明确规定了计算机从哪个地址取数，进行什么操作，然后传递到哪个地址等步骤。计算机在运行时，依次从内存中取出每一条指令，控制器对指令进行分析判断，按照指令要求发出不同的控制信号，在控制器的指挥下完成规定的操作，直到完成全部操作为止。

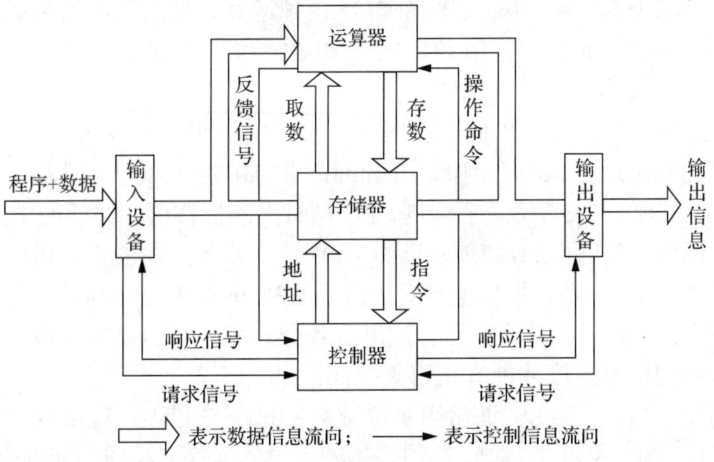

图 2.4　计算机工作原理示意图

2.1.5　个人计算机的硬件系统

从外观上看，个人计算机主要由主机、显示器、鼠标和键盘等组件组成。其中，主机背面有许多插孔和接口，用于接通电源和键盘、鼠标等外部设备，而主机箱内包括 CPU、主板、内存、硬盘和光驱等硬件。图 2.5 为某品牌个人计算机的外观。

图 2.5　某品牌个人计算机的外观

1. CPU

CPU 即中央处理器，其重要性好比大脑对于人一样，因为它负责处理、运算计算机内部的所有数据。CPU 类型决定了采用何种操作系统和哪些相应的软件。CPU 主要由运算器、控制器、寄存器组和内部总线等构成，是计算机的核心。

在近几十年中，CPU 技术水平飞速提升，在速度、功耗、体积和性价比方面平均每 18 个月就有一个数量级的提升。其功能越来越强，工作速度越来越快，功耗越来越低，结构越来越复杂，从每秒完成几十万次基本运算发展到上亿次，每个微处理器包含的半导体电路元件也从两千多个发展到数千万甚至上亿个。图 2.6 所示的酷睿 i7 微处理器已集成了 7.31 亿个晶体管。

图 2.6　酷睿 i7 微处理器

衡量 CPU 性能的主要技术指标主要有以下 3 个。

1）CPU 字长。CPU 字长是 CPU 各寄存器之间一次能够传递的数据位，即在单位时间内能一次处理的二进制数的位数。CPU 内部有一系列用于暂时存放数据或指令的存储单元，称为寄存器。各个寄存器之间通过内部数据总线来传递数据，每条内部数据总线只能传递 1 个数据位。该指标反映了 CPU 内部运算处理的速度和效率。不同的计算机，字长也不尽相同，如 8 位、16 位、32 位和 64 位等。显然，字长越长，一次处理的数据位数越多，处理的速度也就越快。

2）CPU 主频。CPU 主频也称为工作频率或 CPU 内频，是 CPU 内核（整数和浮点运算器）电路的实际运行频率。例如，Pentium Ⅱ350 的 CPU 主频为 350 MHz，Intel 酷睿 i7 的 CPU 主频为 3.2 GHz。主频是 CPU 型号上的标称值。CPU 的主频不代表 CPU 的运算速度。因为 CPU 的运算速度还要看 CPU 流水线各方面的性能指标（缓存、指令集，CPU 的位数等）。但是，提高主频对于提高 CPU 的运算速度却是至关重要的，并且只有在提高主频的同时，各分系统运行速度和各分系统之间的数据传输速度都得到提高后，计算机整体的运行速度才能真正得到提高。

3）CPU 的生产工艺技术。通常用单位微米（μm）来描述，精度越高表示生产工艺越先进，所加工出的连接线也越细，在同等体积半导体硅片上集成的元件也就越多，CPU 工作主频可以做得越高。因此，提高 CPU 工作主频主要受生产工艺技术的限制。

2. 内存

内存是存放程序与数据的装置，在计算机内部直接与 CPU 交换信息。在计算机中，内存按其功能特征可分为以下 3 类。

1）随机存储器（random access memory，RAM）。通常所说的计算机内存容量均指 RAM 容量，即计算机的主存。CPU 对 RAM 既可以读取数据又可以写入数据。读取数据时并不破坏存储单元中的内容，是一种复制，写入时才以新的内容代替旧的内容。一旦关机断电，RAM 中的信息将全部消失。

个人计算机上使用的 RAM 被制作成内存条的形式，如图 2.7 所示。用户可根据自己的需要随时增加内存条来扩展容量，使用时将内存条插到主板的内存插槽上即可。常见的内存条有 4 GB、8 GB、16 GB、32 GB 等不同的规格。

图 2.7 内存条

2）只读存储器（read only memory，ROM）。CPU 对 ROM 只取不存，ROM 中存放的信息一般由计算机制造厂商写入并经固化处理，用户无法修改。即使断电，ROM 中的信息也不会丢失。因此，ROM 一般用于存放计算机系统管理程序，如计算机一通电就执行的 BIOS 程序。

ROM 又可分为 PROM（programmable read only memory，可编程只读存储器）和

EPROM（erasable programmable read only memory，可擦可编程只读存储器）两类。PROM中数据一般只能一次性写入，不能再擦除；EPROM 中写入的数据由紫外线照射一定时间后可以消失（擦除），再写入数据时由专用编程器来实现。

3）高速缓冲存储器（cache）。在计算机系统中，CPU 执行指令的速度大大高于内存的读写速度。由于 CPU 每执行一次指令，至少要访问内存一次，以读取数据或写入运算结果，所以 CPU 和内存的速度不匹配就成为一个矛盾。cache 就是为解决这个矛盾而产生的。cache 是介于 CPU 和内存之间的一种可高速存取信息的芯片，是 CPU 和 RAM之间的桥梁，用于存放程序中当前最活跃的程序和数据。当 CPU 读写内存时，先访问cache，若 cache 中没有 CPU 需要的数据时再访问内存，这一过程表面看起来像是浪费了时间，实际上 CPU 所需数据往往在 cache 中的概率比不在 cache 中的概率大得多。因此从整体上看，cache 的设立大大提高了数据的吞吐效率。

cache 和内存之间信息的调度和传送是由硬件自动进行的，程序员感觉不到 cache的存在，因而它对程序员是透明的。cache 一般由静态随机存储器（static random access memory，SRAM）构成，由于 SRAM 读过程中没有刷新过程，所以存取速度较快。

3. 主板

主板是个人计算机中最大的一块集成电路板，是各种部件的连接载体。它是一种融高科技、高工艺为一体的集成产品。PC99 技术规格规范了主板设计要求，提出主板各接口必须采用有色识别标识，以方便识别。图 2.8 所示为一个较典型的系统主板。

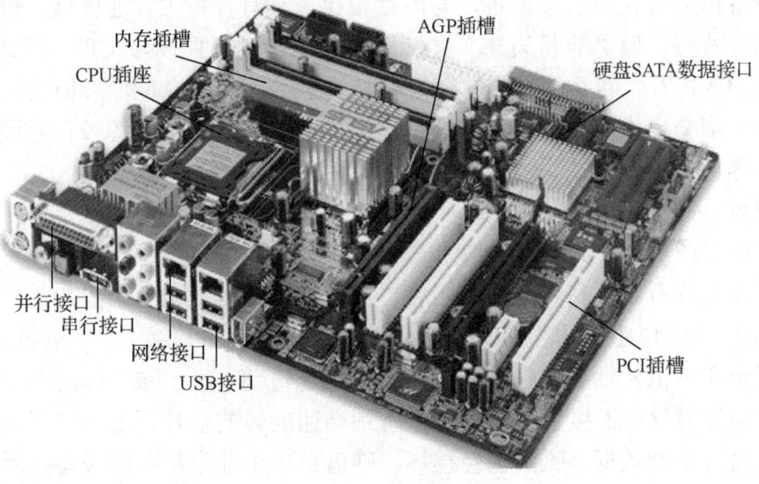

图 2.8　系统主板

主板上的主要部件介绍如下。

（1）芯片组

芯片组是系统主板的灵魂，决定了主板的结构及 CPU 的使用。主板芯片组负责中央处理器与外部设备的信息交换，是中央处理器与外部设备之间架起的一道桥梁。芯片组由北桥（north bridge）芯片和南桥（south bridge）芯片组成，主要连接 ISA（industry standard architecture，工业标准结构）设备和I/O设备。北桥是CPU与外部设备之间的联系纽带，负责联系内存、显卡等数据吞吐量最大的部件，AGP、DRAM、PCI插槽和南桥等设备通过不同的总线与它相连；南桥芯片负责管理中断及直接存储器访问（direct memory access，DMA）通道，目的是让所有的信息都能有效传递。如果把CPU比喻为个人计算机系统的心脏，那么主板上的芯片组就相当于系统的躯干。

（2）CPU插槽

CPU插槽用于固定连接CPU芯片。主板上的CPU插槽类型非常多，从封装形式来看主要分为两大类：一类是插卡式的Slot类型，另一类是传统针脚式的Socket类型。

（3）内存插槽

随着内存扩展板的标准化，主板为内存预留了专用插槽，以便用户扩充内存时能够即插即用。内存插槽根据所接的内存条类型，有不同的引脚数量、额定电压和性能。

（4）输入输出接口

输入输出接口是CPU与外部设备之间交换信息的连接电路，简称I/O接口。不同的设备都有自己独特的系统结构、控制软件、总线、控制信号等。为使不同设备能连接在一起协调工作，必须对设备的连接有一定的约束或规定，这种约束称为接口协议。实现接口协议的硬件设备称为接口电路，简称接口。接口的作用是使计算机的主机系统能与外部设备、网络及其他的用户系统进行有效的连接，以便进行数据和信息的交换。

4. 外存

外存设备作为内存的后援设备，与内存相比，具有容量大、速度慢、价格低、可脱机保存信息等特点，属“非易失性”存储器。外存一般不直接与CPU打交道，外存中的数据应先调入内存，再由CPU进行处理。为了增加内存容量，方便读写操作，有时会将硬盘的一部分当作内存使用，这就是虚拟内存。目前最常用的外存有硬盘、光盘存储器、U盘等。

（1）硬盘

目前市面主流硬盘分为机械硬盘和固态硬盘两种。

机械硬盘是涂有磁性材料的磁盘组件，用于存储数据，主要由盘片组、主轴驱动机构、磁头、磁头驱动定位机构、读写电路、接口及控制电路等组成，一般置于主机箱内。磁盘片被固定在电机转轴上，由电机带动它们一起转动。每个磁盘片的上下两面各有一个磁头，它们与磁盘片不接触。如果磁头碰到高速旋转的盘片，则会破坏盘片表面的涂层和存储在盘片上的数据，磁头也会损坏。硬盘是一个非常精密的设备，所要求的密封性能很高。任何微粒都会导致机械硬盘读写失败，所以盘片被密封在一个容器之中。

机械硬盘存储信息是按柱面号、磁头号和扇区号来存放的，如图2.9所示。其中，柱面由一组盘片上的同一个磁道纵向形成的同心圆柱构成，柱面编号从0开始从外向内进行，柱面上的磁道是由外向内的一个个同心圆，每个磁道又等分为若干扇区。机械硬盘信息读写时，由柱面号、磁头号（用来确定柱面上的磁道）和扇区号来确定读写的具体位置。磁头从0开始编号，而扇区从1开始编号。

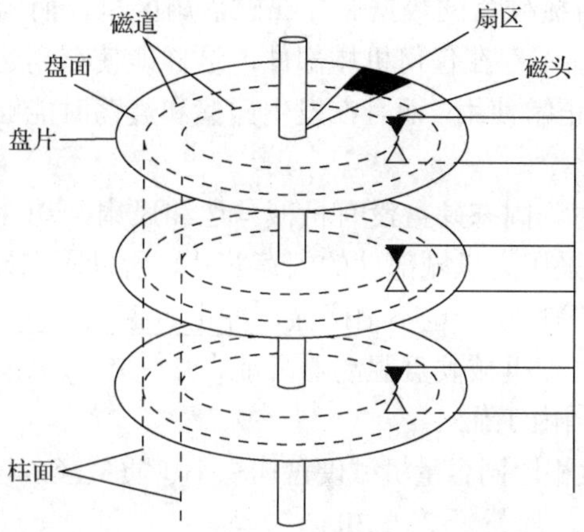

图 2.9　机械硬盘的存储方式

机械硬盘的存储容量取决于硬盘的柱面数、磁头数及每个磁道的扇区数。若一个扇区的容量为 512 B，那么硬盘存储容量为 512 B×柱面数×磁头数×扇区数。

新磁盘在使用前必须先进行格式化，然后才能被系统识别和使用。磁盘格式化的目的是对磁盘进行磁道和扇区划分，同时将磁盘分成四个区域——引导扇区、文件分配表、文件目录表和数据区。其中，引导扇区用于存储系统的自引导程序，主要为启动系统和存储磁盘参数而设置；文件分配表用于描述文件在磁盘上的存储位置及整个扇区的使用情况；文件目录表即根目录区，用于存储根目录下所有文件名和子目录名、文件属性、文件在磁盘上的起始位置、文件的长度及文件建立和修改日期与时间等；数据区即用户区，用于存储程序或数据，也就是文件。

固态硬盘（solid state disk，SSD），又称固态驱动器，是由控制单元和固态电子存储芯片阵列组成的硬盘，如图 2.10 所示。

图 2.10　固态硬盘

主控芯片是固态硬盘的大脑，其作用：一是合理调配数据在各个闪存芯片上的负荷；二是承担了整个数据中转，连接闪存芯片和外部 SATA 接口。

主控芯片旁边是缓存芯片，固态硬盘和传统机械硬盘一样需要高速的缓存芯片辅助主控芯片进行数据处理。除了主控芯片和缓存芯片外，PCB 板上其余大部分位置都是 NAND 闪存芯片。

固态硬盘相比机械硬盘具有如下优点。

1）读写速度快。固态硬盘采用闪存作为存储介质，读取速度相对机械硬盘更快。固态硬盘不用磁头，寻道时间几乎为 0。持续写入的速度非常惊人，近年来的 NVMe 固态硬盘可达到 2 000 MB/s 左右，甚至 4 000 MB/s 以上。与之相关的还有极低的存取时间，最常见的 7 200 转机械硬盘的寻道时间一般为 12～14 ms，而固态硬盘可以轻易达到 0.1 ms 甚至更低。

2）防震抗摔性。机械硬盘的数据储存在磁盘扇区里，而固态硬盘使用闪存颗粒制作而成，所以 SSD 内部不存在任何机械部件，这样即使在高速移动甚至伴随翻转倾斜的情况下也不会影响到正常使用，而且在发生碰撞和震荡时能够将数据丢失的可能性降到最小。

3）低功耗、无噪声。固态硬盘没有机械马达和风扇，功耗上要低于传统硬盘，工作时噪声为 0 dB。由于采用无机械部件的闪存芯片，所以固态硬盘具有发热量小、散热快、不会发生机械故障等特点，也不怕碰撞、冲击、振动。

4）工作温度范围大。机械硬盘驱动器只能在 5～55 ℃范围内工作，而大多数固态硬盘可在-10～70 ℃范围内工作。

5）轻便。固态硬盘相比同容量机械硬盘体积小、质量轻，与常规 1.8 英寸（1 英寸=2.54 cm）机械硬盘相比，质量轻 20～30 g。

但固态硬盘也存在因闪存擦写次数限制而产生的使用寿命短、售价相比机械硬盘高等问题。

（2）光盘存储器

光盘存储器是利用光学原理进行信息读写的存储器。光盘存储器主要由光盘、光盘驱动器、光盘控制器组成。在光盘技术中，使用激光光束改变塑料或金属盘的表面来标识数据。光盘表面的平坦和凹陷区域分别表示 0 和 1，光盘用在该区域投射的微小激光束来读取数据。光盘的主要特点是存储容量大、可靠性高，只要存储介质不发生问题，光盘上的数据就可以长期保存。光盘是大容量的数据存储设备，也是高品质的音源设备，是最基本的多媒体设备。

按光盘的读写性能，可分为只读型和可读写型。只读光盘（compact disc ROM，CD-ROM）上的数据采用压模方法压制而成，用户只能读取数据，而不能写入或修改光盘上的数据。可读写型光盘中的可录 CD 光盘（CD-recordable，CD-R）特点是只能写一次，写完后无法被改写，此后只能任意多次读取数据。CD-RW（CD rewritable）是可重复读写光盘，读写次数可任意。

读取光盘数据需要用到光盘驱动器，通常称之为光驱，如图 2.11 所示。光驱的核心部分由激光头、光反射透镜、电机系统和处理信号的集成电路组成。影响光驱性能的关键组件是激光头。

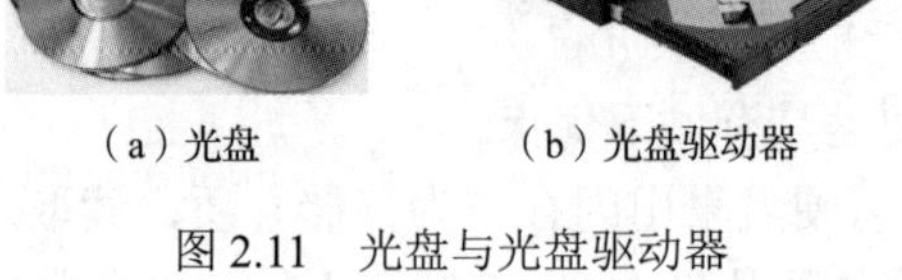

（a）光盘　　（b）光盘驱动器

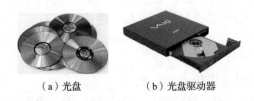

图 2.11　光盘与光盘驱动器

刻录机是刻录光盘的设备。在刻录 CD-R 盘片时，通过大功率激光照射 CD-R 盘片的染料层，在染料层上形成一个个平面（land）和凹坑（pit），光驱在读取这些平面和凹坑时将其转换为 0 和 1。由于这种变化是一次性的，不能恢复到原来的状态，所以 CD-R

盘片只能写入一次，不能重复写入。CD-RW 的刻录原理与 CD-R 大致相同，只不过盘片上镀的是一层 200～500 Å（1 Å=10^{-8} cm）厚的薄膜，这种薄膜的材质多为银、铟、硒或碲的结晶层。该结晶层能够呈现出结晶和非结晶两种状态，等同于 CD-R 的平面和凹坑。通过激光束的照射，结晶层可以在两种状态之间相互转换，所以 CD-RW 盘片可以重复写入。

衡量光盘驱动器传输数据速率的指标为倍速，1 倍速率为 150 KB/s。如果在一个 40 倍速光驱上读取数据，数据传输速率可达到 40×150 KB/s=6 MB/s。

CD-ROM 的后继产品是 DVD-ROM（digital versatile disc-ROM）。DVD 采用波长更短的红色激光、更有效的调制方式和更强的纠错方法，具有更高的道密度，支持双面双层结构。在与 CD 大小相同的盘片上，DVD 可提供相当于普通 CD 盘片 8～25 倍的存储容量及 9 倍以上的读取速度。DVD-ROM 1 倍速率是 1.3 MB/s，并向下兼容，可读音频 CD 和 CD-ROM。现在使用的 DVD 是多个厂商于 1995 年 12 月共同制定的统一格式，以 MPEG-2 为标准，每张 DVD 光盘存储容量可达 4.7 GB 以上。DVD 盘数据的读取要通过 DVD 光盘驱动器进行。

新型的三合一驱动器集高速读写的 CD-ROM、DVD 及 CD-RW 刻录三大功能于一体，被广泛应用于各种微型机上。

（3）U 盘

U 盘的全称是 USB 闪存盘。它是一种使用 USB 接口的，无须物理驱动器的微型高容量移动存储产品，实现了即插即用。它具有小巧便携、存储容量大、价格便宜等特点。其外观如图 2.12 所示。

（4）移动硬盘

移动硬盘采用现有固定硬盘的最新技术，主要由驱动器和盘片两部分组成。其中，每一个盘片相当于一个硬盘，可以连续更换盘片，以达到无限存储的目的。其设计原理是，为固定硬盘的磁头应用防尘、抗震等技术后，集成在更为轻巧、便携并且能够自由移动的驱动器中；将固定硬盘的盘芯，通过精密技术加工后统一集成在盘片中；当把盘片放入驱动器时，就成为一个高可靠性的硬盘。移动硬盘可通过 USB 接口与主机相连，实现数据的传送，如图 2.13 所示。

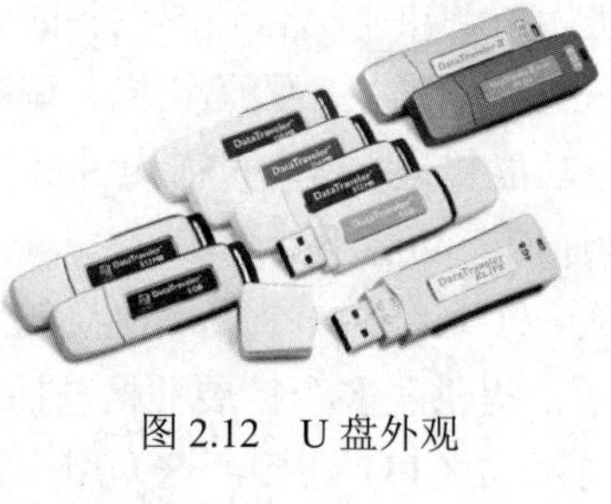

图 2.12　U 盘外观

图 2.13　移动硬盘与主机相连

5. 总线

在计算机中，总线（bus）是一个很重要的概念。总线指一组连接各个部件的公共通信线。有联系的各个部件不是单独地在两两之间使用导线相连接，而是一律挂接在总线上，因此，各部件之间的通信关系变成面向总线的单一关系，即总线是各部件所共用的。采用总线结构不仅使连线简化可靠，而且系统很容易扩充部件。

根据总线内所传输信息的不同，又可将总线分为地址总线（address bus，AB）、数据总线（data bus，DB）和控制总线（control bus，CB）。总线可以单向传输数据，也可以双向传输数据，还可以在多个设备或部件之间选择两个进行数据传输。所以总线不仅是一束导线，还应包括总线控制和驱动电路。

（1）地址总线

地址总线用于传送存储单元或输入输出接口的地址信息，其包含地址线的根数决定了计算机系统内存的最大容量，每根地址线对应 CPU 的一条地址引脚，不同 CPU 的地址线根数不同。例如，80386 CPU 和 80486 CPU 有 32 根地址线，内存空间可达 4 GB（2^{32}B）。地址总线传送的地址信息是单向的，由 CPU 发出。

（2）数据总线

数据总线用于在 CPU 和内存、I/O 接口电路之间传送数据。数据总线所含数据线的根数表示 CPU 可一次性接收或发出多少位二进制数，可处理多少位二进制数。例如，数据总线根数为 32，表示该总线上可一次性传送 32 位二进制数，CPU 可以一次性处理 32 位数的算术运算。数据总线上传送的信息是双向的，有时是由 CPU 发出的，有时是送往 CPU 的。

（3）控制总线

控制总线用于传送控制器的各种控制信号。控制总线分为两类：一类是 CPU 向内存或外部设备发出的控制信号；另一类是由外部设备、内存或 I/O 接口电路发回的信号（包括状态信号或应答信号）。它的条数由 CPU 的字长决定。

根据位置与功能的不同，总线又分为内部总线、系统总线和外部总线。内部总线一般指 CPU 与其外围芯片之间的总线，用于芯片级的连接。系统总线用于微型机中各插件与系统主板之间的连接，是插件级的连接。外部总线是微型机硬件系统与外部其他设备之间的连接总线，用于设备级的连接。对于用户而言，系统总线是最重要的，通常所说的总线就是系统总线。例如，USB 通用串行总线就是为了解决主机与外部设备的通用连接而设计的。它可将所有低速外部设备（如键盘、鼠标、扫描仪、数码相机、调制解调器等）都连接在统一的 USB 接口上。此外，它还支持功能传递，用户只需为多个 USB 标准设备准备一个 USB 接口，这些外部设备可以串接通信，功能不受影响。

个人计算机采用开放式体系结构，由多个模块构成一个系统。一个模块往往就是一块电路板。为了方便总线与电路板的连接，总线在主板上提供了多个扩展插槽与插座，任何插入扩展槽的电路板（如显卡、声卡）都可通过总线与 CPU 连接，这为用户自己组合可选设备提供了方便。微处理器、总线、存储器、接口电路和外部设备的逻辑关系如图 2.14 所示。

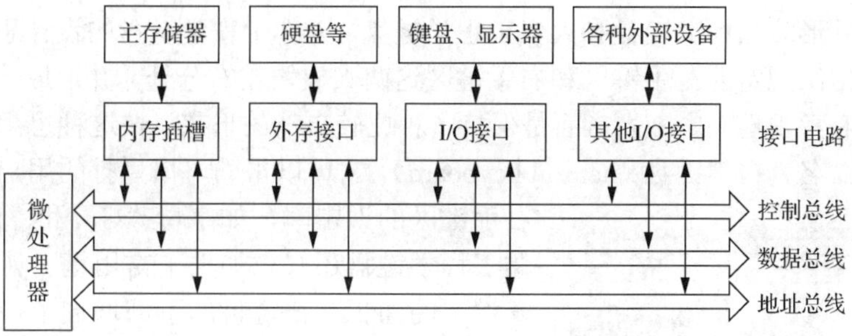

图 2.14　微处理器、总线、存储器、接口电路和外部设备的逻辑关系

6. 输入设备

输入设备将数据、程序等转换成计算机能接受的二进制代码，并将它们送入内存。输入设备不能与 CPU 直接交换信息，必须通过“接口电路”与 CPU 进行信息交换。常用的输入设备是键盘和鼠标。

（1）键盘

键盘是微型计算机的重要输入设备，通过它可以输入程序、数据、操作命令，也可以对计算机进行控制。熟悉并掌握键盘操作技术是微型计算机用户最基本的技能。

键盘中配有一个微处理器，用来对键盘进行扫描，生成键盘扫描码和进行数据转换。微型计算机常用键盘有 101 键盘、104 键盘和 107 键盘等。107 键盘比 104 键盘多了睡眠、唤醒、开机等电源管理按键。

以常见的标准 107 键盘为例，其布局如图 2.15 所示。整个键盘大致分为 5 个区：功能键区、主键盘区、小键盘区、编辑控制键区和状态指示灯区。按键的位置是依据字符的使用频度、双手手指的灵活程度与协调方便等诸多因素而排列的。键盘上各键符及其组合所产生的字符和功能在不同操作系统和软件支持下有所不同。

目前市面上常见的键盘接口以 USB 接口为主，USB 接口具有即插即用的优点，支持热插拔。因此，使用 USB 接口的键盘拔下、插上非常方便，不需要重新启动机器就可继续使用。也有少量计算机使用 PS/2 接口。PS/2 接口是一种 6 针圆形的鼠标和键盘专用接口，如图 2.16 所示。这两个接口不能混插，鼠标通常占用浅绿色接口，键盘占用紫色接口，这是由于计算机内部对它们信号的定义不同。PS/2 接口的键盘拔下再插上后，必须重新启动机器才能识别该硬件，否则不能使用。

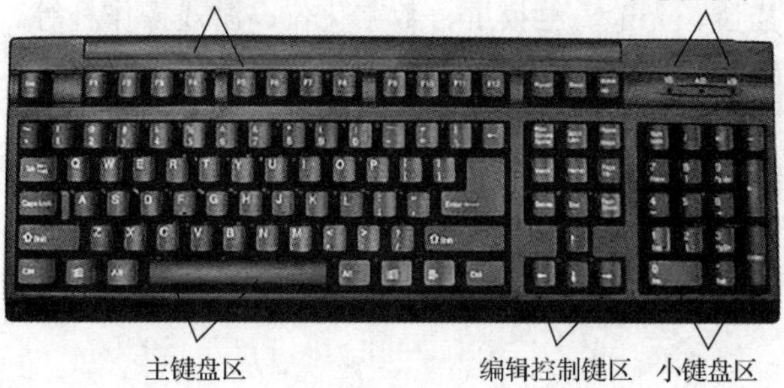

图 2.15　标准 107 键盘的布局

图 2.16　机箱后面的两个 PS/2 接口

键盘的外形分为标准键盘和人体工程学键盘。人体工程学键盘的设计思想是，在标准键盘上将指法规定的左手键区和右手键区这两大板块左右分开，并形成一定角度，使操作者不必有意识地夹紧双臂，而是保持一种比较自然的形态。按这种思想设计的键盘被微软公司命名为自然键盘（natural keyboard），它可以帮助习惯盲打的用户有效减少左右手键区的误击率，如字母“G”和“H”。有的人体工程学键盘还有意加大了常用键（如空格键和回车键）的面积，在键盘的下部增加了护手托板，给悬空手腕以支持点，以便减少由于手腕长期悬空导致的疲劳。以上这些都被视为人性化的设计思想。典型的人体工程学键盘如图 2.17 所示。

图 2.17　典型的人体工程学键盘

（2）鼠标

鼠标是用于图形界面操作系统和应用程序的快速输入设备，主要功能是移动显示器上的光标，并通过菜单或按钮向主机发出各种操作命令，但不能输入字符和数字。它的基本工作原理是，当移动鼠标时，它把移动距离及方向的信息转换成脉冲送到计算机，计算机再把脉冲转换成鼠标光标的坐标数据，从而达到指示位置的目的。

根据鼠标的工作原理，鼠标又可分为机械鼠标、轨迹球鼠标、光电鼠标和蓝牙鼠标。目前，市面上流行的多是光电鼠标。光电鼠标内部有一个发光二极管，鼠标通过该发光二极管发出光线，照亮光电鼠标底部表面，然后将光电鼠标底部表面反射回的一部分光线，经过一组光学透镜，传输到一个光感应器件（微成像器）内成像。这样，当光电鼠标移动时，其移动轨迹便会被记录为一组高速拍摄的连贯图像。最后，利用光电鼠标内部的一块专用图像分析芯片对移动轨迹上摄取的一系列图像进行分析处理，通过对这些图像上特征点位置的变化进行分析，来判断鼠标的移动方向和移动距离，从而完成光标的定位。

目前，主流的鼠标是三键或者两键的。三键鼠标如图 2.18 所示，鼠标的中间有个滚轮，除了可以用于浏览页面时的翻页外，还可以单独定义按键的功能。其左键通常用于确定操作，右键用于特殊功能，如在任意对象上右击，会弹出当前对象的快捷菜单。常见的鼠标接口有串口、PS/2 和 USB 接口 3 种类型。

图 2.18　带滚轮的三键鼠标

（3）其他

常见的输入设备还有轨迹球、扫描仪、光笔、触摸屏、数字化仪、游戏操作杆等。轨迹球与鼠标功能类似。扫描仪是一种可将静态图像输入到计算机的图像采集设备，对于桌面排版系统、印刷制版系统都十分有用。如果配上文字识别软件，用扫描仪可以快捷方便地把各种文稿录入计算机，加速计算机文字录入过程。光笔是一种图像输入设备。触摸屏是指点式输入设备，触摸屏在计算机显示屏幕基础上附加了坐标定位装置，通常有接触式和非接触式两种类型。

7. 输出设备

输出设备用于将计算机处理的结果转换成人们能够识别的数字、字符、图像、动画、声音等形式显示、打印或播放出来。输出设备只有通过输出接口电路才能与 CPU 交换信息。常用的输出设备有显示器、打印机、绘图仪等。

（1）显示器

显示器是计算机中重要的输出设备。用户可以通过它了解自己输入的数据、运算产生的结果和跟踪监视程序运行的过程。现在广泛使用的是 LCD 液晶显示器。

液晶显示器由显示单元矩阵组成。每个显示单元含有液晶的特殊分子，它们沉积在两种材料之间。加电时，液晶分子变形，能够阻止某些光波通过，而允许另一些光波通过，从而在屏幕上形成图像。

显示器要与主机相连，必须配置适当的显示适配器，即显卡，如图 2.19 所示。显卡不仅把显示器与主机连接起来，还起到处理图形数据、加速图形显示等作用，因此又称为图形加速卡。显卡拥有自己的图形函数加速器和显存，是专门用来执行图形加速任务的计算机部件，因此可以大大减少 CPU 处理图形函数的时间。显卡插在微机主板的扩展槽上，常用的接口类型有 PCI 接口、AGP 接口、PCI Express 接口。

图 2.19　显卡

显示器的主要技术指标包括以下 4 项。

1）分辨率。分辨率指屏幕上可以容纳的像素的个数，由水平像素数和垂直像素数组成。分辨率越高，屏幕上能显示的像素个数也就越多，图像也就越细腻。

2）点距。两个相邻像素之间的水平距离称为点距。点距越小，显示的图像就越清晰。为减少眼睛的疲劳程度，应采用点距小的显示器。

3）刷新频率。要在屏幕上看到一幅稳定的画面，必须按一定频率在屏幕上重复显示图像。显示器每秒重复图像的次数称为刷新频率，单位为 Hz。通常，显示器的刷新频率至少要达到 60 Hz，即每秒钟重复图像 60 次。

4）显存。计算机在显示一幅图像时首先要将其存入显卡上的显示内存（简称显存）中。显存大小会限制对显示分辨率及颜色的设置等。

（2）打印机

打印机是计算机的基本输出设备之一，可将信息输出到纸上。打印机又分为针式打印机、喷墨打印机、激光打印机，通过并口与主机相连。将打印机和计算机相连后，必须安装打印机驱动程序才可以使用打印机。

1）针式打印机。其印刷机构由打印头和色带组成。打印头中藏有打印针。人们常说的 24 针打印机是指打印头中有 24 根针的打印机。这些钢针在电磁力的作用下隔着色带击打纸张，由击打产生的“针点”来形成所需字符和图形。

2）喷墨打印机。其利用特殊技术的换能器将带电的墨水喷出，由偏转系统控制很细的喷嘴喷出微粒射线在纸上扫描，并绘出文字与图像。喷墨打印机体积小，质量轻，噪声小，打印精度较高，特别是彩色印刷能力很强；但喷嘴容易堵塞，打印成本较高。

3）激光打印机。其利用激光扫描主机送来的信息，将要输出的信息在磁鼓上形成静电潜像，并转换成磁信号，使微粒炭粉吸附在纸上，经显影后输出。激光打印机打印速度高，印刷质量好，无噪声。

近年来，彩色喷墨打印机和彩色激光打印机打印技术已日趋成熟，成为主流打印机，图像输出已达到照片级的质量水平。

8. 其他外部设备

随着个人计算机功能的不断扩大，所连接的外部设备的数量及种类也越来越多，如声卡、网卡等。

（1）声卡

图 2.20　典型声卡的外观

声卡是多媒体技术中最基本的组成部分，是实现声波、数字信号相互转换的一种硬件。声卡的基本功能是把来自话筒、光盘的原始声音信号加以转换，输出到耳机、扬声器、扩音机、录音机等声响设备中，或通过音乐设备数字接口使乐器发出美妙的声音。声卡主要分为板卡式、集成式和外置式 3 种类型，以适应不同用户的需求。其接口类型主要有 ISA、PCI、USB 3 种。典型声卡的外观如图 2.20 所示。

（2）网卡

网卡是在网络上与其他计算机进行通信的计算机硬件，使用户可以通过电缆或无线相互连接。网卡工作在数据链路层，是局域网中连接计算机和传输介质的接口，不仅能实现与局域网传输介质之间的物理连接和电信号匹配，还能实现帧的发送与接收、帧的封装与拆封、介质访问控制、数据的编码与解码、数据缓存功能等。现在，大部分个人计算机的主板都集成了网络接口。

2.2　进位计数制及运算

2-2　数制的概念　　2-3　数制间的转换

2.2.1　进位计数制基本概念

进位计数制是用一组固定的数码和一套统一的规则来表示数值的一种方法。数码、基数和权是进位计数制的 3 个基本概念。

1. 数码

数码是数制中表示基本数值大小的不同数字符号。例如，十进制的数码是 0、1、2、3、4、5、6、7、8、9；二进制的数码是 0、1。

2. 基数

基数指数制所用数码的个数，用 R 表示。例如，二进制的基数为 2，十进制的基数为 10，八进制的基数为 8，十六进制的基数为 16。R 进制的进位规则是“逢 R 进一”，借位规则是“借一当 R”。

3. 权

数制中的一个数可以由有限个数码排列在一起构成，数码所在的数位不同，其代表的数值也不同。这个数码表示的值等于该数码乘以一个与它所在数位有关的常数，这个常数称为权。例如，十进制数 315，由 3、1、5 三个数码排列组成，数位 3 的权是 10^2（百位），数位 1 的权是 10^1（十位），数位 5 的权是 10^0（个位），显然权是基数的幂（权=R^n，其中 n 从小数点开始向左分别为 0、1、2、3……向右分别为−1、−2、−3……）。

2.2.2　计算机常用数制

当人们使用计算机时，输入计算机的是十进制数，十进制数在计算机内部被转换成二进制数，然后进行运算，运算后的结果再由二进制数转换成十进制数显示，这些过程都由计算机系统自动完成。计算机中常用的数制有二进制、八进制、十进制和十六进制。

1. 二进制数

二进制数基数 R=2，有 0 和 1 两个数码。计数规则为“逢二进一，借一当二”，各数位的权为 2^n。

二进制是计算机中采用的数制，所有数据信息在计算机内部都是以二进制形式来表示和处理的。为什么计算机会采用二进制数呢？这是因为二进制数具有如下特点。

① 可行性。二进制只有两个数字，在物理上只需要两种状态来表示，这在电路上很容易实现，如晶体管的导通和截止，开关的开与合，电平的高与低。

② 简易性。二进制数的运算法则比较简单。例如，二进制数的加法法则如下。

$$0+0=0$$

$$0+1=1+0=1$$

$$1+1=10$$

逢二进一，简单的运算法则使电路实现起来比较简单。

③ 逻辑性。二进制数中的 0 和 1 正好和逻辑代数中的假（false）和真（true）相对应，所以用二进制数表示逻辑值很自然。

④ 可靠性。二进制只有 0 和 1 两个数字，传输和处理时不容易出错，使电路更加可靠。

但是，二进制的缺点也很明显，数字冗长、书写烦琐、容易出错、不便阅读。所以，在计算机技术文献的书写中，常用八进制数或十六进制数表示。

2. 八进制

八进制基数 R=8，数码可取 0、1、2、3、4、5、6、7，共 8 个数码。计数规则为“逢八进一，借一当八”，各数位的权为 8^n。

3. 十进制

十进制基数 R=10，数码可取 0、1、2、3、4、5、6、7、8、9，共 10 个数码。计数

规则为“逢十进一，借一当十”，各数位的权为 10^n。

4. 十六进制

十六进制基数 $R=16$，数码可取 0、1、2、3、4、5、6、7、8、9、A、B、C、D、E、F，共 16 个数码，其中 A、B、C、D、E、F 分别表示十进制数 10、11、12、13、14、15，计数规则为“逢十六进一，借一当十六”，各数位的权为 16^n。

二进制、八进制、十进制和十六进制都是计算机中常用的数制。既然存在不同的数制，那么在给出一个数时必须指明该数是什么数制中的数。例如，$(1001)_2$、$(1001)_8$、$(1001)_{10}$、$(1001)_{16}$ 分别表示二进制、八进制、十进制、十六进制中的数 1001，当然它们的数值并不相同。还可以用后缀字母表示不同的数制中的数。例如，1001B、1001Q、1001D、1001H 也可以分别表示二进制、八进制、十进制、十六进制中的数 1001。

进位计数制数码表如表 2.1 所示。

表 2.1 进位计数制数码表

数制	基数 R	数码	标识
二进制	2	0、1	B
八进制	8	0、1、2、3、4、5、6、7	Q
十进制	10	0、1、2、3、4、5、6、7、8、9	D
十六进制	16	0、1、2、3、4、5、6、7、8、9、A、B、C、D、E、F	H

2.2.3 数制间的转换

对于各种数制间的转换，重点要求掌握二进制整数与十进制整数之间的转换。

1. R 进制数转换成十进制数

转换方法：将 R 进制数按权展开，然后按十进制法则将数值相加，就得到 R 进制数对应的十进制数。

（1）二进制数转换成十进制数

$$(1011.101)_2 = 1\times2^3 + 0\times2^2 + 1\times2^1 + 1\times2^0 + 1\times2^{-1} + 0\times2^{-2} + 1\times2^{-3}$$
$$=8+0+2+1+0.5+0+0.125=(11.625)_{10}$$

（2）八进制数转换成十进制数

$$(345.67)_8 = 3\times8^2 + 4\times8^1 + 5\times8^0 + 6\times8^{-1} + 7\times8^{-2} = (229.859375)_{10}$$

（3）十六进制数转换成十进制数

$$(ABC.2F)_{16} = 10\times16^2 + 11\times16^1 + 12\times16^0 + 2\times16^{-1} + 15\times16^{-2}$$
$$=(2748.18359375)_{10}$$

2. 十进制数转换成 R 进制数

将十进制数转换为 R 进制数的方法不止一种，但通常采用如下方法：将整数部分采用“除 R 逆序取余”法，即将十进制数除以 R，得到一个商和余数，再将商除以 R，又得到一个商和余数，如此继续，直到商为 0 为止；然后将每次得到的余数按逆序排列，即为 R 进制的整数部分。

小数部分采用“乘 R 顺序取余”法，即将小数部分连续乘以 R，取出每次相乘的整数部分，直到小数部分为 0 或满足要求的精度为止；然后将每次得到的整数按得到的顺序排列，即为 R 进制的小数部分。

例如，将十进制数$(215.6875)_{10}$转换为二进制数。

对其整数部分除 2 取余，直到商为 0，然后将最后一个余数作为二进制数的首位，第一个余数作为二进制数的最低位，则得$(215)_{10} = (11010111)_2$。

		余数（低位）↑
2	215	1
2	107	1
2	53	1
2	26	0
2	13	1
2	6	0
2	3	1
2	1	1
	0	（高位）

对其小数部分乘 2 取整，然后将每次得到的整数顺序排列，则得$(0.6875)_{10} = (0.1011)_2$。

0.6875 × 2	取整数	（高位）↓
1.3750	1	
0.3750 × 2		
0.7500	0	
0.7500 × 2		
1.5000	1	
0.5000 × 2		
1.0000	1	（低位）

将整数和小数部分综合起来，得$(215.6875)_{10} = (11010111.1011)_2$。

3. 二进制数与八进制数之间的转换

每 1 位八进制数最大是$(7)_{10}$，相当于 3 位二进制数，即$(7)_{10} = (111)_2$，也就是说八进制 1 位对应于二进制 3 位。八进制数转换为二进制数法则是“1 位拆 3 位”，即把 1 位八进制数写成对应的 3 位二进制数，然后按权连接。

例如，将$(2754.41)_8$转换成二进制数，可按“1 位拆 3 位”方法，即

```
 2     7     5     4  .  4    1
 ↓     ↓     ↓     ↓     ↓    ↓
010   111   101   100  .100  001
```

所以，$(2754.41)_8 = (10111101100.100001)_2$。

反之，将二进制数转换为八进制数法则是“3 位并 1 位”，即以小数点为界，整数部分从小数点开始向左，将二进制数每 3 位分为一组，最高位不足 3 位时在左边补 0，补足 3 位；小数部分从小数点开始向右，将二进制数每 3 位分为一组，不足 3 位的在右边补 0，补足 3 位；然后将各组的 3 位二进制数用 1 位八进制数表示，即可完成转换。

例如，将$(1010111011.0010111)_2$转换为八进制数，按“3 位并 1 位”方法，即

```
001   010   111   011 . 001   011   100
 ↓     ↓     ↓     ↓     ↓     ↓     ↓
 1     2     7     3  .  1     3     4
```

所以，$(1010111011.0010111)_2 = (1273.134)_8$。

4. 二进制数与十六进制数之间的转换

每 1 位十六进制数最大是$(15)_{10}$，相当于 4 位二进制数，即$(15)_{10} = (1111)_2$，也就是说十六进制 1 位对应二进制 4 位。十六进制数转换为二进制数法则是“1 位拆 4 位”，即把 1 位十六进制数写成对应的 4 位二进制数，然后按权连接。

例如，将$(5A0B.1E)_{16}$转换成二进制数，按“1 位拆 4 位”方法，即

```
 5     A     0     B  .  1     E
 ↓     ↓     ↓     ↓  .  ↓     ↓
0101  1010  0000  1011 . 0001  1110
```

所以，$(5A0B.1E)_{16} = (101101000001011.0001111)_2$。

反之，将二进制数转换成十六进制数法则是“4 位并 1 位”，即以小数点为界，整数部分从小数点开始向左，将二进制数每 4 位分为一组，最高位不足 4 位时在左边补 0，补足 4 位；小数部分从小数点开始向右，将二进制数每 4 位分为一组，不足 4 位的在右边补 0，补足 4 位；然后将各组的 4 位二进制数用 1 位十六进制数表示，即可完成转换。

例如，将$(1110100101.01101011)_2$ 转换成十六进制数，按“4 位并 1 位”方法，即

```
0011  1010  0101 .  0110  1011
 ↓     ↓     ↓       ↓     ↓
 3     A     5   .   6     B
```

所以，$(1110100101.01101011)_2 =(3A5.6B)_{16}$。

5. 八进制数与十六进制数之间的转换

这两种数制之间的转换可以用二进制数或十进制数作为中间过渡。例如，以十进制数作为中间过渡，先将八进制数转换成十进制数，再将十进制数转换成十六进制数，这样就将八进制数转换成十六进制数了；反之，十六进制数转换成八进制数也是如此。

2.3　数据在计算机中的表示

2-4　计算机信息编码

数据不等于数值和数字，它是一个广义的概念。数据是表征客观事物的、可被记录的、能够被识别的各种符号。此处所说的数据实际包含两种数据，即数值数据和非数值数据。数值数据用以表示量的大小、正负，如整数、小数等；非数值数据用以表示一些符号、标记，如英文字母、数字、各种专用字符等，汉字、图形、声音数据也属于非数值数据。

无论是数值数据还是非数值数据，在计算机内部都是以二进制方式组织和存放的。也就是说，任何数据要交给计算机处理，都必须用二进制数字 0 和 1 表示，这一过程就是数据的编码。显然，一个二进制位只有两种状态（0 和 1），可以分别表示两个数据，两个二进制位就有 4 种状态（00，01，10，11），可分别表示 4 个数据。要表示的数据越多，所需要的二进制位就越多。

2.3.1　数值数据

1. 机器数

在计算机中，因为只有 0 和 1 两种形式，所以数的正、负号也必须以 0 和 1 表示。通常将二进制数的首位（最左边的一位）作为符号位，若二进制数是正数则其首位是 0，若二进制数是负数则其首位是 1。类似这种符号也数码化的二进制数称为“机器数”，原来带有“+”“-”号的数称为“真值”。例如，

十进制数：	+67	−67。
二进制数（真值）：	+1000011	−1000011。
计算机内（机器数）：	01000011	11000011。

机器数在机内也有 3 种不同的表示方法，即原码、反码和补码。

（1）原码

用首位表示数的符号（0 表示正，1 表示负），其他位则为数的真值的绝对值，这样表示的数就是数的原码。例如：

X=(+105)，$[X]_{原}=(01101001)_2$；

Y=(−105)，$[Y]_{原}=(11101001)_2$。

0 的原码有两种，即$[+0]_{原}=(00000000)_2$，$[-0]_{原}=(10000000)_2$。

原码简单易懂，与真值转换起来很方便，但如果两个异号的数相加或两个同号的数相减就要做减法，这时必须判别这两个数哪一个绝对值大，用绝对值大的数减去绝对值小的数，运算结果的符号就是绝对值大的那个数的符号。这些操作比较麻烦，运算的逻辑电路实现起来也比较复杂，于是为了将加法和减法运算统一成只做加法运算，就引进了反码和补码。

（2）反码

反码使用得较少，它只是补码的一种过渡。正数的反码与其原码相同，负数的反码

是这样求得的：符号位不变，其余各位按位取反（即 0 变为 1，1 变为 0）。例如：

$[+65]_{原}=(01000001)_2$，$[+65]_{反}=(01000001)_2$；

$[-65]_{原}=(11000001)_2$，$[-65]_{反}=(10111110)_2$。

容易验证：一个数反码的反码就是这个数本身。

（3）补码

正数的补码与其原码相同，负数的补码是它的反码加 1，即求反加 1。例如：

$[+63]_{原}=(00111111)_2$，$[+63]_{反}=(00111111)_2$，$[+63]_{补}=(00111111)_2$；

$[-63]_{原}=(10111111)_2$，$[-63]_{反}=(11000000)_2$，$[-63]_{补}=(11000001)_2$。

同样容易验证：一个数的补码的补码就是其原码。

引入了补码后，两个数的加减法运算就可以统一用加法运算来实现了，此时两个数的符号位也当作数值直接参加运算，并且有这样一个结论，即两数和的补码等于两数补码的和。所以在计算机系统中一般采用补码来表示带符号的数。

例如：求$(32-10)_{10}$的值。事实上，

$(+32)_{10}=(+0100000)_2$，$(+32)_{原}=(00100000)_2$，$(+32)_{补}=(00100000)_2$，

$(-10)_{10}=(-0001010)_2$，$(-10)_{原}=(10001010)_2$，$(-10)_{补}=(11110110)_2$。

竖式相加：

$$\begin{array}{rl} 0\,0\,1\,0\,0\,0\,0\,0 & \text{-------}[32]_{补} \\ +)\ \ 1\,1\,1\,1\,0\,1\,1\,0 & \text{-------}[-10]_{补} \\ \hline 1\,0\,0\,0\,1\,0\,1\,1\,0 & \\ \uparrow\ \ \ \ \ \ \ \ \ \ \ \ \ \ \ \ & \end{array}$$

由于只是 1 字节，且 1 字节只有 8 位，再进位则自然丢失。

$(00010110)_2=(+22)_{10}=(22)_{补}=(22)_{原}$，所以$(32-10)_{10}=(22)_{10}$。

又如：求$(34-68)_{10}$的值。事实上，

$(+34)_{10}=(+0100010)_2$，$(+34)_{原}=(00100010)_2$，$(+34)_{补}=(00100010)_2$，

$(-68)_{10}=(-1000100)_2$，$(-68)_{原}=(11000100)_2$，$(-68)_{补}=(10111100)_2$。

竖式相加：

$$\begin{array}{rl} 0\,0\,1\,0\,0\,0\,1\,0 & \text{-------}[34]_{补} \\ +)\ \ 1\,0\,1\,1\,1\,1\,0\,0 & \text{-------}[-68]_{补} \\ \hline 1\,1\,0\,1\,1\,1\,1\,0 & \end{array}$$

其运算结果也是一个补码，符号位是 1，肯定是一个负数。按照补码的补码为原码法则，除符号位外，其余 7 位求反再加 1，就得到 10100010，这就是-34 的原码，所以$(34-68)_{10}=(-34)_{10}$。

2. 数的定点和浮点表示

计算机处理的实数不只是整数。实数既有整数部分，也有小数部分。机器数的小数点的位置是隐含规定的，若约定小数点的位置是固定的，则称为定点表示法；若约定小数点的位置是可以变动的，则称为浮点表示法。

（1）定点数

定点数是小数点位置固定的机器数。通常用一个存储单元的首位表示符号，小数点的位置约定在符号位的后面或者约定在有效数位之后。当小数点位置约定在符号位之后时，此时的机器数只能表示小数，称为定点小数；当小数点位置约定在所有有效数位之后时，此时机器数只能表示整数，称为定点整数。图 2.21 表示了定点数的两种情况。

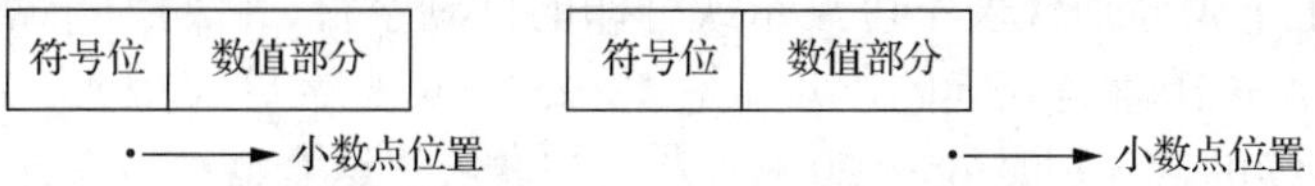

（a）定点小数型　（b）定点整数型

图 2.21　定点数

例如，字长为 16 位（2 字节），符号位占 1 位，数值部分占 15 位，小数点约定在尾部，于是机器数 0111 1111 1111 1111 表示二进制数+111 1111 1111 1111，也就是十进制数+32767，这就是定点整数。

若小数点约定在符号位后面，则机器数 1 000 0000 0000 0001 表示二进制数−0.000 0000 0000 0001，也就是十进制数-2^{-15}。

（2）浮点数

浮点数是小数点位置不固定的机器数。从以上定点数的表示中可以看出，即便用多字节来表示一个机器数，其范围大小也往往不能满足一些问题的需要，于是就增加了浮点运算的功能。

一个十进制数 M 可以规范化为 $M=m \cdot 10^e$。例如，$123.456 = 0.123456\times10^3$，那么任意一个数 N 都可以规范化为

$$N=m \cdot b^e$$

其中，b 为基数（权）；e 为阶码；m 为尾数。图 2.22 表示一个浮点数。

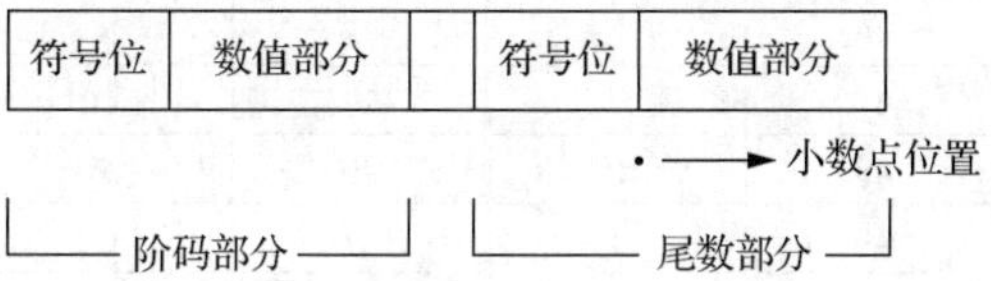

图 2.22　浮点数

在浮点数中，机器数可分为两部分：阶码部分和尾数部分。从尾数部分中隐含的小数点位置可知，尾数总是纯小数，它只是给出了有效数字，尾数部分的符号位确定了浮点数的正负。阶码给出的总是整数，它确定小数点移动的位数，其符号位为正则向右移动，为负则向左移动。阶码部分的数值部分越大，则整个浮点数所表示的值域越大。

由于阶码的存在，同样多的字节所表示机器数的范围，浮点数就比定点数大得多。另外，浮点数的运算比定点数复杂得多，实现浮点运算的逻辑电路也复杂一些。

2.3.2　字符编码

1. ASCII 编码

前面所述是数值数据的编码，而计算机处理的另一大类数据是字符，各种字母和符

号也必须用二进制数编码后才能交给计算机来处理。目前，国际上通用的字符编码是美国信息交换标准码（American standard code for information interchange，ASCII）。ASCII 有两个版本，即标准 ASCII 和扩展 ASCII。

标准 ASCII 是 7 位码，即用 7 位二进制数来编码，用 1 字节存储或表示，其最高位总是 0，7 位二进制数总共可编出 2^7=128 个码，表示 128 个字符，如表 2.2 所示。前面 32 个码及最后 1 个码分别代表不可显示或打印的控制字符，它们为计算机系统专用。数字字符 0～9 的 ASCII 值是连续的，分别是 48～57；英文字母大写 A～Z 和小写 a～z 的 ASCII 值也是连续的，分别是 65～90 和 97～122。依据这个规律，当知道一个字母或数字的 ASCII 值后，很容易推算出其他字母和数字的 ASCII 值。

表 2.2　标准 ASCII 字符集

十进制	字　符	十进制	字　符	十进制	字　符	十进制	字　符
0	NUL	32	SP	64	@	96	`
1	SOH	33	!	65	A	97	a
2	STX	34	“	66	B	98	b
3	ETX	35	#	67	C	99	c
4	EOT	36	$	68	D	100	d
5	ENQ	37	%	69	E	101	e
6	ACK	38	&	70	F	102	f
7	BEL	39	‘	71	G	103	g
8	BS	40	(	72	H	104	h
9	HT	41	)	73	I	105	i
10	LF	42	*	74	J	106	j
11	VT	43	+	75	K	107	k
12	FF	44	,	76	L	108	l
13	CR	45	-	77	M	109	m
14	SO	46	.	78	N	110	n
15	SI	47	/	79	O	111	o
16	DLE	48	0	80	P	112	p
17	DC1	49	1	81	Q	113	q
18	DC2	50	2	82	R	114	r
19	DC3	51	3	83	S	115	s
20	DC4	52	4	84	T	116	t
21	NAK	53	5	85	U	117	u
22	SYN	54	6	86	V	118	v
23	ETB	55	7	87	W	119	w
24	CAN	56	8	88	X	120	x
25	EM	57	9	89	Y	121	y
26	SUB	58	:	90	Z	122	z
27	ESC	59	;	91	[	123	{
28	FS	60	<	92	\	124	|
29	GS	61	=	93	]	125	}
30	RS	62	>	94	^	126	~
31	VS	63	?	95	_	127	Del

扩展 ASCII 是 8 位码，即用 8 位二进制数来编码，用 1 字节存储或表示。8 位二进制数总共可编出 $2^8=256$ 个码，它的前 128 个码与标准 ASCII 相同，后 128 个码表示一些花纹图案符号。

对于西文字符还存在另一种编码方案，这就是广义二进制编码的十进制交换码（extended binary coded decimal interchange code，EBCDIC），它主要用于 IBM 系列大型主机，而 ASCII 普遍用于微型机和小型机。

2. 汉字编码

中国的汉字源远流长，使用汉字的国家和地区很多。计算机在处理汉字信息时也要将其转换成二进制代码，因此也需要对汉字进行编码。汉字与西文字符比较起来，数量庞大，字形复杂，同音字多，还有简体繁体之分，因此汉字编码无法像字符编码一样，在计算机系统中的输入、内部处理、存储和输出过程中都使用同一代码。

为了在计算机系统的各个环节中方便、确切地表示汉字，需要对汉字进行多种编码，如汉字输入码、国标码、汉字机内码、汉字字形码、汉字地址码等。计算机的汉字信息处理系统在处理汉字时，不同环节使用不同的编码，并根据不同的处理层次和不同的处理要求进行代码转换。

（1）汉字输入码

汉字输入码根据计算机标准键盘上按键的不同排列组合来对汉字的输入进行编码。目前汉字输入码的研究和发展十分迅速，已有几百种汉字输入码。一种好的汉字输入码要求：编码短，可以减少击键的次数；重码少，可以实现盲打；好学好记，便于学习和掌握。

但现在还没有一种全部符合上述要求的汉字输入码。目前常用的输入法大致分为以下两类。

1）音码。音码主要是以汉语拼音为基础的编码方案，如全拼、双拼、自然码和智能 ABC 等。这种输入法的优点是简单易学，几乎不需要专门训练就可以掌握；缺点是输入重码率很高。因此，按字音输入后还必须进行同音字选择，影响了输入速度，而对于不认识的字则无法输入。智能 ABC、紫光拼音及搜狗拼音等输入法以词组为输入单位，很好地弥补了重码、输入速度慢等音码的缺陷。

2）形码。形码主要是根据汉字的特点，按汉字固有的形状，把汉字拆分成部首，然后进行组合，如五笔字型输入法。这种输入法的优点是输入速度快、见字识码、对不认识的字也能输入；缺点是比较难掌握，需要专门学习，无法输入不会写的字。五笔字型输入法应用广泛，适合专业录入员，基本可实现盲打，但必须记住字根，学会拆字和形成编码。

为了提高输入速度，输入方法智能化是目前研究的主要方向。未来的智能化方向是基于模式识别的语音识别输入、手写输入或扫描输入。例如，汉字语音输入法，操作者只需要对着计算机口述，计算机就能记录下来；而且还可以根据不同人的口音特点自动识别。Office 中已提供了语音识别输入、联机手写输入的功能，虽然识别率还有待提高，但这体现了计算机人性化发展的趋势。

（2）国标码

为了适应汉字信息交换的需要，1981 年国家颁布了国家标准《信息交换用汉字编码字符集 基本集》（GB/T 2312—1980），简称国标码。该字符集共收汉字和图形符号 7 445 个。其中，包括一般符号 202 个；序号 60 个，数字字符 22 个；英文字母 52 个，日文假名 169 个，希腊字母 48 个，俄文字母 66 个；汉语拼音字母 26 个，汉语注音字母 37 个；一级汉字 3 755 个，按拼音字母顺序排列；二级汉字 3 008 个，按部首顺序排列，与新华字典部首顺序相同。

国标码的每个汉字用 2 字节表示，英文字母、数字及其他标点符号也是 2 字节码，这些符号在显示和打印时所占宽度是 ASCII 字符的 2 倍。在显示和打印过程中，通常将这种双字节字符称为“全角字符”，将 ASCII 中的单字节字符称为“半角字符”。为了编码，通常将汉字分成若干区，每个区中 94 个汉字。区号和位号（区中的位置）构成区位码。例如，“中”位于第 54 区 48 位，区位码为 5448。区号和位号各加 32 就构成了国标码，这是为了与 ASCII 兼容，每字节值大于 32（0～32 为非图形字符码值）。所以，“中”的国标码为 8680。

为了兼容汉字总量（估计汉字总数达 6 万多个）和兼顾使用汉字的国家和地区，我国于 1995 年 12 月公布了又一新的汉字字符集 CJK，共收集了 20 902 个汉字，每个字符用 4 字节表示。

（3）汉字机内码

汉字机内码是供计算机系统内部进行汉字存储、加工处理和传输统一使用的二进制代码，简称内码。使用不同输入码输入的汉字进入计算机系统后，统一转换成机内码存储。一个国标码占 2 字节，每字节最高位仍为 0；英文字符的机内码是 7 位 ASCII，最高位也为 0。为了在计算机内部区分是汉字编码还是 ASCII，将国标码的每字节的最高位由 0 变为 1，变换后的国标码就是汉字机内码。由此可知，汉字机内码的每字节都大于 128，而每个西文字符的 ASCII 值均小于 128。

例如：

汉字	汉字国标码	汉字机内码
中	8680（$(01010110\ 01010000)_B$）	$(11010110\ 11010000)_2=(D6D0)_{16}$
华	5942（$(00111011\ 00101010)_B$）	$(10111011\ 10101010)_2=(BBAA)_{16}$

即

$$机内码=国标码+(8080)_{16}$$

要查看汉字的机内码，可以利用“记事本”程序输入中文字，保存文件，然后切换到 DOS 模式，使用 Debug 程序的“D（dump）”命令实现。

（4）汉字字形码

汉字字形码也称为汉字字模，用于汉字在显示屏或打印机输出。汉字字形码通常有两种表示方式：点阵和矢量。

1）点阵式字形码，即以点阵方式表示汉字。汉字是方块字，将方块等分成 n 行 n 列的格子，简称为点阵。凡笔画所到的格子点为黑点，用二进制数“1”表示；否则为白点，用二进制数“0”表示。这样，一个汉字的字形就可用一串二进制数表示了。

图 2.23 显示了“大”字的 16×16 字形点阵及代码。

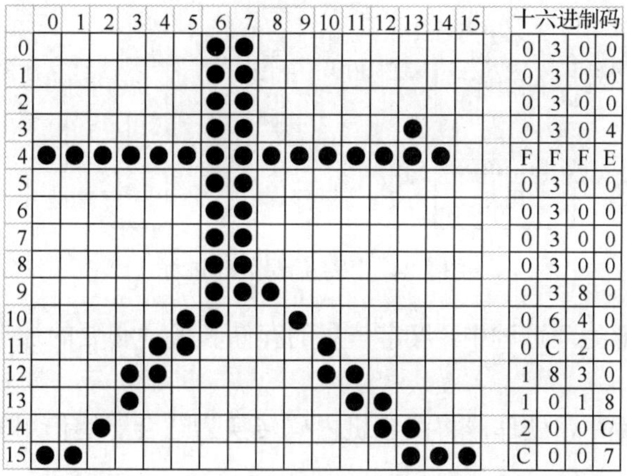

图 2.23 “大”字的字形点阵及代码

根据输出字符的要求不同，字符点的多少也不同。简易型汉字为 16×16 点阵，提高型汉字为 24×24、32×32、48×48 点阵等。点阵越大、点数越多，分辨率就越高，输出的字形就越清晰美观，所占存储空间也越大。例如，16×16 汉字点阵有 256 个点，需要 256 位二进制位来表示一个汉字的字形码。8 个二进制位组成一字节，由此可见，一个 16×16 点阵的字形码需要 32 B 存储空间，两级汉字大约占用 256 KB。因此，字模点阵只能用来构成“字库”，而不能用于机内存储。字库中存储了每个汉字的点阵代码，当显示输出时才检索字库，输出字模点阵得到字形。不同字体的汉字需要不同的字库，如宋体字库、楷体字库、黑体字库和繁体字库等。

2）汉字的矢量表示方式存储的是描述汉字字形的轮廓特征，当要输出汉字时，通过计算机的计算，由汉字字形描述生成所需大小和形状的汉字点阵。矢量化字形描述与最终文字显示的大小、分辨率无关，因此可产生高质量的汉字输出。Windows 中使用的 TrueType 技术就是汉字的矢量表示方式。

点阵和矢量方式的区别：点阵方式的编码和存储方式简单，无须转换即可直接输出，但字形放大后产生的效果差；矢量方式特点正好与点阵方式相反。

（5）汉字地址码

汉字地址码指汉字字形码在汉字字库中存放位置的代码，即字形信息的地址。需要向输出设备输出汉字时，必须通过汉字地址码才能在汉字字库中取到所需的字形码，最终在输出设备上形成可见的汉字字形。在汉字字库中，字形信息都是按一定顺序（大多数按国标码中汉字的排列顺序）连续存放的，所以汉字地址码也多是连续有序的，而且与汉字机内码间有着简单的对应关系，以简化汉字机内码到汉字地址码的转换。

（6）各种汉字代码之间的关系

计算机对汉字信息的处理过程，实际上是汉字的各种编码之间的转换过程。图 2.24 演示了汉字信息处理过程。

汉字输入码向机内码的转换，是通过汉字输入码与汉字机内码对照表（或称索引表）

来实现的。一般系统具有多种输入方法，每种输入方法都有各自的索引表。

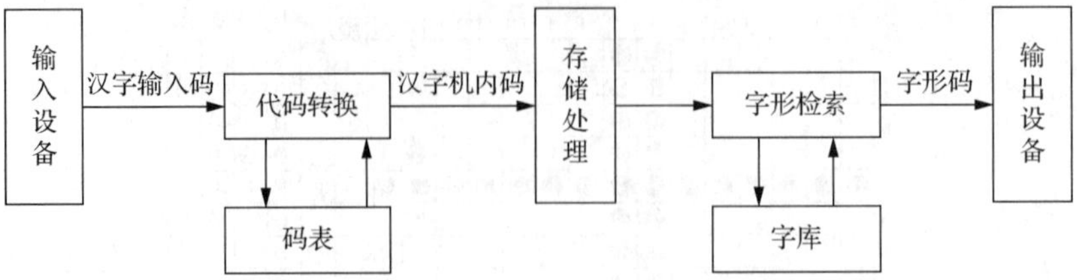

图 2.24　汉字信息处理过程

在计算机的内部处理过程中，汉字信息的存储和各种必要的加工都是以汉字机内码形式进行的。

在汉字通信过程中，处理器将汉字机内码转换为适合于通信用的交换码（国标码），以实现通信处理。

在汉字的显示和打印过程中，处理器根据汉字机内码计算出汉字地址码，按汉字地址码从字库中取出汉字字形码，实现汉字的显示或打印输出。

3. 声音编码

声音是振动的波，是随时间连续变化的物理量。人们把频率范围为 20 Hz～20 kHz 的信号称为音频信号。音频信号又分为模拟音频信号和数字音频信号。模拟音频信号指用连续变化的物理量表示的信息；数字音频信号指以一系列断续变化的电压脉冲来表示的信息，在时间上是离散的。

在声音数字化过程中，采样、量化和编码是音频数字化的关键技术。模拟信号经过采样和量化形成一系列离散信号。这种数字信号可以以一定方式编码，形成计算机内部存储运行的数据，经过编码后的声音信号就是数字音频信号。

音频编码指采用一定格式将采样和量化后得到的离散数据记录下来，并采用一定的算法来压缩数字数据的过程。数字压缩包括有损压缩和无损压缩。有损压缩指解压后数据不能完全复原，会丢失一部分信息。压缩比越小，丢失的信息越多，信号还原后失真越大。根据不同的应用，可以选用不同的压缩编码算法，如 PCM、ADPC、MP3、RA 等。

4. 图形和图像编码

图形和图像包含的信息具有直观、易于理解、信息量大等特点，是多媒体应用系统中最常用的媒体形式。图形和图像不仅用于界面美化，还用于信息表达，在某些场合，图形和图像媒体可以表达文字、声音等媒体无法表达的含义。计算机中处理的图像分为两大类：位图和矢量图。

（1）位图和矢量图

位图是用矩阵形式表示的一种数字图像，也称点阵图像。矩阵中的元素称为像素，每一像素对应图像中的一个点，像素的值对应该点的灰度等级或颜色，所有像素的矩阵排列构成了整幅图像。位图图像文件保存的是组成位图的各像素点的颜色信息，颜色的种类越多，图像文件越大，在将图像文件放大、缩小和旋转时，会产生失真。

矢量图采用数学方法描述图形，所以通常生成的图形文件相对较小，而且颜色的多少与文件的大小基本无关。矢量图形的输出质量与分辨率无关，可以任意放大和缩小，是表现文字（小文字）、线条图形（标志）等的最佳选择。

（2）图像的数字化

图像的数字化过程，实际上就是对连续图像 $f(x, y)$进行空间和颜色离散化的过程，主要包括采样、量化、压缩编码 3 个步骤。采样是将二维空间上连续的灰度或色彩信息转化为一系列有限的离散数值的过程。量化是对采样得到的灰度或者颜色样本进行离散化的过程。量化时确定的离散取值个数称为量化级数。表示量化的色彩（或亮度）值所需的二进制位数，称为量化字长。一般可用 8 位、16 位、24 位或更高的量化字长来表示图像的颜色。量化字长越大，越能真实地反映原有图像的颜色，但得到的数字图像的数据量也越大。

数字化得到的图像数据量巨大，必须采用编码技术来压缩信息。目前，已有许多成熟的编码算法应用于静止图像的压缩，压缩比大约为 30∶1。为了使图像压缩标准化，国际标准化组织和国际电报电话咨询委员会联合图像专家小组制定了名为 JPEG 的图像压缩标准。

要实现图像的数字化，需要专门的数字化设备，常见的图像数字化设备有图像扫描仪和数码照相机等。

5. 视频编码

当连续的图像按一定的速度快速播放时，由于人眼的视觉暂留现象，就会产生连续的动态画面效果，也就是视频。按照处理方式的不同，视频又分为模拟视频和数字视频。

（1）模拟视频与数字视频

模拟视频是用于传输随时间连续变化的图像和声音的电信号。早期视频的记录、存储和传输都采用模拟方式，模拟视频不适合网络传输，在传输效率方面先天不足，而且图像质量随时间和频道的衰减较大，不便于分类、检索和编辑。数字视频是模拟视频信号数字化后的产物，基于数字技术记录视频信息。数字视频克服了模拟视频的局限性，大大降低了视频的传输费用，增强了交互性，并带来了精确再现真实情景的稳定图像。

（2）视频数字化

要使计算机能处理视频，就必须把视频源——来自电视机、模拟摄像机、录像机、影碟机等设备的模拟视频信号转换成计算机要求的数字视频形式，这个过程称为视频数字化。视频数字化需要经历采样、量化和编码 3 个步骤。

1）采样指通过周期性地以某一规定间隔截取模拟视频信号，从而将模拟视频信号转换为数字视频信号的过程。

2）量化就是对抽样得到的瞬时值进行幅度离散，即用一组规定的电平把瞬时抽样值用最接近的电平值表示。

3）采样和量化后得到的数字视频数据量非常大，需要进行压缩编码。视频信号压缩的目标是在保证视觉效果的前提下减少视频数据，方法是从时间域和空间域两方面去除冗余信息，减少数据量。

习 题 2

一、填空题

1．计算机中字节的英文名称为__________。

2．一个 48×48 点阵的汉字字形码需要用__________字节存储。

3．在表示存储器容量时，KB 的准确含义是__________。

4．运算器主要进行算术运算和__________。

5．微处理器含有__________、__________和高速缓冲存储器。

6．个人计算机总线分为 3 部分，它们是__________、__________和控制总线。

7．在图形交互界面中，没有__________，操作起来显得极不方便，如在 Windows 操作系统中就是这样。

8．在计算机内部，指令都由二进制数表示，一条指令由_________和_________构成。

二、计算题

1．将下列各数制的数转换成十进制数：$(1101)_2$、$(5AF3)_{16}$、$(601)_8$、$(1010011)_2$。

2．将下列十进制数转换成二进制数：$(375)_{10}$、$(255)_{10}$、$(65)_{10}$、$(123.45)_{10}$。

3．将下列二进制数转换成十六进制数：$(10100101)_2$、$(10110111)_2$、$(101110)_2$、$(1111)_2$。

4．将下列十六进制数转换成二进制数：$(5AA5)_{16}$、$(3F0)_{16}$、$(7A)_{16}$、$(6D1)_{16}$。

三、简答题

1．计算机硬件系统包括哪些部件？各部件有什么功能？

2．计算机软件系统是如何分类的？请每类列举 2 或 3 个代表性软件。

3．计算机为什么要采用二进制？

4．计算机处理的数据的最小单位是什么？什么是字节？什么是字长？

5．什么是 ASCII？已知一个英文字母的 ASCII 值如何得到其他英文字母的 ASCII 值？

6．什么是国标码？在这种编码中一个汉字需要用几字节表示？

7．高级语言的共同特点是什么？说出 5 种高级语言的名称。

8．简述冯·诺依曼模式计算机的内容。

第 3 章　Windows 10 操作系统

操作系统是直接控制和管理计算机系统软硬件资源的核心系统软件。计算机系统的运行是在操作系统控制下自动进行的，而且计算机也主要是通过操作系统提供的界面与用户进行对话的。因此，人们要想学会使用计算机，首先需要学会使用操作系统。

3.1　操作系统概述

3-1　操作环境的基本概念

3.1.1　操作环境的演变与发展

人们将一台没有任何软件支持的计算机称为裸机，而实际与用户打交道的则是经过若干层软件改造的计算机。在众多计算机软件中，操作系统占有特殊且重要的地位。

从图 3.1 可以看出，操作系统是最基本的系统软件，其他所有软件均建立在操作系统的基础之上。操作系统是用户与计算机硬件之间的接口，没有操作系统作为中介，用户对计算机的操作和使用将变得非常困难，而且效率极低。因此，操作系统不仅管理着计算机内部的一切事务，还承担了计算机与用户交互的接洽工作。也就是说，操作系统身兼二职——“管家婆”和“接待员”。

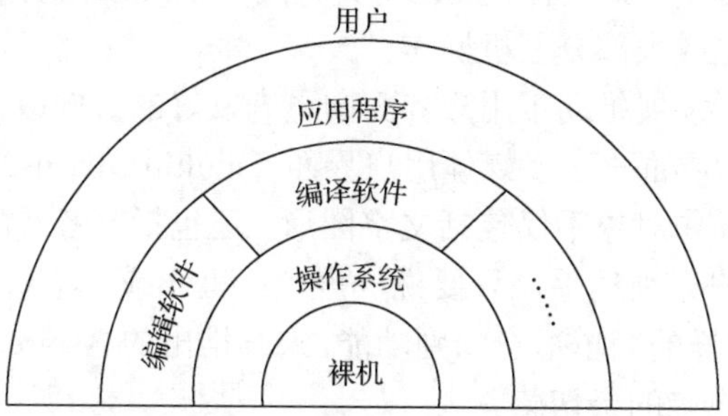

图 3.1　操作系统与硬件、软件的层次关系

操作系统作为“管家婆”，主要体现在对计算机系统的软硬件资源进行合理的调度与分配，改善资源的共享和利用状况，最大限度地发挥计算机系统的工作效率，即提高计算机系统在单位时间内处理任务的能力，这是操作系统的首要任务。它通过 CPU 管理、存储管理、设备管理和文件管理对计算机系统的软硬件资源实施管理。

操作系统作为“接待员”，主要体现在通过友好的工作环境，改善用户与计算机的交互界面。如果没有这个接口软件，用户将面对一台只能识别“0”“1”组成的机器代码的裸机。有了这个“接待员”在前台服务，用户就可以采用一种易识别的方法与计算机打交道。不过用户与“接待员”之间的交互是采用以键盘为工具的字符命令方式，还是以文字图形相结合的图形界面方式，则取决于“接待员”本身提供的服务。

在 20 世纪 70 年代以前，人们致力于改善计算机的性能，如提高运行速度、扩充存储容量等。那时的用户界面主要基于字符，操作步骤一般比较烦琐、费时费力，是典型的“使人适应计算机的时代”。在这种环境下，用户利用键盘输入由字符组成的命令（故称为键盘命令），指挥计算机去完成一件件工作；而计算机则通过在屏幕上显示各种信息（如提示信息、错误信息、结果信息等）告知用户执行的结果。DOS 系统就是这种操作系统的典型代表。显然，理解 DOS 系统的基本概念，掌握 DOS 命令的语法和含义，熟悉键盘上各键的分布及功能，都是用户使用计算机的必备条件。这种直接提问、英文式的命令既不直观又不灵活，对于非英语语种的用户来说，掌握起来较为困难。人们小心翼翼，同时又很晦涩地同计算机打交道，这种冷漠的交谈方式只会增加计算机的神秘感。

20 世纪 70 年代后期，Apple 公司的“苹果 2 型”计算机以其新颖的设计一改计算机冷冰冰的面孔，受到用户的青睐。图形用户界面风靡计算机世界。自从 Apple 公司将图形用户界面引入个人计算机，图形界面就以其友好性迅速地普及，并抢占字符界面的大部分市场，成为当今操作系统和应用程序的主流界面，并且已经成为衡量软件优劣的一条不成文的标准。或许正是由于苹果机所提供的友好界面和易学易用的特点，改变了人们对于计算机的认识，从而使个人计算机真正走入千家万户。当前，在个人计算机上广泛使用的操作系统是 Microsoft 公司的 Windows 操作系统。

图形界面的引入，彻底改变了计算机的视觉效果和使用方式，使用户能够以更直观、更贴近于生活的方式上机操作。面对显示器上的图形界面，用户就好像坐在自己的办公桌前，很多被操作的对象（如文件、目录等）都用一些形象化的图标来表示，通过简单的鼠标操作，就可以完成大部分上机操作。

计算机技术的不断发展推动了用户界面向更为友好的方向改进。声音、视频和三维图像将进入新一代用户界面——多媒体用户界面（multimedia user interface，MMUI）。多媒体用户界面中的操作对象不仅包括文字图形，还包括声音及静态和动态图像。它能够听懂人的语言，用户无须动手，只要说一声“开机”或“关机”，就可以开关计算机电源和显示器。类似这样的简单语音识别功能，宏碁推出的 Aspire 系列计算机已经实现。MMUI 将给人们带来更多的亲切感。

3.1.2 操作系统的功能

计算机系统中各种资源都有各自的特征，因此从资源管理的角度，可以将操作系统归纳为五大功能：CPU 管理、存储管理、设备管理、文件管理和作业管理。

（1）CPU 管理

CPU 是计算机系统中最宝贵、最重要的硬件资源。程序只有通过 CPU 才能运行，因此它的速度及其使用效率直接影响着整个系统的性能。CPU 管理的任务是对 CPU 进行分配，对程序的运行进行管理，以充分提高 CPU 的利用率。

（2）存储管理

存储器是计算机系统存放各种信息的主要场所，是系统的关键资源之一。能否合理而有效地使用存储器资源，将直接影响整个计算机系统的性能。操作系统的存储管理主要是指内存的管理，其主要任务是进行内存的分配和回收，内存中程序和数据的保护，以及解决内存扩充问题，从而提高存储器的利用率，方便用户使用。

（3）设备管理

设备管理负责管理计算机的外部设备，如显示器、键盘、打印机、磁盘等。要显示、打印、存取文件必须启动相应的设备，这一工作比较烦琐。操作系统设备管理的主要任务正是合理分配设备，保证设备可以方便、安全、高效地使用。这些工作交给操作系统后，给用户带来极大的方便，用户无须知道设备的细节就可轻松地使用各种设备资源。

（4）文件管理

文件管理是指操作系统对软件资源的管理，其主要任务是对用户文件和系统文件进行管理，为用户提供友好的界面，实现对文件的按名存取，保证文件的安全性。

（5）作业管理

作业是指用户请求计算机系统完成的一个独立任务。作业管理的主要任务是合理组织安排各用户提交的作业，使其快速、准确地完成。

3.1.3 Windows 10 操作系统

3-2 Windows 的发展历程

Windows 10 是 Microsoft 公司开发的一款应用于台式机、笔记本式计算机和平板电脑的操作系统，于 2015 年 7 月发布正式版。

与之前的 Windows 版本相比，Windows 10 操作系统在易用性和安全性方面有了极大的提升，除了针对云服务、智能移动设备、自然人机交互等新技术进行融合外，还对固态硬盘、生物识别、高分辨率屏幕等硬件进行了优化完善与支持。

Windows 10 操作系统共有家庭版、专业版、企业版、教育版、移动版、移动企业版和物联网核心版 7 个版本，分别面向不同用户和设备。

1. Windows 10 操作系统的安装

Windows 10 操作系统的安装方法有多种，其中，光盘安装最易操作，U 盘安装最便捷，硬盘安装最快速。

（1）光盘安装方法

1）启动计算机，插入光盘，进入 BIOS 设置菜单，将启动项设为 CD-ROM Drive 选项，保存后重启计算机。

注意：不同品牌的计算机进入 BIOS 设置的按键方式不同，IBM 冷开机按【F1】键，HP、Sony、Dell 按【F2】键。

2）计算机重启，系统进入光盘启动界面，按任意键确认。在“Windows 安装程序”界面中按照指示进行操作，大部分选项采用默认设置，系统安装时，用户需要耐心等待。

3）系统安装完成并重启后，会自动进行安装设置，如更新注册表、更新设备信息等。在弹出的设置界面中，用户可根据需求设置相关信息，如设置用户是否愿意为微软提供用户体验，设置谁是这台计算机的所有者，设置 Microsoft 账户的信息等。设置完成后进入 Windows 10 桌面，Windows 10 操作系统安装完成，如图 3.2 所示。

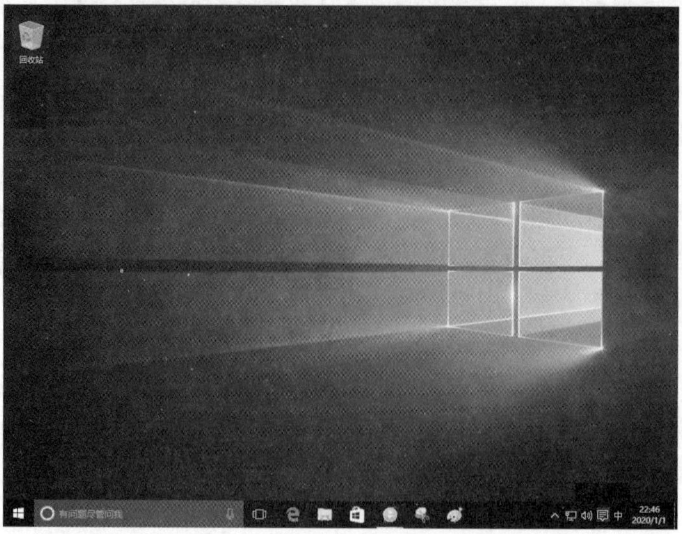

图 3.2　Windows 10 操作系统桌面

（2）U 盘安装方法

1）安装 Windows 10 操作系统之前，需要制作 Windows 10 操作系统启动 U 盘。具体制作方法如下：从“Windows 下载中心”下载并安装运行“Media Creation Tool”工具软件，按照提示要求，选择“中文（简体）”，选择“要使用的介质是 U 盘”，根据 Windows 10 安装向导的提示，插入 U 盘，识别 U 盘后，将自动将 Windows 10 操作系统下载到 U 盘中，同时制作有启动功能的 Windows 10 操作系统安装 U 盘。

2）启动计算机，进入 BIOS 设置界面，修改启动项为“U 盘或移动磁盘启动”，保存并重启计算机。进入“Windows 10 安装程序”界面，按照提示要求进行操作，方法与光盘安装方法的步骤 2）、步骤 3）相同。

（3）硬盘安装方法

1）从 Windows 官网上获取 Windows 10 操作系统原版镜像文件。下载并安装运行 Media Creation Tool 工具软件，按照提示要求，选择“要使用的介质是 ISO 文件”，选择文件下载的位置（系统盘 C 盘以外的位置），单击“保存”按钮即可下载 Windows 10 操作系统的 ISO 文件。

2）在计算机中安装一款 PE 软件，打开 PE 软件，选择本地模式，选择等待时间，单击“开始制作”按钮，制作完成后重启计算机。

3）重启计算机后，系统会提示选择默认系统还是 PE 系统，这里选择 PE 系统。进入 PE 界面，选择要启动的 PE 系统，进入 PE 系统安装界面，选择下载的 Windows 10 操作系统的 ISO 文件，然后按照提示要求，安装 Windows 10 操作系统。

2. Windows 10 新功能体验

3-3　Windows 10 简介

（1）全新的“开始”菜单

Windows 10 操作系统重新恢复了“开始”菜单，而且将 Metro

界面融入“开始”菜单中。“开始”菜单左侧显示的是传统“开始”菜单的命令，菜单项以首字母顺序显示；右侧显示的是 Metro 界面中的磁贴，也称为“开始”屏幕，如图 3.3 所示。

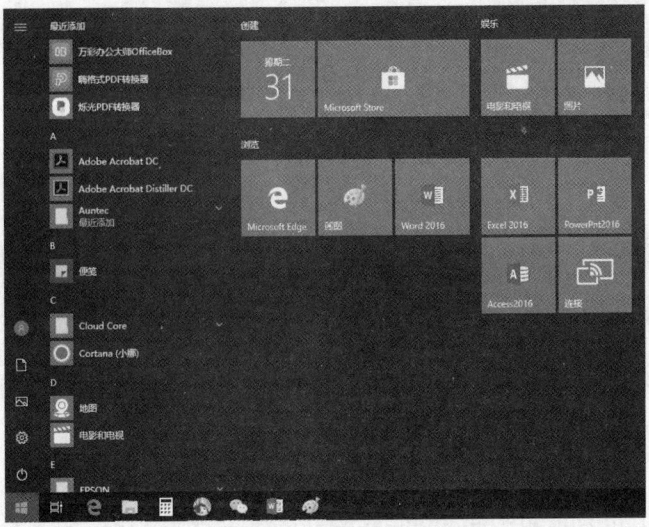

图 3.3　Windows 10“开始”菜单

（2）Cortana 智能助理

Cortana 中文名为“小娜”，是微软推出的云平台个人助理，不仅可以为用户在娱乐休闲、购物等方面提供一些丰富的信息和有用的建议，还可以帮助用户安排工作日程、对重要事件进行提醒、提供新闻和天气情况信息等。

在 Cortana 智能助理搜索框输入需要了解的信息，Cortana 会自动搜索相关信息，如图 3.4 所示。

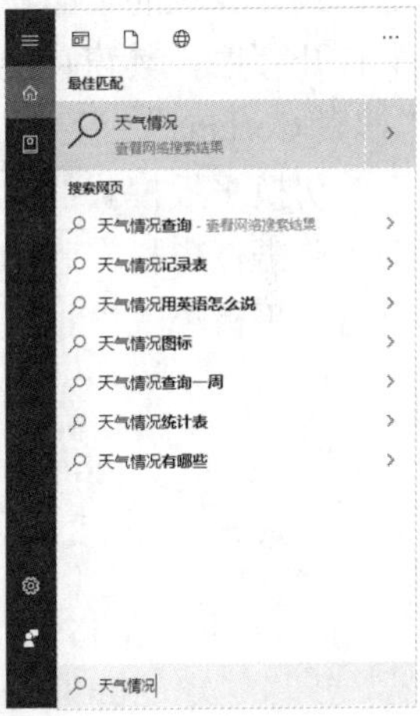

图 3.4　Cortana 智能助理

（3）Microsoft Edge 浏览器

Windows 10 提供了两种浏览器，一种是 Internet Explore（IE）浏览器，另一种是 Microsoft Edge 浏览器。Microsoft Edge 浏览器提供了一些 IE 浏览器不具备的功能。

1）可以在 Web 上添加笔记。用户可以在网页上添加注释、设置突出显示。

2）启动阅读视图。切换到阅读视图后，可以过滤掉无用的广告，用户可以浏览没有广告干扰的网页。

（4）多任务管理界面

Windows 10 任务栏左侧有一个“任务视图”按钮，单击该按钮，或者使用【Windows+Tab】快捷键，会以缩略图的形式显示当前桌面正在打开的窗口，如图 3.5 所示，方便用户快速进入指定应用或者关闭某个应用。

再次单击“任务视图”按钮，或者使用【Windows+Tab】快捷键，或者在任务视图界面中单击任一位置都可以退出任务视图。

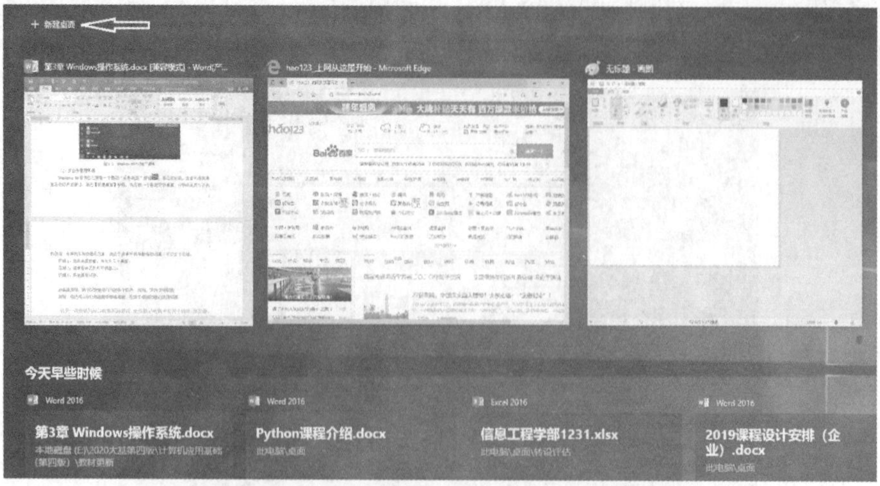

图 3.5　Windows 10 任务视图

（5）虚拟桌面

单击图 3.5 左上角带有加号的“新建桌面”按钮，或者使用【Windows+Ctrl+D】快捷键，可以创建多个桌面环境，给用户带来更多的桌面使用空间。新建的桌面可以再运行其他程序，与原桌面程序分开管理，用户可以在不同桌面间自由切换，这对喜欢同时打开多个软件、应用、文件的用户十分友好。

（6）多平台切换模式

Windows 10 为用户提供了两种平台模式，分别是桌面模式和平板模式。桌面模式采用台式计算机的桌面显示样式。平板模式以全屏显示尺寸显示“开始”屏幕，在该模式下打开程序，其窗口会最大化显示，同时隐藏任务栏上的大部分图标，只保留“开始”“搜索 Cortana”“任务视图”“上一步”图标。

切换平板模式的方法如下。

单击任务栏右下角的“通知中心”按钮，打开“操作中心”窗格，如图 3.6 所示，单击“平板模式”按钮，桌面即切换为平板模式。

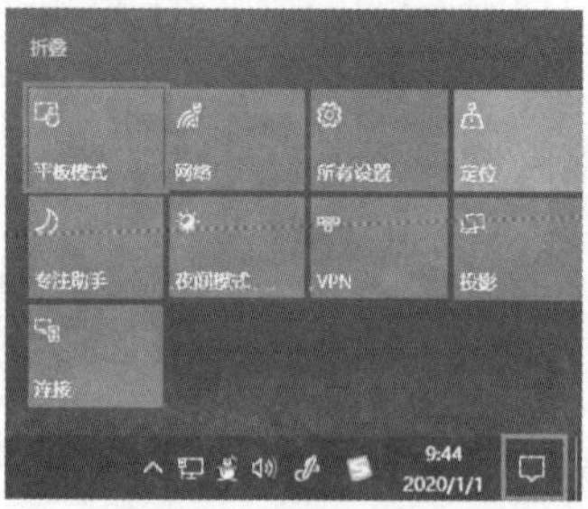

图 3.6　“操作中心”窗格

3.2 Windows 10 基本操作

3-4 Windows 10 工作界面

3.2.1 Windows 10 工作界面

对于采用图形用户界面的操作系统，用户对它的了解都是从其工作界面入手的。Windows 10 的工作界面包括桌面、“开始”菜单和任务栏。

1. 桌面

桌面是屏幕的整个背景区域，是 Windows 10 的工作平台，是组织和管理软硬件资源的一种有效方式。正如日常的办公桌面，人们常常在其上放置一些常用工具，Windows 10 也利用桌面承载各类系统资源。桌面对象的内容和风格可以由用户自行定义和重新组织。

（1）调出桌面图标

Windows 10 操作系统安装完成后，默认的桌面图标只有“回收站”，其他桌面通用图标是隐藏的。为了方便使用，用户可以把常用桌面图标调出来。具体操作过程如下。

1）右击桌面空白处，在弹出的快捷菜单中选择“个性化”命令，打开“设置”窗口，如图 3.7 所示。

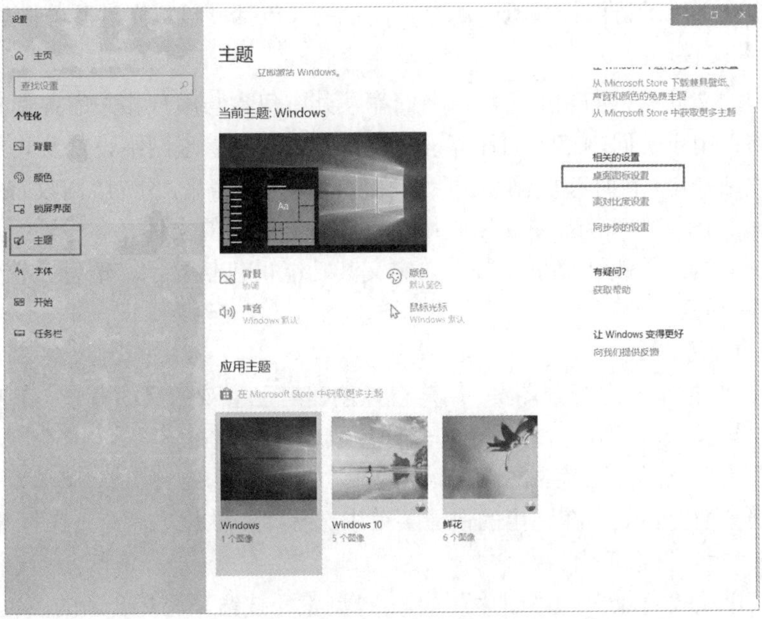

图 3.7 “设置”窗口

2）选择“主题”选项卡，单击右侧窗格中“桌面图标设置”超链接，弹出“桌面图标设置”对话框，如图 3.8 所示，选中或取消选中要显示的桌面图标复选框。必要时还可单击“更改图标”按钮更改图标图形。

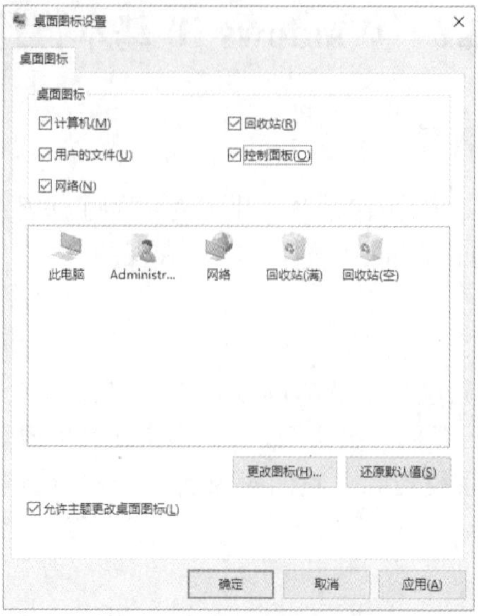

图 3.8 “桌面图标设置”对话框

3）单击“确定”按钮，完成设置。“桌面图标设置”对话框中提供了 Windows 10 所有的系统图标，其作用分别如下。

① 此电脑：用于访问计算机中所有存储设备（包括硬盘、光盘及可移动存储设备）中的文件夹和文件。

② 用户的文件：指向当前用户命名的库，其中包含与用户相关的各类文件夹。

③ 网络：用于访问网络上的计算机和设备，查看和管理网络设置及共享等。

④ 回收站：用于暂时存放已经删除的文件或文件夹信息，分为“回收站(满)”和“回收站(空)”两种图标，分别显示“回收站”有没有被删除的文件。

⑤ 控制面板：更改计算机设置并自定义其功能，包括显示、语言、软件、硬件、账户和服务等项目。

（2）设置桌面背景

桌面背景是指桌面的背景图案，用户可以创建自己喜欢的桌面背景。在 Windows 10 中，桌面背景可以设置为图片、纯色和幻灯片放映 3 种方式。

1）设置桌面背景为图片。

① 右击桌面空白处，在弹出的快捷菜单中选择“个性化”命令，在打开的“设置”窗口中选择“背景”选项卡。

② 系统默认“背景”为“图片”，单击“浏览”按钮，选择合适的图片，如图 3.9 所示。

还可以在“选择契合度”下拉列表中指定显示方式（填充、适应、拉伸、平铺、居中或跨区，默认方式为填充）。

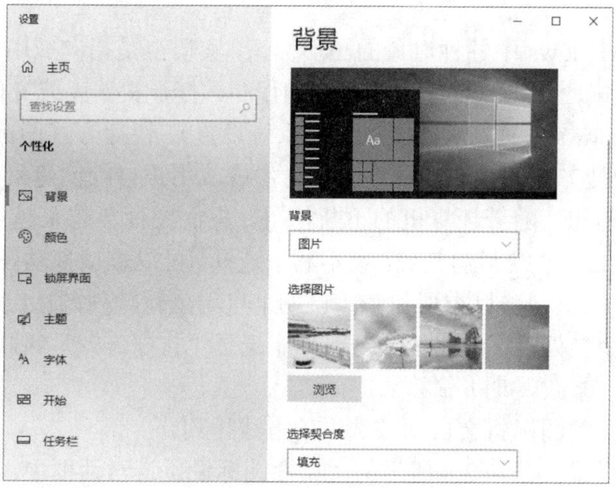

图 3.9 “背景”窗口

2）设置桌面背景为幻灯片放映。

① 右击桌面空白处，在弹出的快捷菜单中选择“个性化”命令，在打开的“设置”窗口中选择“背景”选项卡。

② 在右侧窗格“背景”下拉列表中选择“幻灯片放映”选项。

③ 单击“浏览”按钮，在弹出的“选择文件夹”对话框中选择存放图片的文件夹。

④ 在“图片切换频率”下拉列表中选择指定的时间。如果希望背景图案无顺序更换，可将“无序播放”设置为“开”，如图 3.10 所示。

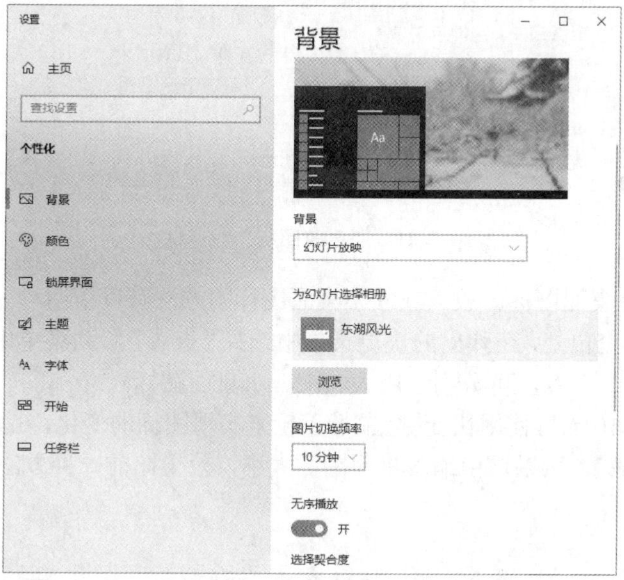

图 3.10 设置切换频率和无序播放

（3）设置桌面图标

桌面图标是Windows中各种对象的图形标识，实质上是指向应用程序、文件夹或文件的快捷方式，双击图标可以快速启动对应的程序、打开文件夹或文件。桌面图标按类型大致可分为Windows桌面图标（Windows系统设置）、快捷方式图标（指向应用程序、文件夹或文件的快捷方式，由应用程序安装时生成或用户自行创建）两种。

1）排列桌面图标。随着计算机的不断使用，桌面图标会越来越多，这些图标若杂乱无章地排列在桌面上，既影响美观，又不利于选择。可以直接拖动图标到需要的位置，也可以按照名称、大小、项目类型和修改日期来自动重新排列图标，使桌面整洁美观。

① 右击桌面空白处，在弹出的快捷菜单中选择“排序方式”级联菜单中的“名称”（大小、项目类型、修改日期）命令。

② 此时桌面上的图标将会自动按选定的方式排列。

2）更改图标样式。在图3.8所示的“桌面图标设置”对话框中，单击“更改图标”按钮，在弹出的“更改图标”对话框中选择满意的图标，单击“确定”按钮，如图3.11所示。

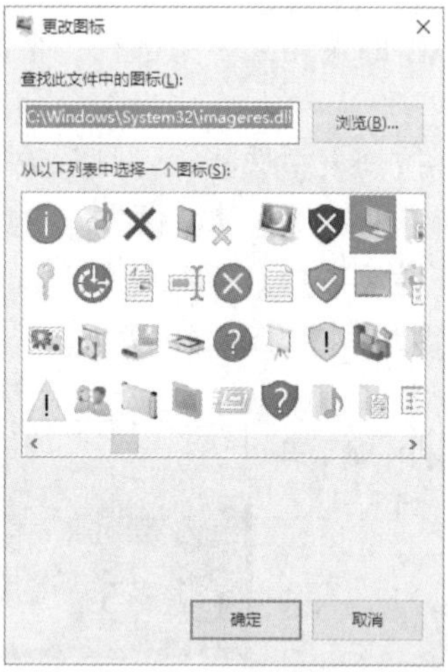

图3.11 “更改图标”对话框

3）放大/缩小桌面图标。放大或缩小桌面图标的方法有以下两种。

① 右击桌面空白处，在弹出的快捷菜单中选择“查看”级联菜单中的“大图标”“中等图标”“小图标”命令，可分别选用大、中、小桌面图标。

② Windows 10支持使用快捷键+鼠标滚轮来实现图标的变化，在桌面上使用【Ctrl+上下滚动鼠标滚轮】，可以自由缩放桌面图标大小，效果比前一种方法更灵活、方便。

2. “开始”菜单

Windows 10操作系统采用了全新设计的“开始”菜单。单击桌面左下角的Windows图标，或按下键盘上的Windows徽标键，即可打开“开始”菜单。

“开始”菜单左侧为按照字母索引排序的应用列表，右侧则为“开始”屏幕，可将应用程序固定在其中。“开始”菜单中的应用程序支持跳转列表，跳转列表可以保存最近打开的文档记录，通过单击这些记录可以快速访问这些文档。在应用程序图标上右击，即可打开跳转列表及其常用功能选项。

在“开始”菜单中，应用程序以名称中的首字母或拼音升序排列，单击排序字母可以显示字母索引，通过字母索引可以快速查找应用程序。应用列表索引如图 3.12 所示。

图 3.12　应用列表索引

“开始”菜单右侧类似图标的图形方块称为动态磁贴，其功能与快捷方式类似，但不限于打开应用程序。部分动态磁贴显示的信息是随时更新的，如 Windows 10 操作系统自带的日历应用，在动态磁贴中即显示当前的日期信息，无须打开应用就可以进行查看。因此，动态磁贴能非常方便地呈现用户所需要的信息。

用户还可以根据自己的需要对“开始”菜单的布局进行调整，如添加、删除“开始”屏幕应用程序，或调整“开始”屏幕程序显示的位置等。

1）添加“开始”屏幕程序。在“开始”菜单中、桌面上或者包含程序的文件夹中找到需要添加的程序，右击该程序，在弹出的快捷菜单中选择“固定到‘开始’屏幕”命令，即可将该程序添加到“开始”屏幕。

2）删除“开始”屏幕程序。在“开始”屏幕上右击需要删除的程序，在弹出的快捷菜单中选择“从‘开始’屏幕取消固定”命令，该程序即从“开始”屏幕消失。当然，删除的只是快捷方式，程序仍安装在计算机中。

3）调整“开始”屏幕中磁贴的位置。在“开始”屏幕上选中一个磁贴，按住鼠标左键直接拖动到新位置。

4）调整磁贴的大小。右击磁贴，在弹出的快捷菜单中选择“调整大小”命令，在其级联菜单中有 4 种显示方式——小、中、宽、大，选择对应的选项即可调整磁贴大小。

经常调整“开始”屏幕上的程序很有必要，可以减少查找程序的时间。

3. 任务栏

任务栏位于桌面最底部，固定了一些常用的应用程序图标，单击这些图标可以快速启动应用程序。用户可以选择在任务栏上固定哪些程序图标，或者从任务栏中移除不常用的程序图标。当前已打开的多个同类型应用程序或文件会被合并到一个任务栏按钮中。若将鼠标指针悬停在此应用程序的按钮上，可以查看打开文件的预览。通过任务栏设置，可以将任务栏从屏幕底部移动到屏幕的其他边。若用户需要更多的屏幕空间，可更改任务栏图标的大小，甚至在不需要时将其自动隐藏。

调整任务栏位置的方法如下。

1）右击任务栏空白处，在弹出的快捷菜单中找到“锁定任务栏”命令，如图 3.13 所示。若此命令前有√显示，表示任务栏已被锁定，则再次选择“锁定任务栏”命令，此命令前的√不显示，将解锁任务栏。

2）解锁任务栏后，拖动任务栏到桌面屏幕右侧，任务栏即被固定在屏幕右侧。

例如，在任务栏中添加“计算器”快速启动图标，操作步骤如下。

单击“开始”按钮，打开“开始”菜单，右击“计算器”程序，在弹出的快捷菜单中选择“更多”级联菜单中的“固定到任务栏”命令，如图 3.14 所示。

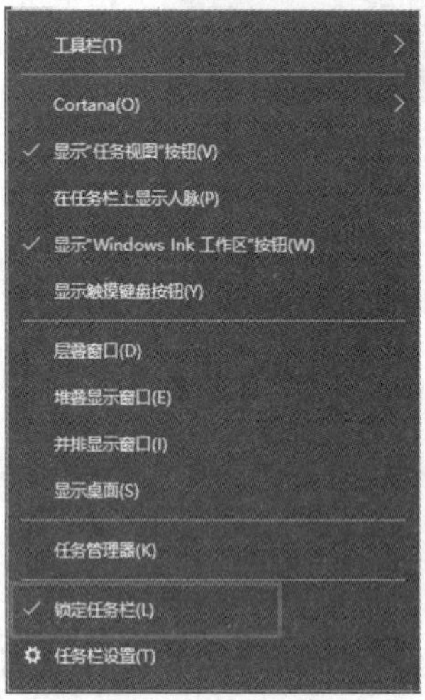

图 3.13 任务栏快捷菜单

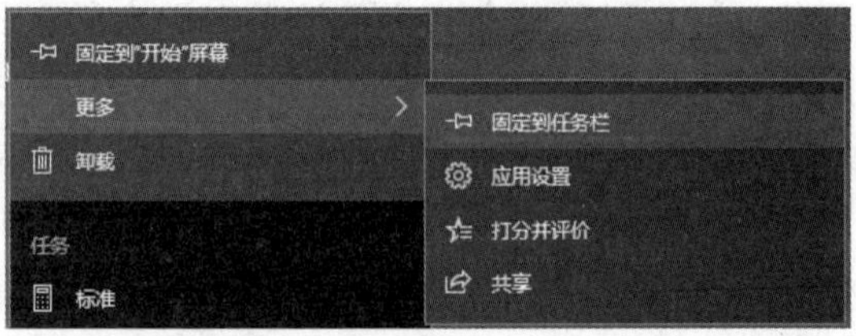

图 3.14 选择“更多”级联菜单中的“固定到任务栏”命令

任务栏功能强大，配合跳转列表，可帮助用户快速打开常用的文档、图片、音乐、网站等。在任务栏的应用程序图标上右击，即可打开跳转列表。跳转列表中可显示文件或文件夹的使用记录，因此可以把常用的文件或文件夹固定在跳转列表上。

3.2.2 窗口及其操作

3-5 窗口及其操作

Windows 10 中的程序几乎都在窗口中运行，每个文件夹打开时都会出现相应的窗口。窗口就是一个矩形显示框，程序一旦运行，该程序窗口就会在桌面上随之打开。Microsoft 公司之所以将其操作系统称为 Windows，就是因为它采用了窗口界面。Windows 允许同时在屏幕上显示多个窗口，每个窗口属于特定的应用程序或文档，这样 Windows 就解决了同时运行多个应用程序而又在显示时不发生冲突的问题。

1. 窗口的组成

Windows 的每一个窗口都有一些共同的组成元素，下面以“此电脑”窗口为例，对窗口的组成进行说明，如图 3.15 所示。

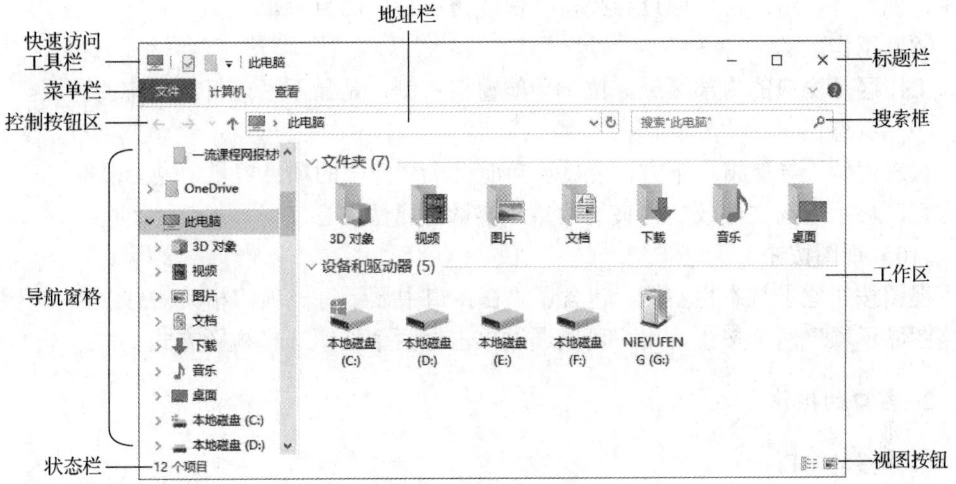

图 3.15 窗口的组成

窗口就是一个工作区，几乎计算机所做的每一件事情都显示在窗口中。用户可以同时打开多个窗口，并可以调整其大小和位置，还可以按任意顺序排列窗口。

（1）标题栏

标题栏位于窗口最上方，用于显示当前的目录位置或窗口的名称。标题栏右侧分别为“最小化”“最大化/还原”“关闭”3 个按钮，单击相应的按钮可以执行相应的窗口操作。

（2）快速访问工具栏

快速访问工具栏位于标题栏左侧，显示了当前窗口图标和“属性”“新建文件夹”“自定义快速访问工具栏”3 个按钮。

（3）菜单栏

菜单栏位于标题栏下方，包含了当前窗口或窗口内容的一些常用操作菜单。菜单栏右侧为“展开功能区/最小化功能区”和“帮助”按钮。不同应用程序窗口的菜单不尽相同。

（4）控制按钮区

控制按钮区位于地址栏左侧，主要用于返回、前进、上移到前一个目录位置。

（5）地址栏

地址栏位于菜单栏下方，主要显示了从根目录开始到当前所在目录的路径，单击地址栏即可看到具体的路径。在地址栏中直接输入路径地址，单击“转到”按钮或按【Enter】键，可以快速到达要访问的位置。

（6）搜索框

搜索框位于地址栏的右侧，通过在搜索框中输入要查看信息的关键字，可以快速查找当前目录中与之相关的文件、文件夹。

（7）导航窗格

导航窗格位于控制按钮区下方，显示了计算机中包含的具体位置，如此电脑、3D对象、视频等。用户可以通过导航窗格快速访问相应的目录。

（8）工作区

工作区是窗口的内部区域，位于导航窗格右侧，是显示当前目录内容的区域。

（9）状态栏

状态栏位于导航窗格下方，会显示当前目录文件中的项目数量，也会根据用户选择的内容，显示所选文件或文件夹的数量、容量等属性信息。

（10）视图按钮

视图按钮位于状态栏右侧，包含了“在窗口中显示每一项的相关信息”和“使用大缩略图显示项”两个按钮，用户可以通过单击这两个按钮选择视图方式。

2. 窗口的操作

（1）移动窗口

在桌面上打开多个窗口时，只要窗口未处于最大化状态，用户便可移动窗口。将鼠标指针移动到窗口标题栏上，按住鼠标左键不放，拖动鼠标指针到所需的位置，然后释放鼠标左键即可移动窗口。

（2）改变窗口大小

将鼠标指针移动到窗口边框或窗口角上，鼠标指针变为双向箭头状，此时按住鼠标左键不放，拖动鼠标指针到所需位置，当窗口大小满足要求时，释放鼠标左键即可改变窗口大小。

（3）窗口最大化

双击标题栏或者单击“最大化”按钮可使窗口最大化显示，即窗口放大到占满整个屏幕空间。窗口最大化后，“最大化”按钮将变成“还原”按钮，此时若单击“还原”按钮，窗口则恢复原状。

（4）窗口最小化

单击“最小化”按钮可使窗口最小化显示，即窗口收缩为任务栏中的按钮，单击任务栏中的窗口按钮，则窗口恢复原状。

（5）排列窗口

如果用户打开了许多窗口，桌面可能会变得凌乱，此时可以将它们按某一种方式排列，以便同时显示不同窗口。右击任务栏空白处，在弹出的快捷菜单中选择“层叠窗口”、“堆叠显示窗口”或“并排显示窗口”命令，可以将窗口按不同方式排列。其中，“层叠窗口”命令是将窗口按先后顺序依次排列在桌面上，每个窗口的标题栏和左侧边框可见；

“堆叠显示窗口”命令是将各窗口并排显示，在保证每个窗口大小相当的情况下，使窗口尽量向水平方向伸展；“并排显示窗口”命令则是在保证每个窗口大小相当的情况下，使窗口尽量向垂直方向伸展。

（6）切换窗口

如果用户同时打开了多个应用程序，则每一个应用程序在桌面上都有一个对应的窗口，但同一时刻只有一个窗口是活动的，称为活动窗口或当前窗口，只有这个窗口才能接收鼠标或键盘的操作。

切换窗口最简单的方法是使用任务栏。Windows 10 任务栏在默认情况下会分组显示不同程序窗口，当鼠标指针指向组图标时会显示这些窗口的缩略图，单击其中的一个缩略图，即可打开相应的窗口。也可以在所需窗口还没有被完全挡住时，单击所需窗口。或者使用【Alt+Tab】快捷键在当前打开的各窗口之间进行切换。

（7）复制窗口内容

如果用户希望把当前窗口的内容复制到其他文档或图像中，则可按【Alt+Print Screen】快捷键，将当前窗口内容复制到剪贴板中，右击要处理的文档或图像文件，在弹出的快捷菜单中选择“粘贴”命令，将窗口内容粘贴到该文档或图像中。如果用户想复制整个屏幕的内容，可直接按【Print Screen】键。

（8）关闭窗口

单击“关闭”按钮可以关闭应用程序窗口或文档窗口。按【Alt+F4】快捷键也可以关闭当前窗口。

注意：如果在关闭文档窗口前对文档进行了修改，关闭时会弹出提示信息，提醒用户保存文档。

3.3 文件管理

用户使用计算机时，需要对信息进行各种操作，如复制、删除、移动、查找等。管理各种资源是操作系统的重要功能之一。

3.3.1 文件资源管理器

文件资源管理器是 Windows 操作系统提供的资源管理工具。用户可以通过资源管理器查看计算机上的所有资源，并清晰、直观地对计算机上的所有文件和文件夹进行管理。

3-6 文件资源管理器

1. 启动文件资源管理器

“文件资源管理器”界面如图 3.16 所示。启动文件资源管理器一般有以下 4 种方法。

1）单击“开始”按钮，在“开始”屏幕中选择“文件资源管理器”命令。

2）右击“开始”按钮，在弹出的快捷菜单中选择“文件资源管理器”命令。

3）直接双击桌面上的“此电脑”图标。

4）单击任务栏中的“文件资源管理器”按钮。

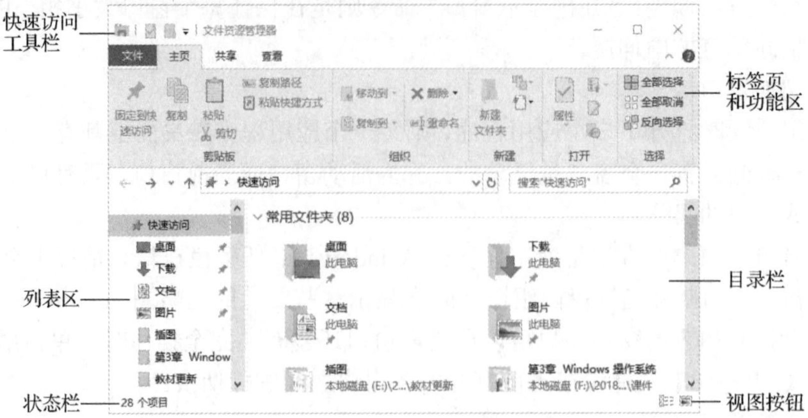

图 3.16　“文件资源管理器”界面

2. “文件资源管理器”界面

（1）标签页和功能区

Windows 10 操作系统中的文件资源管理器采用 Ribbon 界面。Ribbon 界面把同类型的命令组织成一种“标签”，每一种标签对应一种功能区。功能区更加适合触摸操作，使以往被菜单隐藏很深的命令得以显示，并将最常用的命令放置在最显眼、最合理的位置，以方便使用。在文件资源管理器中，默认隐藏功能区，这是为了给小屏幕用户节省屏幕空间。单击“文件资源管理器”窗口最右侧的“展开功能区”按钮，即可显示功能区。同样，单击向上箭头按钮即可隐藏功能区。此外，使用【Ctrl+F1】快捷键也能完成展开或隐藏功能区操作。

（2）工作窗口

文件资源管理器工作窗口可分为左、右两个窗格：左窗格是整个计算机资源的列表区；右窗格是“目录栏”，用于显示当前文件夹下的子文件夹或文件目录列表。

将鼠标指针移动到左右两个窗格的分隔条上，当鼠标指针变为双向箭头时拖动分隔条可以改变左右窗格大小。

（3）状态栏

左下角的状态栏会显示当前目录下或者已选中的文件夹及文件的数量。

（4）视图按钮

视图按钮位于状态栏右侧，包含“在窗口中显示每一项的相关信息”和“使用大缩略图显示项”两个按钮，用户可以通过单击这两个按钮选择想要的视图方式。

3. 文件管理

Windows 10 操作系统一般使用“此电脑”来存放文件。理论上，文件可以被存放在“此电脑”的任意位置。但是为了便于管理，文件的存放应遵循以下原则。

通常情况下，计算机硬盘至少需要划分为 3 个分区：C 盘、D 盘和 E 盘。它们的功能分别如下。

1）C 盘。C 盘主要用来存放系统文件。系统文件是指操作系统和应用软件中的系统操作部分。系统文件一般默认安装在 C 盘，包括常用的程序。

2）D 盘。D 盘主要用来存放应用软件文件，如 Office、Photoshop、微信、QQ 等程序常常被安装在 D 盘，对于软件安装，一般原则是：小的软件（如 RAR 压缩软件等）可以安装在 C 盘，大的软件（如 Office 2016 等）则建议安装在 D 盘。

提示：几乎所有软件会默认安装在 C 盘，计算机用得越久，C 盘被占用的空间越多。随着时间的增加，系统反应会越来越慢。因此在安装软件时，需要根据具体情况改变安装路径。

3）E 盘。E 盘用来存放用户自己的文件，如电影、图片和资料文件等。如果硬盘还有多余的空间，可以添加更多的分区。

“文件夹组”是 Windows 10 操作系统中的一个系统文件夹，是系统为每个用户建立的文件夹，主要用于保存视频、图片、文档、下载、音乐及桌面文件等，当然也可以保存其他任何文件。对于常用文件，用户可以放在“文件夹组”对应的文件夹中，以便于及时调用。

3.3.2　文件和文件夹

1. 文件

3-7　认识文件和文件夹

文件是具有名称的一组相关信息的集合，任何程序和数据都以文件的形式存放在计算机的存储器中。文件使系统能够区分不同的信息集合。每个文件都必须有文件名，Windows 操作系统正是通过文件名来识别和访问文件的。

文件名通常由主文件名和扩展名两部分构成，两部分之间用圆点(.)隔开，如 exm1.c、文稿.docx、TU3.bmp 等。一般情况下，主文件名命名的随意性比较大，而扩展名通常表示文件的类型，具有特定的含义，因此不能随意修改扩展名。不同类型的文件其图标也不相同。常用的文件扩展名及其图标如表 3.1 所示。

表 3.1　常用的文件扩展名及其图标

扩展名	文件类型	图标	扩展名	文件类型	图标
.exe	可执行文件		.rar	压缩文件	
.sys	系统文件		.mp3	声音文件	
.txt	纯文本文件		.docx	Word 文档	
.jpg	图像文件		.xlsx	Excel 文件	
.mpg	视频文件		.pptx	演示文稿	

注意：

1）不能利用大小写区分文件名，如 WIN.INI 和 win.ini 在计算机中被认为是同一个文件。

2）“*”和“？”为通配符。“*”代表任意一串字符，“？”代表任意一个字符。

2. 文件夹

文件夹用于存储程序、文档、快捷方式及其他子文件夹。使用文件夹可以方便地组织和查找文件。Windows 中的文件夹按照树形结构组织，系统通过文件夹名对文件夹进行各种操作。在 Windows 中，同一个文件夹中的文件或子文件夹不能同名。

3.3.3 文件和文件夹的显示及排列方式

1. 文件和文件夹的显示方式

在浏览文件和文件夹时，用户可以根据自己的需求和所关心的内容设置不同的显示方式。在 Windows 10 中，文件和文件夹的显示方式有 8 种。

1）超大图标、大图标、中等图标。窗口中的文件和文件夹将以缩略图的形式显示，并且会显示图片的原貌。它们的区别就是显示的大小不同。

2）小图标。只显示窗口中的文件和文件夹的图标类型和文件名称。

3）列表。文件和文件夹以列表的方式显示为一列。

4）详细信息。文件和文件夹不仅以列表的方式显示，还显示文件和文件夹的类型、大小和修改日期等详细信息。

5）平铺。文件的名称、类型以及大小都会显示出来。

6）内容。显示文件的名称、类型、修改时间及作者信息。

设置文件和文件夹显示方式的具体操作方法如下。

在“文件资源管理器”界面中选择“查看”选项卡中的一种查看模式；也可以右击该窗口空白处，在弹出的快捷菜单中选择“查看”命令，在其级联菜单中选择一种查看模式，如图 3.17 所示。

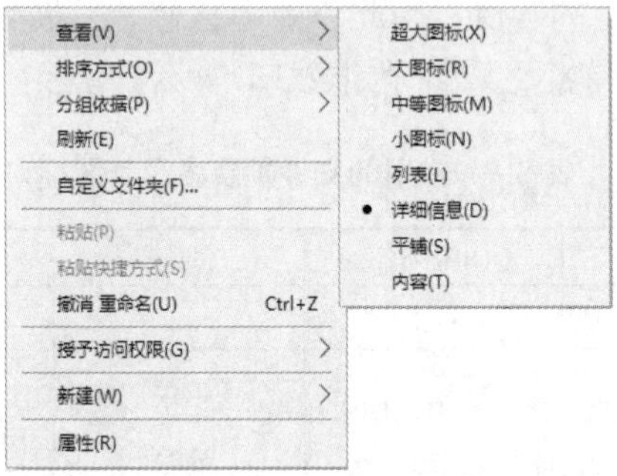

图 3.17 “查看”级联菜单

2. 文件和文件夹的排列方式

当一个文件夹中的子文件夹或文件过多时，可以重新排列子文件夹或文件的顺序，以便于查找。具体操作方法如下。

打开文件夹，单击“查看”选项卡“当前视图”选项组中的“排序方式”下拉按钮，其下拉列表中有 9 种排列方式（名称、修改日期、类型、大小、创建日期等）和两种排序方法（递增和递减），用户可根据需要对文件及文件夹的排列顺序进行设置。同样，右击文件夹空白处，在弹出的快捷菜单中选择相应命令也可以完成此设置，如图 3.18 所示。

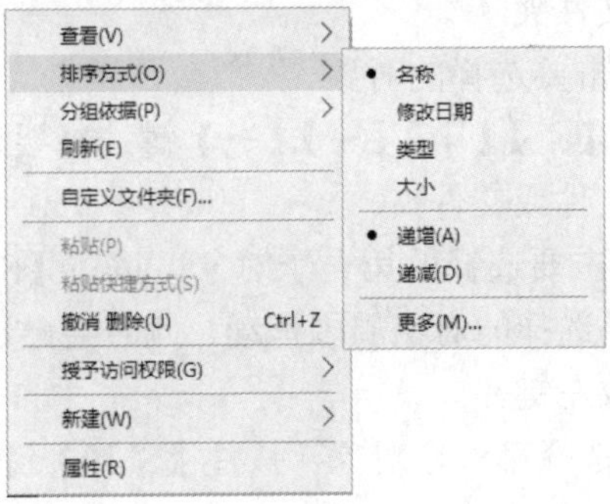

图 3.18　“排序方式”级联菜单

3. 修改其他查看选项

在“文件资源管理器”界面中，单击“查看”选项卡中的“选项”按钮，弹出“文件夹选项”对话框，在其中可设置其他的查看方式，如图 3.19 和图 3.20 所示，主要设置如下。

1）在同一窗口中打开每个文件夹或在不同窗口中打开不同的文件夹等。

2）是否显示隐藏的文件和文件夹。

3）是否隐藏已知文件类型的扩展名。

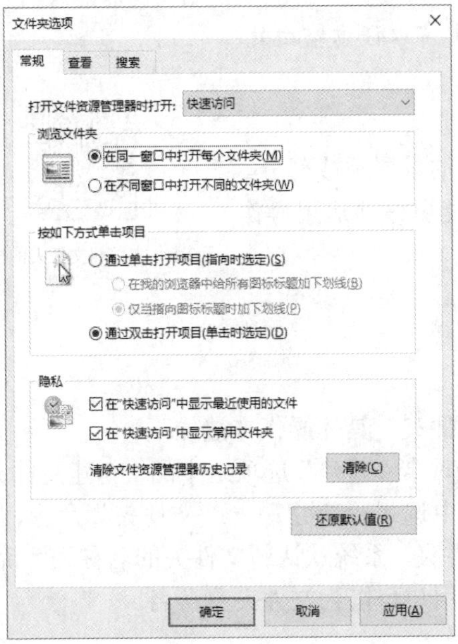

图 3.19　“文件夹选项”对话框“常规”选项卡

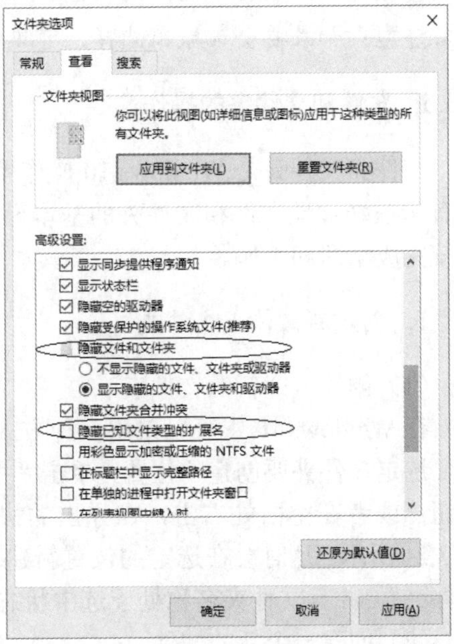

图 3.20　“文件夹选项”对话框“查看”选项卡

3.3.4 选择对象操作

对文件或文件夹进行操作时，必须先选择文件或文件夹，然后进行各种操作。选择对象的常用操作方法如下。

（1）选择单个文件或文件夹

1）使用鼠标操作。单击要选择的对象。

2）使用键盘操作。按【↑】【↓】【←】【→】键选择要选定的对象。

（2）选择一组相邻的文件或文件夹

1）使用鼠标操作。单击要选择的第一个对象，按住【Shift】键，然后单击最后一个要选择的对象；或者在要选择的对象周围拖动，此时会出现一个虚线框，当虚线框框住所要选择的对象后，释放左键。

2）使用键盘操作。先选择第一个对象，按住【Shift】键，然后按【↑】【↓】【←】【→】键选择其他项。

（3）选择多个不相邻的文件或文件夹

先按住【Ctrl】键，然后依次单击要选择的对象。此时若想撤销某个已选择的对象，可再次单击该对象。

（4）选择当前文件夹下的所有对象

在当前文件夹窗口中，单击“主页”选项卡“选择”选项组中的“全部选择”按钮，或按【Ctrl+A】快捷键，即可选择当前文件夹中的所有对象。

（5）反向选择

在当前文件夹窗口中，单击“主页”选项卡“选择”选项组中的“反向选择”按钮，将选择文件夹中没有被选择的其他对象。

注意：如果要全部撤销选择，可单击文件夹窗口任意空白处。

3.3.5 文件和文件夹的操作

文件和文件夹是 Windows 10 操作系统资源的重要组成部分。只有掌握好管理文件和文件夹的基本操作，才能更好地运用操作系统完成学习和工作。

3-8 文件和文件夹的操作

1. 创建新文件或文件夹

（1）创建一个新的文件夹

在 Windows 10 中可以采用多种方式创建文件夹，具体操作方法如下。

选定文件夹要创建的位置，单击“主页”选项卡“新建”选项组中的“新建文件夹”按钮；或者在空白处右击，在弹出的快捷菜单中选择“新建”→“文件夹”命令，如图 3.21 所示。这时会在选定的位置新建一个文件夹，系统默认新文件夹的名称为“新建文件夹”，并且文件夹名称处于选中状态，此时用户可以为文件夹重命名。

（2）创建一个新的文件

在桌面上或其他文件夹中可创建各种类型的新文件。创建文件的方法与创建文件夹类似，用户在如图 3.21 所示的快捷菜单中选择某一类型的文档，系统即可创建一个所选类型的文档。

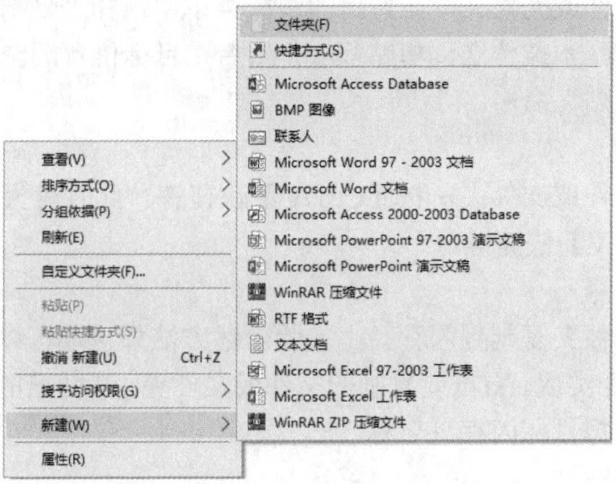

图 3.21 创建新的文件夹

2. 文件及文件夹的重命名

新建文件或文件夹后，它们都有一个默认的名称，用户可以根据需要为新建的或已有的文件或文件夹重命名。

文件及文件夹的重命名有以下 4 种方法。

（1）使用功能区

首先选择要重命名的文件或文件夹，然后单击“主页”选项卡“组织”选项组中的“重命名”按钮，最后在“文件名”文本框中输入新的文件名或文件夹名，并按【Enter】键确认。

（2）利用快捷菜单

右击要重命名的文件或文件夹，在弹出的快捷菜单中选择“重命名”命令，然后在“文件名”文本框中输入新的文件名或文件夹名，并按【Enter】键确认。

（3）利用单击命令

首先选择要重命名的文件或文件夹，然后在要修改的文件名或文件夹名上再次单击（这两次单击不能用连续的双击代替），在“文件名”文本框中输入新的文件名或文件夹名，并按【Enter】键确认。

（4）使用快捷键

选择要重命名的文件或文件夹，按【F2】键，文件名变为可编辑状态，输入新的文件名或文件夹名，并按【Enter】键确认。

注意：在重命名文件时，不能改变已有文件的扩展名，否则可能会导致文件不可用。

3. 文件及文件夹的复制

（1）使用功能区

选择要复制的文件或文件夹，单击“主页”选项卡“组织”选项组中的“复制到”

下拉按钮，在其下拉列表中选择目标存储位置。

（2）利用快捷菜单

右击要复制的文件或文件夹，在弹出的快捷菜单中选择“复制”命令，此时当前选择的文件或文件夹的副本被传送到剪贴板中，然后在目标位置的空白处右击，在弹出的快捷菜单中选择“粘贴”命令。

（3）使用快捷键

选择要复制的文件或文件夹，按【Ctrl+C】快捷键，此时对象被复制到剪贴板中，在目标位置按【Ctrl+V】快捷键。

（4）使用发送命令

若要将文件或文件夹复制到闪存盘上，除上述方法外，还可以采用更直接的方法，即使用“发送到”命令实现。右击要复制的文件或文件夹，在弹出的快捷菜单中选择“发送到”命令，然后选择目标闪存盘名称。

（5）使用拖动方法

拖动是复制文件或文件夹的最简便的一种方法。在同一磁盘中复制文件或文件夹时，先选定文件或文件夹，再按住【Ctrl】键，将其拖动到目标位置（目标位置在右窗格可见）后，释放【Ctrl】键；在不同磁盘中复制文件或文件夹时，直接拖动即可完成复制操作。

4. 文件及文件夹的移动

移动文件或文件夹和复制文件或文件夹的操作方法类似。

（1）使用功能区

选择要移动的文件或文件夹，单击“主页”选项卡“组织”选项组中的“移动到”下拉按钮，在其下拉列表中选择目标存储位置。

（2）利用快捷菜单

右击要移动的文件或文件夹，在弹出的快捷菜单中选择“移动”命令（这时文件或文件夹的图标变成灰色，表示已将文件传送到剪贴板中），然后在目标位置的空白处右击，在弹出的快捷菜单中选择“粘贴”命令。

（3）使用快捷键

选择要移动的文件或文件夹，按【Ctrl+X】快捷键，此时对象被传送到剪贴板中，然后在目标位置按【Ctrl+V】快捷键。

（4）使用拖动方法

在同一磁盘中移动文件或文件夹，将选择的文件或文件夹直接拖动到目标位置（目标位置在右窗格可见）；在不同磁盘中移动文件或文件夹，按住【Shift】键，然后将选择的文件或文件夹拖动到目标位置（目标位置在右窗格可见）。

5. 文件及文件夹的删除与恢复

（1）文件及文件夹的删除

删除文件及文件夹的方法很多，可以参照以下 5 种方法。

1）使用功能区。选择要删除的文件或文件夹，单击“主页”选项卡“组织”选项组中的“删除”按钮。

2）利用快捷菜单。右击要删除的文件或文件夹，在弹出的快捷菜单中选择“删除”命令。

3）使用键盘。选择要删除的文件或文件夹，直接按【Delete】键。

4）使用左键拖动。选择要删除的文件或文件夹，将其直接拖动到桌面上的“回收站”图标上。

5）利用右键拖动。右击要删除的文件或文件夹，将其直接拖动到桌面上的“回收站”图标上，显示“移动到回收站”，释放鼠标右键，在弹出的快捷菜单中选择“移动到当前位置”命令。

说明：如果需要删除提示，可以在“删除”下拉列表中选择“显示回收确认”选项。

（2）恢复被删除的文件及文件夹

对于误删除的文件或文件夹，其恢复操作分为下面两种情况。

1）删除文件或文件夹之后，立即用以下方法进行恢复。

① 利用快捷菜单。在空白处右击，在弹出的快捷菜单中选择“撤销删除”命令。

② 按【Ctrl+Z】快捷键。

2）删除文件或文件夹之后，从“回收站”中恢复。具体操作方法是，打开回收站，在回收站中选择要恢复的文件或文件夹，然后选择下述方法进行恢复。

① 单击“管理”选项卡“还原”选项组中的“还原选定的项目”按钮。

② 右击对象，在弹出的快捷菜单中选择“还原”命令。

如果选择“清空回收站”命令，则将彻底删除文件或文件夹。回收站有无文件或文件夹可以从图3.22所示的图标状态上看出。

说明：如果删除文件时按住【Shift】键，则文件或文件夹将从计算机中删除，而不保存到回收站中。此外，下列3类文件被删除后是不能被恢复的：移动存储器（如闪存盘、闪存卡、移动硬盘等）中的文件、网络上的文件、在DOS方式中被删除的文件。这是因为它们被删除后并没有被传送到回收站中。

（a）有文件或文件夹　（b）无文件或文件夹

图3.22　“回收站”内有无文件或文件夹的图标状态

6. 查看与设置文件和文件夹的属性

文件和文件夹的属性是指其类型、在磁盘中的位置、所占空间的大小、修改时间、创建时间及在磁盘中的存在方式等信息。

（1）查看和设置文件的属性

右击选定的文件，在弹出的快捷菜单中选择“属性”命令，则系统会弹出文件的属性对话框，如图 3.23 所示。该对话框中设有“常规”“安全”“自定义”“详细信息”“以前的版本”等选项卡。文件类型不同，属性也不同，但都会含有“常规”选项卡。

文件的属性包含了文件的很多信息，这里所说的文件属性有 3 种，即“只读”“隐藏”“高级”。“只读”属性表示该文件不能被修改；“隐藏”属性表示该文件在系统中是隐藏的，在默认情况下用户看不见这些文件；“高级”属性包括存档、索引及压缩和加密等。

（2）查看和设置文件夹的属性

查看和设置文件夹属性的操作步骤如下。

右击要设置的文件夹，在弹出的快捷菜单中选择“属性”命令，打开该文件夹的属性对话框，如图 3.24 所示。该对话框中设有“常规”“共享”“安全”“以前的版本”“自定义”5 个选项卡。设置文件夹属性使用“常规”选项卡。

图 3.23　文件属性对话框

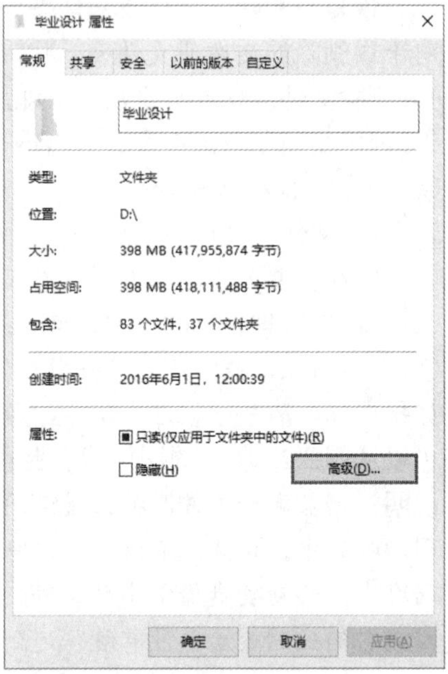

图 3.24　文件夹属性对话框

“常规”选项卡由 4 部分组成，第一部分列出了文件夹的图标和名称；第二部分列出了文件夹的类型、位置、大小和所包括的文件和文件夹个数等信息；第三部分列出了文件夹的创建时间；第四部分是属性设置，有如下两种属性。

1）只读（仅应用于文件夹中的文件）。选择此项，则文件夹属性被设置为“只读”。具有“只读”属性的文件夹只能浏览，不能修改或删除。

2）隐藏。选择此项，则文件夹属性被设置为“隐藏”。具有“隐藏”属性的文件夹默认不显示。隐藏文件夹可以防止误操作导致的文件丢失现象，能增强文件的安全性。

单击“高级”按钮可以设置文件夹的“存档和索引属性”及“压缩或加密属性”等。具有“存档”属性的文件夹既可以浏览，也可以修改或删除。用户创建的文件夹一般默认为“存档”属性。

7. 文件和文件夹的加密

Windows 10 操作系统支持多用户，若不希望他人查看自己的文件，可以对文件进行加密，但必须保证磁盘的文件系统为 NTEF 格式。具体操作步骤如下。

右击需要加密的文件，在弹出的快捷菜单中选择“属性”命令，弹出文件属性对话框。选择“常规”选项卡，单击“高级”按钮，弹出“高级属性”对话框，如图 3.25 所示。选中“压缩或加密属性”选项组中的“加密内容以便保护数据”复选框；单击“确定”按钮，返回上一级对话框；再次单击“确定”按钮即可完成文件加密。

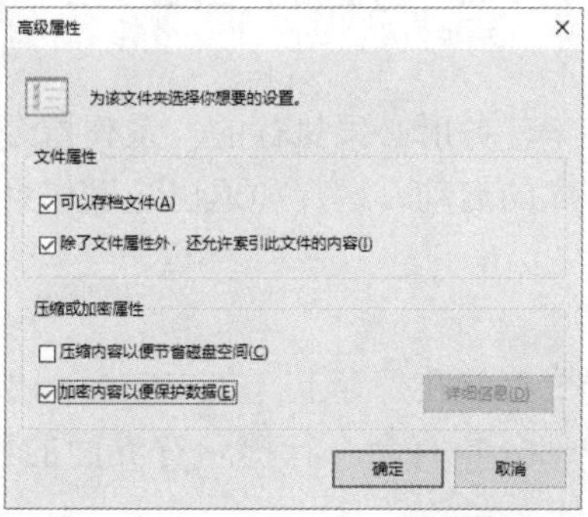

图 3.25 “高级属性”对话框

如果是为文件夹加密，则单击“确定”按钮后将弹出“确认属性更改”对话框，询问是否将更改应用于该文件夹、子文件夹和文件，用户根据实际情况进行选择即可。

8. 查找文件和文件夹

计算机中存储了大量的文件和文件夹，用户很难全部记清楚它们的位置，此时则可以利用 Windows 10 操作系统提供的搜索功能来帮助定位文件和文件夹，具体方法如下。

打开“此电脑”窗口，在搜索框中输入要查找的内容，系统找到的文件或文件夹会以黄色高亮显示，如图 3.26 所示。

图 3.26 “此电脑”中的搜索结果

如果找不到，则提示“没有与搜索条件匹配的项”。

查找到的文件或文件夹与普通文件夹窗口中的文件或文件夹一样，可以进行打开、复制、移动、删除、重命名等操作。

注意：查找一组文件时，可以使用“*”和“？”通配符，其中，“*”可代表多个字符，“？”代表一个字符。例如，“*. docx”表示扩展名为“. docx”的所有文件。如果要指定多个文件名，则可以使用分号、逗号或空格作为分隔符，如“*. jpg; *. mp3; *. txt”。

3.4 程序管理

程序是计算机为完成某一任务所必须执行的一系列指令的集合，是可以运行的，而文件可用程序打开。管理程序的启动、运行和退出是操作系统的主要功能之一。

3.4.1 程序文件

程序通常是以文件的形式存储在外存上。在 Windows 10 操作系统中，绝大多数程序文件的扩展名是.exe，少部分具有命令行提示符界面的程序文件的扩展名是.com。表 3.2 列出了常用应用程序的文件名。

表 3.2 常用应用程序的文件名

常用应用程序	文件名
Windows 文件资源管理器	explorer.exe
记事本	notepad.exe
写字板	wordpad.exe
画图	mspaint.exe
命令提示符	cmd.exe
Windows Media Player	wmplayer.exe
Internet Explorer	iexplore.exe
剪贴簿查看器	clipbrd.exe

可以通过搜索框查找这些程序的路径，大多数系统自带的应用程序默认保存在 C:\Windows\System32 目录下。

3.4.2 程序的运行和退出

1. 运行程序

在 Windows 10 操作系统中，程序的运行和退出有多种方式。下面介绍几种较常用的方式。

（1）使用“开始”菜单

打开“开始”菜单，单击要启动的应用程序。

（2）使用快捷方式

如果用户经常要使用某个应用程序，可以在桌面上创建该应用程序的快捷方式，以后只要双击该快捷方式就可以启动该应用程序。这是快速启动应用程序的一个简单方法。

（3）在文件夹窗口中启动

并不是所有应用程序都在桌面上有快捷方式或都位于“开始”菜单，要启动此类应用程序，可以通过“此电脑”窗口或“文件资源管理器”窗口打开应用程序所在的文件夹，找到该应用程序的图标，然后双击该图标。

（4）使用搜索功能

如果不清楚应用程序所在的文件夹，可以利用搜索框直接查找该应用程序，然后双击该应用程序的图标。

（5）使用“运行”命令

按【Windows+R】快捷键，弹出如图 3.27 所示的“运行”对话框，在其中输入应用程序的路径名、文件名；或者单击“浏览”按钮，在弹出的“浏览”对话框中查找并选择要运行的程序，然后单击“打开”按钮，返回“运行”对话框，按【Enter】键或单击“确定”按钮即可启动程序。

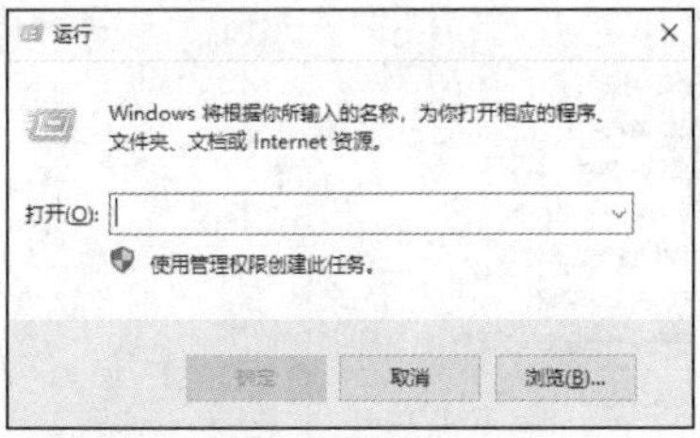

图 3.27　“运行”对话框

说明： 在表 3.2 列出的程序中，除了“剪贴簿查看器”必须通过“运行”命令启动外，其余程序都被组织在“开始”菜单中，如果确实需要通过“运行”命令启动，也不必输入路径。

2. 关闭程序

在 Windows 10 操作系统中，关闭应用程序主要有以下 4 种方法。

1）在应用程序中，单击“文件”选项卡中的“关闭”或“退出”按钮。

2）单击应用程序窗口右上角的“关闭”按钮。

3）按【Alt+F4】快捷键。

4）按【Ctrl+Shift+Esc】快捷键，打开任务管理器，强行关闭不响应的程序。

3.4.3　创建和使用快捷方式

快捷方式提供了一种简便的工作捷径。一个快捷方式可以和用户界面中的任何对象相连。每一个快捷方式由一个左下角带有弧形箭头的图标表示，称为快捷图标。快捷图标是一个链接对象的图标，快捷方式不是这个对象的本身，而是指向这个对象的指针。

快捷方式虽然只占几字节的磁盘空间，但它包含了用于启动一个程序、编辑一个文档或打开一个文件夹所需的全部信息。快捷方式的链接可自动更新，因此不论其链接的对象位置如何变化，都可以访问到所需的全部信息。

通过快捷方式可以为经常使用的文档或应用程序创建一个标识对象，其好处是在不改变原对象位置的情况下，可任意组织快捷方式，以便于快速使用程序，如将某些快捷方式放在一个文件夹中或桌面上。如果原对象位置需要调整，并不影响对应的快捷方式的位置，从而保护用户界面的稳定性。

使用快捷方式可以建立与 Windows 10 界面中任何对象的链接，并可将快捷方式置于界面上任意位置。也就是说，可以在桌面、文件夹或“开始”菜单中为一个文件、文件夹或应用程序创建快捷方式，打开快捷方式便意味着打开了相应的对象。

1. 创建快捷方式

创建快捷方式最常用的方法是利用快捷菜单创建。右击要创建快捷方式的对象，在弹出的快捷菜单中选择“发送到”级联菜单中的“桌面快捷方式”命令，如图 3.28 所示，即可创建一个桌面快捷方式。

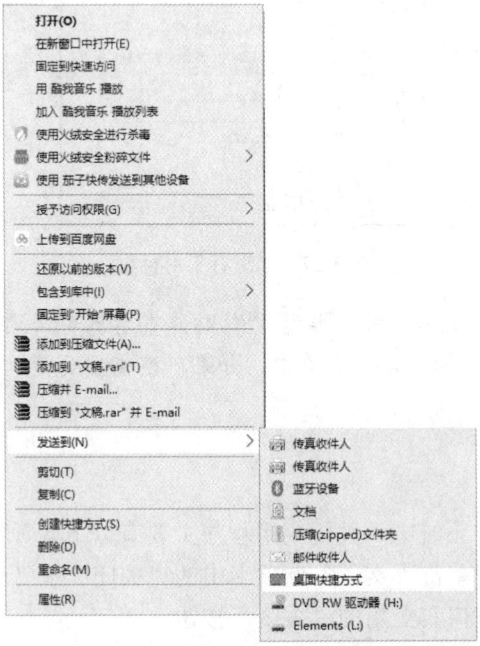

图 3.28 利用快捷菜单创建桌面快捷方式

此外，直接将应用软件拖到桌面上，也可以创建桌面快捷方式。

2. 删除快捷方式

右击要删除的快捷方式，在弹出的快捷菜单中选择“删除”命令即可删除快捷方式。

注意：快捷方式的特殊性在于它仅包含了链接对象的位置信息，并不包含对象本身，所以删除快捷方式不会删除它所链接的对象。

3.5　Windows 10 操作系统的设置

Windows 10 操作系统有两种设置方式，分别是通过控制面板设置和通过“Windows 设置”窗口设置。这两种设置方式功能丰富，可以完成对系统的任何设置和操作。

3.5.1　控制面板与“Windows 设置”窗口

控制面板是 Windows 的经典功能，各种系统设置都被集成在其中。

在“开始”菜单中单击“Windows 系统”下拉列表中的“控制面板”按钮，即可启动控制面板。“控制面板”窗口如图 3.29 所示。

图 3.29　“控制面板”窗口

“控制面板”窗口打开后默认按类别显示，在“查看方式”下拉列表中可以选择“类别”、“大图标”或“小图标”查看方式，如图 3.30 所示。

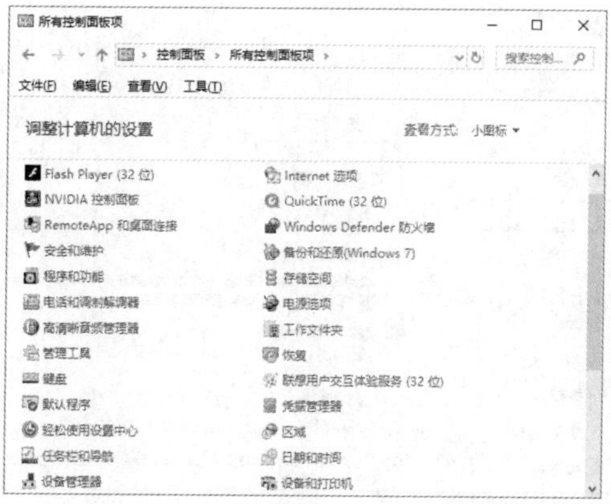

图 3.30　按小图标显示的“控制面板”窗口

Windows 10 引入了新的系统设置窗口，称为“Windows 设置”窗口。控制面板中的各种设置功能逐渐被转移到“Windows 设置”窗口，但是由于“Windows 设置”窗口尚不能完成所有设置，因此目前仍保留控制面板。单击“开始”菜单左下角的“设置”按钮，即可打开“Windows 设置”窗口，如图 3.31 所示。

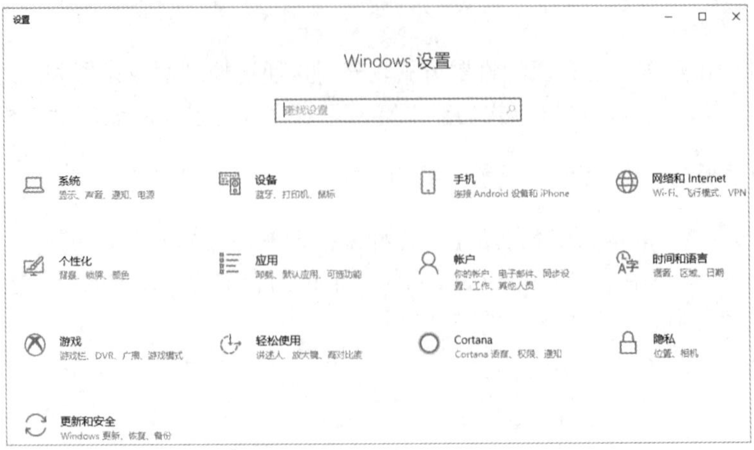

图 3.31　“Windows 设置”窗口

3.5.2　Windows 网络设置

目前，互联网已经成为人们日常生活及工作中的必需品。随着移动设备使用量的增长，无线局域网技术 Wi-Fi 及移动通信技术都获得了广泛的使用。Windows 操作系统为设备接入这些网络提供了方便快捷的操作。

安装了 Windows 操作系统，设备连接新的 Wi-Fi 网络时，在如图 3.31 所示的“Windows 设置”窗口中单击“网络和 Internet”图标，在打开的窗口左窗格中选择“WLAN”选项卡，查看 WLAN 的设置，如图 3.32 所示。单击“显示可用网络”按钮，打开无线网络连接列表。选择某一网络后单击其下方的“连接”按钮即可连接该网络。如果该网络有密码，需要输入正确的密码才可完成连接。

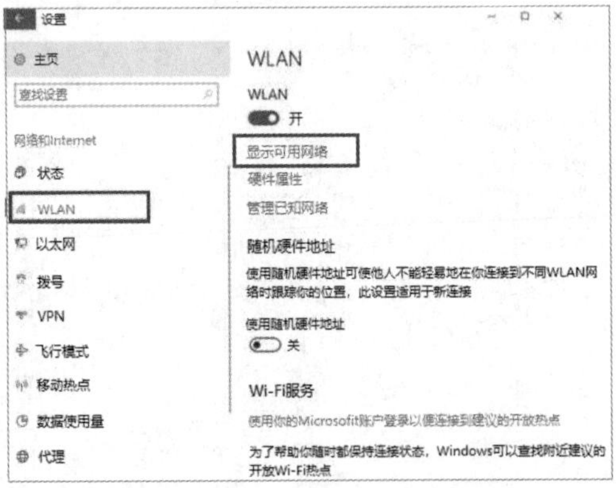

图 3.32　WLAN 设置

注意：连接 Wi-Fi 网络之前，需要确认计算机上的物理 WLAN 开关已打开。

3.5.3 Windows 应用管理

在“Windows 设置”窗口中，可以对已安装的应用程序进行管理、查看和卸载。在“Windows 设置”窗口中单击“应用”图标，可打开“应用和功能”设置窗口。在此窗口中，系统安装的所有应用都会显示在应用程序列表中，如图 3.33 所示。用户可以按名称、大小、安装日期等对列表中的应用程序进行排序，以便查找需要的应用。在此列表中，单击需要修改或删除的程序名称，会出现“修改”和“卸载”按钮，单击“卸载”按钮即可卸载此应用程序。

图 3.33 “应用和功能”设置窗口

在 Windows 操作系统中，删除一个应用程序比删除一个文件要复杂，用户最好不要试图简单地打开应用程序所在的文件夹，通过彻底删除其中的文件的方式来删除该应用程序。这是因为：一方面，不可能删除干净，有些 DLL（动态链接库）文件安装在 Windows 目录中；另一方面，很可能会删除某些其他应用程序也需要的 DLL 文件，导致其他依赖这些 DLL 文件的应用程序被破坏，从而无法正常运行。

目前，大多数应用程序自身都提供了卸载程序，只要打开这些应用程序后，选择其中的“卸载”命令即可删除该应用程序。

3.5.4 鼠标的设置

鼠标是计算机在 Windows 环境下不可缺少的一个工具，鼠标性能的好坏直接影响用户的工作效率。

1. 打开“鼠标 属性”设置窗口

在“Windows 设置”窗口中单击“设备”图标，打开“设置”窗口，在左侧窗格中选择“鼠标”选项，单击右侧窗格中“其他鼠标选项”超链接，弹出“鼠标 属性”对话框，如图 3.34 所示，该对话框有 5 个选项卡。

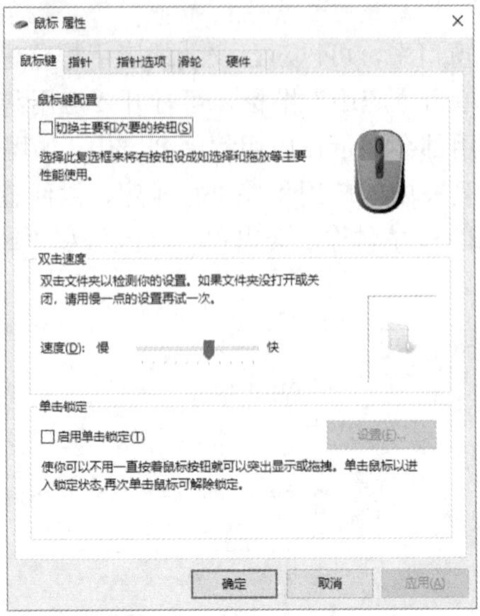

图 3.34 “鼠标 属性”对话框

2. 设置鼠标按钮

对于一般人来说，右手使用鼠标比较方便、快捷。但对于平时习惯用左手的用户来说，这就很不方便了，因此需要在使用鼠标时更改鼠标左右键的功能。具体操作步骤如下：在“鼠标 属性”对话框中选择“鼠标键”选项卡，如图 3.34 所示。用户可以对鼠标按键进行 3 方面的设置，分别是切换主要和次要的按钮、双击速度和单击锁定设置。

3. 设置指针

在 Windows 10 操作系统中，指针在不同工作状态下的形状会有所不同。例如，在默认指针设置下，它的形状是一个向左斜的箭头，而当系统前台忙时，指针会变成一个圆圈。用户可以改变不同状态下的指针形状，其操作步骤如下。

1）在“鼠标 属性”对话框中选择“指针”选项卡，如图 3.35 所示。

2）“方案”下拉列表中列出了 Windows 10 操作系统提供给用户的各种指针形状方案，用户可以从中选择一种方案。如果用户希望自己定义指针形状方案，则可在“自定义”列表框中选定要更改的选项，然后单击“浏览”按钮，此时弹出“浏览”对话框，鼠标指针样式如图 3.36 所示。

3）在“浏览”对话框中可以看到指针的各种形状，选择某一样式单独为该动作设置指针，在“预览”框中可以看到它的形状。

4）单击“打开”按钮，关闭“浏览”对话框，返回“鼠标 属性”对话框，在此用户可以看到选定状态的指针形状已被改变。如果用户希望保存该形状供以后使用，可单击“另存为”按钮，在弹出的“另存为”对话框中输入方案的名称，单击“确定”按钮。

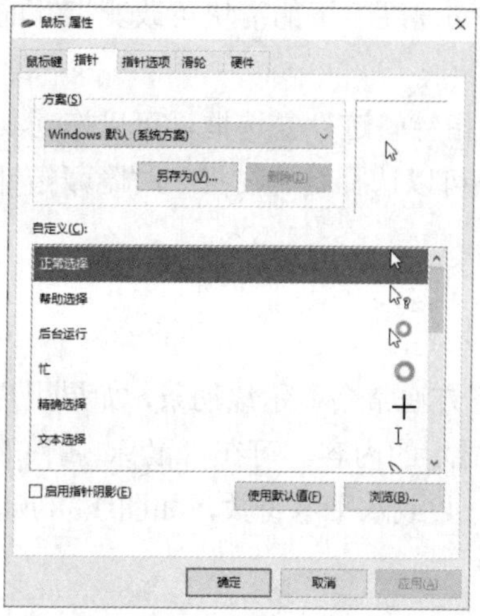

图 3.35 “指针”选项卡

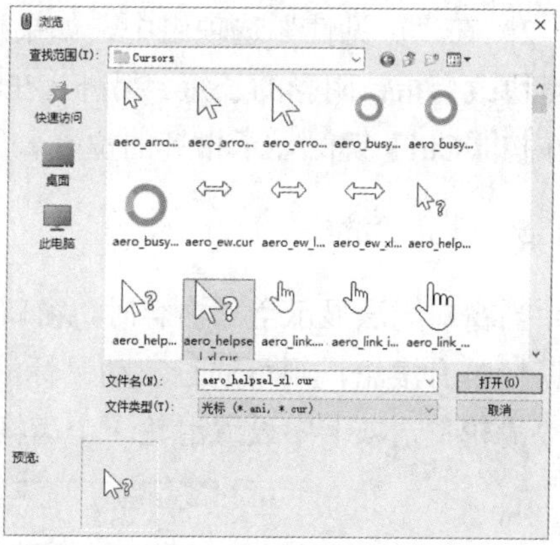

图 3.36 鼠标指针样式

5）设置完毕后，在“鼠标 属性”对话框中单击“确定”或“应用”按钮，关闭该对话框。

4. 设置鼠标的“指针选项”

指针的移动方式是指指针的移动速度和轨迹显示，它会影响指针移动的灵活程度和指针移动时的视觉效果。指针的移动速度并不是指鼠标能够移动多快，而是指手中鼠标的移动幅度与屏幕上指针移动幅度的比。如果用户手中的鼠标移动的幅度很大，但屏幕上的指针却只移动了很小的一段距离，则表明指针的移动速度过慢；反之，若手中鼠标移动的幅度不大，但屏幕上的指针却移动得很远，则表明指针的移动速度过快。用户可以在“鼠标 属性”对话框“指针选项”选项卡中调整指针的移动方式，如图 3.37 所示。

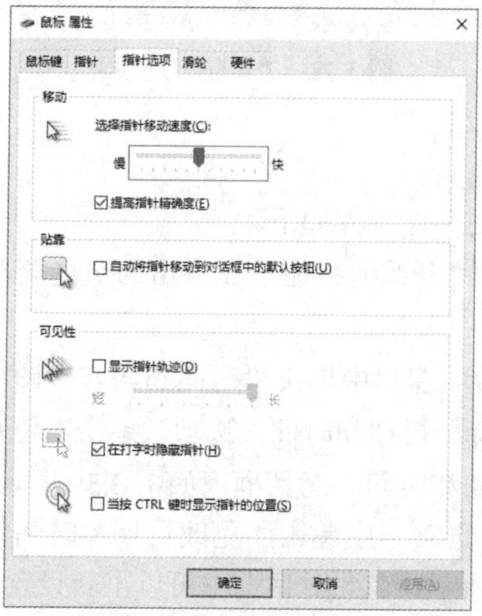

图 3.37 “指针选项”选项卡

1）在“移动”选项组中，拖动“选择指针移动速度”下的滑块可改变指针的移动速度。

2）在“可见性”选项组中，如果选中“显示指针轨迹”复选框，可以拖动其下方的滑块改变指针阴影的长短。另外，在该区域中还可以选择是否在打字时隐藏指针及是否在按【Ctrl】键时显示指针的位置。

5. 设置“滑轮”

当窗口无法显示全部内容时，窗口的右侧及下方通常会显示滚动条，如果用户使用的鼠标带有滚轮，则可通过滚动鼠标滚轮显示未显示的内容。可在“鼠标 属性”对话框“滑轮”选项卡中设置滑轮一个齿格所滚动的行数或水平字符数，如图 3.38 所示。

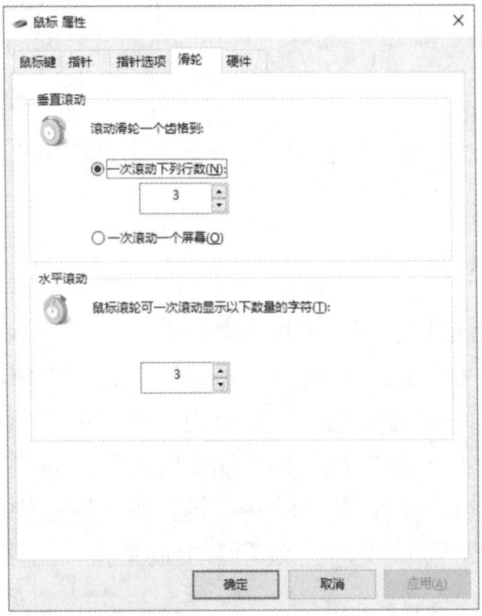

图 3.38 “滑轮”选项卡

3.5.5 系统日期和时间的设置

设置系统日期和时间的操作步骤如下。

1）右击桌面左下角的“开始”按钮，在弹出的快捷菜单中选择“设置”命令，打开“Windows 设置”窗口。

2）在“Windows 设置”窗口中单击“时间和语言”图标，打开“时间和语言”设置窗口，在左侧窗格中选择“日期和时间”选项，单击右侧窗格中的“添加不同时区的时钟”超链接，弹出“日期和时间”对话框，如图 3.39 所示。

3）在“日期和时间”选项卡中单击“更改日期和时间”按钮，弹出“日期和时间设置”对话框，如图 3.40 所示，在此对话框中可以重新设置当前日期和时间，或在“日期和时间”选项卡中单击“更改时区”按钮设置用户所在的时区。

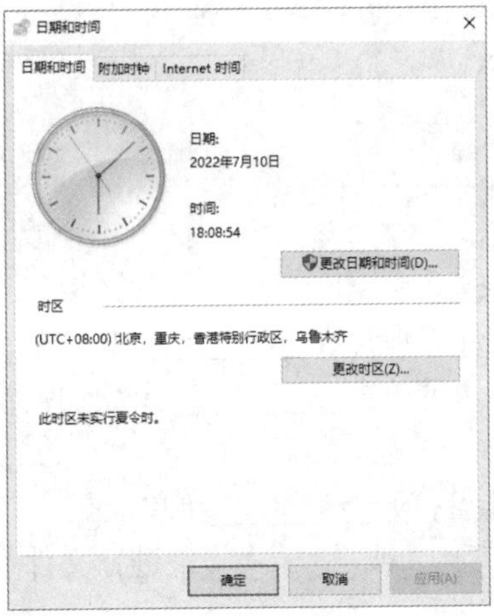

图 3.39 “日期和时间”对话框

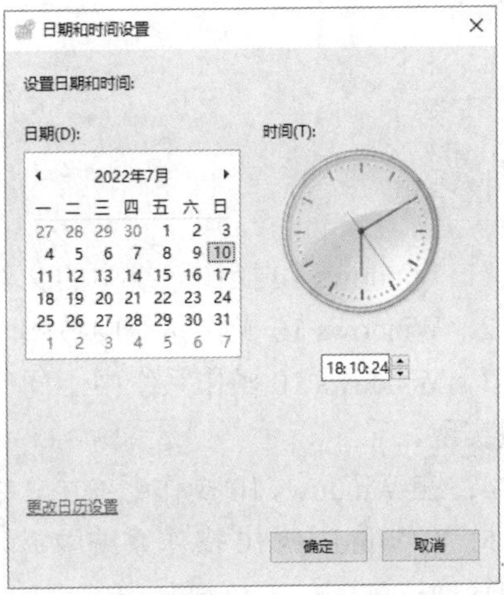

图 3.40 “日期和时间设置”对话框

4）如果用户需要同时显示 2 个地区甚至 3 个地区的时间，可在“日期和时间”对话框中选择“附加时钟”选项卡，选中“显示此时钟”复选框，再选择需要显示的地区。还可以在“输入显示名称”文本框中为该时钟设置名称，单击“确定”或“应用”按钮保存设置。设置完成后，单击桌面右下角的时间图标，会显示刚刚设置的两个时区的时钟，如图 3.41 所示。

将鼠标指针移动到时间标签上，也会自动弹出设置的 3 个时钟。

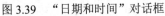

图 3.41 设置附加时钟后的效果

说明：右击时间图标，在弹出的快捷菜单中选择“调整时间/日期”命令，也可以打开“时间和语言”设置窗口，供用户设置系统时间。

习 题 3

一、填空题

1．Windows 10 操作系统中的文件夹是存放________和________的区域。

2．Windows 10 操作系统中被删除的文件或文件夹保存在________中。

3．Windows 10 操作系统中不同任务的切换可通过单击________上欲切换窗口的按钮实现。

4．在 Windows 10 操作系统中，右击一般意味着打开________菜单。

5．在 Windows 10 操作系统中，可以通过________或________来进行文件和文件夹的管理。

二、判断题

1．在 Windows 10 操作系统中，正在打印时不能进行其他操作。（ ）

2．在 Windows 10 操作系统中，鼠标的左右键可以进行切换。（ ）

3．在 Windows 10 操作系统中，系统的属性是不能改变的。（ ）

4．Windows 10 操作系统的桌面外观可以根据个人爱好进行更改。（ ）

5．在 Windows 10 操作系统的文件资源管理器中，可以同时查看多个文件夹或磁盘中的内容。（ ）

三、简答题

1．在 Windows 10 操作系统中，启动一个应用程序有哪几种途径？

2．文件的基本属性包括哪些？

3．如何在 Windows 10 操作系统中选定多个文件或文件夹？

4．任务栏能隐藏吗？如何隐藏？

5．使用【Delete】键是否能够安全卸载某个应用程序？为什么？

第4章 文档处理

计算机文字处理软件彻底改变了传统的用纸和笔进行文字处理的方式，将文字的输入、编辑、排版、存储和打印融为一体。特别是现代的计算机文字处理软件不但能处理文字，而且支持图形、图像的编辑功能，能编排出图文并茂的文档。

本章以 Word 2016 为基础，讲解文字处理软件的概念及其基本使用方法，通过 4 个任务对文本的输入、编辑、格式化、图文混排、表格编辑等进行具体介绍。通过对本章的学习，学生应能够掌握现代计算机文字处理软件的基础知识及基本操作技能，并能在以后的工作和学习中有效地利用 Word 或其他文字处理软件制作所需要的文档。

4.1 Word 2016 简介

Word 是 Microsoft 公司 Microsoft Office 套装软件中的一员。Microsoft Office 办公自动化软件包含了 Word、Excel 和 PowerPoint 等几个主要工具，它们都是基于图形界面的应用程序，使用相同类型的用户界面。目前，Word 已经经历了 Word 97、Word 2000、Word 2003、Word 2007、Word 2010、Word 2013、Word 2016 等多个版本。

4.1.1 Word 2016 的启动与退出

1. *启动* Word 2016

Word 2016 的启动方法与其他 Windows 应用程序类似，主要有以下 3 种。

（1）从“开始”菜单中启动 Word 2016

在“开始”菜单中，单击“Microsoft Office”级联菜单中的“Word 2016”按钮。

（2）通过快捷图标启动 Word 2016

用户可以在桌面上创建 Word 2016 应用程序快捷图标，双击该快捷图标即可启动 Word 2016。

（3）通过已存在的文档启动 Word 2016

双击已存在的 Word 文档即可启动 Word 2016。

通过已存在的文档启动 Word 2016 不仅会启动该应用程序，而且会打开选定的文档，适合编辑或查看一个已存在的文档。

2. *退出* Word 2016

Word 2016 的退出（关闭）方法与其他 Windows 应用程序也类似，主要有以下 3 种。

1）单击 Word 2016 窗口右上角的“关闭”按钮。

2）在 Word 2016 窗口中，单击“文件”选项卡中的“关闭”按钮。

3）使用【Alt+F4】快捷键。

4.1.2 Word 2016 工作界面

4-1 Word 2016 工作界面

Word 2016 启动后的工作界面如图 4.1 所示。

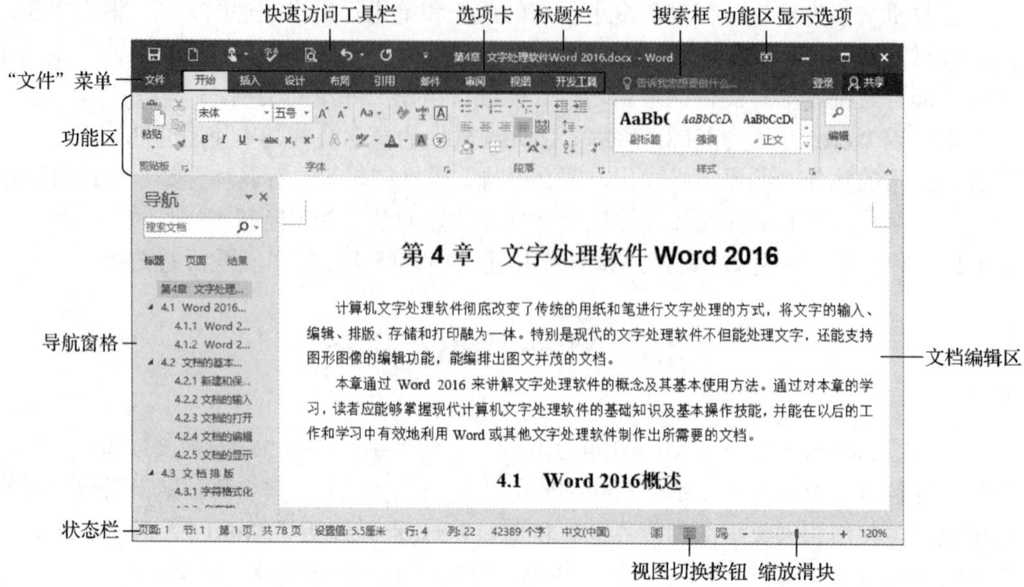

图 4.1 Word 2016 工作界面

1. 标题栏

标题栏位于窗口顶部，左侧是快速访问工具栏，中间显示正在编辑的文档名称及所使用的应用程序名称，右侧是窗口控制按钮。其中，左侧快速访问工具栏的内容可以由用户自己定义，右侧窗口控制按钮前增加了一个“功能区显示选项”按钮。

2. 快速访问工具栏

快速访问工具栏显示了“保存”“撤销”“重复”“打开”等按钮。单击相应按钮可快速执行相应操作。单击最右边的“自定义快速访问工具栏”按钮后，用户可在弹出的下拉菜单中选择在快速访问工具栏中显示的按钮。

3. “文件”菜单

Word 2016 工作界面选项卡左边有一个“文件”菜单，用于对文件进行整体操作，包括“新建”“保存”“另存为”“打开”“关闭”“信息”“共享”“选项”等命令。选择相应命令可以执行相应操作。

4. 选项卡

选项卡包括“开始”“插入”“设计”“布局”“引用”“邮件”“审阅”“视图”等。

用户可以根据需要切换选项卡。

5. 功能区

每一个选项卡都对应一个功能区，功能区命令按逻辑组的形式组织，旨在帮助用户快速找到完成某一任务所需的命令。有的选项组在右下角有“对话框启动”按钮，单击该按钮可打开相应的对话框。功能区有以下特点。

1）功能区不是固定不变的。当选中某个对象后，如选中文档编辑区的表格后，会增加一个“表格工具”选项卡组，其中包含“设计”和“布局”两个选项卡。

2）功能区可以被隐藏。单击标题栏上的“功能区显示选项”按钮，可设置功能区的显示方式。

3）功能区可以自定义。选择“文件”菜单中“选项”命令，弹出“Word 选项”对话框，选择“自定义功能区”选项卡，单击“新建选项卡”按钮可添加新的选项卡；单击“新建组”按钮可为新选项卡添加分组，从左侧列表框选择要添加的按钮；单击“重命名”按钮可自定义新建组名，如图 4.2 所示。

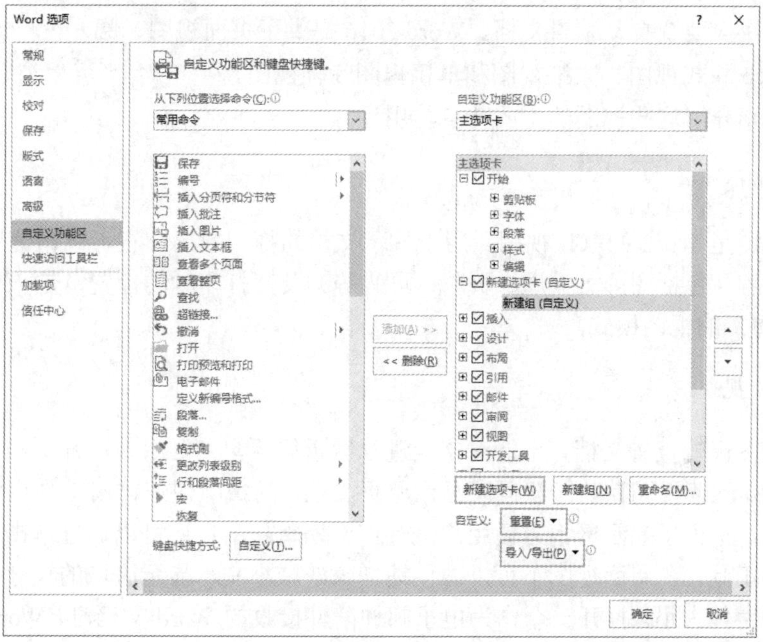

图 4.2 “Word 选项”对话框

6. 导航窗格

导航窗格是首次启动 Word 2016 时的默认显示内容，有标题、页面和结果 3 个标签。默认以标题为搜索交互工具。如果文档中没有标题样式，也可通过输入实现查找定位。

7. 文档编辑区

文档编辑区是用户的工作区域。在编辑 Word 文档时，无论处理的是文字、图形还是其他类型的对象，都在该区域进行。

8. 状态栏

状态栏位于 Word 窗口底部，显示当前文档的页码和总页数、文档总字数、拼写和语法检查、所使用的语言等编辑信息。

状态栏右侧为视图切换按钮，单击相应按钮可以在阅读视图、页面视图和 Web 版式视图之间进行切换。

拖动状态栏最右侧的缩放滑块可以调整文档窗口的显示比例。

右击状态栏将弹出“自定义状态栏”菜单，用户可以使用其中的命令自定义状态栏的显示内容。

4.1.3 Word 2016 的视图模式

4-2 文档的视图模式

Word 2016 提供了多种显示 Word 文档的方式，每一种显示方式称为一种视图。使用不同的显示方式，可以从不同的侧重面查看文档，从而高效、快捷地查看、编辑文档。Word 2016 提供了页面视图、阅读视图、Web 版式视图、大纲视图和草稿视图 5 种视图。

下面分别介绍这些视图的主要特点与用途。

1. 页面视图

页面视图是 Word 的默认视图，用于显示文档的打印效果。它可以精确地显示文档中的各种内容（包括图形、页眉、页脚、页码等）及其打印时的位置，是一种真正实现“所见即所得”的视图模式。

2. 阅读视图

阅读视图仅能查看文档，不能对文档进行编辑修改，主要用于提升文档可读性，优化阅读体验。阅读视图默认一次同时显示两页文档，隐藏除快速访问工具栏以外的所有选项卡按钮，扩大了显示区，方便用户进行审阅编辑。用户还可以通过单击“工具”按钮选择阅读工具。在阅读视图下可以方便地增大或减小文本显示区域的尺寸，而不会影响文档中的字体大小。打开一个作为电子邮件附件接收的 Word 文档时，Word 会自动切换到阅读视图。

3. Web 版式视图

Web 版式视图以网页形式显示文档，不显示页眉页脚、页码，也不显示分页。在此视图下可看到 Word 文档在浏览器中的显示效果。

4. 大纲视图

大纲视图用于显示文档的框架，这种视图模式将文档组织为多层次的标题、子标题和正文文本，以便组织文档并观察文档的结构，也为在文档中进行大块文本移动、生成目录和其他列表提供了一个方便的途径。该视图广泛用于 Word 长文档的快速浏览和设置。

5. 草稿视图

草稿视图用于快速编辑文档，取消了页面边距、分栏、页眉页脚和图片等元素，仅显示标题和正文，分页以虚线的形式表示。

各种视图之间可以方便地相互转换，其操作方法有两种：通过“视图”选项卡的“视图”选项组选择所需的显示方式；单击状态栏右侧的视图按钮在不同视图间快速切换。

4.2 文档的基本操作

【任务一】应聘自荐书的创建

1. 任务描述

小华是信息工程学部的一名新生，看到学部学生会纳新的公告后，为了在大学期间能够充分锻炼自己的能力，想自荐应聘学生会干事一职。自荐书要求用 Word 文档制作。

2. 任务分析

在本次任务中，需要掌握以下技能。

1）文档的基本操作：创建、打开、复制、保存和关闭等。

2）输入文本：各种输入法的切换。

3）文档的特殊操作：文档的自动保存、联机文档、保护文档、检查文档、将文档发布为 PDF 格式、加密发布 PDF 格式等。

4.2.1 创建 Word 文档

创建 Word 文档有两种方式：一种是使用模板创建文档，需要在联网状态下才能完成；另一种是创建空白文档，需要制作者熟悉 Word 操作。

1. 使用模板创建文档

单击“文件”菜单中的“新建”按钮，打开“新建”窗口，如图 4.3 所示。在此窗口可预览并选择新建文档时需要套用的模板。

使用模板创建的文档是已经包含了部分文字内容和完整格式设置的文档，模板的来源可以是用户自己定义的，也可以是 Office 提供的。使用模板通常需要连接网络，选择的模板可能需要事先下载。

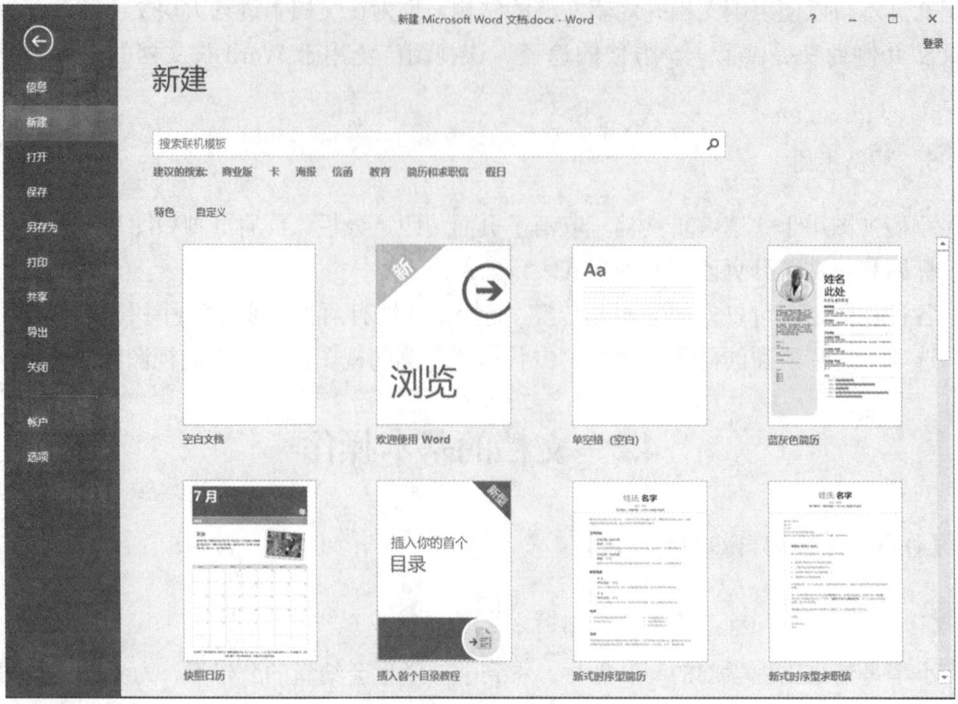

图 4.3 “新建”窗口

2. 创建空白文档

创建空白文档是 Word 常用的操作之一，主要有以下 4 种方法。

1）启动 Word 时，在“开始”屏幕上选择“空白文档”选项。

2）在 Word 工作环境下，单击“文件”菜单中的“新建”按钮，在打开的“新建”窗口中选择“空白文档”选项，或者使用【Ctrl+N】快捷键。

3）在桌面空白处右击，在弹出的快捷菜单中选择“新建”级联菜单中的“Microsoft Word 文档”命令。

4）双击桌面上的 Word 2016 快捷图标。

4.2.2 输入文本

文本的输入总是从插入点处开始，即插入点显示了输入文本的插入位置。输入文本后，插入点自动右移，同时文本被显示在屏幕上。当用户输入文本到达右边界时，Word 会自动换行，插入点移到下一行行首，用户可继续输入。当一个自然段文本输入完毕时，按【Enter】键，插入点光标处插入一个段落标记以结束本段落，插入点移动到新段落开始处，等待继续输入内容。

将自荐书文本内容输入空白文档，如图 4.4 所示。

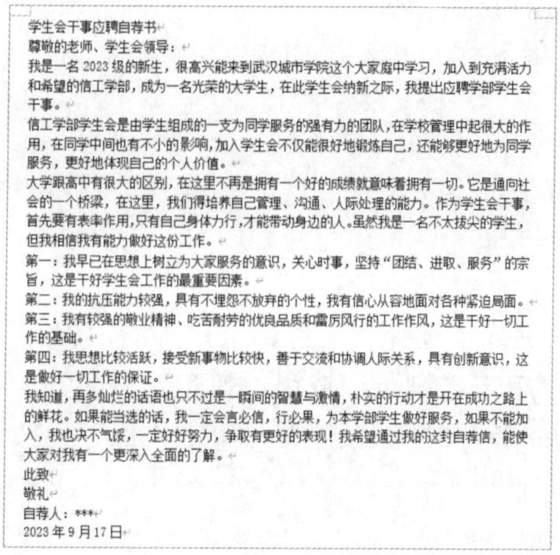

学生会干事应聘自荐书

尊敬的老师、学生会领导：

我是一名 2023 级的新生，很高兴能来到武汉城市学院这个大家庭中学习，加入到充满活力和希望的信工学部，成为一名光荣的大学生，在此学生会纳新之际，我提出应聘学部学生会干事。

信工学部学生会是由学生组成的一支为同学服务的强有力的团队，在学校管理中起很大的作用，在同学中间也有不小的影响，加入学生会不仅能很好地锻炼自己，还能够更好地为同学服务，更好地体现自己的个人价值。

大学跟高中有很大的区别，在这里不再是拥有一个好的成绩就意味着拥有一切。它是通向社会的一个桥梁，在这里，我们得培养自己管理、沟通、人际处理的能力。作为学生会干事，首先要有表率作用，只有自己身体力行，才能带动身边的人。虽然我是一名不太拔尖的学生，但我相信我有能力做好这份工作。

第一：我早已在思想上树立为大家服务的意识，关心时事，坚持“团结、进取、服务”的宗旨，这是干好学生会工作的最重要因素。

第二：我的抗压能力较强，具有不埋怨不放弃的个性，我有信心从容地面对各种紧迫局面。

第三：我有较强的敬业精神、吃苦耐劳的优良品质和雷厉风行的工作作风，这是干好一切工作的基础。

第四：我思想比较活跃，接受新事物比较快，善于交流和协调人际关系，具有创新意识，这是做好一切工作的保证。

我知道，再多灿烂的话语也只不过是一瞬间的智慧与激情，朴实的行动才是开在成功之路上的鲜花。如果能当选的话，我一定会言必信，行必果，为本学部学生做好服务，如果不能加入，我也决不气馁，一定好好努力，争取有更好的表现！我希望通过我的这封自荐信，能使大家对我有一个更深入全面的了解。

此致

敬礼

自荐人：***

2023 年 9 月 17 日

图 4.4 输入文本内容

输入文本时的注意事项如下。

1）各行结尾处不要按【Enter】键，开始一个新段落时才可按此键。

2）对齐文本时不要用【Space】键，用后面章节中所讲的缩进等方式。

3）若要重新定位插入点，有以下 3 种方法。

① 利用键盘。常用的光标移动键如表 4.1 所示。

表 4.1 光标移动键

按键	功能	按键	功能
←	左移一个字符	Ctrl +←	左移一个单词
→	右移一个字符	Ctrl +→	右移一个单词
↑	上移一行	Ctrl + ↑	上移一个自然段
↓	下移一行	Ctrl + ↓	下移一个自然段
Home	移至行首	Ctrl+Home	文档的起始处
End	移至行尾	Ctrl+End	文档的结尾处
PageUp	上移一屏	Ctrl+PageUp	上一页的顶部
PageDown	下移一屏	Ctrl+PageDown	下一页的底部

② 利用鼠标移动或移动滚动条，然后在需要输入文本的位置单击。

③ 在状态栏中单击“页码”图标，弹出“定位”对话框，在“输入页号”文本框中输入所需定位的页码，单击“定位”按钮。

4）如果发现输入有错，将光标定位至错误文本处，按【Delete】键可删除光标右侧字符，按【Backspace】键可删除光标左侧字符。

5）如果需要在输入的文本中间插入内容，可将光标定位到需要插入的位置，然后输入内容。

注意：当处于“插入”状态时，此时状态栏显示“插入”字样。当处于“改写”状态时，状态栏显示“改写”字样，这时再输入的内容就会替换原有内容。按【Insert】键可以在这两种状态之间进行切换。

6）按【Ctrl+Space】快捷键可进行中西文输入法的切换；单击输入法可进行输入法的选择。

4.2.3 保存与关闭文档

1. 保存文档

使用【Ctrl+S】快捷键或者选择“文件”菜单中的“保存”命令保存新建文档时，将打开“另存为”窗口，单击“浏览”按钮，弹出“另存为”对话框，如图 4.5 所示，输入文件名“自荐书”并指定文档保存位置，单击“保存”按钮。

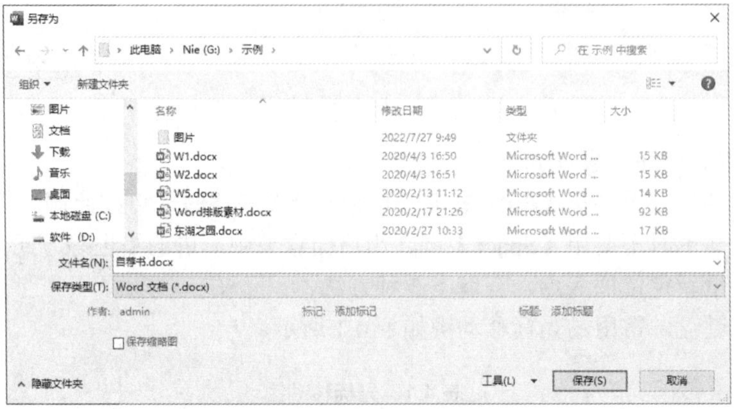

图 4.5 “另存为”对话框

用户完成内容输入的文档仅存放在内存中并显示在屏幕上，如果不执行保存操作，一旦关机（断电），文档就会消失。只有外存上的文件才能被长期保存，所以当用户完成编辑工作后，应把工作成果及时保存到磁盘中。

文档保存主要分为两种情况：新文档保存和已有文档的再次保存。二者的不同之处在于：保存新文档时会打开“另存为”窗口，需要输入文件名并指定文件位置、类型等属性；而保存已有文档则不再打开“另存为”窗口。

单击“文件”菜单中的“另存为”按钮时，也会打开“另存为”窗口，可对已有文档的文件名、保存位置、文件类型等属性进行更改并保存。保存成功后，当前窗口就是新的文档，而原文档则被关闭，且新的修改将不会被保存在旧文档中。

Word 2016 默认的文件扩展名为.docx，若用户要保存为其他类型的文件，可通过“另存为”功能进行文件格式的转换。例如，将 Word 文件保存为 PDF 文件，可在“另存为”对话框的“保存类型”下拉列表中选择“PDF”选项。

2. 自动保存文档

对于需要经过长时间编辑的文档，Word 提供了在间隔固定时间后自动保存的功能，以避免意外发生时数据丢失。自动保存的间隔时间设置方法如下：单击“文件”菜单中的“选项”按钮，弹出“Word 选项”对话框，在“保存”选项卡中进行设置。

Word 把自动保存的内容存放在一个临时文件中，如果在用户对文档进行保存前出现了意外情况（如断电），再次进入 Word 时，最后一次保存的内容将被恢复到窗口中。这时，用户应立即进行保存操作。

3. 保护文档

为防止其他人对文档进行修改，可以对其进行编辑保护。

Word 2016 中可以对文档进行限制编辑设置，单击“文件”菜单中的“信息”按钮，打开“信息”窗口，单击“保护文档”按钮，如图 4.6 所示，可以对文档进行如下设置。

1）始终以只读方式打开。文档将只能阅读，不可编辑，可防止被意外更改。

2）用密码进行加密。此命令用于为文档设置密码。

3）限制编辑。此命令提供了 3 个选项：格式设置限制、编辑限制、启动强制保护。

4）限制访问。用户可以通过 Windows Live ID 或 Windows 用户账户限制 Office 文档的权限。

5）添加数字签名。通过添加不可见的数字签名来确保文档的完整性。

6）标记为最终。“标记为最终”命令可以使 Word 文档标记为只读模式。

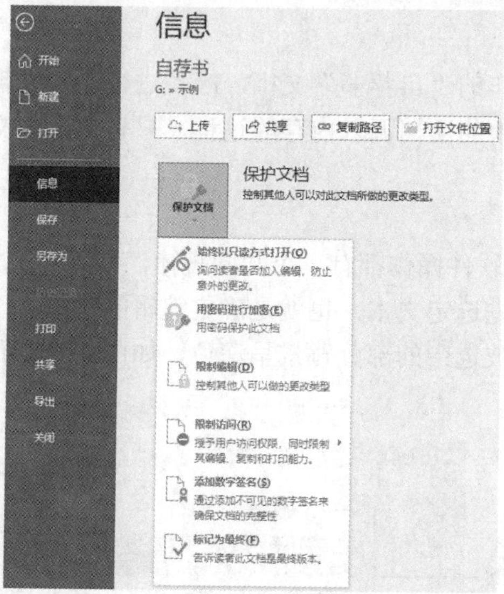

图 4.6 保护文档操作

4. 关闭文档

自荐书制作完成后，关闭文档。关闭不再编辑的文档可减少对计算机内存的占用，关闭文档的方法有很多，如单击“文件”菜单中的“关闭”按钮，或使用【Alt+F4】快捷键。如果是有改动未保存的文件，Word 会提示先保存再关闭文件。

4-3 文档的基本操作

4.3 文档排版

【任务一（续）】应聘自荐书的排版

1. 任务描述

完成了内容的输入，还需要对文档进行排版。排版的目的是使文档更易阅读、更加美观。例如，设置文本字体颜色、对齐方式、底纹、段落间距等。对应聘自荐书进行排版，使其完整、美观。

2. 任务分析

在本次任务中，需要掌握以下技能。

1）文档的编辑：文本格式设置、文本查找替换、段落格式设置、打印预览、打印设置等。

2）文档的操作：打开文档，将文档发布为 PDF 格式等。

4.3.1 文档的编辑

打开【任务一】制作的“自荐书”文档，准备进行文档编辑工作。

打开文档指将外存中的文档调入内存的过程，只有打开的文档才能进行编辑。

1. 选定文本

Windows 环境下的软件操作都有一个共同规律，即“先选定，后操作”。在所有编辑操作进行之前，必须先选定文本，也就是确定编辑的对象。

选定文本内容后，被选中的部分背景呈深色，如图 4.7 所示。可以使用如下方式选定文本。

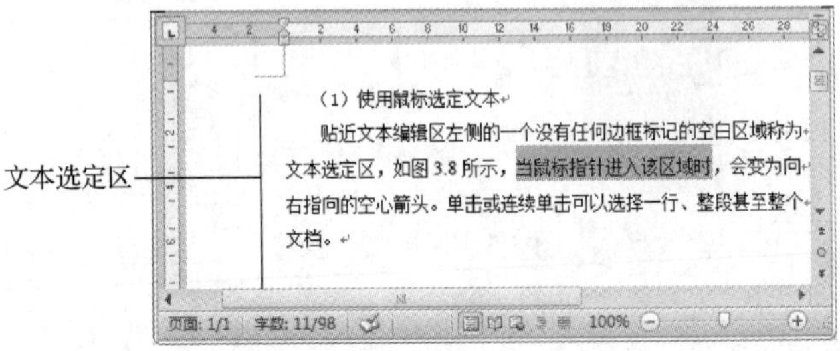

图 4.7　选定文本

1）使用鼠标选定文本。贴近文本编辑区左侧的一个没有任何边框标记的空白区域称为文本选定区，当鼠标指针进入该区域时，会变为向右指向的空心箭头。单击或连续单击可以选择一行、整段甚至整个文档。此外，常用的使用鼠标选定文本的方法还有很多种，如表 4.2 所示。

表 4.2 使用鼠标选定文本方法

选择对象	操作
任意字符	拖过要选择的字符
字或单词	双击该字或单词
一行字符	单击该行左侧的文本选定区
多行字符	在字符左侧的文本选定区中拖动
句子	按住 Ctrl 键，单击句子中的任何位置
段落	双击段落左侧的文本选定区，或者三击段落中的任何位置
多个段落	在文本选定区拖动
整个文档	三击文本选定区，或按【Ctrl+A】快捷键
连续字符	在字符的起始处单击，然后按住 Shift 键单击字符结束位置
矩形区域	按住【Alt】键并拖动

2）使用键盘选定文本。使用键盘选定文本方法如表 4.3 所示。

表 4.3 使用键盘选定文本方法

按键	功能	按键	功能
Shift + ←	向左选择一个字符	Ctrl + ←	选择到单词开始
Shift + →	向右选择一个字符	Ctrl + →	选择到单词结尾
Shift + ↑	向上选择一个字符	Ctrl + ↑	选择到段落开始
Shift + ↓	向下选择一个字符	Ctrl + ↓	选择到段落结尾
Shift+Home	选择到行首	Ctrl+ Shift+Home	选择到文档开始
Shift+End	选择到行尾	Ctrl+ Shift+End	选择到文档结尾
Shift+PageUp	选择到屏首	Ctrl+A	选择整个文档
Shift+PageDown	选择到屏尾		

在文本区中任意位置单击便可以取消文本选定状态。

注意：一旦文本被选定后，不要随意输入文本，否则选定的文本将被输入的内容所取代。

2. 删除文本

删除文本的方法有很多，如果仅删除少量文字，可以直接按【Backspace】键或【Delete】键进行删除。如果需要删除大量文字、图形或其他对象，则需要先选定要删除的对象，然后按下列方法之一进行删除。

1）按【Backspace】键或【Delete】键。

2）单击“开始”选项卡“剪贴板”选项组中的“剪切”按钮。

3）右击要删除的对象，在弹出的快捷菜单中选择“剪切”命令。

4）按【Ctrl+X】快捷键。

3. 移动文本

若要将选定的文本移动到另一位置，可以使用以下两种方式。

（1）使用鼠标

选定要移动的文本，将鼠标指针移动到选中的内容上，按住鼠标左键，将鼠标指针移到目标位置，然后释放鼠标左键，选定的内容就移动到新的位置。

（2）使用剪贴板

使用剪贴板移动文本的操作步骤如下。

1）选定要移动的文本。

2）单击“开始”选项卡“剪贴板”选项组中的“剪切”按钮；或右击，在弹出的快捷菜单中选择“剪切”命令，此时选定的文本从原位置处删除，并被存放到剪贴板中。

3）将光标定位到欲插入的目标位置。

4）单击“开始”选项卡“剪贴板”选项组中的“粘贴”按钮；或右击，在弹出的快捷菜单中选择“粘贴”命令。

4. 复制文本

复制文本与移动文本操作类似，只是复制后，选定的文本仍在原处。二者不同之处仅在于复制文本使用的是“复制”命令。

5. 剪贴板

剪贴板是 Windows 应用程序可以共享的一块公共信息区域，功能十分强大。剪贴板不但可以保存文本信息，还可以保存图形、图像和表格等各种信息。Office 2016 对原有版本剪贴板的功能进行了扩展，变得更加强大，用户使用起来更加方便。

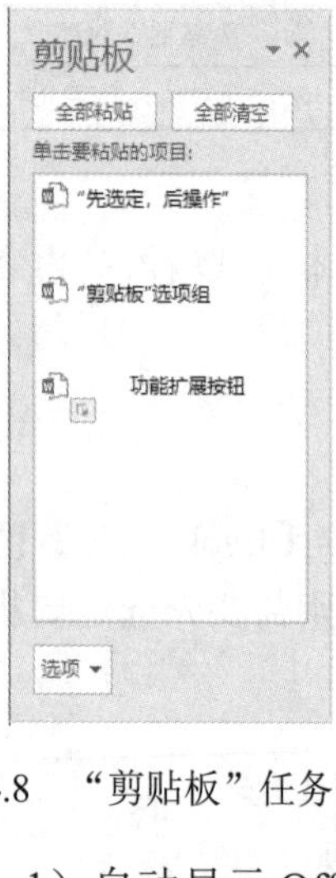

图 4.8 “剪贴板”任务窗格

单击“开始”选项卡中“剪贴板”选项组中的“对话框启动”按钮，“剪贴板”任务窗格即显示在主文档窗口的左侧，如图 4.8 所示。

当 Office 程序或其他应用程序进行了剪切、复制操作后，其内容会被放入剪贴板，并依次显示在“剪贴板”任务窗格中，选中任何一个都可通过其右侧的下拉按钮选择再次粘贴或者彻底删除。

剪贴板中能保存最近 24 次复制或剪切操作的内容，如果超出了这个数目，最前面的对象将被从剪贴板中删除。当要多次复制或剪切不同的多个内容时，剪贴板的使用可节省很多操作。

单击“剪贴板”任务窗格底部的“选项”下拉按钮，可进行剪贴板的设置。

1）自动显示 Office 剪贴板。当复制项目时，自动显示“剪贴板”任务窗格。

2）按 Ctrl+C 两次后显示 Office 剪贴板。按【Ctrl+C】快捷键两次后自动显示“剪贴板”任务窗格。

3）收集而不显示 Office 剪贴板。自动将项目复制到剪贴板中，而不显示“剪贴板”任务窗格。

4）在任务栏上显示 Office 剪贴板的图标。当剪贴板处于活动状态时，在系统任务栏的状态区域中显示“剪贴板”图标。

5）复制时在任务栏附近显示状态。当将项目复制到剪贴板时，显示所收集项目的信息。

在对应的粘贴操作中，会在粘贴位置的右侧显示一个“粘贴选项”智能按钮，单击该按钮右侧显示的下拉按钮可选择粘贴选项，快速对所做操作进行相应选择。

6. 撤销与恢复

（1）撤销

在操作过程中每个人都难免出现误操作，或者对先前所做的工作感到不满意。如果遇到这种情况，可单击快速访问工具栏中的“撤销”按钮，或按【Ctrl+Z】快捷键执行撤销操作。Word 可以撤销最近进行的多次操作，单击“撤销”按钮右侧的下拉按钮，会看到此前的每一次操作，选择某个操作，将撤销这个操作之前的所有操作。

（2）恢复

单击快速访问工具栏中的“恢复”按钮，或按【Ctrl+Y】快捷键，允许撤销前一次或前几次的撤销操作。“恢复”按钮的功能与“撤销”按钮刚好相反。

7. 查找与替换

查找与替换功能在文字处理软件中经常使用，是效率很高的编辑功能。根据输入的要查找或替换的内容，系统可自动地在规定的范围或全文内进行查找或替换。查找或替换不但可以用于具体的文字，而且可以用于格式、特殊字符、通配符等。

4-4 查找和替换

（1）使用导航窗格查找

1）单击“开始”选项卡“编辑”选项组中的“查找”按钮，或按【Ctrl+F】快捷键，打开“导航”窗格的“结果”标签。

2）在“导航”窗格的搜索栏中输入要查找的内容，正文中将以黄色突出显示搜索结果，搜索栏下方显示搜索结果的数量。单击搜索栏下方的上下三角按钮可依次选取搜索结果。单击搜索栏右侧的下拉按钮可打开下拉列表，对查找的内容进行进一步设置。

（2）使用对话框查找

1）单击“开始”选项卡“编辑”选项组中的“高级查找”按钮，或按【Ctrl+H】快捷键，弹出“查找和替换”对话框，如图 4.9 所示。也可在“导航”窗格搜索栏右侧的下拉列表中选择“高级查找”选项。这是各个版本 Word 都具有的查找方式。

2）在“查找内容”文本框中直接输入要查找的内容，或者从其下拉列表中选择一个以前查找过的内容，如输入“我”，如图 4.9 所示。

3）单击“查找下一处”按钮。如查找到匹配的文本，则在文档中以黄色突出显示，不断单击此按钮会依次定位其他的搜索结果，直到提示完成搜索。在“查找”状态下，可以对查找到的内容及文档中的其他内容进行修改，但不可以用鼠标移动或复制选定的文本。

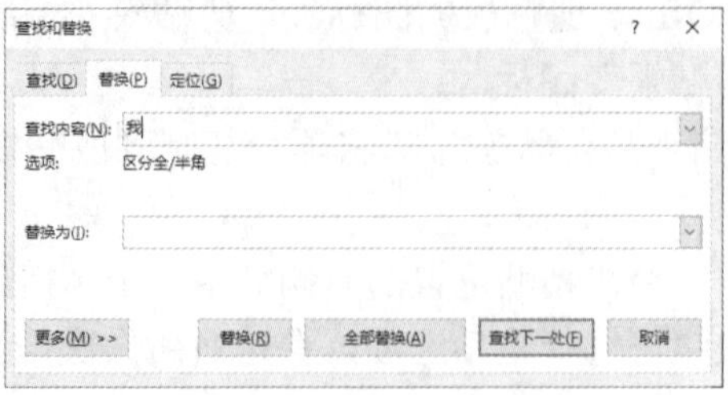

图 4.9　“查找和替换”对话框

4）单击“取消”按钮，可以取消查找。

Word 2016 新增了“智能查找”功能，在文档中右击要查找的关键字，在弹出的快捷菜单中选择“智能查找”命令，将自动联网查询，并将查询结果显示在“见解”窗格中。

（3）使用“替换”功能完成批量修改操作

“替换”功能主要用于编辑文档中多处相同内容，可准确高效地完成批量修改。

1）单击“开始”选项卡“编辑”选项组中的“替换”按钮，可直接打开“查找和替换”对话框中的“替换”选项卡。

2）在“查找内容”文本框中输入要查找的内容，在“替换为”文本框中输入要替换的内容，单击“查找下一处”按钮。找到所需内容后，若要替换，则单击“替换”按钮；若不替换，则单击“查找下一处”按钮继续查找。如果不需要逐个查看，则单击“全部替换”按钮，Word 将自动对整个文档进行查找、替换操作。

（4）更多设置的查找和替换

如果想对替换进行精确设置或替换格式、特殊字符，具体操作方法如下。

1）在“查找和替换”对话框的“替换”选项卡中，单击“更多”按钮，此时会显示更多的搜索选项，该按钮也会变为“更少”按钮，如图 4.10 所示。

图 4.10　“查找和替换”对话框的更多设置内容

2）在“搜索”下拉列表中选择所需的搜索方向。其中，“向上”和“向下”分别表示从光标位置向文档开头处和结尾处进行查找。通常，在不对搜索范围作出选择的情况下，Word 默认搜索整个文档。

3）“搜索选项”选项组中的复选框用于限制查找内容的形式，其部分含义如表 4.4 所示。

表 4.4 “查找和替换”限制条件的部分含义

复选框	选中时的含义
区分大小写	只找出与“查找内容”文本框中所示内容大小写完全一致的文本
全字匹配	只查找符合条件的完整单词
使用通配符	可以使用通配符进行查找
同音（英文）	查找与“查找内容”文本框中的文字发音相同但拼写不同的单词
查找单词的所有形式（英文）	查找如名词的单数、复数，动词的原形，现在分词、过去分词，形容词的比较级和最高级等
区分全/半角	将同一数字或英文的全角与半角视为两个不同的字符

4）如果在“查找内容”文本框中不输入任何内容，则只对所设置的格式进行查找。单击“格式”下拉按钮，可进一步设置查找内容的格式。例如，在弹出的下拉列表中选择“字体”选项，弹出“查找字体”对话框，可在该对话框中设置要查找内容的字体格式。

5）若要取消对查找内容设置的格式，可以单击“不限定格式”按钮。

6）有时也可能需要查找如分页符、段落标记、制表符、图形、连字符等的特殊字符，直接输入有一定困难，可单击“特殊字符”下拉按钮，在弹出的下拉列表中进行选择，被选择的字符会显示在“查找内容”文本框中。

例如，将文档中所有英文字母改为带有下划线的大写字母，操作步骤如下。

1）将光标定位在“查找内容”文本框中，单击“更多”按钮，单击“替换”选项组中的“特殊格式”下拉按钮，在弹出的下拉列表中选择“任意字母”选项，“查找内容”文本框中将以“^$”显示，如图 4.11 所示。再将光标定位在“替换为”文本框中，单击“格式”下拉按钮，在弹出的下拉列表中选择“字体”命令，在弹出的“替换字体”对话框中进行格式设置。

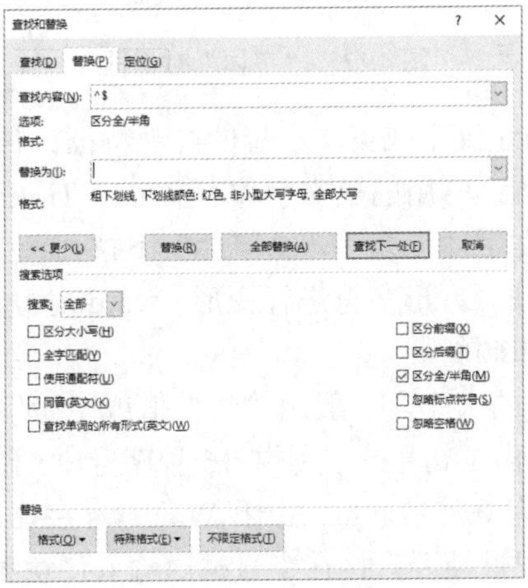

图 4.11 “替换”选项卡（高级）

2）设置完毕，单击“查找下一处”按钮，找到所需内容后，单击“替换”按钮。

注意： *在替换文本时，最好使用“替换”按钮，而不使用“全部替换”按钮，这样在每次替换时可加以确认，以免发生错误。*

利用“替换”功能，还可以简化输入，提高效率。例如，在一个文档中，经常要出现“Microsoft Office Word 2016”字符串，在输入时可先用一个不常用的字符表示，然后利用替换功能用字符串“Microsoft Office Word 2016”代替该字符，当然，替换时要防止出现二义性。

4.3.2 设置字体格式

4-5 设置字体格式

单击“开始”选项卡“字体”选项组中的相应按钮，可对字体进行各种设置。也可以单击“开始”选项卡“字体”选项组中的“对话框启动”按钮，在弹出的“字体”对话框中对字体格式进行设置，如图 4.12 所示。

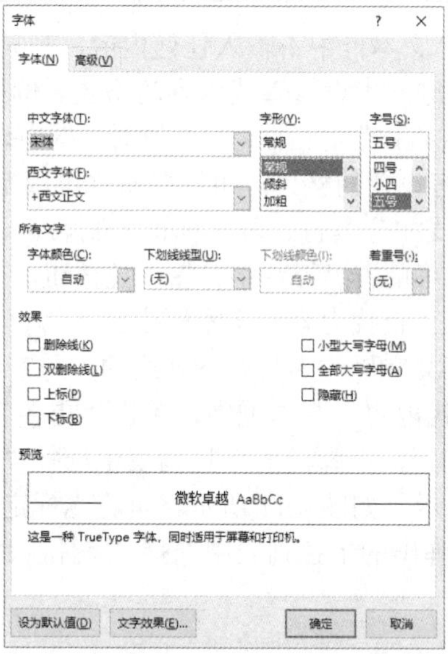

图 4.12 “字体”对话框

1）字体。字体用于描述汉字或英文字母的外观特征。常用的汉字字体有宋体、仿宋体、楷体、黑体、隶书等；常用的英文字体有 Arial、Times New Roman 等。用户可在“字体”对话框的“中文字体”和“西文字体”下拉列表中选择想要的字体。

2）字形。字形指对常规正方形字符进行变形。Word 对每种字体都提供了 4 种字形，即常规、倾斜、加粗和加粗倾斜。

3）字号。字号指字符的大小，一般用“号”值或“磅”值来表示，中文字符习惯以字号表示。Word 系统提供了初号～八号共 16 种字号，5 磅～72 磅共 21 种磅值供选用，1 磅为 1/72 英寸，约为 0.3527 mm。由于 Windows 字库是使用 TrueType 轮廓技术生成的，所以用户也可以根据需要直接在字号框内输入任意大小的字号。在默认（即标准）状态下，字体为宋体，字号为五号字。表 4.5 列出了部分字号与磅值的对应关系。

表4.5 部分字号与磅值的对应关系

字号	初号	一号	二号	三号	四号	五号	六号	七号	八号
磅值	42	26	22	16	14	10.5	7.5	5.5	5

4）颜色。Word 可以为文档中的文字设置不同的颜色，系统提供了多种颜色供用户选用。

5）效果。对文字进行某种修饰后会产生特定效果，常见的修饰方法包括下划线、删除线、着重号、上标、下标、字符边框和底纹等。

6）字符间距。字符间距指文档中文字之间的距离，通常 Word 按某种标准自动设置，但也可以根据需要调整其值。在“字体”对话框中选择“高级”选项卡，如图 4.13 所示。“间距”下拉列表提供了“标准”“加宽”“紧缩”3 种字符间距方式。必要时还可在其右侧的“磅值”数值框中指定具体的加宽和紧缩磅值。

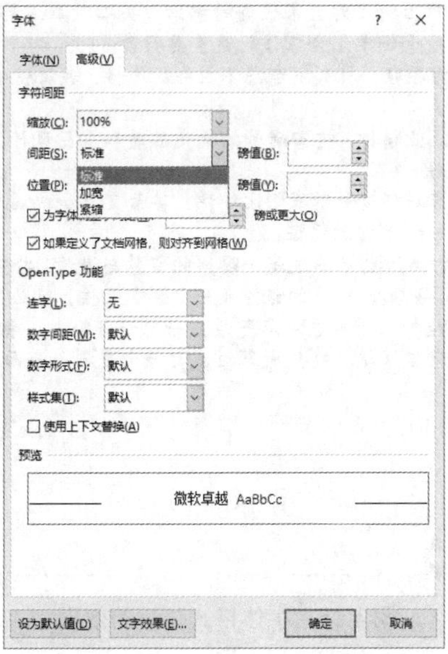

图 4.13 “高级”选项卡

此外，Word 2016 还提供了一个浮动工具栏，当用户选定要设置格式的文本后，浮动工具栏会自动出现在所选文本的右上方，其中包含文档中常用的格式命令，如图 4.14 所示。如果将鼠标指针靠近浮动工具栏，则浮动工具栏会渐渐淡入；如果将指针移开浮动工具栏，则该工具栏会慢慢淡出。如果不想使用浮动工具栏，将指针移开一段距离，浮动工具栏即会消失。

图 4.14 浮动工具栏

在本任务中，设置标题字体为黑体，字号为小二号，字形为加粗；正文字体为楷体，字号为小四号；落款和日期为华文行楷，字号为小四号；字体颜色默认黑色。字体格式化后的效果如图 4.15 所示。

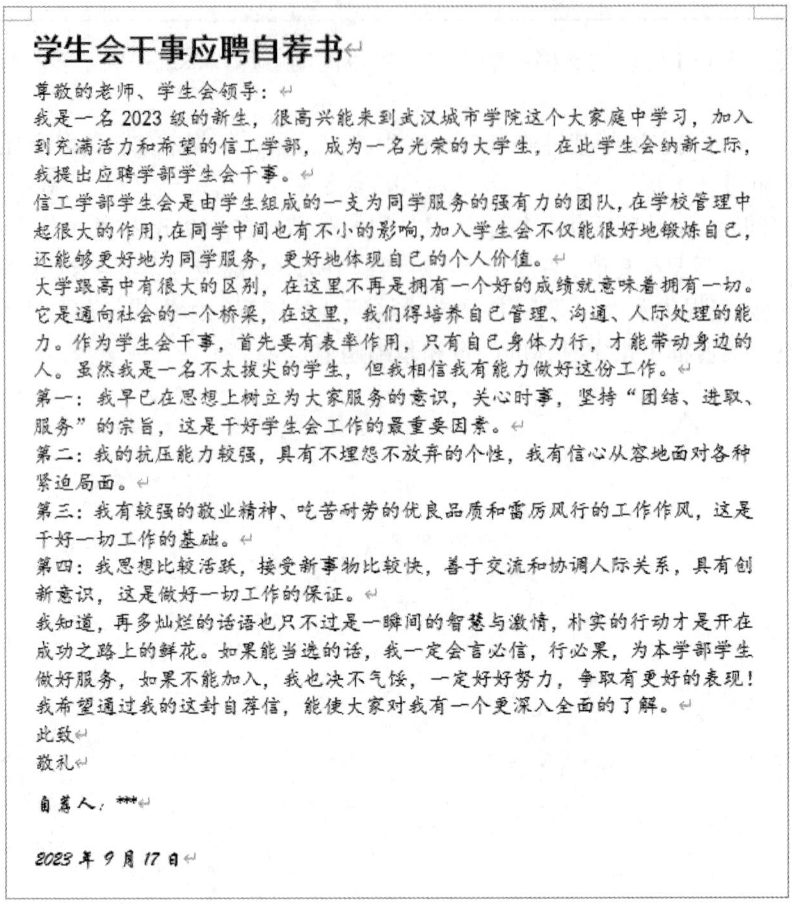

学生会干事应聘自荐书

尊敬的老师、学生会领导：

我是一名 2023 级的新生，很高兴能来到武汉城市学院这个大家庭中学习，加入到充满活力和希望的信工学部，成为一名光荣的大学生，在此学生会纳新之际，我提出应聘学部学生会干事。

信工学部学生会是由学生组成的一支为同学服务的强有力的团队，在学校管理中起很大的作用，在同学中间也有不小的影响，加入学生会不仅能很好地锻炼自己，还能够更好地为同学服务，更好地体现自己的个人价值。

大学跟高中有很大的区别，在这里不再是拥有一个好的成绩就意味着拥有一切。它是通向社会的一个桥梁，在这里，我们得培养自己管理、沟通、人际处理的能力。作为学生会干事，首先要有表率作用，只有自己身体力行，才能带动身边的人。虽然我是一名不太拔尖的学生，但我相信我有能力做好这份工作。

第一：我早已在思想上树立为大家服务的意识，关心时事，坚持“团结、进取、服务”的宗旨，这是干好学生会工作的最重要因素。

第二：我的抗压能力较强，具有不埋怨不放弃的个性，我有信心从容地面对各种紧迫局面。

第三：我有较强的敬业精神、吃苦耐劳的优良品质和雷厉风行的工作作风，这是干好一切工作的基础。

第四：我思想比较活跃，接受新事物比较快，善于交流和协调人际关系，具有创新意识，这是做好一切工作的保证。

我知道，再多灿烂的话语也只不过是一瞬间的智慧与激情，朴实的行动才是开在成功之路上的鲜花。如果能当选的话，我一定会言必信，行必果，为本学部学生做好服务，如果不能加入，我也决不气馁，一定好好努力，争取有更好的表现！我希望通过我的这封自荐信，能使大家对我有一个更深入全面的了解。

此致

敬礼

自荐人：***

2023 年 9 月 17 日

图 4.15　字体格式化后的效果

4.3.3　设置段落格式

4-6　设置段落格式

在 Word 中，段落是一个文档的基本组成单位。段落可由任意数量的文字、图形、对象（如公式、图表）及其他内容构成。每按一次【Enter】键就插入一个段落标记，表示一个段落的结束和另一个段落的开始。

Word 可以快速方便地设置或改变每一段落的格式，其中包括段落对齐方式、缩进设置、行距与段距、段落的修饰、分页状况等。当需要对某一段落进行格式设置时，首先要选定该段落，或者将光标放在该段落中，然后才可开始对此段落进行格式设置。

单击“开始”选项卡“段落”选项组中的相应按钮，可对段落格式进行设置。也可以单击“开始”选项卡“段落”选项组中的“对话框启动”按钮，在弹出的“段落”对话框中进行设置，如图 4.16 所示。

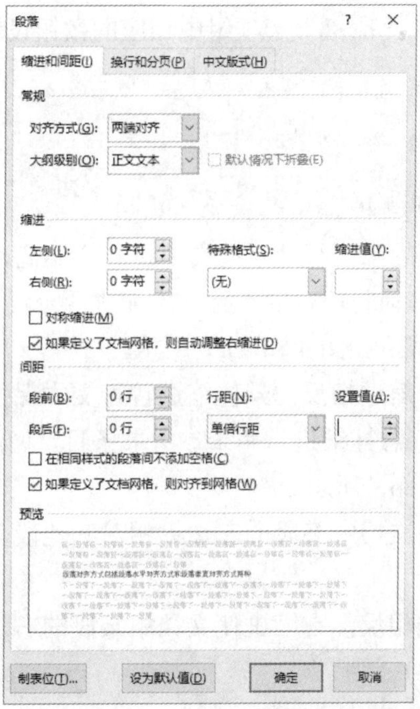

图 4.16 “段落”对话框

1. 段落对齐方式

段落对齐方式包括左对齐、居中对齐、右对齐、两端对齐和分散对齐，分别介绍如下。

1）左对齐：使正文向左对齐。

2）居中对齐：正文居中，一般用于标题或表格内容。

3）右对齐：使正文向右对齐。

4）两端对齐：使左端和右端的文字对齐，Word 会自动调整每一行的空格。

5）分散对齐：把正文的所有行拉成左侧和右侧一样齐。

各种对齐方式如图 4.17 所示。要注意区别两端对齐和分散对齐的不同之处。

本任务中设置标题居中对齐，正文两端对齐，落款和日期右对齐。

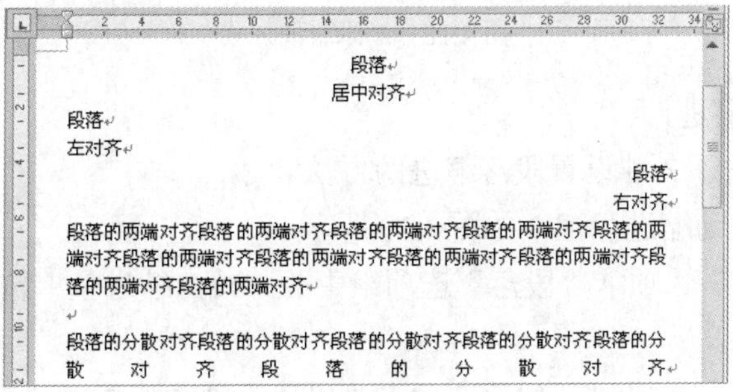

图 4.17 段落对齐方式

可在图 4.16 所示的“段落”对话框的“对齐方式”下拉列表中选择需要的对齐方式，

也可以单击“开始”选项卡“段落”选项组中相应的按钮设置文档对齐方式。

2. 段落的缩进

（1）段落的缩进方式

段落缩进方式包括以下 4 种。

1）首行缩进。将段落的第一行从左向右缩进一定距离，而首行以外的各行保持不变。在中文文章中，人们习惯将段落的首行文本缩进两个汉字，且每个段落两端对齐，这是段落最常用的一种格式，如图 4.18（a）所示。

2）悬挂缩进。与首行缩进相反，悬挂缩进首行文本保持不变，而除首行以外的各行文本向右缩进一定距离。悬挂缩进常用于参考书条目、词汇表词条、简历、项目符号和编号列表中，如图 4.18（b）所示。

3）左缩进。左缩进使文档中某段的左边界相对其他段落向右偏离一定的距离，如图 4.18（c）所示。

4）右缩进。同左缩进相反，右缩进使文档中某段的右边界相对其他段落向左偏离一定的距离，如图 4.18（d）所示。

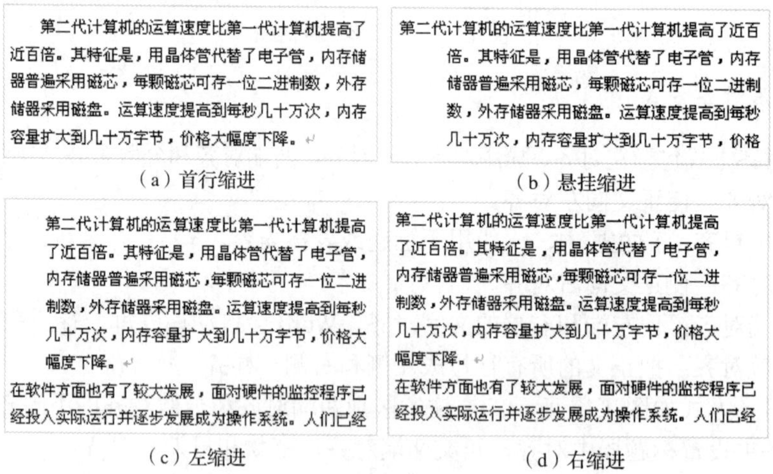

图 4.18　4 种缩进方式

（2）设置段落缩进

Word 2016 提供了 3 种设置段落缩进的方法。

1）在标尺上拖动缩进标记，如图 4.19 所示。

2）单击“开始”选项卡“段落”选项组中的“减少缩进量”按钮和“增加缩进量”按钮。

3）选定某段落，单击“开始”选项卡“段落”选项组中的“对话框启动”按钮，在弹出的“段落”对话框中通过输入数值精确地指定缩进位置。

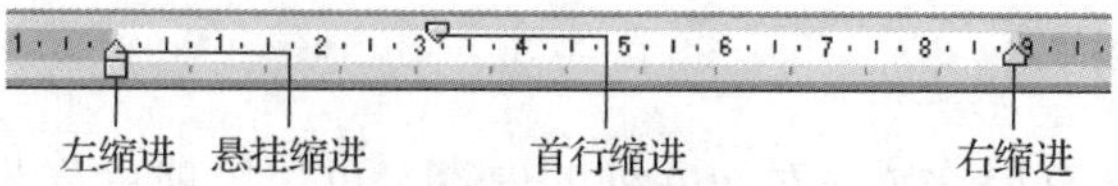

图 4.19　标尺上的缩进标记

注意：在 Word 中输入文本时，不要通过【Space】键设置文本的缩进，也不要利用【Enter】键控制一行右侧的结束位置，因为这样做会妨碍 Word 对段落格式的自动调整。

在本任务中设置正文（除第一行外）首行缩进 2 字符，左右缩进 0 字符。

3. 设置段间距与行间距

段间距指段落与段落之间的距离，行间距指段落中行与行之间的距离。

段间距包括段前间距和段后间距。段前间距指该段的首行与上一段的末行之间的距离，段后间距指该段末行与下一段首行之间的距离。

利用“开始”选项卡“段落”选项组中的“行和段落间距”按钮或“段落”对话框可以方便地设置段间距和行间距。

在本任务中设置标题的段前间距为 0 行、段后间距为 1 行，行距为固定值 20 磅。

4. 编辑段落格式的细节

“段落”对话框中“换行和分页”选项卡中的选项有助于解决编辑文档时的一些细节问题。“换行和分页”选项卡如图 4.20 所示。

1）孤行控制。该选项用于设置段落的最后一行不出现在页首，或段落的第一行不出现在页尾。

2）与下段同页。该选项用于某段必须与下段同页，如文章标题就应该设置该项。

3）段中不分页。该选项用于控制某段不分页显示。

4）段前分页。该选项用于控制某段必须从新的一页开始。

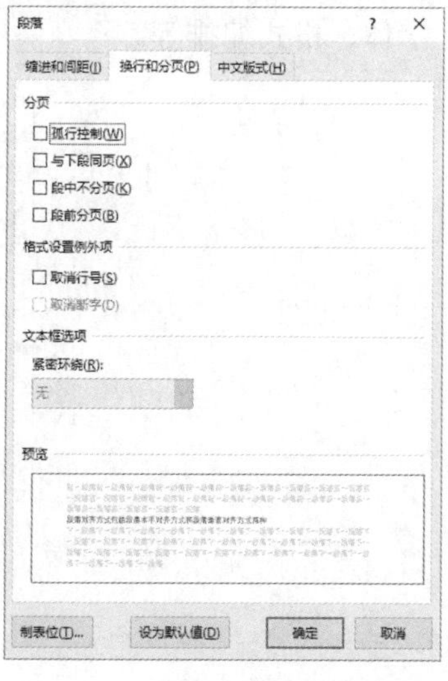

图 4.20　“换行和分页”选项卡

5. 设置项目符号和编号

为使文档突出、有层次感，对于并列的内容，可使用项目符号；对于有先后顺序的内容，可使用编号。当增加或删除项目时，系统会对编号自动进行相应的增减。

4-7 设置项目符号和编号

（1）项目符号

项目符号可以是字符，也可以是图片。单击“开始”选项卡“段落”选项组中的“项目符号”下拉按钮，打开项目符号库，如图 4.21 所示。选择“定义新项目符号”选项，弹出“定义新项目符号”对话框，如图 4.22 所示。在该对话框中单击“符号”或“图片”按钮可改变符号的样式。

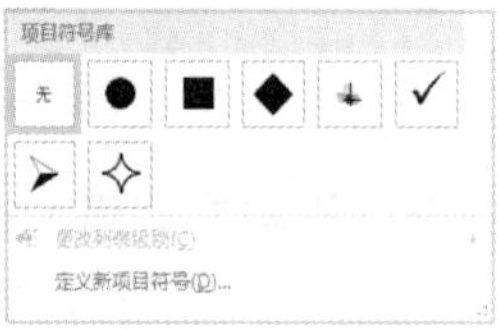

图 4.21 项目符号库

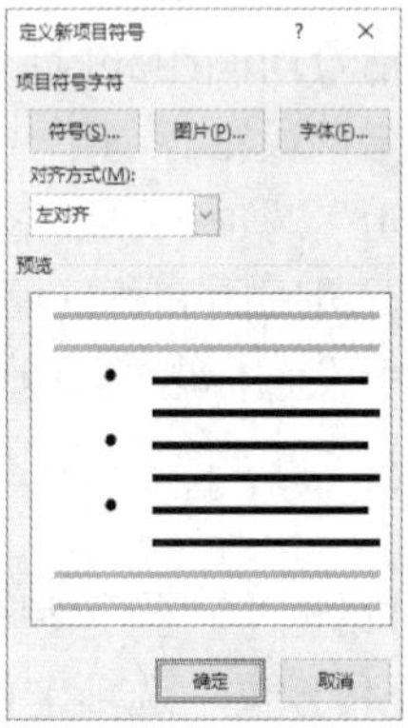

图 4.22 “定义新项目符号”对话框

（2）编号

编号是连续的数字或字母，根据层次的不同，有相应的编号。单击“开始”选项卡“段落”选项组中的“编号”下拉按钮，打开编号库，如图 4.23 所示。选择“定义新编号格式”选项，弹出“定义新编号格式”对话框，如图 4.24 所示，在该对话框中可设置编号的样式、编号的起始值、字体、格式编排等。

图 4.23 编号库

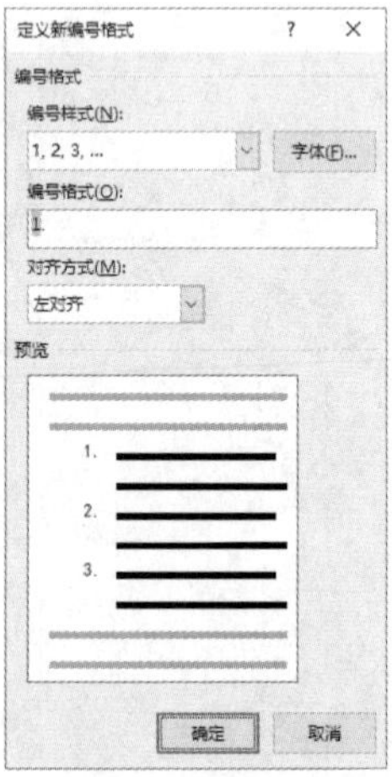

图 4.24 “定义新编号格式”对话框

说明：Word 可以在用户输入文本时自动创建列表。默认情况下，如果段落以数字“1.”开头，则系统认为用户在尝试开始编号列表，当按【Enter】键时会自动在下一段落继续创建列表。如果拒绝该文本自动转换为列表，可单击“文件”菜单中的“选项”按钮，在弹出的“Word 选项”对话框中选择“校对”选项卡，单击“自动更正选项”按钮，弹出“自动更正”对话框，选择“键入时自动套用格式”选项卡，在“键入时自动应用”选项组中，取消选中“自动编号列表”复选框。

选择本任务正文中的第 5 段～第 8 段文字，选择所需的项目符号，设置效果如图 4.25 所示。

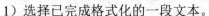

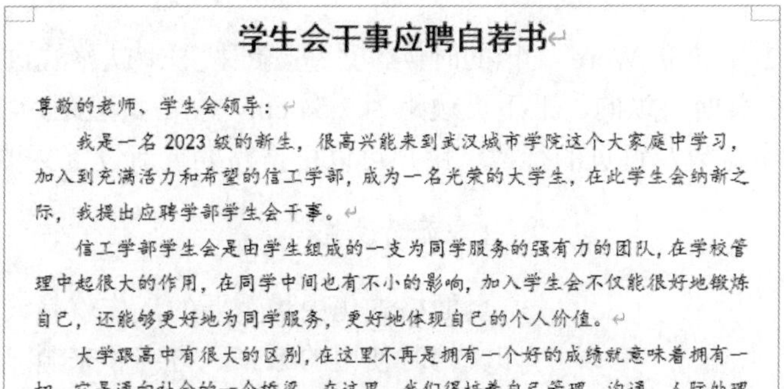

学生会干事应聘自荐书

尊敬的老师、学生会领导：

我是一名 2023 级的新生，很高兴能来到武汉城市学院这个大家庭中学习，加入到充满活力和希望的信工学部，成为一名光荣的大学生，在此学生会纳新之际，我提出应聘学部学生会干事。

信工学部学生会是由学生组成的一支为同学服务的强有力的团队，在学校管理中起很大的作用，在同学中间也有不小的影响，加入学生会不仅能很好地锻炼自己，还能够更好地为同学服务，更好地体现自己的个人价值。

大学跟高中有很大的区别，在这里不再是拥有一个好的成绩就意味着拥有一切。它是通向社会的一个桥梁，在这里，我们得培养自己管理、沟通、人际处理的能力。作为学生会干事，首先要有表率作用，只有自己身体力行，才能带动身边的人。虽然我是一名不太拔尖的学生，但我相信我有能力做好这份工作。

- 第一：我早已在思想上树立为大家服务的意识，关心时事，坚持“团结、进取、服务”的宗旨，这是干好学生会工作的最重要因素。
- 第二：我的抗压能力较强，具有不埋怨不放弃的个性，我有信心从容地面对各种紧迫局面。
- 第三：我有较强的敬业精神、吃苦耐劳的优良品质和雷厉风行的工作作风，这是干好一切工作的基础。
- 第四：我思想比较活跃，接受新事物比较快，善于交流和协调人际关系，具有创新意识，这是做好一切工作的保证。

我知道，再多灿烂的话语也只不过是一瞬间的智慧与激情，朴实的行动才是开在成功之路上的鲜花。如果能当选的话，我一定会言必信，行必果，为本学部学生做好服务，如果不能加入，我也决不气馁，一定好好努力，争取有更好的表现！我希望通过我的这封自荐信，能使大家对我有一个更深入全面的了解。

此致

敬礼

自荐人：***

2023 年 9 月 17 日

图 4.25 段落格式化效果

4.3.4 字符及段落格式的复制

当文档中某些字符或段落的格式相同时，可以像复制文本一样复制文本的格式，以提高排版效率和质量。具体操作步骤如下。

4-8 格式复制

1）选择已完成格式化的一段文本。

2）单击或双击“开始”选项卡“剪贴板”选项组中的“格式刷”按钮，这时鼠标指针会变成一个小刷子的样子。

3）用格式刷选择需要复制格式的文本，格式刷刷过的文本的格式就变为复制的文本格式。

单击与双击“格式刷”按钮的区别：单击后，格式刷刷一次即失效；而双击后，格式刷可以连续使用，直到再次单击“格式刷”按钮或按【Esc】键退出为止。

注意：因为段落结束标记包含了段落格式的全部设置，因此，复制段落格式时，不必选定整个段落，只需选定段落末尾的段落标记。

4.3.5 设置页面格式

在【任务一】中建立 Word 文档的时候，系统已经按照默认格式进行了基本的页面设置，即 A4 大小页面，纵向，上下页边距为 2.54 cm，左右页边距为 3.17 cm，系统会自动调整每行的字符数及每页的行数。用户可以根据需要重新设置文档的页面格式。

图 4.26 “页面设置”对话框

1. 页面设置

4-9 页面设置

页面格式化中最重要的工作就是设置打印文档时使用的纸张、方向和来源。例如，打印请柬时需要特殊大小的纸张，打印信封时应该设置为横向输出等。

单击“布局”选项卡“页面设置”选项组中的相应按钮，可对页面格式进行设置。也可以单击“布局”选项卡“页面设置”选项组的“对话框启动”按钮，在弹出的“页面设置”对话框中对页边距、页面的方向、纸张大小等进行设置，如图 4.26 所示。

随着页面设置的改变，Word 会自动进行重新排版，并在预览框中随时显示文档的外观。当外观合乎要求时，单击“确定”按钮完成设置。

2. 页眉和页脚

4-10 设置页眉和页脚

页眉和页脚是在文档中每个页面的顶部和底部重复出现的文字或图形信息，如页码、日期、文档名或公司标志等。页眉打印在页面顶部，而页脚打印在页面底部。在文档中，可以自始至终使用同一个页眉或页脚，也可在文档的不同部分使用不同的页眉和页脚。

（1）添加页眉和页脚

在文档中添加页眉和页脚时，需将文档切换到页面视图。单击“插入”选项卡“页眉和页脚”选项组中的“页眉”下拉按钮，在弹出的下拉列表中选择一种页眉样式。也可以选择“编辑页眉”命令，手动输入页眉的内容。选择“编辑页眉”命令后，出现“页眉和页脚工具/设计”选项卡，如图 4.27 所示。

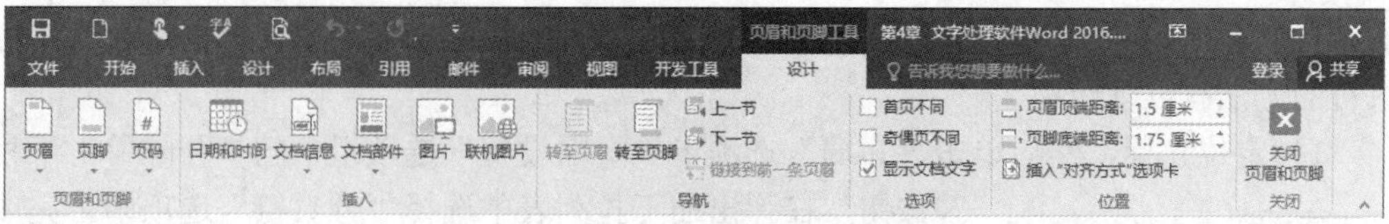

图 4.27 “页眉和页脚工具/设计”选项卡

光标自动定位到页眉编辑区，单击“页眉和页脚工具/设计”选项卡“导航”选项组中的“转至页脚”按钮，可切换到页脚编辑区，根据需要在光标处输入文字或图形。还可以像编辑文本一样，对处于页眉和页脚编辑区的文字进行格式化操作。单击“页眉和页脚工具/设计”选项卡“关闭”选项组中的“关闭页眉和页脚”按钮或双击文档正文区，即可结束页眉和页脚编辑，返回文档正文。

（2）添加独特的页眉和页脚

当文档的不同部分要使用不同的页眉和页脚时，如第一页的页眉和页脚与其他页不同，或者没有页眉和页脚，奇数页和偶数页的页眉与页脚不同等，使用 Word 2016 提供的功能可以创建独特的页眉和页脚。

选中“页眉和页脚工具/设计”选项卡“选项”选项组中的“奇偶页不同”复选框，可以为奇偶页的页眉和页脚分别设置不同的内容，如在偶数页显示书名和页码，在奇数页显示章名和页码。若选中“首页不同”复选框，将对首页的页眉和页脚单独进行设置。在“页面设置”对话框“版式”选项卡中，也可以设置奇偶页不同或首页不同的页眉和页脚。

如果需要在文档的不同部分分别添加不同的页眉或页脚，可在改变页眉或页脚的首页开头插入“下一页”分节符，在新的节中设定页眉或页脚，并在“页眉和页脚工具/设计”选项卡“导航”选项组中禁用“链接到前一条页眉”命令，即断开当前节和前一节中页眉或页脚间的链接。

当用户生成或编辑页眉或页脚时，文档中的其他部分将灰色显示；而在文档中操作时，页眉和页脚将灰色显示。若要同时查看文档和页眉或页脚，可单击“文件”菜单中的“打印”按钮，在打开的“打印预览”窗口进行查看。

（3）修改和删除页眉和页脚

双击任何一个页眉或页脚即进入页眉或页脚编辑状态，此时可修改或删除指定或所有的页眉和页脚。如果要修改页眉下的线型（默认为单线），则要先选定页眉文字，单击“开始”选项卡“段落”选项组中的“下框线”下拉按钮，在弹出的下拉列表中选择“边框和底纹”选项，弹出“边框和底纹”对话框，在其中选择要设置的线型。

3. 插入分隔符

4-11 插入分隔符

Word 2016 提供的分隔符有分页符、分栏符和分节符 3 种。下面介绍分页符和分节符的使用。

（1）分页符

当确定了页面大小和页边距后，页面上每行文本的字数和每页能容纳的文本的行数就会确定下来，这时 Word 能够自动计算出应该分页的位置，并自动插入分页符。但是有时在一页未写满时，希望开始新的一页，就需要进行人工分页。在文档中插入人工分页符的方法有以下两种。

1）定位光标，然后单击“布局”选项卡“页面设置”选项组中的“分隔符”下拉按钮，在弹出的下拉列表中选择“分页符”选项即可完成人工分页操作，如图 4.28 所示。

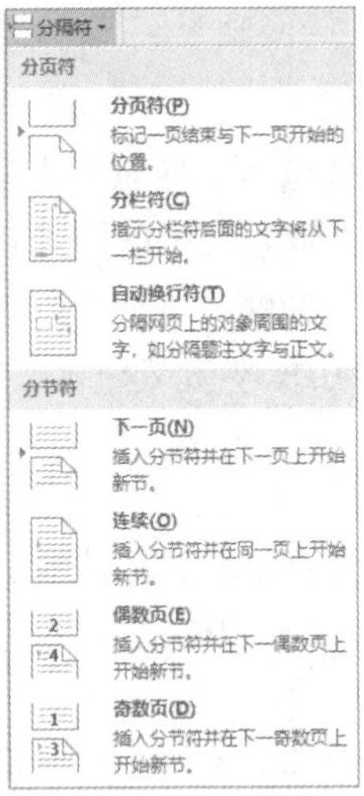

图 4.28 “分隔符”下拉列表

2）单击“插入”选项卡“页面”选项组中的“分页”按钮，也可以在光标位置插入分页符标记。

当要删除分页符时，将光标定位在分页符处，按【Delete】键即可。

（2）分节符

在一篇长文档中，有时需要分很多章节，各章节之间可能有许多不同之处，如页边距不同、页眉和页脚的设置不同，分栏的栏数不同，甚至页面的大小不同。如果对文档中的某部分内容有特殊的要求，可以使用分节符实现。

要在文档中插入分节符，先定位光标，然后单击“布局”选项卡“页面设置”选项组中的“分隔符”下拉按钮，在弹出的下拉列表中有 4 个分节符选项，如图 4.28 所示。用户可以根据需要选择一种分节符。

1）下一页。该分节符后的文档从新的一页开始显示。

2）连续。该分节符后的文档与分节符前的文档在同一页显示，一般选择该选项。

3）偶数页。该分节符后的文档从下一个偶数页开始显示。

4）奇数页。该分节符后的文档从下一个奇数页开始显示。

分节后把不同的节作为一个整体处理，可以为节单独设置页边距、页眉和页脚、分栏等。

分节符属于非打印字符，由虚点双线构成，如图 4.29 所示，其显示或隐藏可通过“开始”选项卡“段落”选项组中的“显示/隐藏编辑标记”按钮实现。当要删除分节符时，将光标定位在分节符处，按【Delete】键即可。

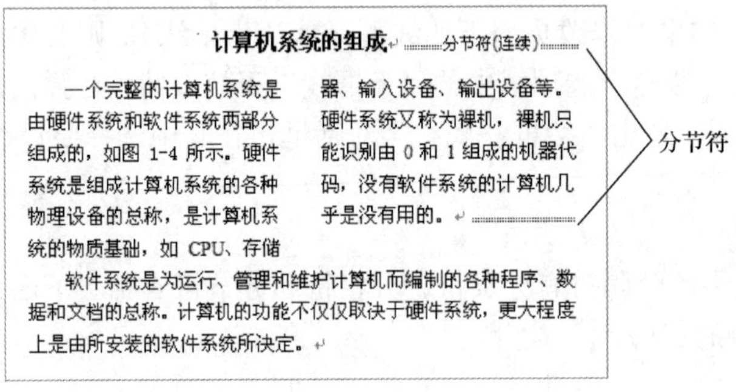

图 4.29 分节符示意

4. 插入页码

页码实际上是 Word 的一个域，具有不同的表现形式（如位置、对齐方式等）及不同的数值特性。给页面插入页码有两种方式：一种是通过页眉和页脚设置，另一种是使用页码域。插入页码域的方法：单击“插入”选项卡“页眉和页脚”选项组中的“页码”下拉按钮，在弹出的下拉列表中分别选择相应选项对页码的格式、页边距和页码位置等进行设置，如图 4.30 所示。

如果起始页码需要从其他页面而非文档首页开始（第 1 页前面有前言、目录等不参加编号的页面），如从第 5 页开始设置页码（第 5 页页码为 1，后面顺延），其操作步骤如下。

1）将光标停留在第 4 页末，插入分节符，类型为“下一页”。

2）单击“插入”选项卡“页眉和页脚”选项组中的“页码”下拉按钮，在弹出的下拉列表中选择“设置页码格式”选项，弹出“页码格式”对话框，如图 4.31 所示。

3）在“页码编号”选项组中选中“起始页码”单选按钮，在数值框中设置起始页码为“1”，单击“确定”按钮。

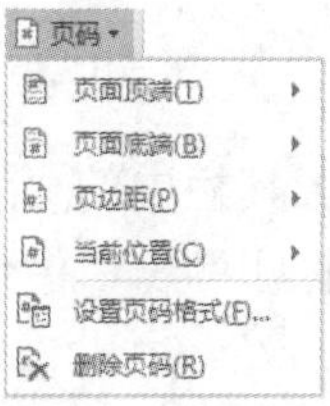

图 4.30 “页码”下拉列表

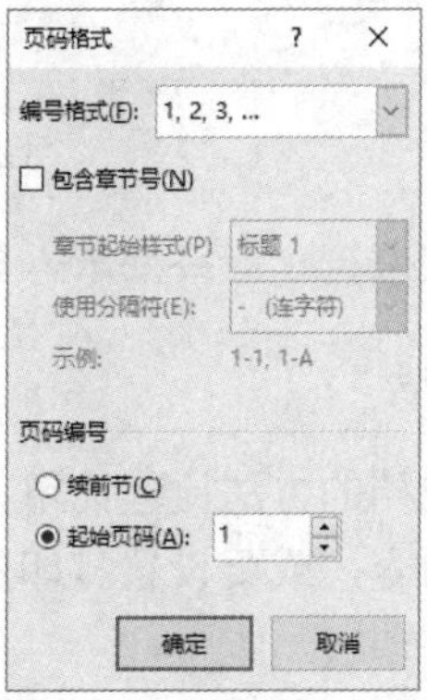

图 4.31 “页码格式”对话框

4.3.6 打印文档

一个 Word 文档经历了建立、编辑处理之后，可以以文件的形式保存在磁盘上，也可以通过打印机在纸张上打印出来，分发文件的最好方式仍然是打印输出。文档的打印操作包括打印预览和打印两种操作。

1. 打印预览

使用打印预览，可以在屏幕上精确地显示文档的打印外观效果。在正式打印之前，先预览待打印的文档，若预览满意即可打印，否则应重新修改相关内容。这样可节省时间，也可避免错误打印浪费纸张。

单击“文件”菜单中的“打印”按钮，打开“打印”窗口。在“打印”窗口右侧预览区域可以查看 Word 文档的打印预览效果，如图 4.32 所示。用户设置的纸张方向、页面边距等效果都可以通过预览区域查看。用户还可以通过调整预览区域下方的滑块改变预览视图的大小。

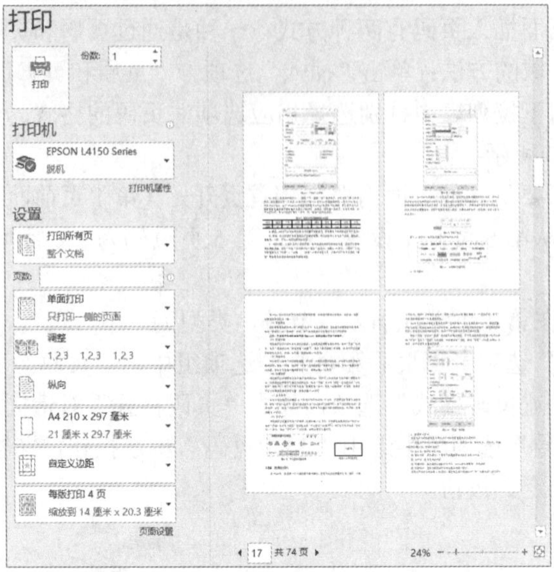

图 4.32 “打印”窗口

如果预览效果符合最终要求，即可进行打印输出。

2. 打印文档

打印整个文档的方法比较简单，只需单击快速访问工具栏中的“快速打印”按钮。如仅打印部分内容，或要设置打印的份数等，则需在“打印”窗口中进行相关的设置。

（1）选择打印机

在“打印”窗口中单击“打印机”下拉按钮，在弹出的下拉列表中选择要使用的打印机。

（2）设置打印份数

用户可以自由设置文档打印的份数，以及多份打印时的打印方式，即“逐份打印”或“逐页打印”。可在“份数”数值框中输入或选择要打印的份数（默认值为 1 份），然后单击“设置”选项组中的“调整”下拉按钮，在弹出的下拉列表中若选择“调整”选项，将在完成第 1 份打印任务后再打印第 2 份、第 3 份……若选择“取消排序”选项，将逐页打印足够的份数。

（3）打印指定页码

用户可以根据实际需要选择要打印的文档页码。在“打印”窗口中，单击“设置”选项组中的“打印所有页”下拉按钮，在弹出的下拉列表中列出了用户可以选择的文档打印范围。选择“打印当前页面”选项，可打印光标所在的页；如果事先选定了一部分文档，则“打印所选内容”选项会变得可用，选择该选项可以打印选定的文档内容；选择“打印自定义范围”选项，可打印用户指定的页数，在“页数”文本框中输入要打印的页码，连续页码可使用半角连接符（如3-6），不连续的页码可用半角逗号分隔（如5,8,16）。

（4）手动双面打印

尽管大多数打印机不支持双面打印Word文档，但用户可以借助Word 2016提供的“手动双面打印”功能实现双面打印。

在一张空白纸的顶端做标记并打印一页任何内容，以明确打印机进纸方向和打印方向两者间的关系。单击“设置”选项组中的“单面打印”下拉按钮，在弹出的下拉列表中选择“手动双面打印”选项，并单击“打印”按钮，则开始打印当前文档的奇数页。完成奇数页的打印后，将已经打印奇数页的纸张正确放入打印机开始打印偶数页。

（5）按纸张大小缩放打印

在实际工作当中，用户经常需要将当前文档以比实际设置的纸张更小的纸型进行打印。例如，将当前A4纸张幅面的文档打印成B5纸张幅面，这可以通过按纸张大小缩放打印文档的方法实现。单击“设置”选项组中的“每版打印1页”下拉按钮（因页面设置不同，显示有所不同），在弹出的下拉列表中选择“缩放至纸张大小”选项，并在弹出的纸张列表中选择合适的纸型。Word 2016还提供了多版缩放打印功能，可将多页文档打印在一页纸上，只需在下拉列表中选择合适的版数。

在“打印”窗口中用户还可以对纸张方向、页面边距等进行设置。

3. 发布文档

将“自荐书”文档发布为PDF文档。

Office文档转换为PDF文档也是一项常用的操作。PDF是固定版式的文档格式，可以保留文档格式并支持文件共享。这样联机查看或打印文档时，文档可以完全保持预期的格式，且文档中的数据不会轻易被更改。

单击“文件”菜单中的“导出”按钮，如图4.33所示，打开“导出”窗口，单击右侧窗格中的“创建PDF/XPS文档”按钮，弹出“发布为PDF或XPS”对话框，在地址栏选择保存文件的位置，在保存类型处选择保存的类型，单击发布”按钮，则将Word文档成功发布为PDF文档。

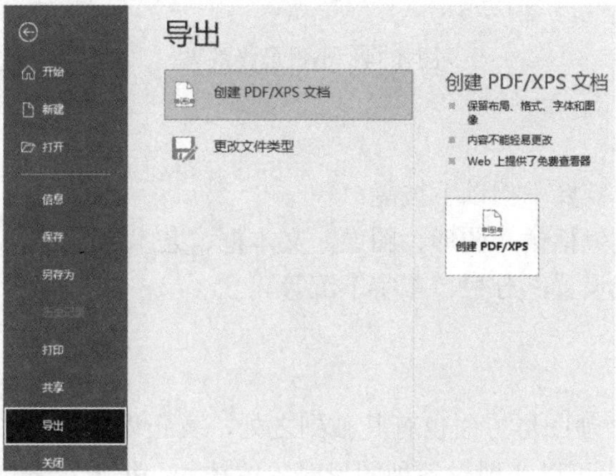

图4.33 “导出”窗口

4.4 对象的插入和编辑

在 Word 2016 中，可以添加许多丰富多彩的对象，包括图形、图像、文本框，以及生动的艺术字、专业的公式、精美的封面、音频和视频文件等。

【任务二】制作校园小报

1. 任务描述

完成一份校园小报。小报的首页是校园风光，精美的图片配上抒情的文字，美好的校园生活扑面而来；次页转载了一篇新闻网讯，介绍武汉城市学院在推进高水平本科建设方面所取得的成绩。小报最终效果如图 4.34 所示。

图 4.34 小报最终效果

2. 任务分析

在本次任务中，需要掌握以下技能。

（1）图文混排：包括插入图形、图像、文本框、艺术字等。

（2）常规的格式设置：分栏、首字下沉等。

4.4.1 插入图片

Word 2016 在处理图形方面也有其独到之处，真正做到了“图文并茂”。在 Word 2016 中可以实现对各种图形对象的插入、缩放、修饰等多

4-12 插入图片

种操作，还可以把图形对象和文字结合在一个版面上，实现图文混排，增强显示效果，使文档更加丰富多彩。

在文档中插入的图片可以是照片、剪贴画、剪贴板中的图形对象等。

1. 插入来自文件的图片

用户可以将照相机或扫描仪中的图片传送到计算机中保存为图片文件，然后插入到Word 文档中。具体操作步骤如下。

1）将光标定位到文档中需要插入图片的位置。

2）单击“插入”选项卡“插图”选项组中的“图片”按钮，弹出“插入图片”对话框，如图 4.35 所示。

图 4.35 “插入图片”对话框

3）选择要插入的图片文件，如果所需的图片文件不在当前文件夹中，可以选择其他文件夹，直到所希望的图片文件出现在文件列表中。

4）单击“插入”按钮，图片即被插入文档中的指定位置。

2. 插入网络中的图片

连入 Internet 后，可以在 Word 2016 中直接插入网络中的图片，即联机图片。插入联机图片的操作步骤如下。

1）单击“插入”选项卡“插图”选项组中的“联机图片”按钮，打开“插入图片”页面。

2）在搜索栏中输入图片内容的关键词，Word 2016 将通过微软的“必应”搜索引擎找到相应的图片素材。图 4.36 所示为在搜索栏中输入“风景”后的查询结果。

3）选择其中的一张或多张图片，然后单击“插入”按钮。

图 4.36　联机图片的搜索

3. 插入屏幕截图

利用 Word 2016 的“屏幕截图”功能，用户可以方便地将已经打开且未处于最小化状态的窗口截图插入到当前 Word 文档中，便于编写程序应用说明等需要局部截取屏幕图像的文档的编辑。具体操作步骤如下。

1）将准备插入到 Word 文档中的窗口设为非最小化状态，然后打开 Word 文档窗口。

2）单击“插入”选项卡“插图”选项组中的“屏幕截图”下拉按钮，打开“可用的视窗”列表，系统将显示智能监测到的可用窗口。

3）在“可用的视窗”列表中单击需要插入截图的窗口。

如果用户仅仅需要将特定窗口的一部分作为截图插入到 Word 文档中，则可以只保留该特定窗口为非最小化状态，然后在“可用的视窗”列表中选择“屏幕剪辑”选项。进入屏幕裁剪状态后，拖动鼠标即可截取相应画面，释放鼠标左键返回文档窗口，刚才截取的画面将自动插入到当前 Word 文档中。

说明：添加屏幕截图后，可以使用“图片工具”选项卡中的工具来编辑和增强屏幕截图。

4.4.2　编辑图片

4-13　编辑图片

用户对插入文档中的图片还需要进一步编辑，如移动、复制、删除及各种格式设置。单击已插入的图片，此时在图片的四周出现 8 个控制点，表明图片已经被选定；同时系统会自动显示“图片工具/格式”选项卡。

1. 缩放图片

如果希望扩大或缩小图片，则可以拖动控制点至合适位置后释放鼠标左键，图片将随控制点伸缩。其中，左右侧的控制点改变图片宽度；上下方的控制点改变图片高度；向对角线方向拖动 4 个角的控制点，可以保持原图片的比例对图片进行缩放。

若指定图片大小到某个尺寸，可以使用“图片工具/格式”选项卡“大小”选项组中的“高度”和“宽度”数值框实现，这两个数值框是相互联系的。也可以单击“图片工具/格式”选项卡“大小”选项组的“对话框启动”按钮，在弹出的“布局”对话框中对图片的位置、大小等进行设置，如图4.37所示。

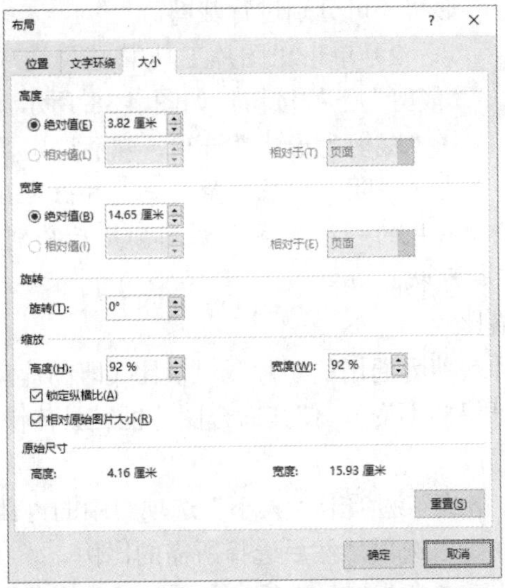

图4.37 在“布局”对话框中设置图片位置、大小等

2. 裁剪图片

裁剪操作通常用来修整图片，以截取图片中最需要的部分。Word 2016 增强了“裁剪”功能，用户可以将图片裁剪为特定形状、通用图片等。

（1）裁剪图片

对图片进行裁剪的具体操作步骤如下。

1）选定要裁剪的图片。

2）单击“图片工具/格式”选项卡“大小”选项组中的“裁剪”按钮，图片四周将出现8个裁剪控制点，将鼠标指针移动到某个控制点上，鼠标指针变成裁剪形状。此时可执行下列操作之一。

① 若要裁剪某一侧，将该侧的中心裁剪控制点向内拖动。

② 若要同时均匀地裁剪两侧，在按住【Ctrl】键的同时将任一侧的中心裁剪控制点向内拖动。

③ 若要同时均匀地裁剪四侧，在按住【Ctrl】键的同时将一个角部裁剪控制点向内拖动。

3）将光标移出图片，单击确认裁剪。按【Esc】键或单击“裁剪”按钮也可以结束裁剪。

（2）裁剪为特定形状

快速更改图片形状的方法是将其裁剪为特定形状。在剪裁为特定形状时，Word 2016 将自动修整图片以填充形状的几何图形，同时保持图片的比例。具体操作方法如下。

图 4.38 “裁剪”下拉列表

1）选择要裁剪为特定形状的一张或多张图片。如果要裁剪多张图片，只能将其裁剪为同一形状，若要裁剪为不同的形状，可分别进行裁剪。

2）单击“图片工具/格式”选项卡“大小”选项组中的“裁剪”下拉按钮，如图 4.38 所示，在弹出的下拉列表中选择“裁剪为形状”选项，然后选定要裁剪成的形状。

说明： 如果希望同一图片出现在不同形状中，可创建该图片的一个或多个副本，然后分别将每张图片裁剪为所需形状。

（3）裁剪为通用纵横比

有时用户需要将图片裁剪为通用的照片或纵横比（即图片宽度与高度之比，重新调整图片尺寸时，该比值可保持不变），使其适合图片框。具体操作方法如下。

1）选择要裁剪的图片。

2）单击“图片工具/格式”选项卡“大小”选项组中的“裁剪”下拉按钮，在弹出的下拉列表中选择“纵横比”选项，然后选择所需的比例。

说明： 图片裁剪不是真正的裁剪，隐藏的部分可随时恢复和编辑。若需要真正裁剪图片，单击“图片工具/格式”选项卡“调整”选项组中的“压缩图片”按钮，裁剪的部分就不可恢复了。

3. 移动图片

将鼠标指针移入图片并将图片拖动至合适位置。

若新插入图片的文字环绕方式是“嵌入型”，无法拖动，只能调整图片的大小，则需要将图片的格式设置为“嵌入”之外的环绕方式，才能将其拖动到合适的位置。

图片的复制、删除操作方法与文本的复制、删除操作方法相同。

4. 设置图片效果

在 Word 2016 中可以对图片应用各种图片样式，这些预设包含了各种类型的格式，包括边框样式和形状、阴影、柔化边缘、发光效果、三维旋转和映像。

要应用图片样式，可以单击“图片工具/格式”选项卡“图片样式”选项组中的“其他”按钮，在弹出的下拉列表中选择一种样式，如图 4.39 所示。

如果要调整图片亮度和对比度，可以单击“图片工具/格式”选项卡“调整”选项组中的“更正”下拉按钮，在弹出的下拉列表中对亮度、对比度进行调整，调整值可在-100%～+100%内选择，对比度和亮度都以 1%为增量。

单击“图片工具/格式”选项卡“调整”选项组中的“颜色”下拉按钮，在弹出的下拉列表中可进行图片颜色的相关设置。

注意： 以上图片样式及绝大部分效果只用于 Word 2016 文档，对于早期版本的 Word 文档，用户可以将其从兼容模式转换为完整功能。选择“文件”菜单→“信息”选项→“转换”命令，将文件升级为 Word 2016 版本格式。

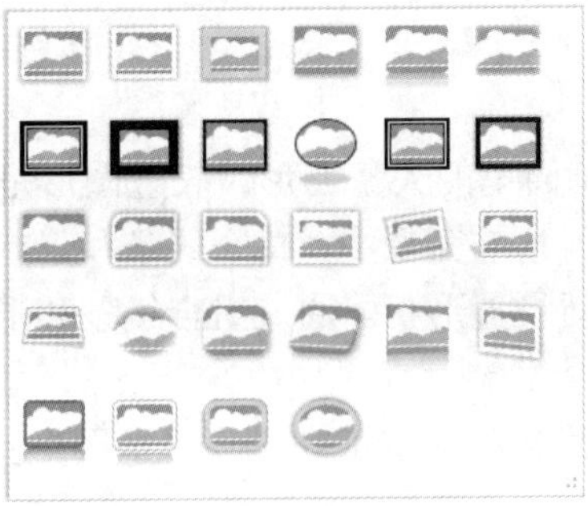

图 4.39 Word 2016 图片样式

4.4.3 图文混排

4-14 图文混排

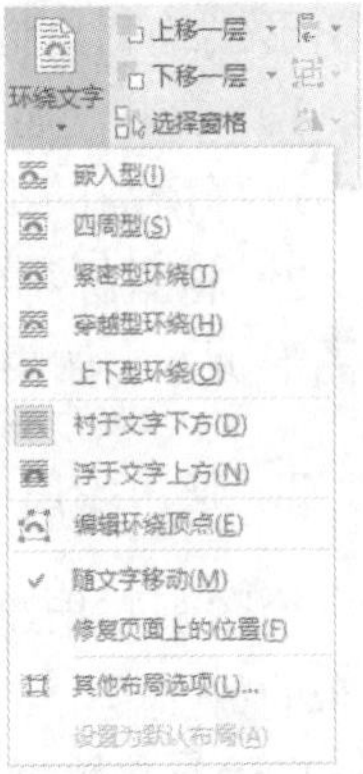

图 4.40 文字环绕方式

在文档中插入图片后，会看到周围的正文被“挤开”了，通常把这种正文为图片“让路”的特点称为“文字环绕”。此时文档中共存着文字和图片两类对象，它们之间存在着“层次关系”，即图文同处一个层面、图片浮于文字上方及图片衬于文字下方。单击“图片工具/格式”选项卡“排列”选项组中的“环绕文字”下拉按钮，在弹出的下拉列表中可以选择需要的文字环绕方式。例如，希望图片衬于文字下方，可先选定图片，再单击“环绕文字”下拉按钮，在弹出的下拉列表中选择“衬于文字下方”选项，如图 4.40 所示。

当图文同处一个层面时，在同一位置只能有一个对象存在，可以是段落、标题、页码、表格、图片，对象之间彼此不能覆盖。各种环绕效果如图 4.41 所示。

（a）四周型　（b）衬于文字下方　（c）浮于文字上方

（d）紧密型环绕　（e）上下型环绕　（f）穿越型环绕

图 4.41 环绕效果示例

4.4.4 绘制图形

Word 绘图工具可以绘制简单的矢量图形。矢量图形是基于线条的绘图，并且是借助数学公式产生的。在基于矢量的图像中，每个线条和形状都具有各自的控制点，可根据需要移动、调整大小和重新设置形状。通过组合线条和形状并进行分层，也能产生较为复杂的图形。

在 Office 程序中绘制的线条和形状都被称为自选图形。

1. 绘制自选图形

Word 提供了一套现成的基本图形，用户可以在文档中方便地使用、组合、编辑这些图形。绘制自选图形的操作步骤如下。

1）单击“插入”选项卡“插图”选项组中的“形状”下拉按钮，在弹出的下拉列表中选择所需的类型及该类中所需的图形。

2）将鼠标指针移动到要插入图形的位置，此时鼠标指针变成十字形，拖动鼠标调整图形大小。如果要保持图形的高度和宽度成比例，可以在拖动鼠标时按住【Shift】键。

2. 使用绘图画布

绘图画布指绘制线条和形状的矩形区域。绘图画布的使用不是必需的，但使用绘图画布的好处是，它可以像背景幕布一样容纳所有的线条和形状，并且可以设置独立于 Word 2016 文档页面的背景。

单击“插入”选项卡“插图”选项组中的“形状”下拉按钮，在弹出的下拉列表中选择“新建绘图画布”选项，然后根据需要在绘图画布中创建线条和形状。拖动绘图画布四周的控制点，可以调整绘图画布的大小。

说明：若要添加自动创建画布功能，可单击“文件”菜单中的“选项”按钮，弹出“Word 选项”对话框，单击“高级”按钮，在“编辑选项”选项组中选中“插入‘自选图形’时自动创建绘图画布”复选框。

3. 编辑图形

Word 对手动绘制的图形和插入到文档中的图片是“一视同仁”的，所以可以像对待图片那样设置绘制图片的格式。例如，设置图形的文字环绕、移动、缩放、边框类型等，但不能进行图形亮度、对比度及裁剪等修改。

（1）在图形中添加文字

绘制自选图形的一大特点是可以在图形中添加文字，也可以设置文字的格式。其操作步骤如下。

右击自选图形，在弹出的快捷菜单中选择“添加文字”命令，如图 4.42 所示，此时光标出现在选定的自选图形中，输入要添加的文字即可。

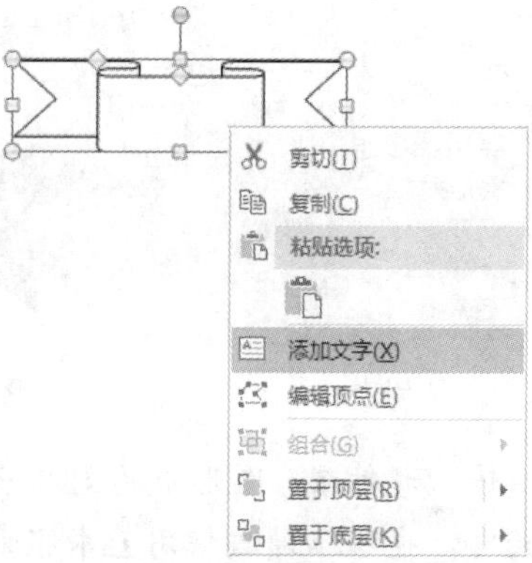

图 4.42 在自选图形中添加文字

（2）设置图形的边框、填充色、阴影和三维效果

用户可以利用“绘图工具/格式”选项卡“形状样式”选项组中的“形状轮廓”命令和“形状填充”命令设置图形边框和填充色，利用“形状效果”命令设置图形的阴影效果和三维格式，如图 4.43 所示。

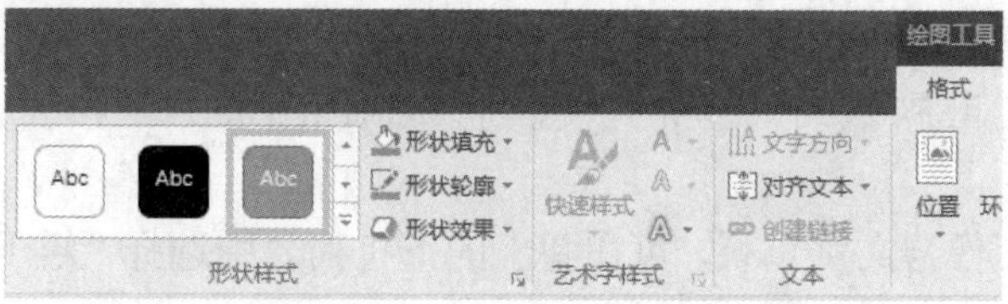

图 4.43 “形状样式”选项组

（3）组合图形

创建包含多个形状和线条的复杂绘图时，可以把所有对象组合为一个单元，然后对组合后的对象进行移动、调整大小、剪切、复制、粘贴等操作。

若要组合各个对象，可先选定所有要组合在一起的对象（按住【Ctrl】键后单击每个对象），然后单击“绘图工具/格式”选项卡“排列”选项组中的“组合对象”下拉按钮，在弹出的下拉列表中选择“组合”选项，单个对象的控制点随即消失，取而代之的是整个组合对象的控制点。

分解图形是组合图形的反向操作，即取消图形的组合，将每个图形恢复成各自独立的对象。其操作方法是，右击选定的对象，在弹出的快捷菜单中选择“取消组合”命令。

（4）旋转与翻转

用户可以旋转或翻转指定的图形，以满足排版的要求。具体操作步骤如下。

1）选定要进行旋转或翻转的图形。

2）单击“绘图工具/格式”选项卡“排列”选项组中的“旋转对象”下拉按钮，在弹出的下拉列表中选择所需的选项，如图 4.44 所示。

拖动图形的旋转点可根据需要进行任意角度的旋转，如图 4.45 所示。

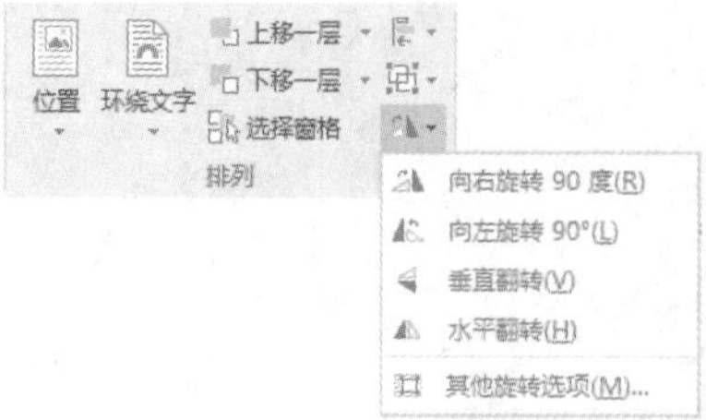

图 4.44 “旋转对象”下拉列表

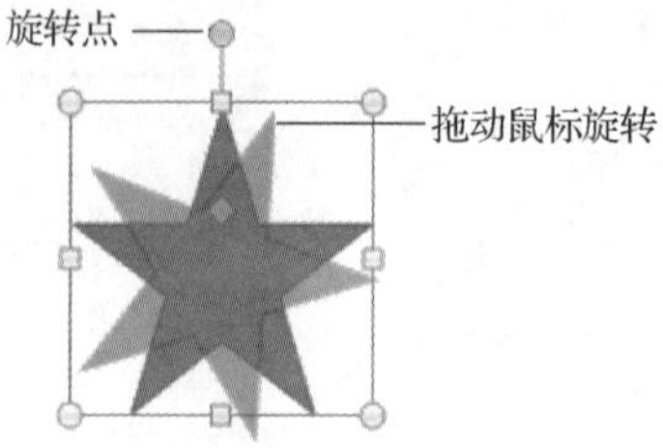

图 4.45 自由旋转

注意：在旋转时，只能旋转图形对象，图形中的文本不能旋转，但可以通过文本框的横排或竖排来实现文本的旋转，也可以通过使用艺术字来任意旋转文本。

4. 图形叠放次序的调整

当两个图形存在重叠部分时，存在着谁在顶层，谁在底层的问题。顶层图形会覆盖底层图形相重叠的部分。当多个图形存在重叠部分时，还存在谁在第几层的问题，总是上一层图形覆盖下一层图形相重叠的部分。调整图形叠放次序的操作步骤如下。

1）选定要调整叠放次序的图形，如果该图形被其他图形覆盖在下方，可按【Tab】键循环选择。

2）单击“绘图工具/格式”选项卡“排列”选项组中的“上移一层”或“下移一层”下拉按钮。

3）如果要使图像与文字重叠，可在弹出的下拉列表中选择“浮于文字上方”或“衬于文字下方”选项。

也可以右击图形，在弹出的快捷菜单中选择相关命令，确定图形放置的位置。图形叠放次序示例如图 4.46 所示。

图 4.46 图形叠放次序示例

4.4.5 插入文本框

4-15 插入文本框

文本框是用来存放文本的一个矩形框，是一种可移动、可调大小的文字或图形容器，可以被看作特殊的图形对象。文本框的作用是为图片或图形添加文字，主要用途是将文字段落和图形组织在一起，形成一个整体。Word 提供了两种类型的文本框：横排文本框和竖排文本框。竖排文本框对于中国文字的竖排形式非常适用。

1. 建立文本框

Word 2016 提供了很多文本框构建基块。用户可以快速插入带有预设格式和样本文本的文本框。具体操作步骤如下。

1）单击“插入”选项卡“文本”选项组中的“文本框”下拉按钮，弹出“文本框”下拉列表，如图 4.47 所示。

2）在弹出的下拉列表中选择一种预设文本框。

3）在文本框中输入、编辑文本内容。

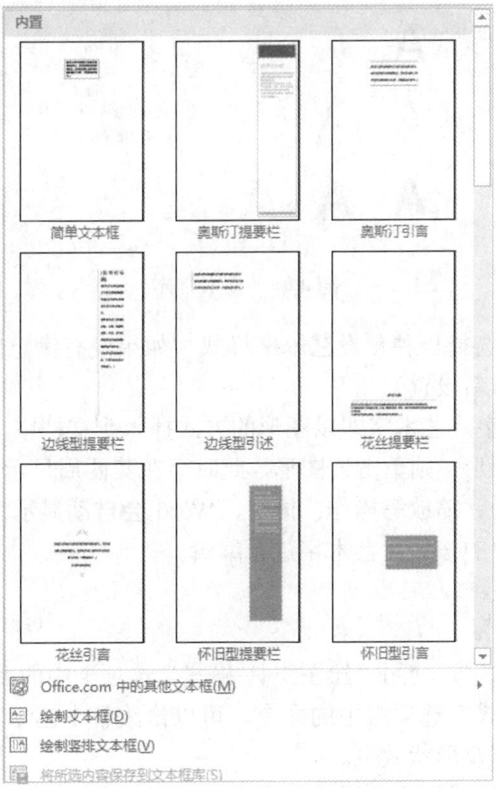

图 4.47 “文本框”下拉列表

2. 编辑文本框

文本框具有图形的属性，所以文本框的操作方法与图形类似。当文本框被选定时，文档会自动显示“绘图工具/格式”选项卡，其中包含用来设置文本框格式的选项。右击文本框的边框，在弹出的快捷菜单中选择“设置形状格式”命令，弹出“设置形状格式”窗格，在其中也可以修改线条颜色、填充效果和文字版式等文本框格式。

4.4.6 使用艺术字

艺术字是文档中具有特殊效果的文字图形，它不是普通文字，而是图形对象。艺术字通常会对文本进行变形、加阴影、旋转和拉伸等，甚至加入三维效果，以增强文本的艺术性。

1. 插入艺术字

插入艺术字的操作步骤如下。

1）将光标定位到要加入艺术字的位置。

2）单击“插入”选项卡“文本”选项组中的“插入艺术字”下拉按钮，打开艺术字库，如图 4.48 所示。

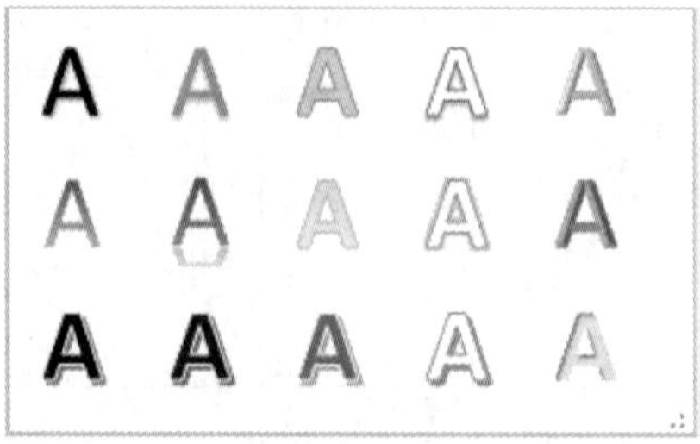

图 4.48　艺术字库

3）在艺术字库中选择一种预设艺术字样式（如果没有满意的样式，可先任意选择一种，待输入文字后重新设置）。

4）输入艺术字文字，艺术字即以图形的方式插入到文档中。

若要编辑艺术字图形，则单击该图形，此时会在其四周显示 8 个控制点，拖动这些控制点可进行图形移动、缩放等操作；同时，Word 会自动显示“绘图工具/格式”选项卡，可利用该选项卡中的按钮对艺术字进行编辑。

2. 修改艺术字效果

选中要修改的艺术字，使用“绘图工具/格式”选项卡中的命令修改艺术字效果。

1）利用“形状样式”选项组中的命令，可以修改整个艺术字的样式，以及设置艺术字形状的填充、轮廓及形状效果。

2）利用“艺术字样式”选项组中的命令，可以对艺术字中的文字设置填充、轮廓及文字形状效果。

3）利用“文本”选项组中的命令，可以对艺术字文字设置文字方向、对齐文本、创建链接。

4）利用“排列”选项组中的命令，可以修改艺术字的排列次序、环绕方式、旋转及组合。

5）利用“大小”选项组中的命令，可以设置艺术字的宽度和高度。

4.4.7　插入日期和时间

单击“插入”选项卡“文本”选项组中的“日期和时间”按钮，弹出“日期和时间”对话框，如图 4.49 所示。选择日期的样式，单击“确定”按钮后即可在文档中光标所在处插入当前日期。

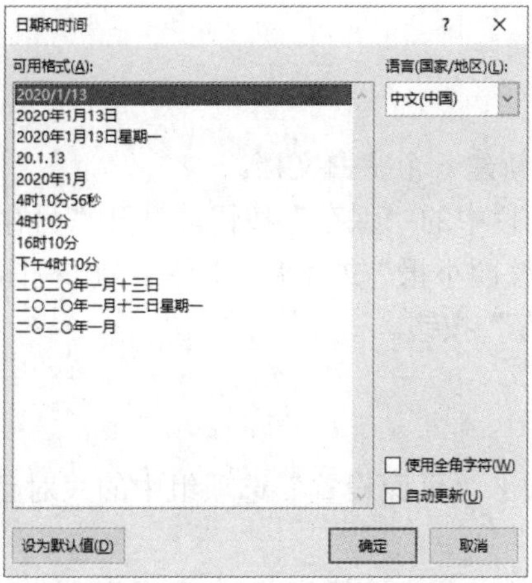

图 4.49 “日期和时间”对话框

如果插入日期和时间时选择了“自动更新”复选框，日期和时间将以域的形式插入，将光标移动到域所在位置时将显示默认域底纹，此时按【F9】键可刷新为当前日期和时间。

使用【Alt+Shift+D】快捷键可以快速插入系统当前日期，使用【Alt+Shift+T】快捷键可以快速插入当前系统时间。

4.4.8 插入音频和视频

在 Word 2016 中插入音频和视频对象，可以实现声情并茂的效果。单击“插入”选项卡“文本”选项组中的“对象”按钮，弹出“对象”对话框，如图 4.50 所示。选择“由文件创建”选项卡，单击“浏览”按钮，弹出“浏览”对话框，选择需要插入文档的音频或视频对象，单击“确定”按钮，该对象即被插入文档，并以图标形式显示。双击该图标，则启动本地计算机上默认的媒体播放器播放音频和视频。

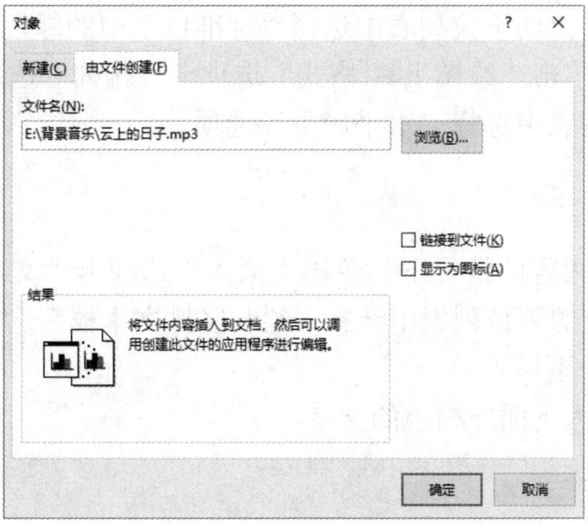

图 4.50 “对象”对话框

4.4.9 【任务二】的实现

1. 新建文档并保存

1）启动 Word 2016，新建一个空白文档。

2）单击快速访问工具栏中的“保存”按钮，打开“另存为”窗口。

3）选择保存位置为“校园小报”文件夹，文件名为“校园小报”，保存类型为“Word 文档(*.docx)”，单击“保存”按钮。

2. 页面设置

1）单击“布局”选项卡“页面设置”选项组中的“对话框启动”按钮，弹出“页面设置”对话框。

2）选择“纸张”选项卡，将宽度设为“25 厘米”，高度设为“32 厘米”，单击“确定”按钮，完成页面设置。

3. 为小报增加一页

1）单击“插入”选项卡“页面”选项组中的“分页”按钮；或单击“页面”选项卡中的“分隔符”下拉按钮，选择“分页符”命令。

2）返回第一页。

4. 制作第 1 个标题

1）单击“插入”选项卡“文本”选项组中的“艺术字”下拉按钮，在打开的艺术字库中选择第 2 行第 2 列的艺术字样式。

2）在“请在此放置您的文字”输入框中输入文字“春天，在城院看樱花盛开”。

3）设置文字“春天，在城院看樱花盛开”的字体为“华文行楷”，字号为 48 磅。

4）选中艺术字，单击“绘图工具/格式”选项卡“艺术字样式”选项组中的“文本填充”下拉按钮，在弹出的下拉列表中选择“标准色”中的绿色。

5）选中艺术字，单击“绘图工具/格式”选项卡“排列”选项组中的“对齐”下拉按钮，在弹出的下拉列表中选择“水平居中”选项。

5. 编辑第 1 个文本框

1）在不选中任何内容的情况下，单击“插入”选项卡“文本”选项组中的“文本框”下拉按钮，在弹出的下拉列表中选择“绘制竖排文本框”选项，参考效果图，在文档的适当位置拖出一个矩形。

2）在文本框中输入下面方框内的文字。

走进城院的樱花大道
每一棵樱花树上
都沾满了大大小小的花仙子
聚集在一起组成了一个花球
一簇一簇地拥挤在枝头上
舒展着狭长的花瓣
和被包裹在其中的花蕊
喜欢城院的春天
有蓝天白云
青草地
是晴朗，是明媚
一切美好如约而至

3）选中文本框中的文字，设置字体为“隶书”，颜色为“黑色”，字号为“四号”。

4）选中文本框中的全部段落，设置行距为固定值25磅。

5）选中文本框，单击“绘图工具/格式”选项卡“形状样式”选项组中的“形状轮廓”下拉按钮，在弹出的下拉列表中选择“无轮廓”选项。

6. 在文本框右侧插入图片

1）将光标定位到文本框外，单击“插入”选项卡“插图”选项组中的“图片”按钮，插入素材文件夹中的“樱花大道.jpg”文件。

2）单击插入的图片，在“图片工具/格式”选项卡“大小”选项组中，设置高度为“6厘米”。

3）设置图片的“文字环绕”方式为“四周型”。

4）参考效果图，将图片拖动到适当位置。

7. 制作第2个标题

1）参考效果图，在适当位置插入第1个自选图形：“星与旗帜”中的“爆炸形：8pt”。

2）继续插入第2个自选图形“爆炸形：14pt”。

3）同时选中两个自选图形（按住【Ctrl】键分别单击两个自选图形）。

4）复制并粘贴选中的两个自选图形。

5）参考效果图，合理调整4个自选图形的位置。

6）右击第1个自选图形，在弹出的快捷菜单中选择“添加文字”命令，在自选图形中输入“城”，并设置其格式为楷体、三号、加粗。

7）分别为第2个、第3个、第4个自选图形添加“院”“花”“季”文字。

8）用格式刷把第1个自选图形中的字体格式复制给第2个、第3个、第4个自选图形中的文字。

9）选中自选图形，单击“绘图工具/格式”选项卡“形状样式”选项组中的“形状填充”下拉按钮，分别把4个自选图形的填充色设置为“红”“橙”“浅绿”“浅蓝”。

8. 编辑第2个文本框

1）参考效果图，在文档的适当位置插入一个横排文本框。

2）将光标定位到第 2 个文本框中，单击“插入”选项卡“文本”选项组中的“对象”下拉按钮，在弹出的下拉列表中选择“文件中的文字”选项，弹出“插入文件”对话框，切换文件类型为“所有文件(*.*)”，选择素材文件夹中的“春日樱花.txt”文件，单击“插入”按钮。

图 4.51　设置文本框渐变填充效果

3）设置插入的文本格式为楷体、四号。

4）在插入的文字后面，插入素材文件夹中的图片“春日樱花.jpg”。

5）选中文本框，单击“绘图工具/格式”选项卡“形状样式”选项组中的“形状填充”下拉按钮，在弹出的下拉列表中选择“渐变”中第 1 行第 1 列效果，如图 4.51 所示。

9. 编辑第 3 个文本框

1）参考效果图，在文档的适当位置插入一个横排文本框。

2）将光标定位到第 3 个文本框中，插入素材文件夹中的“校园樱花.txt”文件，并设置文本格式为楷体、四号。

3）在第 3 个文本框的末尾插入素材文件夹中的图片“校园樱花.jpg”。

4）设置第 3 个文本框的填充色为“渐变”中第 3 行第 1 列的效果。

10. 在第 2 页转载新闻网讯

1）将光标定位到第 2 页的段落中，插入素材文件夹中的“新闻网讯.docx”文件。

2）添加标题。将光标定位到正文之前，按【Enter】键在正文前插入一个空行。

3）在空行上输入标题“推进高水平本科建设”。

4）选中标题，设置其文本格式为黑体、小一号、居中对齐。

5）设置标题的段前、段后间距均为 0.5 行。

6）除标题文字外，所有正文文本均设置为宋体、小四，首行缩进 2 字符，1.5 倍行距。

7）将光标定位到正文第 1 段，单击“插入”选项卡“文本”选项组中的“首字下沉”下拉按钮，在弹出的下拉列表中选择“首字下沉选项”选项，弹出“首字下沉”对话框。设置“位置”为“下沉”，“下沉行数”为 2，单击“确定”按钮，如图 4.52 所示。

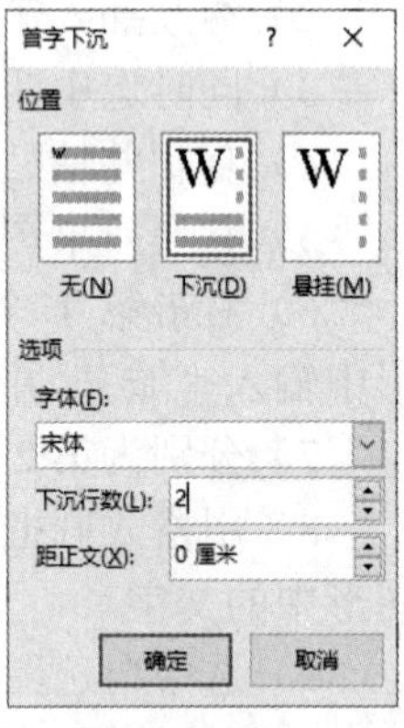

图 4.52　设置首字下沉

8）将除首字和最后的段落标记的全部正文选中，单击“布局”选项卡“页面设置”选项组中的“栏”下拉按钮，在弹出的下拉列表中选择“更多栏”选项，弹出“栏”对话框，设置“栏数”为“2”，栏间间距为 3 个字符，并勾选“分隔线”复选框，单击“确定”按钮，如图 4.53 所示。

9）正文最后一段设置为右对齐。

11. 设置页面背景

单击“设计”选项卡“页面背景”选项组中的“页面颜色”下拉按钮，在弹出的下拉列表中选择“填充效果”选项，弹出“填充效果”对话框，选择“纹理”选项卡，选择“羊皮纸”纹理，单击“确定”按钮，如图 4.54 所示。

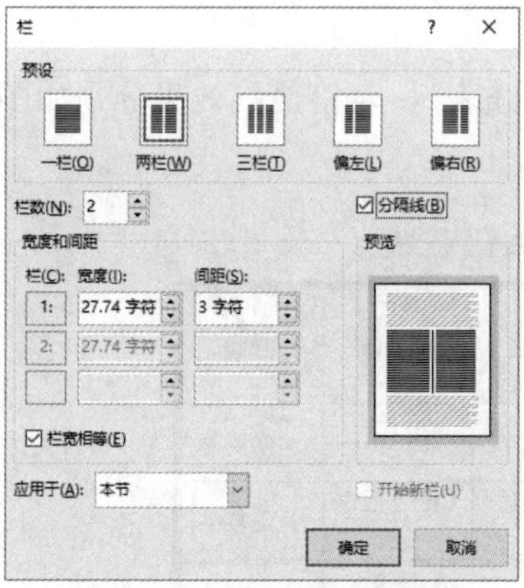

图 4.53 设置分栏

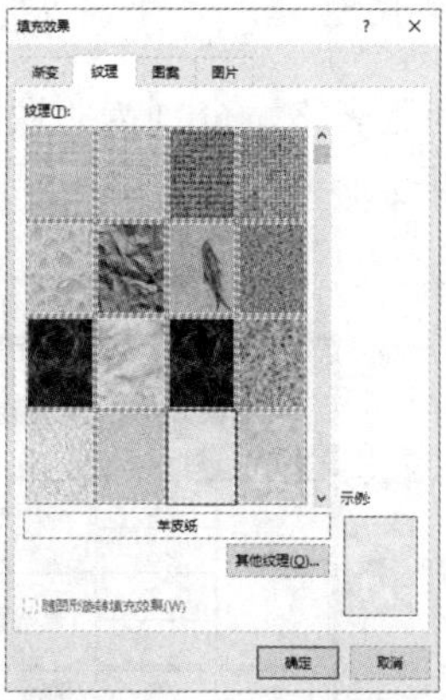

图 4.54 设置页面背景

12. 添加水印

1）单击“设计”选项卡“页面背景”选项组中的“水印”下拉按钮，在弹出的下拉列表中选择“自定义水印”选项，弹出“水印”对话框。

2）选中“文字水印”单选按钮，在“文字”文本框中输入“武汉城市学院”，“字体”为“隶书”，单击“确定”按钮，如图 4.55 所示。

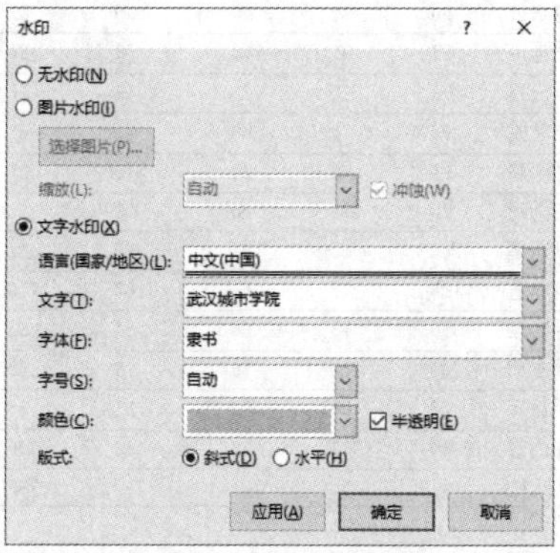

图 4.55 添加水印

13. 保存文件

单击快速访问工具栏中的“保存”按钮，或单击“文件”菜单中的“保存”按钮，保存操作结果。

4.5 表格制作与编辑

【任务三】制作课程表和成绩表

1. 任务描述

制作两张表格，分别为“课程表”和“学生成绩表”。表格最终效果分别如图 4.56 和图 4.57 所示。

2021-2022-2 计科 1 班课程表

<table>
<tr><th colspan="2">星期
课程
节次</th><th>星期一</th><th>星期二</th><th>星期三</th><th>星期四</th><th>星期五</th></tr>
<tr><td rowspan="4">上午</td><td>1</td><td rowspan="2">C 语言程序设计</td><td rowspan="2">大学英语</td><td rowspan="2">高等数学</td><td></td><td rowspan="2">大学英语</td></tr>
<tr><td>2</td><td></td></tr>
<tr><td>3</td><td rowspan="2">高等数学</td><td rowspan="2">中国近现代史</td><td rowspan="2">图像处理技术</td><td rowspan="2">C 语言程序设计</td><td rowspan="2">高等数学</td></tr>
<tr><td>4</td></tr>
<tr><td rowspan="4">下午</td><td>5</td><td rowspan="2">图像处理技术</td><td rowspan="2">C 语言程序设计</td><td></td><td rowspan="2">心理健康教育</td><td></td></tr>
<tr><td>6</td><td></td><td></td></tr>
<tr><td>7</td><td></td><td></td><td></td><td></td><td></td></tr>
<tr><td>8</td><td></td><td></td><td></td><td></td><td></td></tr>
</table>

图 4.56 “课程表”最终效果

学生成绩表

学号	姓名	高数	英语	C语言	图像处理	思修	体育	总分
202110159101	杨天宇	93	90	88	86	90	85	532
202110159102	李东来	76	80	87	83	75	80	481
202110159103	江浩男	87	76	69	82	78	90	482
202110159104	曾卓潇	90	82	90	90	88	75	515
202110159105	张世成	82	91	80	78	86	85	502
202110159106	吴云鸿	73	85	71	68	76	80	453
202110159107	梁袁龙	68	70	56	72	68	70	404
202110159108	陈雨轩	85	78	80	76	85	85	489
202110159109	王雨资	72	68	65	70	75	80	430
202110159110	刘德嘉	92	88	91	90	82	85	528
202110159111	赵钧霆	66	72	52	67	70	75	402
202110159112	孙建刚	70	83	68	71	83	85	460
202110159113	周友成	86	79	76	80	80	90	491
202110159114	于秋萍	78	86	72	85	76	80	477
202110159115	宋雨欣	80	77	76	88	66	75	462
	各科平均分	79.9	80.3	74.7	79.1	78.5	81.3	

图 4.57 “学生成绩表”最终效果

2. 任务分析

在本次任务中，需要掌握以下技能。

1）制作表格：插入或绘制表格。

2）录入文本：输入表格标题并录入相应的数据或文本。

3）编辑表格：插入斜线表头，对表格大小、分布进行编辑。

4）修饰表格：设置表格边框、单元格底纹、表格样式。

4.5.1 创建表格

4-16 创建表格

表格可以对文字信息进行归纳整理，并通过条理化的方式呈现出来。相比枯燥的文字，这种方式更容易被人们所接受。

表格由行和列组成，行与列的交叉处形成的小格称为单元格。每个单元格相当于一个文档，可以插入文字、数字、图形等各种内容，并能对其进行各种编辑及格式化操作。

在文档中创建表格时，将光标定位到需要添加表格的位置，然后使用下列 5 种方法之一插入表格即可。

1. 使用表格模板插入表格

可以使用表格模板并基于一组预先设置好格式的表格来插入一张表格。表格模板包含示例数据，可以帮助用户想象添加数据时表格的外观。

将光标定位到要插入表格的位置，单击“插入”选项卡“表格”选项组中的“表格”下拉按钮，在弹出的下拉列表中选择“快速表格”选项，再在其级联菜单中选择需要的模板。

2. 从“表格”下拉列表插入表格

将光标定位到要插入表格的位置，单击“插入”选项卡“表格”选项组中的“表格”下拉按钮，在弹出的下拉列表的网格上拖动选择所需的行列数，如图 4.58 所示。释放鼠标左键，即可在光标所在位置创建一个与选定行列数目相同的表格。

3. 通过“插入表格”对话框插入表格

在图 4.58 所示的“表格”下拉列表中选择“插入表格”选项，弹出“插入表格”对话框，如图 4.59 所示。在此对话框中设置表格所需的行数、列数、每一列的宽度等，单击“确定”按钮，即可在光标所在位置创建一个表格。

4. 绘制表格

对于简单的、格式固定的表格，可以采用上述方法创建，但有时需要建立一些复杂的或格式不固定的表格，这就需要用到 Word 提供的表格绘制功能。

在图 4.58 所示的“表格”下拉列表中选择“绘制表格”选项，此时鼠标指针变成“铅笔”形状，移动这支“铅笔”，可以绘制横线、竖线和斜线，从而绘制出复杂的表格。如果需要擦除绘制好的某条线，单击“表格工具/布局”选项卡“绘图”选项组中的“橡皮擦”按钮，此时鼠标指针变成“橡皮”形状，在要擦除的表线上拖动此“橡皮”即可擦除表线。

图 4.58 “表格”下拉列表

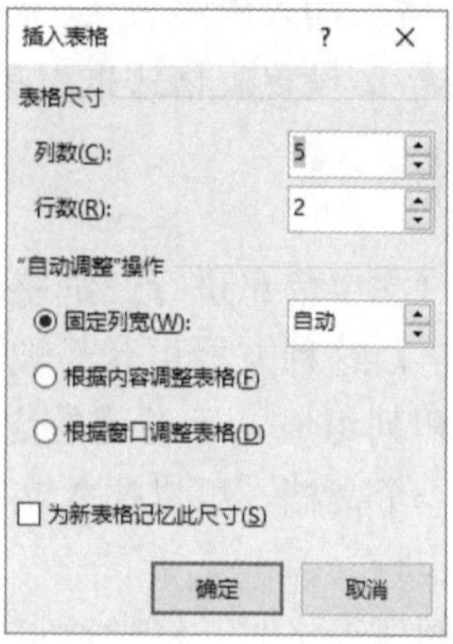

图 4.59 “插入表格”对话框

5. 粘贴表格

将 Excel 等程序中的二维电子表格通过剪贴板复制到文档中。其方法是：单击“开始”选项卡“剪贴板”选项组中的“粘贴”下拉按钮，在弹出的下拉列表中可选择不同的粘贴选项，如保留原格式、使用目标样式、只保留文本等。

创建表格后，Word 2016 会自动显示“表格工具/设计”和“表格工具/布局”两个选项卡。前者侧重于表格格式的设置，后者侧重于表格格式的修改。

4.5.2 输入表格内容

创建好一个表格之后，接着便是向表格的每个单元格中依次输入内容，内容输入完毕后，一个完整的 Word 表格就生成了。按输入数据的方向分类，可分为按行填表和按列填表。按行填表即输完某一单元格的内容后，按【Tab】键将光标移动到该行向右的一个单元格中继续输入。当数据宽度大于列宽时，系统会自动换行，该行的行高会自动增加。按列填表就是输完某一单元格的内容后，按【↓】键将光标移动到该列的下一个单元格中继续输入。

4.5.3 表格的编辑

完成表格的建立和内容输入后，还需要对表格进行一系列处理，包括选定表格中的行、列、单元格；在已有表格中插入或删除行、列、单元格；修改表格的行高、列宽；拆分与合并单元格；移动和复制表格中的行、列、单元格。

4-17 编辑表格

1. 选定表格编辑对象

不管对表格中的行、列、单元格进行何种处理，都必须先选定相应的对象。在表格中，每一列的上边界、每行或每个单元格的左边界都有一个看不见的选择区域。选定表格的有关操作如下。

1）将光标定位到单元格中。单击“表格工具/布局”选项卡“表”选项组中的“选择”下拉按钮，在弹出的下拉列表中可选取行、列、单元格或者整个表格。

2）选定一个单元格。将光标移动到单元格左边界的选择区域，此时鼠标指针变成一个黑色的箭头，单击可选定一个单元格，拖动可选定多个单元格。

3）选定一行。单击该行左边界的选择区，或者双击该行任一单元格的选择区域。

4）选定一列。单击该列顶端的边框。

5）选定整个表格。以选定行或列的方式垂直或水平拖动鼠标；或者按住【Shift】键的同时单击表格第一行。

2. 插入单元格、行和列

在表格中进行单元格、行或列的插入操作时，首先要在表格中选定单元格、行或列并右击，在弹出的快捷菜单中选择“插入”命令，如图 4.60 所示。可通过“插入”级联菜单中的命令在选定的行的上方或下方插入新行，在选定的列的左侧或右侧插入新列，在选定的单元格的左侧或上方插入新单元格。如果需要插入多行或多列，不需要重复进行多次插入操作，只需在插入之前选中与插入行或插入列数目相同的行、列数，即可完成相应的操作。

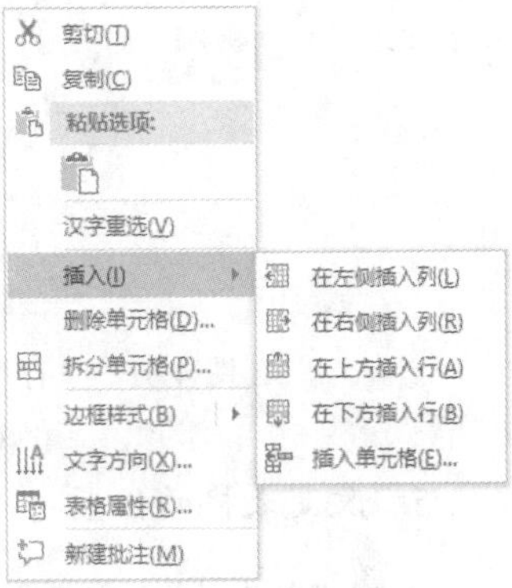

图 4.60 插入操作

在“表格工具/布局”选项卡中，也有用于插入行和列的按钮。

说明：在右下单元格内单击，然后按【Tab】键，可以快速在表格的末尾添加一行。

3. 删除单元格、行和列

选定要删除的行、列或单元格（可多个），单击“表格工具/布局”选项卡“行和列”选项组中的“删除”下拉按钮，在弹出的下拉列表中选择相应的选项。当需要删除指定单元格时，还需对其他单元格的移动方向作出选择。

注意：【Delete】键对删除表格中的行、列或单元格没有作用，它可以清除某单元格、某行、某列或整个表格的内容，但会把表格的框架保留下来。

4. 调整行高和列宽

在进行表格处理时，经常需要根据其单元格放置的内容（字符、数字或图形）调整表格的行高和列宽。在 Word 中，调整行高和列宽主要有以下两种方法。

1）拖动调整行高及列宽。将鼠标指针移动到待调整行高的行底边线上，当鼠标指针变为指向上下的双向箭头时，沿垂直方向拖动即可调整行高；将鼠标指针移动到待调整列宽的列右边线上，当鼠标指针变为指向左右的双向箭头时，沿水平方向拖动即可调整列宽。

2）单击“表格工具/布局”选项卡“表”选项组中的“属性”按钮，弹出“表格属性”对话框，分别选择“行”选项卡和“列”选项卡，可对行高及列宽进行精确设置，如图 4.61 和图 4.62 所示。

图 4.61 “行”选项卡

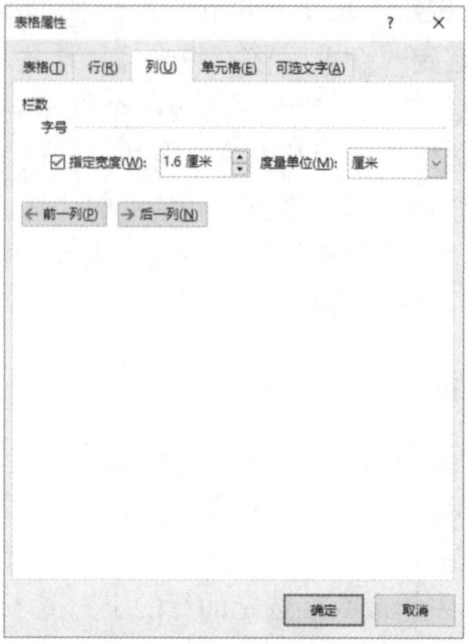

图 4.62 “列”选项卡

5. 改变表格的位置

绘制表格时，可以把表格放在文档中的任何位置。插入表格时，表格左边界会与文档的左边距对齐；如果在分栏的文档中，还会与栏的左边距对齐。用户可以按以下方法调整表格位置。

把鼠标指针移动到表格中任意位置，在表格的左上角和右下角会出现两个标记，如图 4.63 所示。左上角的是选中整个表格标记，单击此标记可以选中整个表格；再选择“开始”选项卡“段落”选项组中的一种对齐方式，如单击“居中”按钮，则整个表格居中对齐。还可以直接拖动此标记调整表格在页面上的位置。单击任意位置，即取消整个表格的选定。右下角的是调整表格大小标记。将鼠标指针移动到该标记上，当鼠标指针形状变为双向箭头时，沿不同方向拖动此标记，可以调整整个表格的大小。

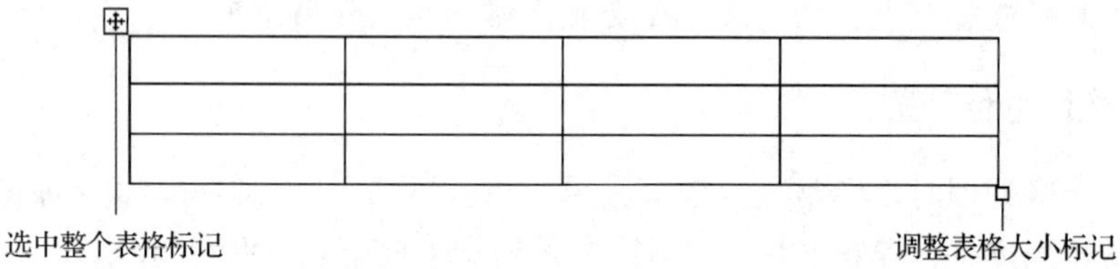

图 4.63 表格的标记

在“表格属性”对话框中选择“表格”选项卡，如图 4.64 所示。在“对齐方式”选项组中选择一种对齐方式，如“左对齐”，在“左缩进”数值框中修改左缩进的距离。如果希望文字能环绕在表格的周围，可选择“文字环绕”选项组中的“环绕”方式，单击“确定”按钮，返回编辑状态，拖动表格到文字的中间，文字就在表格的周围形成了环绕。用此方法也可以将表格放在页面的任意位置。

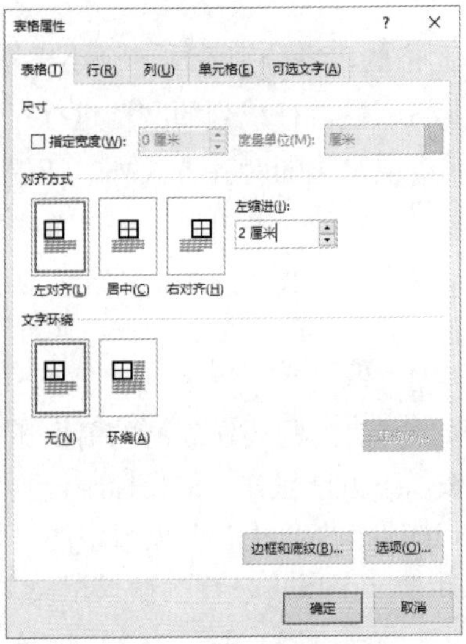

图 4.64 “表格”选项卡

6. 拆分和合并单元格

拆分单元格指将一个单元格拆分为多个单元格；而合并单元格正好相反，指将相邻的多个单元格合并为一个单元格。

拆分单元格时先要选定要拆分的单元格，然后单击“表格工具/布局”选项卡“合并”选项组中的“拆分单元格”按钮，弹出“拆分单元格”对话框，在其中输入要拆分的列数与行数，如图 4.65 所示。

合并单元格的操作方法是：选定要合并的单元格，单击“表格工具/布局”选项卡“合并”选项组中的“合并单元格”按钮。拆分和合并单元格示例如图 4.66 所示。

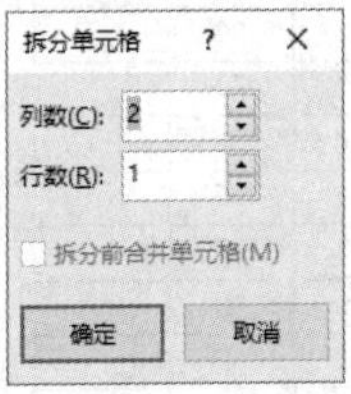

图 4.65 “拆分单元格”对话框

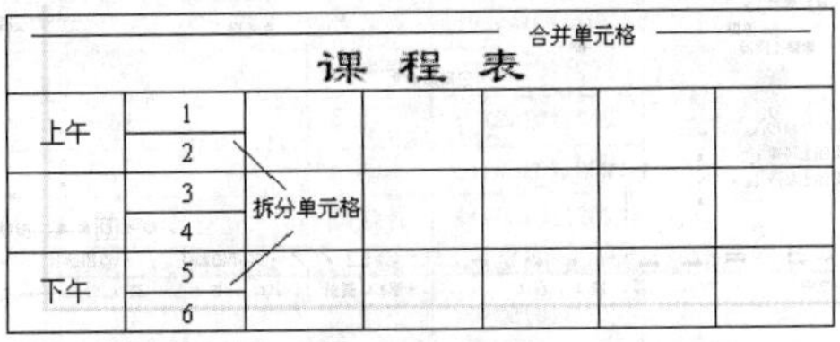

图 4.66 拆分和合并单元格示例

7. 编辑表格内容

在不同的单元格之间移动或复制文字、图形，与在文档中的其他位置移动和复制相同，可直接使用“剪切”“复制”“粘贴”命令，也可以通过拖动完成表格中不同单元格之间文字或图形的移动或复制。

8. 表格文本的对齐方式

可以把表格中的每个单元格的内容分别看成一个小文档，对选定的一个或多个单元格、块、行或列的文档进行对齐操作。在表格中除了可以实现常见的对齐方式外，还提供了另外一些对齐工具。表格文本的对齐设置可通过单击“表格工具/布局”选项卡“对齐方式”选项组中的按钮实现，如图 4.67 所示。

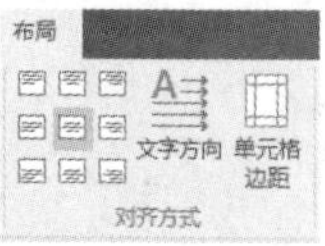

图 4.67 “对齐方式”选项组

9. 将文本插入表格前

4-18 设置表格内容格式

当表格处于文档的最开始位置时，想要在表格的前面添加一些文本，如表格的标题等，可按以下方法操作：将光标定位到表格首行，单击“表格工具/布局”选项卡“合并”选项组中的“拆分表格”按钮，将在表格的上方新增一个段落，直接输入相关文本即可。

10. 处理表格数据

处理表格中的数据，包括在单元格中输入数学公式和对指定单元格中的数据进行简单的数值计算，还包括对表格中的一批数据按照指定的规律进行排序等。

（1）数值计算

例如，在图 4.68 所示表格中进行横向总分、纵向平均分的计算。

学号	姓名	高数	英语	C 语言	图像处理	思修	体育	总分
202110159101	杨天宇	93	90	88	86	90	85	
202110159110	刘德嘉	92	88	91	90	82	85	
202110159104	曾卓潇	90	82	90	90	88	75	
202110159105	张世成	82	91	80	78	86	85	
202110159113	周友成	86	79	76	80	80	90	
202110159108	陈雨轩	85	78	80	76	85	85	
202110159103	江浩男	87	76	69	82	78	90	
202110159102	李东来	76	80	87	83	75	80	
202110159114	于秋萍	78	86	72	85	76	80	
202110159115	宋雨欣	80	77	76	88	66	75	
202110159112	孙建刚	70	83	68	71	83	85	
202110159106	吴云鸿	73	85	71	68	76	80	
202110159109	王雨资	72	68	65	70	75	80	
202110159107	梁袁龙	68	70	56	72	68	70	
202110159111	赵钧霆	66	72	52	67	70	75	
各科平均分								

图 4.68 示例表格

记录求和计算的操作步骤如下。

1）将光标定位到第一条记录的最后一个单元格中。

2）单击“表格工具/布局”选项卡“数据”选项组中的“公式”按钮，弹出“公式”对话框。

3）设置“公式”为“=SUM(LEFT)”，表示对左侧数据求和。

4-19 表格中公式的使用

4）单击“确定”按钮，完成对第一条记录总分的计算，如图4.69所示。

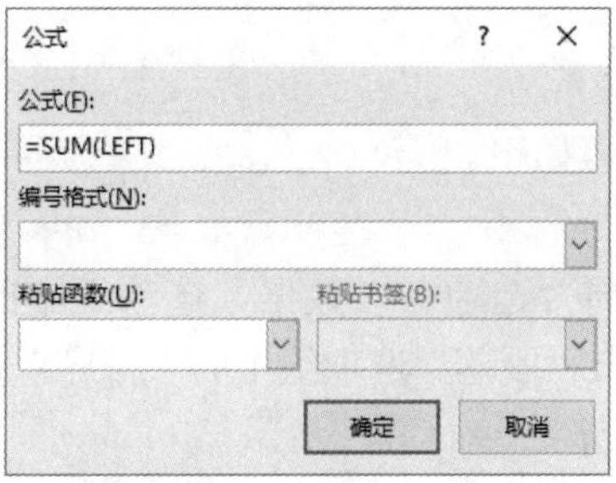

图4.69 “公式”对话框

计算其余记录的总分有以下两种方法。

1）重复输入公式，但一定要将公式“=SUM(ABOVE)”中的“ABOVE”改成“LEFT”。

2）复制第一条记录的总分，分别粘贴到其他记录的总分单元格中，然后分别右击得到的总分，在弹出的快捷菜单中选择“更新域”命令，如图4.70所示。或者，选中所有记录的总分单元格后按【F9】键。

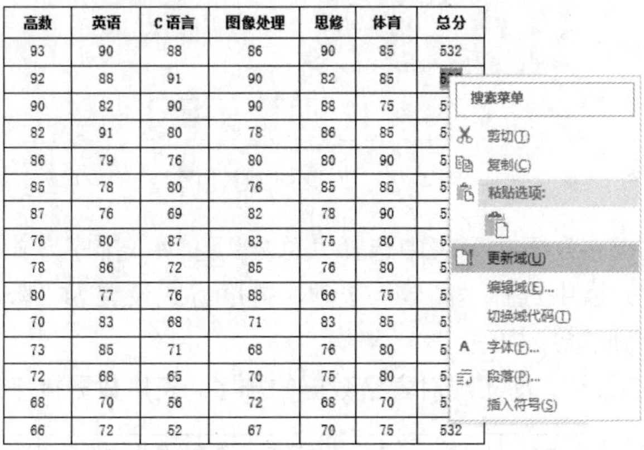

图4.70 “更新域”命令

计算每一科目平均分的操作步骤如下。

1）将光标定位到“高数”列的最后一行。

2）单击“表格工具/布局”选项卡“数据”选项组中的“公式”按钮，弹出“公式”对话框，在“粘贴函数”下拉列表中选择“AVERAGE”选项，在函数括号内输入“ABOVE”，在“编号格式”中输入0.0（保留1位小数）。

3）单击“确定”按钮，完成“高数”平均分的计算。

其余科目的平均分可按上述方法计算，也可以通过“复制”→“粘贴”→“更新”方式完成。

注意：公式中不能输入全角标点符号，否则系统将提示语法错误。

Word只能进行求和、求平均等一些简单的计算，要解决复杂的表格数据计算与统计，可使用Microsoft Excel；或单击“插入”选项卡“表格”选项组中的“表格”下拉按钮，在弹出的下拉列表中选择“Excel 电子表格”选项，直接在 Word 中使用 Excel 工作表完成。

（2）表格数据排序

表格数据排序的操作步骤如下。

4-20 表格数据排序

1）选择整个表格。

2）单击“表格工具/布局”选项卡“数据”选项组中的“排序”按钮，或单击“开始”选项卡“段落”选项组中的“排序”按钮，弹出“排序”对话框，如图 4.71 所示。

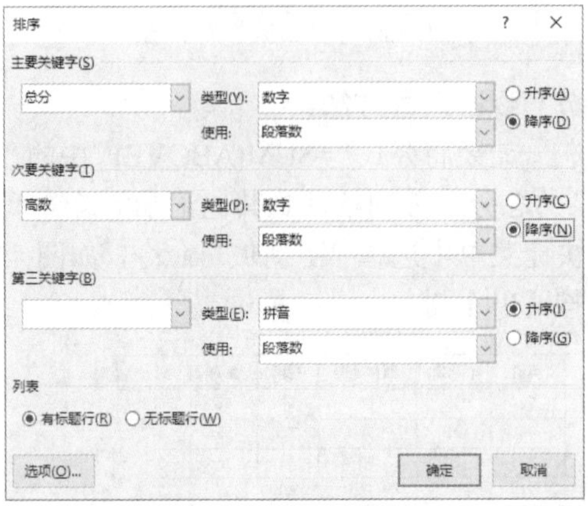

图 4.71 “排序”对话框

3）在“主要关键字”下拉列表中选择“总分”选项，排序方式设置为“降序”；在“次要关键字”下拉列表中选择“高数”选项，排序方式设置为“降序”。即当总分相同时，按高数分数的高低降序排序。

4）单击“确定”按钮，即实现对表格数据的排序。表格数据排序效果如图 4.72 所示。

学号	姓名	高数	英语	C 语言	图像处理	思修	体育	总分
202110159101	杨天宇	93	90	88	86	90	85	532
202110159110	刘德嘉	92	88	91	90	82	85	528
202110159104	曾卓潇	90	82	90	90	88	75	515
202110159105	张世成	82	91	80	78	86	85	502
202110159113	周友成	86	79	76	80	80	90	491
202110159108	陈雨轩	85	78	80	76	85	85	489
202110159103	江浩男	87	76	69	82	78	90	482
202110159102	李东来	76	80	87	83	75	80	481
202110159114	于秋萍	78	86	72	85	76	80	477
202110159115	宋雨欣	80	77	76	88	66	75	462
202110159112	孙建刚	70	83	68	71	83	85	460
202110159106	吴云鸿	73	85	71	68	76	80	453
202110159109	王雨资	72	68	65	70	75	80	430
202110159107	梁袁龙	68	70	56	72	68	70	404
202110159111	赵钧霆	66	72	52	67	70	75	402

图 4.72 表格数据排序效果

11. 文本与表格的转换

4-21 表格与文本的转换

在 Word 中可以实现文本与表格的相互转换。

（1）将文本转换成表格

将文本转换成表格的操作步骤如下。

1）插入分隔符，用其标识转换为表格时新行或新列的起始位置。例如，使用逗号或制表符指示将文本分成列的位置，使用段落标记指示要开始新行的位置。

2）选定要转换的文本。

3）单击“插入”选项卡“表格”选项组中的“表格”下拉按钮，在弹出的下拉列表中选择“文本转换成表格”选项，弹出“将文字转换成表格”对话框，如图 4.73 所示。

4）在对话框的“文字分隔位置”选项组中选择在文本中使用的分隔符；在“表格尺寸”选项组的“列数”数值框中输入列数，如果未看到预期的列数，则可能是文本中的一行或多行缺少分隔符。

5）单击“确定”按钮。

（2）将表格转换成文本

将表格转换成文本的操作步骤如下。

1）选择要转换成文本的行或表格。

2）单击“表格工具/布局”选项卡“数据”选项组中的“转换为文本”按钮，弹出“表格转换成文本”对话框，如图 4.74 所示。

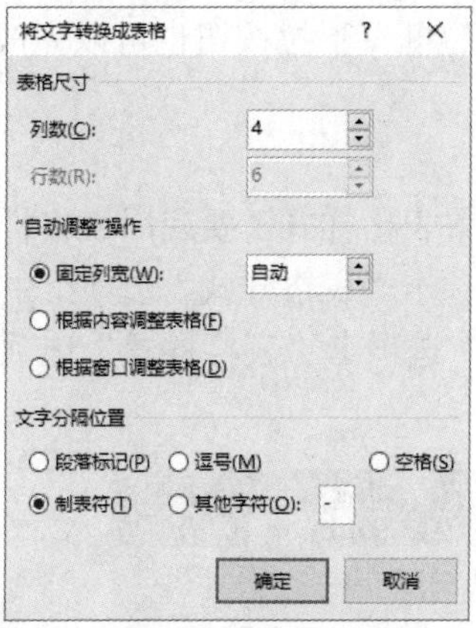

图 4.73 “将文字转换成表格”对话框

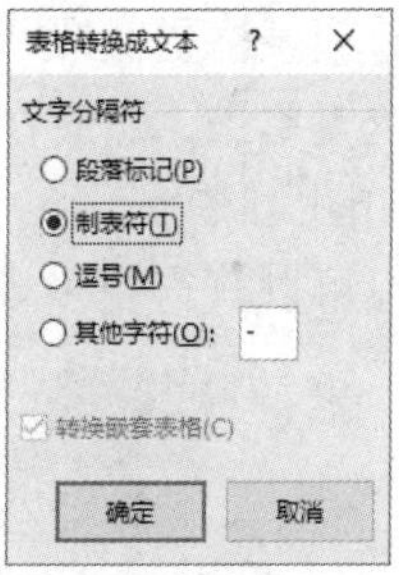

图 4.74 “表格转换成文本”对话框

3）在对话框的“文字分隔符”选项组中选择要用于代替列边界的分隔符，表格各行用段落标记分隔。

4）单击“确定”按钮。

从网页上复制的对象常因网页布局而将表格一起复制下来，可利用此方法将其转换为文本。

12. 多页重复显示表格标题

如果表格太长，超过了一页，可以通过指定标题来使表格的标题出现在每一页的表格上方。选择表格的第一行，单击“表格工具/布局”选项卡“数据”选项组中的“重复标题行”按钮，选择的第一行就变成了标题。在页面视图下跳转到第二页，会发现在第二页同样出现表格的标题。

4.5.4 表格外观的修饰

用户还可以对表格外观进行各种处理，包括为表格添加边框、底纹、颜色等。对表格的外观进行修饰除了可以美化表格，还能使表格内容清晰整齐。

1. 添加边框和底纹

在 Word 中，可以为整个表格或选定行、选定列、选定单元格添加边框或底纹。

当为整个表格添加边框或底纹时，可将光标定位到表格中任何位置；当为表格的某些行或列添加边框或底纹时，应选定这些行和列；当为某些单元格添加边框或底纹时，应选定这些单元格。可在“表格工具/设计”选项卡“边框”选项组中进行边框的设置，通过单击“表格工具/设计”选项卡“表格样式”选项组中的“底纹”下拉按钮添加底纹；还可以单击“边框”选项组中的“对话框启动”按钮，在弹出的“边框和底纹”对话框中进行边框和底纹的设置，其设置方法与字符或段落的边框和底纹设置方法相同。

使用“开始”选项卡“段落”选项组中的“边框”下拉按钮也可以完成上述操作。

2. 设置表格样式

如果希望表格更具吸引力和可读性，可以设置表格样式。要应用表格样式，先在表格内任意位置单击，然后在“表格工具/设计”选项卡“表格样式”选项组中选择一种表格样式，如图 4.75 所示。单击“表格工具/设计”选项卡“表格样式”选项组中的“其他”按钮，可以获得更多表格样式。

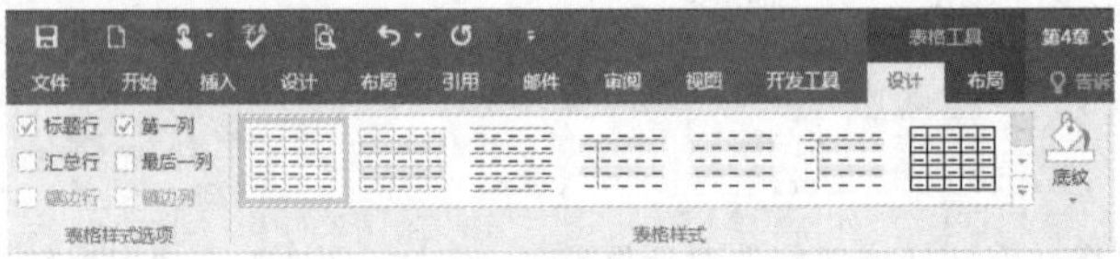

图 4.75 “表格工具/设计”选项卡中的“表格样式”选项组

应用表格样式后，选中“表格工具/设计”选项卡“表格样式选项”选项组中的复选框，可以打开和关闭更多格式设置。这些设置用于对某些行或列指定不同的格式。

4.5.5 【任务三】的实现

1. 新建文档并保存

1）启动 Word 2016，新建一个空白文档。

2）单击快速访问工具栏中的“保存”按钮，打开“另存为”窗口。

3）选择保存位置为“课程与成绩表”文件夹，文件名为“课程与成绩表”，保存类型为“Word 文档(*.docx)”。单击“保存”按钮。

2. 制作“课程表”基本结构

1）将光标定位到“课程与成绩表”文档的首行，单击“插入”选项卡“表格”选项组中的“表格”下拉按钮，在弹出的下拉列表中选择“插入表格”选项，弹出“插入表格”对话框，在该对话框中设置表格为7列9行，单击“确定”按钮。

2）将光标定位到表格的首行，单击“表格工具/布局”选项卡“合并”选项组中的“拆分表格”按钮，在表格的上方新增一个段落，输入表格标题文字“2021-2022-2 计科1班课程表”，并设置标题格式为楷体、小二号，居中对齐。

3）选中表格第1行的第1个和第2个单元格，单击“表格工具/布局”选项卡“合并”选项组中的“合并单元格”按钮，合并单元格。

4）合并第2行～第5行的第1列单元格。

5）合并第6行～第9行的第1列单元格。

6）其余单元格的合并与拆分情况参考效果图设置。

3. 输入表格内容

参考效果图，输入表格内的文字。

4. 设置文字排列方向

选择“上午”和“下午”单元格，单击“布局”选项卡“页面设置”选项组中的“文字方向”下拉按钮，在弹出的下拉列表中选择“垂直”选项。

5. 设置单元格对齐方式

1）选择整个表格，单击“表格工具/布局”选项卡“对齐方式”选项组中的“水平居中”按钮。

2）设置第1个单元格中的第1行文字“星期”右对齐，第3行文字“节次”左对齐。

6. 调整表格单元格的大小

参考效果图，将表格单元格的宽度与高度调整到合适的大小。

7. 设置表格边框

1）选中整个表格，在“表格工具/设计”选项卡的“边框”选项组中选择2.25磅粗-细窄间隔线，然后单击“边框”下拉按钮，在弹出的下拉列表中选择“外侧框线”选项。

2）在“边框”选项组中选择0.5磅双线，按照效果图在课程表上午、下午之间设置双线边框。

3）使用“插入”选项卡中的“形状”工具，在第 1 个单元格中绘制直线自选图形作为两条斜线边框，设置线条颜色为黑色，并将两条直线组合起来。

8. 设置单元格底纹

选中课程表第一行，单击“表格工具/设计”选项卡“表格样式”选项组中的“底纹”下拉按钮，在弹出的下拉列表中选择“白色，背景 1，深色 15%”底纹。

9. 制作第 2 张表“学生成绩表”

1）为文档增加一页，将光标定位到第 2 页的第 1 行，输入文字“学生成绩表”。

2）用格式刷把第 1 个表格标题的格式复制到第 2 个表格的标题上。

3）将光标定位到第 2 页的第 2 行，将“课程与成绩表”文件夹中的“成绩.txt”工作表中的内容合并到本文档中（可以插入对象，也可以复制粘贴）。

4）选中合并的文本内容，单击“插入”选项卡“表格”选项组中的“表格”下拉按钮，在弹出的下拉列表中选择“文本转换成表格”选项，弹出“将文字转换成表格”对话框，单击“确定”按钮。

10. 在表格最右侧增加一列，在表格末尾添加一行

1）将光标定位到最右侧的任意一个单元格中并右击，在弹出的快捷菜单中选择“插入”级联菜单中的“在右侧插入列”选项。

2）在第 1 行最后一个单元格中输入“总分”。

3）在表格右下单元格内单击，然后按【Tab】键在表格的末尾添加一行。

4）在最后一行第 1 个单元格中输入“各科平均分”后与第 2 个单元格合并，并设置为右对齐。

11. 计算总分与各科平均分

1）将光标定位到第 2 行的最后一个单元格中，单击“表格工具/布局”选项卡“数据”选项组中的“公式”按钮，弹出“公式”对话框，设置“公式”为“=SUM(LEFT)”，单击“确定”按钮。

2）选中该单元格内容，按【Ctrl+C】快捷键，再选中最右一列除第一个单元格外的所有单元格，按【Ctrl+V】快捷键，复制每一行数据的总分（此时数据全部相同）。

3）保持选中所有的总分单元格，按【F9】键更新域。

4）将光标定位到最后一行“高数”列的单元格中，单击“表格工具/布局”选项卡“数据”选项组中的“公式”按钮，弹出“公式”对话框，在“粘贴函数”下拉列表中选择“AVERAGE”，编辑“公式”文本框中的内容为“AVERAGE(ABOVE)”，单击“确定”按钮。

5）复制“高数”的平均分，分别粘贴到其他科目的平均分单元格中，选中所有的平均分，按【F9】键更新域。

12. 修饰表格

1）选中整个表格，单击“表格工具/设计”选项卡“表格样式”选项组中的“其他”按钮，在扩展的“表格样式”列表中选择表格样式“清单表 3”。

2）选中第 1 列，在“表格工具/布局”选项卡“单元格大小”选项组中设置宽度为 2.8 cm。

3）设置第 2 列～第 9 列的宽度为 1.8 cm。

13. 设置表格文字居中对齐

选中整个表格，单击“表格工具/布局”选项卡“对齐方式”选项组中的“水平居中”按钮。

14. 保存文件

单击快速访问工具栏中的“保存”按钮，或单击“文件”菜单中的“保存”按钮，保存操作结果。

4.6 Word 长文档排版

在日常工作中，经常会遇到编辑、撰写的文档篇幅很大、字数很多的情况，如撰写论文、报告、小说等文体，字数往往数以万计。这类文档对文章结构和文字格式有着严格和清晰的要求，一般要求包含封面、目录、正文等部分，正文又分为多个章节，每页还要标注页码、页眉等。这些设置如果全部手动完成，操作将相当烦琐。下面以【任务四】为例，讲解 Word 长文档的排版技巧。

【任务四】本科毕业论文排版

1. 任务描述

按照武汉城市学院本科毕业论文的格式规范，完成一篇本科毕业论文的排版，掌握 Word 长文档的排版技巧，如创建样式，分节，添加页眉页脚，创建目录，添加题注、交叉引用等。

2. 任务分析

在本次任务中，需要掌握以下技能。

1）创建、使用和修改样式。

2）大纲视图、“导航”窗格的灵活应用。

3）节的设置。

4）页眉和页脚的设置。

5）目录编制。

6）题注和交叉引用的设置。

4.6.1 长文档排版的一般步骤

在 Word 中长文档的排版是有技巧的，通过几步简单的设置就可以使文档格式具备统一的风格，并且图、表的标题编号统一，大大提升了办公效率。

1. 页面设置

撰写长文档最关键的一点是“先排版，再输入”。排版的第一步就是进行页面设置，如调整上下页边距、纸张的大小、装订线的位置等。也就是说，设置文档的页面格式应当先于撰写文档进行，这样利于文档制作过程中的版式安排。

2. 设置样式

长文档排版的第二步是设置样式，也就是规定各个部分的格式。

（1）设置正文样式

正文样式是 Word 最基本的样式，建议不要轻易修改默认的正文样式，因为一旦修改，整篇文档的样式将被大部分修改。通常设置正文样式时，需要重新创建一个新的正文样式。

（2）设置各级标题样式

与正文样式不同，标题样式可以直接修改并使用默认的样式，因为标题很容易被识别。当然也可以创建新的样式。

3. 通过自定义多级列表为每个标题编序号

关于多级列表的设置分如下两种情况。

1）文档正文尚未输入完成。样式设置完成后可以进行多级列表的设置。进行多级列表设置时，要在“将级别链接到样式”栏中进行正确的设置，确定链接。这种方法对于文章编辑、章节调整非常有利。设置完成后，可以根据章节的增减变化自动调整编号。

2）文档已经输入完成。其实此时没有必要再进行多级列表设置了，当章、节变化时，只能通过手动修改的方法改变编号。

4. 分节

长文档排版时，文档结构中的不同组成部分往往有不同的设置要求。例如，正文以前的页码用大写罗马数字单独编排，正文则用阿拉伯数字连续编排等。对于这种情况，只有进行文档分节才能妥善解决。

5. 页眉和页脚的设置

页眉和页脚是文档中的常见元素，增加了文档的美观性，使文档结构清晰和便于阅读。长文档排版中，页眉和页脚的格式往往都有明确的要求，如首页页眉不同、奇偶页页眉不同、不同章节需要设置不同的页眉等。这种复杂的设置通常需要分节设置。

6. 题注、交叉引用的设置

题注是对图片、表格、公式一类的对象进行注释的带编号的说明段落，如图片下方的“图 2.1 功能模块图”。为图片编号后，还要在正文中设置引用说明，如“如图 2.1 所示”。引用说明文字与图片是相互对应的，人们称这一引用关系是“交叉引用”。撰写论文时，要求对图片、表格、公式按照在各章节中出现的顺序进行编号，但在插入或删除这些对象时，编号的设置就成为一个难题。例如，在第 2 章开头位置插入一张图片，那么原来的图 2.1 就变成了图 2.2，图 2.2 则变成图 2.3……而且原来引用这些编号的地方也要同时进行修改，这是相当费时费力的一件事情。而采用“题注”功能就能自动编号，删除、新增题注后，引用题注的位置及其后面的题注都会自动更改。

7. 目录的生成

4-22 自动生成目录

对于论文、报告、说明书等大型文档，目录是必不可少的组成要素。目录的设置要在文档格式大体排版完成后进行。要充分发挥 Word 的自动自录功能，但必须先对文档进行样式设置。否则，用户只能通过手动方式逐一设置目录，这样不但工作量大，而且不利于修改。在统一样式的基础上使用目录的自动生成功能，效率非常高。

4.6.2 【任务四】的实现

1. 武汉城市学院本科毕业论文的排版格式说明

1）论文组成。论文包括：中英文摘要、关键词；目录；论文正文；结论（也可为“结束语”或“总结与展望”等）；参考文献；致谢；附录（可选，包括原始材料、源程序代码等）。

2）页面设置。纸张使用 A4 复印纸，页边距为上 3 cm，下 2.5 cm，左 2.5 cm，右 2.5 cm，页眉 1.5 cm，页脚 1.75 cm；页眉居中，以宋体小四号字输入“武汉城市学院本科毕业设计（论文）”；页脚插入页码，其中正文以前的页码用罗马字母小五号字，底端居中，连续编序，自正文第一页开始，用阿拉伯数字小五号字，底端居中，参考文献和致谢接着正文续标页码。

3）中文摘要、关键词格式设置要求如图 4.76 所示。

（黑体小二号空一行）

摘□□要（黑体小二号加粗居中）

（黑体小二号空一行）

□□便携式智能Wi-Fi设备基于 Android 系统，通过服务提供商租赁的国外廉价移动网络，接入互联网并共享 Wi-Fi 信号，作为网络热点提供客户上网服务。通过与服务器实时通信，实现后端服务器对设备的状态获取、控制等。实现了机柜的自动化控制和管理和便携式智能Wi-Fi终端，开发了一套智能Wi-Fi后台管理系统，开放平台提供一系列开放接口。（宋体小四号，1.5 倍行距）

（宋体小四号空一行）

关键词（黑体四号加粗，左对齐，后加冒号）：关键词 1；关键词 2；关键词 3（宋体小四号）

图 4.76 中文摘要、关键词格式设置要求

4）英文摘要、关键词格式设置要求如图 4.77 所示。

（Times New Roman 小二号空一行）

ABSTRACT（Times New Roman 小二号加粗居中）

（Times New Roman 小二号空一行）

□□This paper is carried out on the basis of the 211 project-Sami-physical simulation（**Times New Roman** 小四号）

……

……

……

Key words（Times New Roman 四号，左对齐，加粗，后加冒号）: motion control; autopilot; neural ; GIS（Times New Roman 小四号，用分号隔开并空一字符）

图 4.77　英文摘要、关键词格式设置要求

5）目录。对于分章节的论文，其目录格式设置要求如图 4.78 所示。

（黑体小二号空一行）

目□□录（黑体小二号加粗居中）

（黑体小二号空一行）

（目录按三级标题编写，且要与正文标题一致。各章的名称黑体四号加粗，其余宋体小四号。）

1□绪论 1

1.1□ 研究背景 1

1.2□ 图像处理领域的研究现状 3

1.3□ 本课题的研究内容 7

1.3.1　Altera MegaCore 管理和使用 8

……

3□关于海量图像无级缩放 15

3.1□概述 15

3.2□无级缩放算法原理 18

3.3□无级缩放算法的 PC 模拟 20

4□结论 24

参考文献（黑体四号加粗） 25

致谢（黑体四号加粗） 28

图 4.78　论文目录格式设置要求

6）论文章节标题。论文章节标题格式设置要求如图 4.79 所示。

1□绪论（黑体三号加粗，1级标题段前为0.8行、段后为0.5行）

1.1□概述（黑体小三号加粗）

□□IP（Intellectual Property）就是常说的知识产权，IPCore（知识产权核）则是指用于产品应用的专用集成电路（ASIC）或者可编程逻辑器件（PGA）的逻辑块或数据块。

（中文正文宋体小四号，英文正文用Times New Roman，正文行间距为1.5倍）

……

……

……

1．4．1 □DDR IP Core的时序性描述（黑体四号加粗）

□□通过DDR IPCore 对DDR 和DDR2 SDRAM进行初始化是有分别的，由于在本次项目设计过程中实际采用的是DDR SDRAM，因此本文仅仅对前者的初始化时序进行讨论。

图 4.79 论文章节标题格式设置要求

7）参考文献。正文引用参考文献处应以方括号标注，参考文献格式设置要求如图 4.80 所示。

（黑体小二号空一行）

参考文献（黑体小二号加粗）

（黑体小二号空一行）

凡文后“参考文献”中列举了的文献必须在正文中用夹注标出，凡正文中夹注的引用，必须列在文后的“参考文献”中。参考文献的著录应符合国家标准，参考文献的序号左顶格，并用数字加方括号表示，与正文中的引文标示一致。参考文献中,中文采用宋体，英文采用Times New Roman,小四号,行距1.5倍。

1. **著作图书类**——[序号]□作者．书名[M]．版次（第1版可以不写版次）．出版地：出版者，出版年：引用起止页．

2. **翻译图书类**——[序号]□作者．书名[M]．译者．版次（第1版可以不写版次）．出版地：出版者，出版年：引用起止页．

3. **学术刊物类**——[序号]□作者．文章名[J]．学术刊物名，年，卷（期）：引用起止页．

4.**学术会议类**——[序号]□作者．文章名[C]．编者名．刊物名．出版地：出版者，出版年：引用起止页．

5.**学位论文类**——[序号]□学生姓名．学位论文题目[D]．学校地址：学校名称，答辩年份．

6. **报纸文献**——[序号]□作者．文章名[N]．报纸名，出版日期（版别）．

7. **在线文献**——[序号]□作者．文章名[文献类型标识/文献载体标识]．出版地：出版者，出版年：引用页码（更新或修改日期）[引用日期]．获取和访问路径．数字对象唯一标识符．

图 4.80 参考文献格式设置要求

8）致谢。致谢格式设置要求如图 4.81 所示。

致　　谢（黑体小二号加粗居中）

（黑体小二号空一行）

□□致谢页用于对指导教师和给予指导或协助完成毕业论文工作的组织和个人表示感谢。如在论文中使用了别人拥有版权且授予你使用权的材料，也要在此致谢。也可以在此向父母或亲人致谢。（宋体小四号，1.5 倍行间距）

图 4.81　致谢格式设置要求

2. 新建文档并保存

1）启动 Word 2016，新建一个空白文档。

2）单击快速访问工具栏中的“保存”按钮，打开“另存为”对话框。

3）选择保存位置为“本科毕业论文”文件夹，文件名为“本科毕业论文”，保存类型为“Word 文档(*.docx)”。单击“保存”按钮。

3. 页面设置

1）单击“布局”选项卡“页面设置”选项组中的“对话框启动”按钮，弹出“页面设置”对话框，在“页边距”选项卡“页边距”选项组中设置“上”为“3 厘米”，“下”为“2.5 厘米”，“左”为“2.5 厘米”，“右”为“2.5 厘米”；在“版式”选项卡中设置“页眉”为“1.5 厘米”，“页脚”为“1.75 厘米”。

2）单击“插入”选项卡“页眉和页脚”选项组中的“页眉”下拉按钮，在弹出的下拉列表中选择“编辑页眉”选项，在页眉区输入“武汉城市学院本科毕业设计（论文）”，并设置为宋体、小四号、居中。

3）单击“页眉和页脚工具/设计”选项卡“导航”选项组中的“转至页脚”按钮，光标切换到页脚区，然后单击“页眉和页脚工具/设计”选项卡“页眉和页脚”选项组中的“页码”下拉按钮，在弹出的下拉列表中选择“当前位置”级联菜单中的“普通数字”选项，并设置为居中显示。

4）单击“页眉和页脚”选项卡“关闭”选项组中的“关闭页眉和页脚”按钮，返回正文编辑区。

4. 合并生成论文内容

1）在正文处按【Enter】键增加一个空行，输入“摘要”；接着按两次【Enter】键增加两个空行，并在第 2 个空行处插入“中文摘要.txt”文件中的全部内容，在最后一行处插入一个分页符。

2）在正文最后一页按【Enter】键增加一个空行，输入“ABSTRACT”；接着按两次【Enter】键增加两个空行，并在第 2 个空行处插入“英文摘要.txt”文件中的全部内容，在最后一行处插入一个分页符。

3）在正文最后一页按【Enter】键增加一个空行，输入“目录”；接着按两次【Enter】键增加两个空行，在最后一行处插入一个分节符（下一页）。

4）在正文最后一页插入“正文.docx”文件中的全部内容，在最后一行处插入一个分页符。

5）在正文最后一页输入“参考文献”，按两次【Enter】键增加两个空行，并在第2个空行处插入“参考文献.txt”文件中的全部内容，在最后一行处插入一个分页符。

6）在正文最后一页输入“致谢”，按两次【Enter】键增加两个空行，并在第2个空行处插入“致谢.txt”文件中的全部内容。

5. 创建正文样式

1）单击“开始”选项卡“样式”选项组中的“对话框启动”按钮，打开“样式”窗格。

2）在“样式”窗格中单击“新建样式”按钮，弹出“根据格式设置创建新样式”对话框。

3）在“名称”文本框中输入“论文-正文”。

4）在“格式”下拉列表中选择“字体”选项，在弹出的“字体”对话框中设置中文字体为宋体、小四号，西文字体为Times New Roman、小四号，设置完毕后单击“确定”按钮。

5）在“格式”下拉列表中选择“段落”选项，在弹出的“段落”对话框中设置首行缩进2字符，1.5倍行距，设置完毕后单击“确定”按钮。返回“根据格式设置创建新样式”对话框，单击“确定”按钮，如图4.82所示。

6）选中全文，单击“样式”窗格中的“论文-正文”样式。

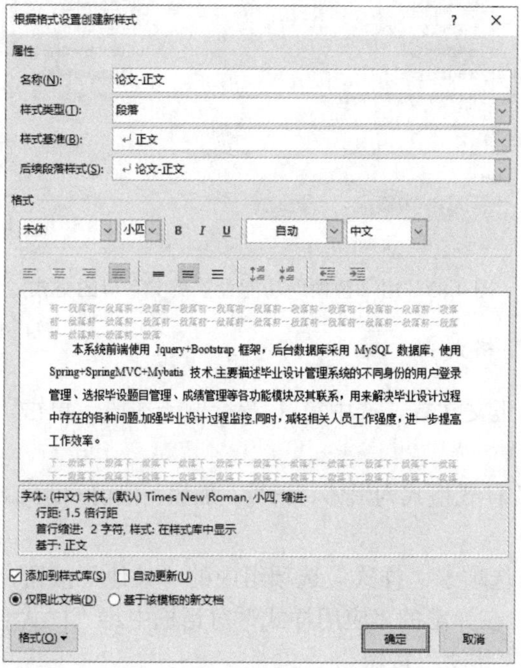

图4.82 创建正文新样式

6. 处理正文中的西文字符格式

1）单击“开始”选项卡“编辑”选项组中的“替换”按钮，在弹出的“查找和替换”对话框中选择“替换”选项卡，单击“更多”按钮。

2）将光标定位到“查找内容”文本框中，单击“特殊格式”下拉按钮，在弹出的下拉列表中选择“任意字母”选项。

3）将光标定位到“替换为”文本框中，单击“格式”下拉按钮，在弹出的下拉列表中选择“字体”选项，弹出“替换字体”对话框，在该对话框中设置西文字体为 Times New Roman、小四号。设置好后的“查找和替换”对话框如图 4.83 所示。

4）单击“全部替换”按钮，则将正文中所有英文字母设置为 Times New Roman、小四号。

5）按照同样的方法，用“替换”功能将所有“任意数字”设置为 Times New Roman、小四号。

图 4.83 用“替换”功能设置英文字母的格式

7. 设置“章标题”格式

1）将光标定位到正文文首，选中第 1 章标题所在段，单击“样式”窗格中的“标题 1”样式。

2）修改“标题 1”样式格式为黑体、三号、加粗，段前间距 0.8 行，段后间距 0.5 行，1.5 倍行距。

3）单击“开始”选项卡“样式”选项组中的“其他”按钮，在打开的样式库中选择“应用样式”选项，在弹出的“应用样式”对话框中将“样式名”设置为“章标题”，如图 4.84 所示，单击“新建”按钮。

4）对每一章的标题及“参考文献”“致谢”应用“章标题”样式。

8. 设置“节标题”格式

1）将光标定位到第 1 章的 1.1 节标题处，选中该标题段落，单击“样式”窗格中的“标题 2”样式。

2）修改“标题 2”样式格式为黑体、小三号、加粗，段前间距、段后间距均为 0 行，1.5 倍行距。

3）将 1.1 节标题的格式保存为新样式“节标题”，如图 4.85 所示。

4）对论文的所有二级标题应用“节标题”样式。

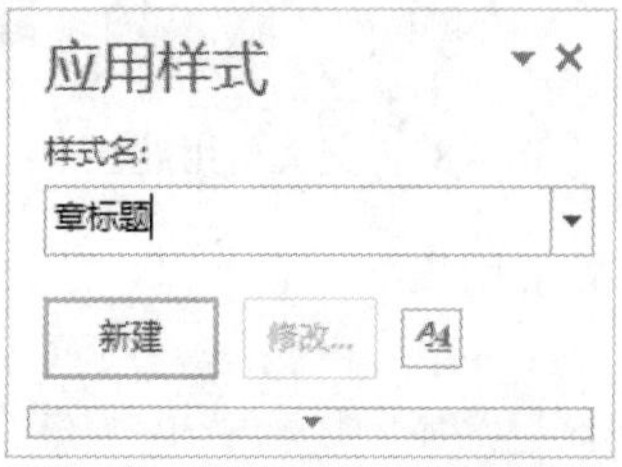

图 4.84　创建章标题样式

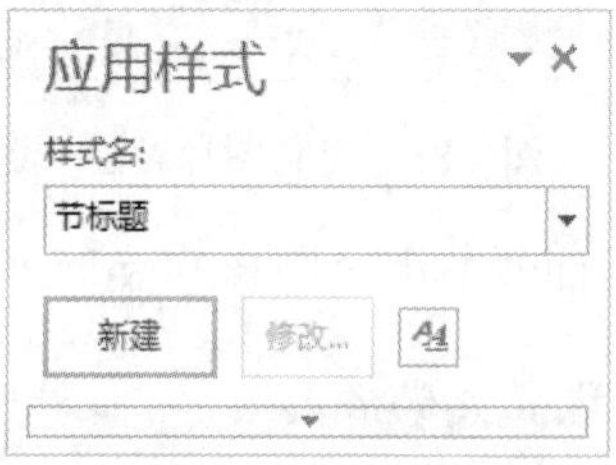

图 4.85　创建节标题样式

按照同样的方法，根据论文排版要求，将 1.1.1 节标题的格式设置为“小节标题”样式，并对论文的所有三级标题应用“小节标题”样式。

9. 设置论文各部分大标题格式

1）将标题“摘要”“目录”格式设置为黑体、小二号、加粗、居中。

2）将标题“ABSTRACT”格式设置为 Times New Roman、小二号、加粗、居中。

10. 添加题注

为第 1 张图片添加“题注”并设置“交叉引用”该图片。

1）将光标定位到第 1 张图片下方的段落，单击“引用”选项卡“题注”选项组中的“插入题注”按钮，弹出“题注”对话框。

2）单击“新建标签”按钮，在弹出的“新建标签”对话框中输入标签“图 2.”，单击“确定”按钮。

3）返回“题注”对话框，在“题注”文本框中输入相应内容，单击“确定”按钮，如图 4.86 所示。

4）删除图片下原有的图注，并设置新图注的格式为黑体、五号、居中对齐。

5）选中新图注段落，将已设置的格式新样式保存为“图注”。

6）将光标定位到图片上方段落中的“如图 2.1 所示”处，删除文字“图 2.1”，并将光标定位到文字“如”后。

7）单击“引用”选项卡“题注”选项组中的“交叉引用”按钮，弹出“交叉引用”对话框，设置“引用类型”为“图 2.”，“引用内容”为“只有标签和编号”，单击“插入”按钮，如图 4.87 所示，单击“关闭”按钮。

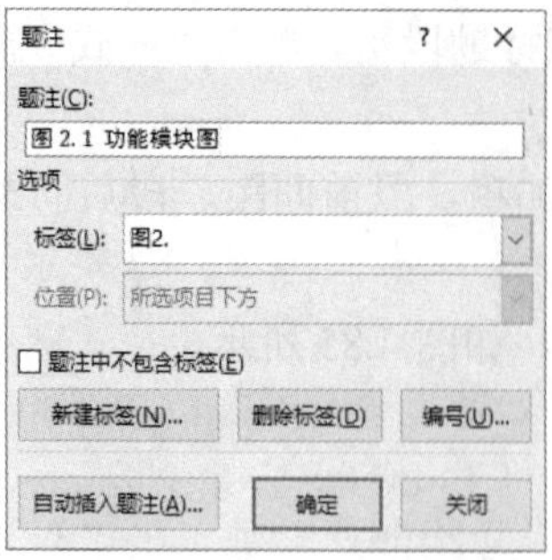

图 4.86　建立图片题注

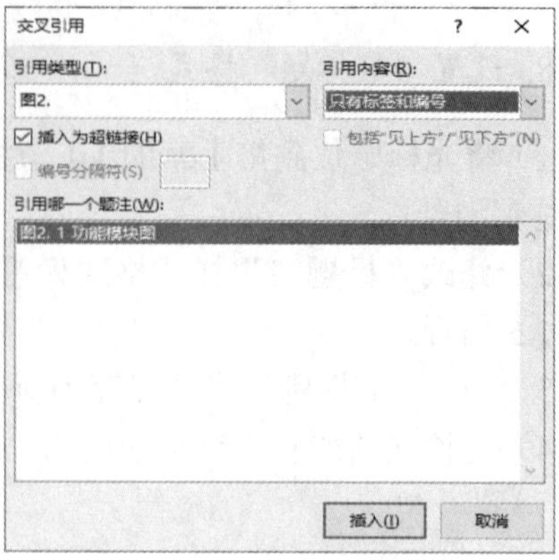

图 4.87　交叉引用题注

为后面章节中的图片都添加“题注”并设置“交叉引用”。

11. 设置页码格式

1）将光标定位到第 1 页，单击“插入”选项卡“页眉和页脚”选项组中的“页码”下拉按钮，在弹出的下拉列表中选择“设置页码格式”选项，弹出“页码格式”对话框，在“编号格式”下拉列表中选择“Ⅰ，Ⅱ，Ⅲ，…”选项，在“页码编号”选项组中选中“起始页码”单选按钮，在数值框中设置起始页码为“Ⅰ”，单击“确定”按钮，如图 4.88 所示。单击“页码”下拉按钮，在弹出的下拉列表中选择“页面底端”级联菜单中的“普通数字 2”选项。

2）将光标定位到论文的正文节中，单击“页眉和页脚工具/设计”选项卡“导航”选项组中的“链接到前一条页眉”按钮，取消跟上一节的链接。

3）将光标定位到正文第 1 页，单击“页眉和页脚工具/设计”选项卡“页眉和页脚”选项组中的“页码”下拉按钮，在弹出的下拉列表中选择“设置页码格式”选项，弹出“页码格式”对话框，在“页码编号”选项组中选中“起始页码”单选按钮并设置起始页码为“1”，单击“确定”按钮，如图 4.89 所示。

4）单击“页眉和页脚工具/设计”选项卡“关闭”选项组中的“关闭页眉和页脚”按钮，返回正文编辑区。

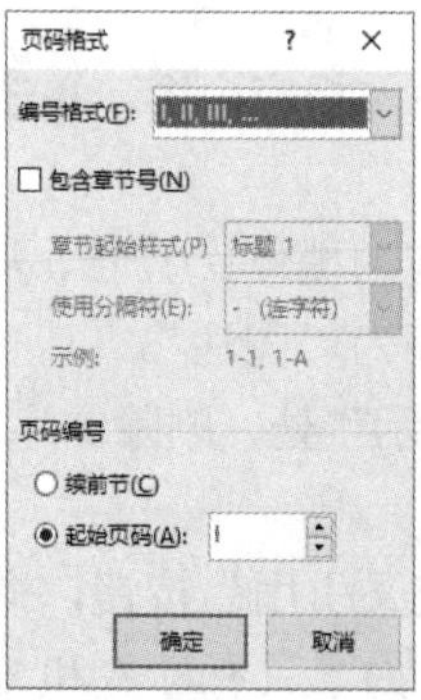

图 4.88　设置罗马数字格式的页码

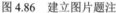

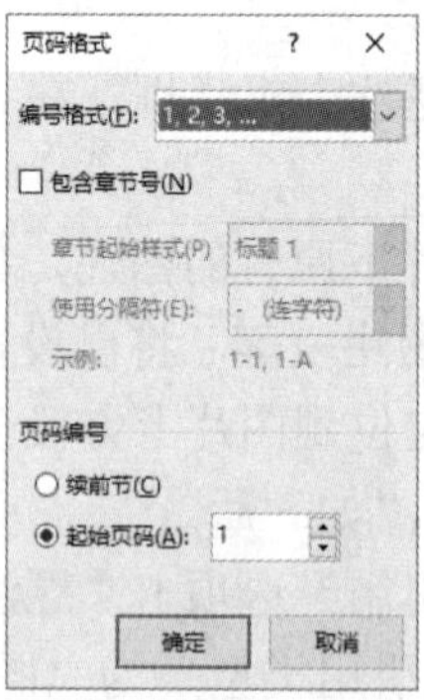

图 4.89　设置正文起始页码

12. 优化论文

通览全文，删除不必要的空行，优化论文版面。

13. 生成目录

1）将光标定位到目录页。

2）单击“引用”选项卡“目录”选项组中的“目录”下拉按钮，在弹出的下拉列表中选择“自定义目录”选项，弹出“目录”对话框，如图4.90所示。

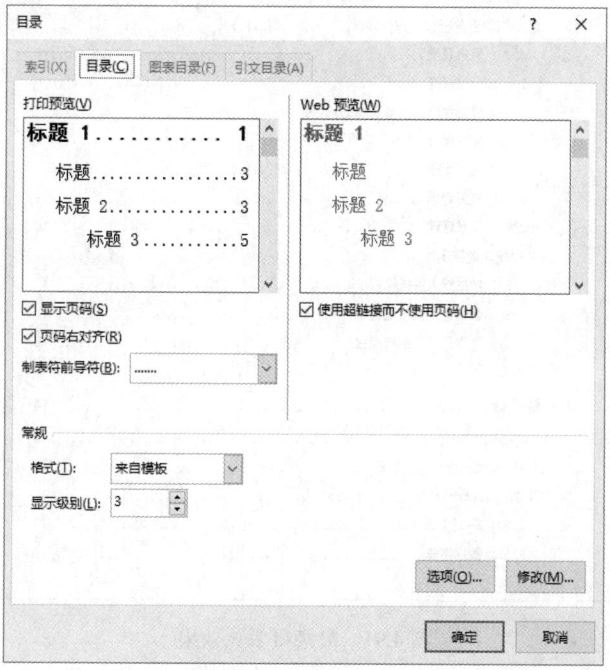

图4.90 “目录”对话框

3）单击“修改”按钮，弹出“样式”对话框。

4）在“样式”对话框中选择“目录1”，单击“修改”按钮，在弹出的“修改样式”对话框中设置目录1格式为黑体、四号、加粗、1.5倍行距。

5）分别设置目录2、目录3的格式为宋体、小四号、1.5倍行距。

6）返回“目录”对话框，单击“确定”按钮。

14. 保存文档

单击快速访问工具栏中的“保存”按钮，保存操作结果。

最终目录页效果如图4.91所示，论文章节标题与正文效果如图4.92所示。

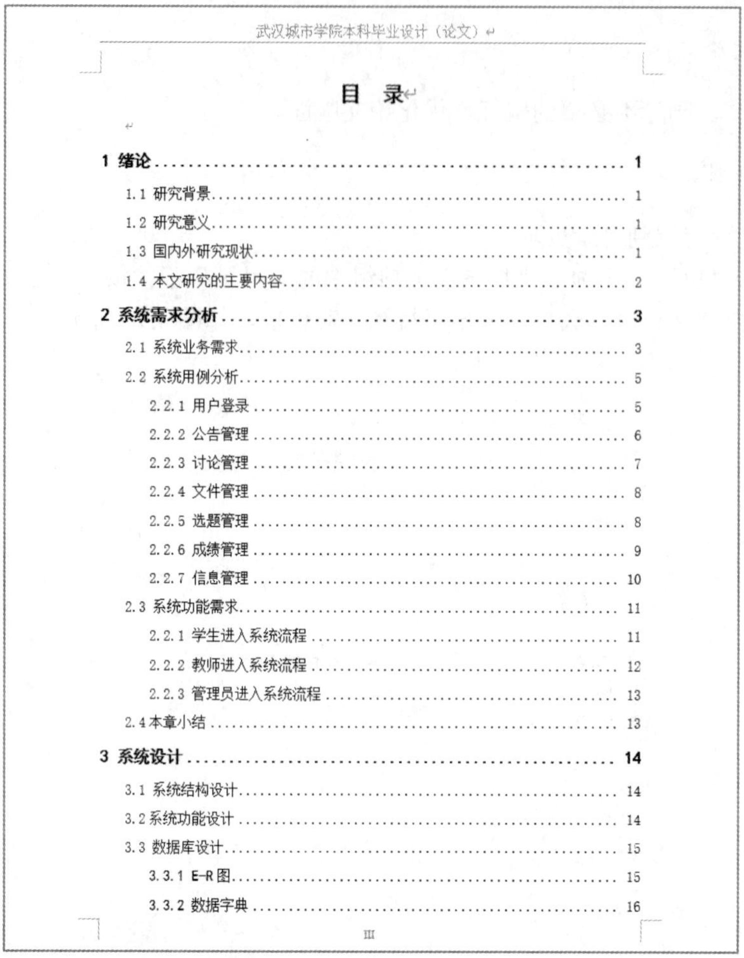

武汉城市学院本科毕业设计（论文）

目　录

1 绪论 1
1.1 研究背景 1
1.2 研究意义 1
1.3 国内外研究现状 1
1.4 本文研究的主要内容 2
2 系统需求分析 3
2.1 系统业务需求 3
2.2 系统用例分析 5
2.2.1 用户登录 5
2.2.2 公告管理 6
2.2.3 讨论管理 7
2.2.4 文件管理 8
2.2.5 选题管理 8
2.2.6 成绩管理 9
2.2.7 信息管理 10
2.3 系统功能需求 11
2.2.1 学生进入系统流程 11
2.2.2 教师进入系统流程 12
2.2.3 管理员进入系统流程 13
2.4 本章小结 13
3 系统设计 14
3.1 系统结构设计 14
3.2 系统功能设计 14
3.3 数据库设计 15
3.3.1 E-R 图 15
3.3.2 数据字典 16

III

图 4.91　最终目录页效果

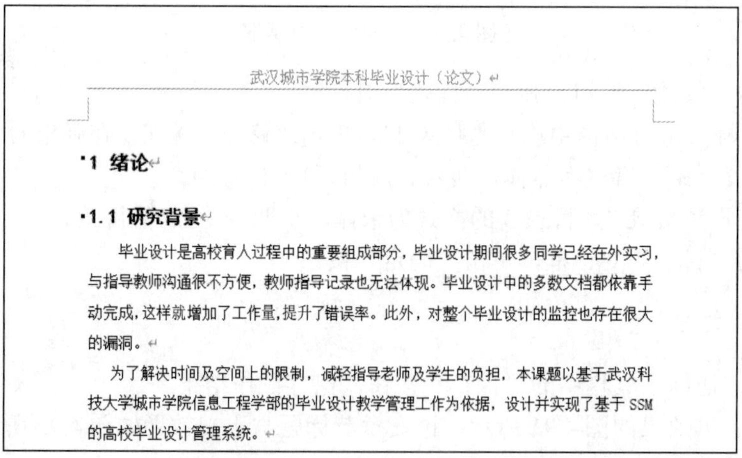

武汉城市学院本科毕业设计（论文）

1 绪论

1.1 研究背景

毕业设计是高校育人过程中的重要组成部分，毕业设计期间很多同学已经在外实习，与指导教师沟通很不方便，教师指导记录也无法体现。毕业设计中的多数文档都依靠手动完成，这样就增加了工作量，提升了错误率。此外，对整个毕业设计的监控也存在很大的漏洞。

为了解决时间及空间上的限制，减轻指导老师及学生的负担，本课题以基于武汉科技大学城市学院信息工程学部的毕业设计教学管理工作为依据，设计并实现了基于 SSM 的高校毕业设计管理系统。

图 4.92　论文的章节标题与正文效果

习 题 4

一、填空题

1. 用户有时需要暂时退出 Word 窗口，转而去运行其他应用程序，此时可单击窗口右上角的“________”按钮，将文档窗口变为一个列于 Windows 桌面上的________。当用户想重新进入该文档编辑窗口时，只要________ 即可。

2. 在 Word 中，按________键可将光标移动到下一个制表位上。

3. 菜单命令旁带“...”表示________。

4. 用户可以使用________、________、________3 种方式来输入中文标点符号。

5. 段落的标记是在输入________之后产生的。

二、判断题

1. 页眉和页脚的操作可以在草稿视图下进行。 （ ）

2. 在分栏排版中，只能进行等栏宽分栏。 （ ）

3. 如果想在某页没有满的情况下强行分页，只需多按几次【Enter】键。 （ ）

4. Word 2016 允许在表格中再建立表格。 （ ）

5. 在打印 Word 文档时，可以在“打印”窗口中设置页码位置。 （ ）

三、简答题

1. 在文档中选择文本的操作方式有几种？

2. 文档中“段落”的概念是什么？段落格式化主要包括哪些内容？

3. 文档中“节”的功能是什么？如何进行分节？

4. 如何在文档的不同部分设置不同的页眉和页脚？

5. Word 2016 提供了几种图文混排形式？如何调整图形对象与正文之间的前后位置？

第 5 章　电子表格处理

电子表格软件通常以一个工作簿管理多个二维（行、列）工作表的文档形式存在，不仅可以快速地制作表格，而且能够对表格中的数据进行各种计算、分析，并将数据用统计图的形式形象地表达出来，是数据分析乃至辅助决策的重要办公工具。

本章将通过 Excel 2016 讲解电子表格软件的概念和基本使用方法。

5.1　Excel 2016 概述

5-1　Excel 概述

Excel 的功能是进行数据信息的统计和分析，快捷方便地建立报表、图表和数据库。Excel 2016 平台提供了丰富的函数和各种功能用于对电子表格中的数据进行统计和分析，为用户在日常办公中从事一般的数据统计和分析提供了一个简易快速平台。因此，在本章的学习中，必须掌握如何快捷方便地建立表格，运用函数和功能区进行数据统计和分析，以及学会建立图表的技能。

5.1.1　Excel 2016 的启动和退出

1. *启动* Excel 2016

Excel 2016 的启动方法与 Word 2016 完全一致，同样可以通过以下 3 种方式完成。

1）通过“开始”菜单启动 Excel 2016。

2）通过快捷图标启动 Excel 2016。

3）通过已存在的 Excel 文档启动 Excel 2016。

2. *退出* Excel 2016

Excel 2016 的退出方法同样与 Word 2016 完全一致。

1）单击 Excel 2016 程序窗口右上角的“关闭”按钮。

2）单击“文件”菜单中的“关闭”按钮。

3）使用【Alt+F4】快捷键。

5.1.2　Excel 2016 的工作环境

启动 Excel 2016 后，其工作界面如图 5.1 所示。Excel 2016 窗口中也有快速访问工具栏、标题栏、“文件”菜单，以及各类选项卡及选项组等，其操作方法与 Word 2016 相同。这里只介绍 Excel 2016 窗口中的以下几部分。

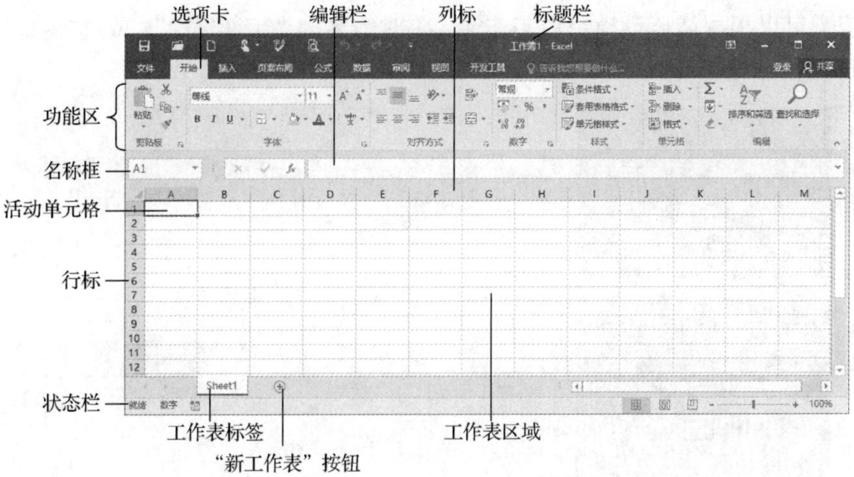

图 5.1　Excel 2016 工作界面

（1）编辑栏

Excel 2016 功能区选项组的下方是编辑栏。编辑栏用于显示活动单元格中的数据和公式。编辑栏由按钮工具和编辑文本框组成。用户可在编辑栏中对该单元格数据进行输入或编辑，如图 5.2 所示。

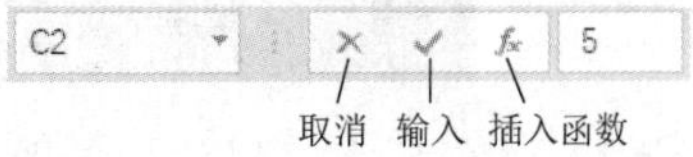

图 5.2　编辑栏

（2）名称框

编辑栏左边的区域称为名称框，用于显示当前活动单元格的位置。还可以利用名称框对单元格进行命名，以使操作更加简单明了。

（3）工作表区域

工作表区域为 Excel 窗口的主体，是用于记录数据的区域，所有数据都将存放在该区域中。

（4）工作表标签

工作表标签位于工作簿文档窗口的左下部，用于显示工作表的名称，默认情况下，工作表名称是 Sheet1、Sheet2 等，用户可以为任何工作表指定一个更恰当的名称。

5.1.3　Excel 的基本概念

为了更好地学习 Excel，下面对一些在 Excel 中经常用到的概念加以解释。

5-2　Excel 基本概念

1. 工作簿

工作簿是 Excel 存储在磁盘上的最小独立单位，以文件的形式存储在磁盘上，工作簿名就是文件名，其扩展名为. xlsx。一个工作簿可以包含多个工作表，这样可使一个文件包含多种类型的相关信息，用户可以将若干相关工作表组合成一个工作簿，操作时不必打开多个文件，可以直接在同一文件的不同工作表中便捷地切换。

（1）新建工作簿

启动 Excel 2016 后系统并未自动创建一个新的空白工作簿，而是进入图 5.3 所示的界面，用户可以根据需要创建空白工作簿（临时命名为“工作簿 1”）或选择某个模板创建基于该模板的工作簿。

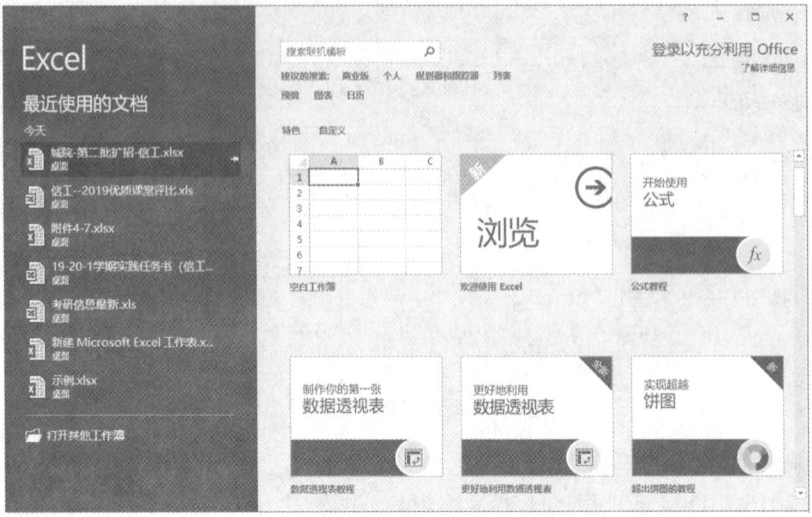

图 5.3　启动 Excel 2016 后新建工作簿

打开某个工作簿后，单击快速访问工具栏中的“新建”按钮或按【Ctrl+N】快捷键，也可以创建一个新的空白工作簿。

（2）保存工作簿

创建和编辑工作簿之后，需要将其保存以便后期使用。Excel 2016 在“文件”菜单中提供了“保存”命令（对应【Ctrl+S】快捷键）和“另存为”命令（对应【F12】键），用于以当前默认设置保存工作簿，以及以新文件名、路径或类型保存工作簿。对于新创建的工作簿，“保存”命令与“另存为”命令的作用相同。

以 Excel 2016 默认格式保存的工作簿在早期版本的 Excel 中无法打开，因此，如果要在早期版本的 Excel 中打开用 Excel 2016 创建、编辑的. xlsx 工作簿，则需要使用“另存为”命令将其保存为所需的兼容格式，即在“另存为”对话框中选择保存类型为“Excel 97-2003 工作簿”。

（3）打开工作簿

启动 Excel 2016 后，单击快速访问工具栏中的“打开”按钮，或按【Ctrl+O】快捷键，或选择“文件”菜单中的“打开”命令，在打开的“打开”窗口中可以直接打开一个已有的工作簿，包括打开“最近”列表中列出的工作簿，或者通过“浏览”按钮在“打开”对话框中指定要打开的工作簿。

2. 工作表

在 Excel 中，工作簿与工作表的关系就像日常的账簿和账页之间的关系，一个账簿可由多张账页组成。工作表具有以下特点。

1）每一个工作簿可包含多个工作表（工作表的数目受限于可用的内存和系统资源），

但当前工作的工作表只能有一个，称为活动工作表。

2）工作表的名称反映在屏幕的工作表标签栏中，标签呈白色的工作表为活动工作表。

3）单击任一工作表标签可将其激活为活动工作表。

4）双击任一工作表标签可更改工作表名称。

5）工作表标签左侧的按钮用于管理工作表标签，单击它们可分别激活上一个工作表标签和下一个工作表标签。

3. 单元格

单元格是组成工作表的最小单位。它具有以下特点。

1）一个工作表最多可包含 16 384（2^{14}）列、1 048 576（2^{20}）行。

2）每一列用英文字母表示，即 A、B、C、…、X、Y、Z、AA、AB、…、AZ 直到 XFD；每一行用数字表示，即 1、2、3…、1 048 576。因此在每一个工作表中，最多能有 1 048 576×16 384 个单元格。每一个单元格都处于某一行和某一列的交叉位置，这就是单元格的引用地址（即坐标）。例如，B 列和第 3 行相交处的单元格是 B3。在引用单元格时（如公式中），必须使用单元格的引用地址。

3）每个工作表中只有一个单元格是当前活动的，称为活动单元格，如图 5.1 所示。

4）活动单元格名称可在名称框中反映出来。

4. 单元格内容

单元格中的内容可以是数字、字符、公式、日期等，如果是字符，还可以分段落。

5. 单元格区域

多个相邻的呈矩形状的一片单元格称为单元格区域（范围）。每个区域有一个名称，称为区域名。区域名由区域左上角单元格名称和右下角单元格名称，中间加冒号“:”表示。例如，“C3:F8”表示左上角 C3 单元格到右下角 F8 单元格共 24 个单元格组成的矩形区域。若给单元格区域 C3:F8 定义一个名称“Score”（在名称框中输入“Score”，然后按【Enter】键），当需要引用该区域时，使用“Score”和使用“C3:F8”的效果是完全相同的，如图 5.4 所示。

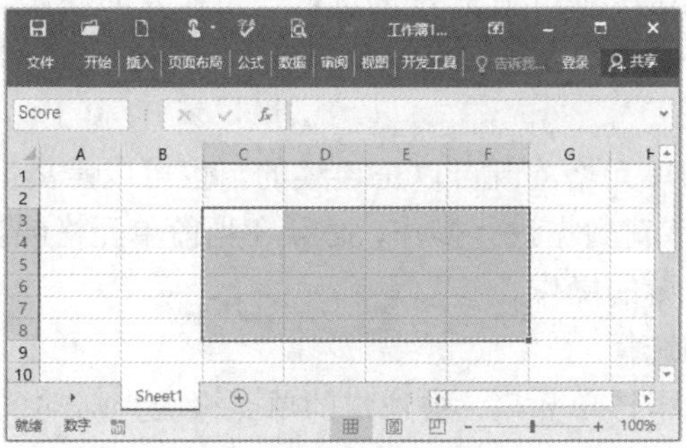

图 5.4 单元格区域及其名称

5.2 Excel 2016 的基本操作

1. 情境描述

南浦大学准备给教师涨工资，要求对教师基本信息进行核实、统计、整理，并计算出调整后的工资表及进行分析，查看工资调整方案是否合理。

2. 任务分解

分析上面的工作情境，需要完成下列任务。

1）数据输入：“教师信息表”工作表的创建（【任务一】）。

2）数据计算：“教师工资调整表”工作表的计算（【任务二】）。

3）数据分析：调整后教师工资表的分析（【任务三】）。

4）数据呈现：调整后教师工资的图表展示（【任务四】）。

5）“教师信息表”和“教师工资调整表”工作表的打印（【任务五】）。

【任务一】数据输入：“教师信息表”工作表的创建

1. 任务描述

新建 Excel 2016 工作簿“教职员工信息表”，按要求输入教师信息表的各项数据，并阻止不符合预先制订规范的数据输入，以确保输入单元格数据的有效性。

2. 任务分析

在本次任务中，需要掌握以下技能。

1）不同类型的原始数据输入：数值型、文本型、日期时间型。

2）快速、准确的数据输入技巧：如自动填充、数据验证等。在 Excel 中输入原始数据时，除了直接输入外，还可以灵活利用自动填充、数据验证等技巧提高输入速度，同时也能减少错误输入。

3）基本的 Excel 操作：如工作范围的选取、工作表的操作、行和列的调整等。

5.2.1 区域选择

区域是一组选定的单元格，既可以是连续的，也可以是离散的（也可仅有一个）。在 Excel 中，输入数据或对数据进行操作，必须在当前单元格或当前区域内进行。因此，区域选择是一个十分重要的操作。

（1）单个单元格的选择

单击单元格即可选定该单元格，被选定的单元格成为活动单元格，其边框以墨绿色粗线条显示。也可以利用键盘来选择或移动活动单元格。

1）使用【↑】、【↓】、【←】、【→】方向键可使相邻的单元格成为活动单元格。

2）使用【Home】键，使当前行的 A 列单元格成为活动单元格。

3）使用【Ctrl+Home】快捷键，使 A1 单元格成为活动单元格。

4）使用【PageUp】、【PageDown】键，使活动单元格分别向上、向下移一屏。

（2）单元格区域的选择

选择单元格区域用鼠标最为方便，只需选中该区域任一角落的单元格，拖动鼠标到对角单元格，被选定的范围背景呈深色，活动的单元格则呈白色。

（3）多个不相邻的单元格或单元格区域的选择

多个不相邻的单元格或单元格区域的选择方法是：先选定一个单元格或单元格区域，按住【Ctrl】键，再选择下一个单元格或单元格区域。在任一时刻，工作表中只能存在一个活动单元格。若选择了多个不连续的单元格或单元格区域，最后选择的单元格或区域中左上角的单元格成为活动单元格。例如，选择了三个不连续区域，先选择 A1:B2 和 C4:E5，最后选择 D7:E9，则 D7 成为活动单元格，如图 5.5 所示。

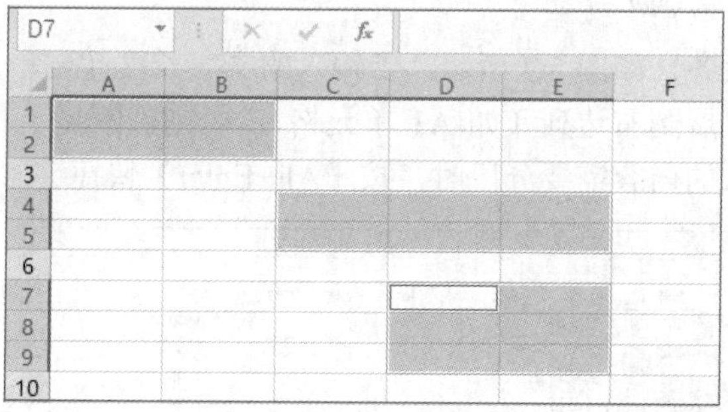

图 5.5　选择不连续的区域

（4）整行或整列的选择

单击行号或列标即可选定整行或整列。

（5）整个工作表的选择

选择整个工作表可以使用下面两种快捷方法。

1）单击工作表区域左上角的“全选”按钮。

2）使用【Ctrl+A】快捷键。

（6）单元格和区域的快速定位

单击“开始”选项卡“编辑”选项组中的“查找和选择”下拉按钮，在弹出的下拉列表中选择“转到”选项，或按【F5】键，弹出“定位”对话框，在“引用位置”文本框中输入单元格或区域的地址，单击“确定”按钮，即可快速定位到指定的单元格或区域，如图 5.6 所示。

图 5.6　“定位”对话框

（7）撤销选择

如果选择错误，在所选单元格或区域外单击即可撤销选择；重新选择也可以撤销上一次的选择。

5.2.2 向工作表中输入数据

启动 Excel 2016，新建一个工作簿，并保存为“教职员工信息表.xlsx”。按要求输入教师信息表的各项数据。输入数据的方式有多种。

1. 直接输入数据

用户可直接在单元格或编辑栏中输入数据。输入的数据可以是文本型、数值型和日期时间型。

5-3 数据输入

（1）输入文本

Excel 中文本包括汉字、英文字母、数字、空格及其他键盘能输入的符号。在单元格中输入文本的方法是：选定一个单元格，直接由键盘输入文本，输入完毕后按【Enter】键或单击编辑栏中的“输入”按钮。如果在输入时想取消本次操作，可以按【Esc】键或单击编辑栏中的“取消”按钮。

文本输入时左对齐，如图 5.7 所示。当输入的文字长度超出单元格宽度时，若右边单元格无内容，则扩展到右边列（如 A1 单元格）；否则截断显示（如 E2 单元格）。当在一个单元格内输入的内容需要分段时，按【Alt+Enter】快捷键。

	A	B	C	D	E	F	G	H
1	南浦大学教师信息表							
2	编号	姓名	部门	职称	参加工作	基本工资	性别	身份证号
3	0001	刘晓明				4600		
4	0002	袁桦				3500		
5	0003	林利利				4500		
6	0004	张小苗				3200		
7	0005	王中华				3400		
8	0006	李涌				3700		
9	0007	章京平				5500		
10	0008	应晓萍				4800		
11	0009	闻红宇				3500		
12	0010	黄茵茵				3300		
13	0011	于海涛				3800		
14	0012	孙云述				4200		
15	0013	吴江宁				3800		
16	0014	李连平				4200		
17	0015	周萍萍				3600		
18								

图 5.7 向工作表中输入数据

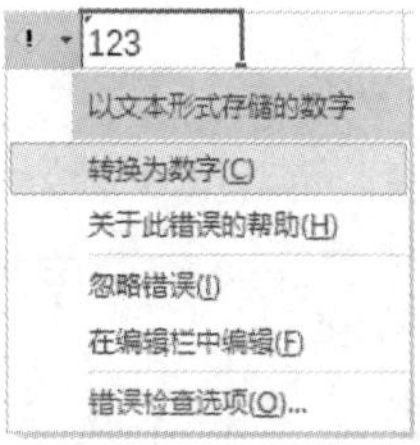

图 5.8 数值与文本转换快捷菜单

某些表示序列代码的数字，并不参与算术运算，本质上是文本，如编号“0001”，若直接输入，系统会默认为数值，省略前面的“000”。对于这些文本型数字，输入时应以半角单引号引导，如“'0001”。输入后在单元格左上角会出现绿色三角标记，选定该单元格会出现提示。从其他应用程序导入的数据，有些被认为是文本数据，不参与算术运算，可在计算前先将其转换为数值，如图 5.8 所示。

（2）输入数值

数值除了包括数字（0～9）组成的字符串外，还包括+、-、E、e、$、%及小数点

(.) 和千分位号（,）等特殊字符。数值型数据在单元格中默认为右对齐。

在 Excel 中输入的数值与显示的数值未必相同，如输入数字长度超出单元格宽度或超过 15 位时，Excel 将自动以科学记数法表示（如 7.89E+08）。如果单元格数字格式设置为两位小数，此时输入三位小数，则末位将进行四舍五入。

Excel 在计算时，用输入的数值参与计算，而不是显示的数值。例如，某个单元格数字格式设置为两位小数，此时输入数值 45.678，则单元格中显示的数值为 45.68，但计算时仍用 45.678 参与运算。

（3）输入日期和时间

Excel 2016 内置了一些日期和时间格式，当输入数据与这些格式相匹配时，单元格的格式就会自动转换为相应的“日期”或者“时间”格式，而不需要专门设置该单元格为日期或者时间格式。Excel 2016 可以识别的日期和时间格式如图 5.9 和图 5.10 所示。

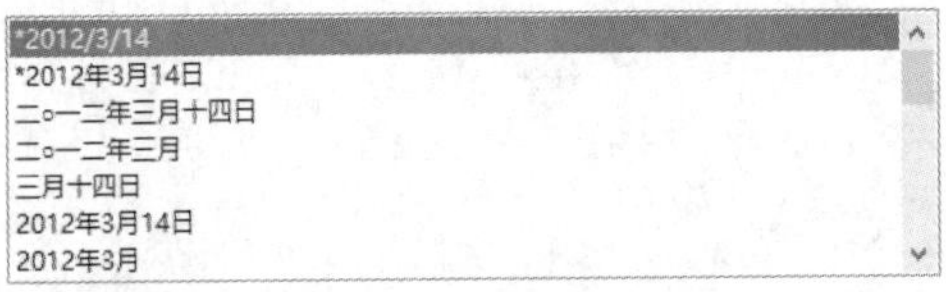

图 5.9　日期格式

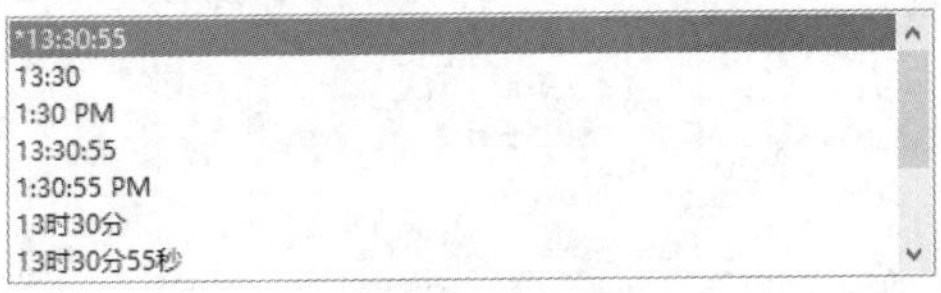

图 5.10　时间格式

如果在同一个单元格中同时输入日期和时间，那么日期和时间之间要用空格进行分隔，如 22/11/29 8:30。

日期或时间数据在单元格中默认为右对齐。如果输入的日期或时间采用的是 Excel 2016 不能识别的格式，则输入的内容将作为字符数据处理。

如果要在单元格中插入当前日期，可直接按【Ctrl+;】快捷键；插入当前时间可直接按【Ctrl+Shift+;】快捷键。

（4）表中有相同内容的单元格的输入

如图 5.11 所示，按住【Ctrl】键的同时，选择所有要输入相同内容的单元格；输入数据，按【Ctrl+Enter】快捷键即完成操作。

	A	B	C	D	E	F	G	H
1	南浦大学教师信息表							
2	编号	姓名	部门	职称	参加工作时	基本工资	性别	身份证号
3	0001	刘晓明	信工			4600		
4	0002	袁桦				3500		
5	0003	林利利				4500		
6	0004	张小苗	信工			3200		
7	0005	王中华				3400		
8	0006	李涌				3700		
9	0007	章京平	信工			5500		
10	0008	应晓萍				4800		
11	0009	闻红宇				3100		
12	0010	黄茵茵				3200		
13	0011	于海涛	信工			3800		
14	0012	孙云述				4200		
15	0013	吴江宁				3800		
16	0014	李连平	信工			4200		
17	0015	周萍萍				3600		

图 5.11　表中有相同内容的单元格的输入

2. 使用下拉列表输入数据

单元格中的数据如果固定为某几项，可以通过创建一个下拉列表来输入数据，从而避免反复手动输入相同的文字。创建下拉列表的操作步骤如下。

1）选中需要放置下拉列表的单元格，如 C3。

2）单击“数据”选项卡“数据工具”选项组中的“数据验证”按钮，弹出“数据验证”对话框。

3）选择“设置”选项卡，在“允许”下拉列表中选择“序列”选项。

4）在“来源”文本框中输入各个部门的名称“信工，机电，经管，外语”，序列数据之间应以半角逗号分隔，选中“提供下拉箭头”复选框，单击“确定”按钮，如图 5.12 所示。

如果序列位于同一个工作表中，可在“来源”文本框中输入对序列的引用。

5）单击单元格右侧的下拉按钮，弹出下拉列表，可从中选择需要的数据项，如图 5.13 所示。

图 5.12 “数据验证”对话框

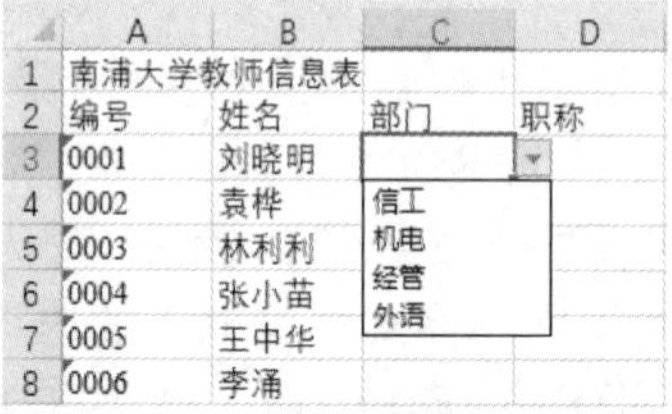

图 5.13 利用下拉列表输入数据

6）选中 C3 单元格，拖动填充柄，将数据验证设置复制到其他单元格。

采用同样的方法，对“职称”列进行数据验证设置，职称序列为“教授，副教授，讲师，助教”。

3. 使用“填充”功能输入有规律的数据

5-4 数据填充

(1) 自动填充

自动进行序列填充是 Excel 提供的最常用的快速输入方法之一。例如，选中图 5.7 南浦大学教师信息表的 A3 单元格，在 A3 单元格中输入“’0001”，将鼠标指针移动到 A3 单元格右下角的填充柄上，鼠标指针由空心十字变成实心十字时，按住鼠标左键向下拖动填充柄，则在单元格 A4～A17 中自动填充编号 0002～0015。

自动填充可以根据初始值决定以后的填充项。选定初始值所在单元格或区域后，将填充柄向上、下、左、右 4 个方向拖动，经过相邻单元格时，选定区域中的数据将按某种规律自动填充到这些单元格中。一般有以下 4 种情况。

1）初始值为纯字符或纯数字，填充相当于数据复制，如图 5.14 所示。

2）初始值为文字、数字的混合体，填充时文字不变，最右侧数字递增（向下或向右拖动时）或者递减（向上或向左拖动时）。例如，初始值为 A1，填充为 A2，A3……如图 5.15 所示。

3）对于日期型数据，填充为递增或递减的日期序列。

4）初始值为 Excel 默认的自动填充序列中一员，按预设序列填充。例如，初始值为二月，自动填充三月、四月等，如图 5.16 所示。

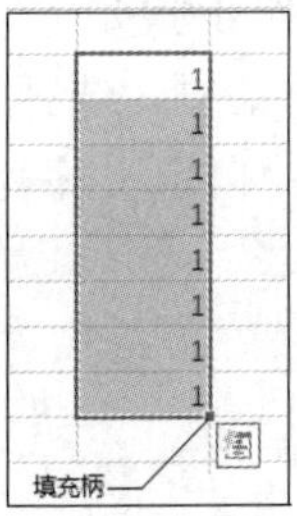

图 5.14　数据复制

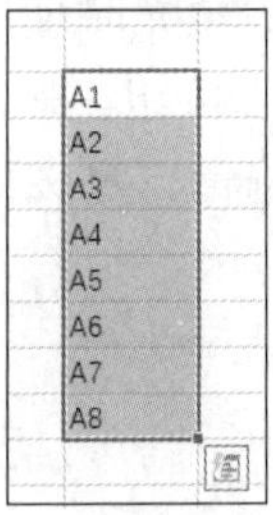

图 5.15　最右侧数字递增

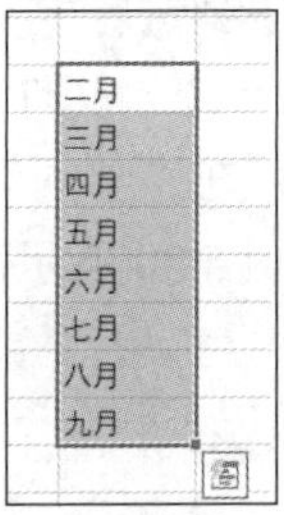

图 5.16　按预设序列填充

用上述方法进行自动填充时，每一个相邻的单元格相差的数值只能是 1，当要填充的序列差值是 2 或 2 以上时，则要求先输入前两个数据，以给出数据变化的趋势，然后选定两个单元格，如图 5.17 所示，沿填充方向拖动填充柄。填充效果如图 5.18 所示。

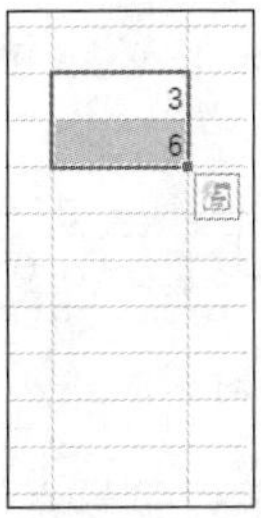

图 5.17　选定两个单元格

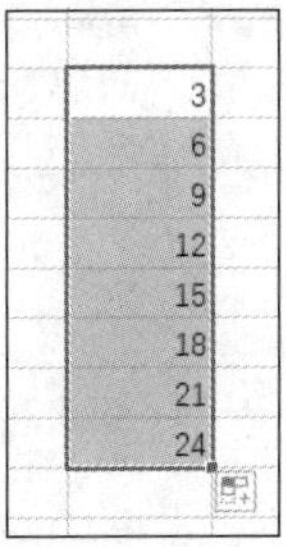

图 5.18　填充效果

采用复制方式是达不到上述效果的。

注意：对于日期型及具有增序或减序可能的文本型数据，如果要实现复制填充，则需要在沿填充方向拖动填充柄时按住【Ctrl】键。

（2）序列填充

序列指有规律的数据，如数字序列和日期序列。填充这样的数据不必全部手动输入，可以使用对话框进行填充，操作步骤如下。

1）在序列起始单元格 A1 中输入一个起始值，如 2，选定单元格 A1。

2）单击“开始”选项卡“编辑”选项组中的“填充”下拉按钮，在弹出的下拉列表中选择“序列”选项，弹出“序列”对话框，如图 5.19 所示。

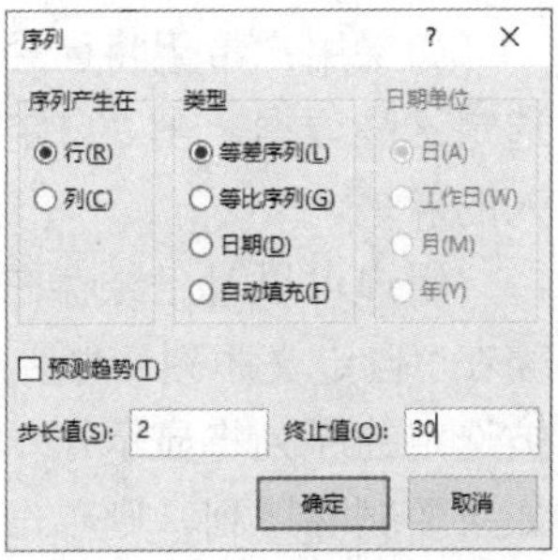

图 5.19　“序列”对话框

3）在该对话框中设置序列产生在“列”，类型为“等差序列”，步长值为“2”，终止值为“30”。

4）单击“确定”按钮，系统会自动在 A1～A15 中填入 2，4，6，…，28，30。

（3）自定义序列

Excel 除本身提供的预定义序列外，还允许用户自定义序列。用户可以把经常用到的一些序列进行定义，保存起来供以后填充时使用。自定义序列操作步骤如下。

1）单击“文件”菜单中的“选项”按钮，弹出“Excel 选项”对话框，选择“高级”选项卡，在“常规”选项组中单击“编辑自定义列表”按钮，弹出“自定义序列”对话框，如图 5.20 所示。

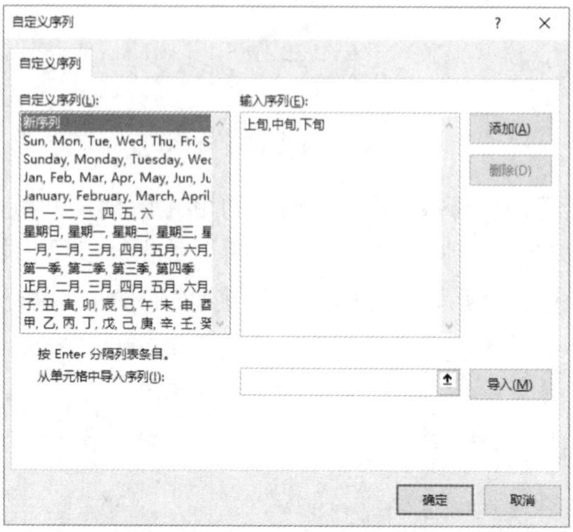

图 5.20 “自定义序列”对话框

2）在“输入序列”文本框中填入新的序列，序列成员之间用逗号（注意，必须是半角逗号）或回车符分隔。

3）序列输入完毕后，单击“添加”按钮，新输入的序列即显示在“自定义序列”列表框中。

序列定义成功以后就可以进行自动填充了，输入初始值后使用自动填充可减少输入工作量，尤其是序列多次出现时。

如果用户希望将已经输入工作表中的序列定义为 Excel 2016 中的自定义序列，只需选定这些数据，在“自定义序列”对话框中单击“导入”按钮即可，省去了重新定义输入的麻烦。

用户可以对已经存在的自定义序列进行编辑，或者删除不再使用的自定义序列，只需在“自定义序列”对话框的“自定义序列”列表框中选择要编辑或删除的自定义序列，被选定的序列将显示在“输入序列”文本框中，编辑完成后单击“添加”按钮确认编辑；如果要删除序列，则单击“删除”按钮。

注意：Excel 2016 提供的序列不能进行编辑和删除。

4. 数据验证

5-5　数据验证

数据验证可自动阻止不符合预先制订规范的数据输入，从而控制和确保用户输入单元格数据的有效性，适用于需要大量人工输入数据的场景。例如，将身份证号的允许长度设为 18 位。具体操作步骤如下。

1）选择身份证号录入区域，如 I3:I17。

2）单击“数据”选项卡“数据工具”选项组中的“数据验证”按钮，弹出“数据验证”对话框，如图 5.21 所示。

3）选择“设置”选项卡，在“允许”下拉列表中选择“文本长度”选项，在“数据”下拉列表中选择“等于”选项，在“长度”文本框中输入“18”，如图 5.21 所示。

4）选择“出错警告”选项卡，设置出错信息提示，单击“确定”按钮。

5）依次输入教师身份证号，当位数错误时，系统会弹出出错警告信息，如图 5.22 所示。

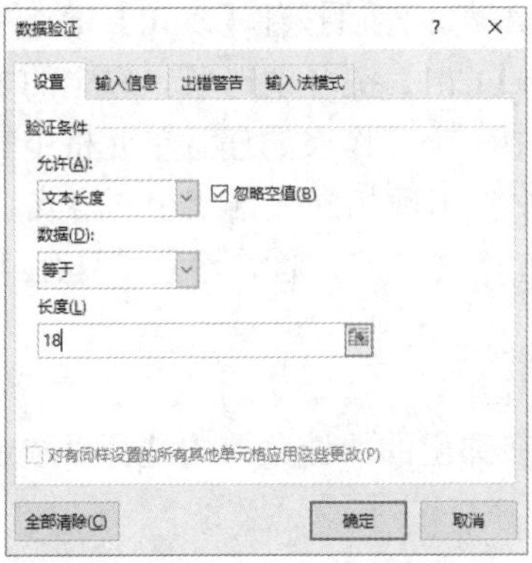

图 5.21　文本长度设置

图 5.22　身份证号出错警告信息

5. 使用批注

使用批注可为工作表中的单元格添加注释，方便对数据进行解释说明，使工作表更易于理解。

（1）插入批注

插入批注的操作方法是：选中单元格，单击“审阅”选项卡“批注”选项组中的“新建批注”按钮；或右击该单元格，在弹出的快捷菜单中选择“插入批注”命令，在批注编辑框中输入批注内容，单击其他任一单元格即完成批注的添加。

有批注的单元格默认隐藏批注，仅在单元格的右上角显示一个红色三角，鼠标指针经过该单元格时显示批注。

（2）编辑批注

编辑批注的操作方法是：选择含有批注的单元格，单击“审阅”选项卡“批注”选项组中的“编辑批注”按钮；或右击该单元格，在弹出的快捷菜单中选择“编辑批注”

命令，即可对批注内容进行编辑。

在批注编辑状态下，右击批注编辑框，在弹出的快捷菜单中选择“设置批注格式”命令，可以进行批注格式的设置。

（3）删除批注

删除批注的操作方法是：选择含有批注的单元格，单击“审阅”选项卡“批注”选项组中的“删除”按钮；或右击该单元格，在弹出的快捷菜单中选择“删除批注”命令，即可删除批注。

5.2.3 编辑工作表

5-6 编辑工作表　5-7 查看工作表

1. 选择工作表

若要对工作表进行操作，首先要选定该工作表，使其成为当前工作表。单击 Excel 窗口底部工作表标签中工作表的名称，即可选中该工作表。当工作表过多，标签栏显示不完全时，可通过标签栏滚动按钮前后翻阅工作表名称。

若要选择多个连续工作表，可先选中第一个工作表，然后按住【Shift】键选中最后一个工作表。若要选择多个不连续工作表，可按住【Ctrl】键分别选取。选定的多个工作表将组成一个工作组，选定工作组的好处是在其中一个工作表的任意单元格中输入数据或设置格式，在工作组其他工作表的相同单元格中将出现相同数据或相同格式。显然，如果想在工作簿多个工作表中输入相同数据或设置相同格式，通过设置工作组可节省不少时间。

单击工作组外任意一个工作表标签即可取消工作组。

如果要选中全部工作表，可右击工作表标签，在弹出的快捷菜单中选择“选定全部工作表”命令。

2. 插入新的工作表

插入新的工作表可以通过以下 3 种方法实现。

1）单击工作表标签右侧的“新工作表”按钮，则自动在当前工作表之后插入一个新的工作表。

2）右击某个工作表标签，在弹出的快捷菜单中选择“插入”命令，弹出“插入”对话框，单击“工作表”图标，然后单击“确定”按钮，则在选择的工作表前面插入一个新的工作表。

3）单击某个工作表标签，然后单击“开始”选项卡“单元格”选项组中的“插入”下拉按钮，在弹出的下拉列表中选择“插入工作表”选项，则在选择的工作表前面插入一个新的工作表。

3. 工作表的重命名

在实际应用中，一般不使用 Excel 默认的工作表名称。为了从工作表名称就能了解工作表的内容，需要给工作表重命名。以图 5.7 中的教师信息表为例，下面 3 种方法都可以将工作表 Sheet1 重命名为“教师信息表”。

1）选中工作表 Sheet1，单击“开始”选项卡“单元格”选项组中的“格式”下拉按钮，在弹出的下拉列表中选择“重命名工作表”选项。

2）右击工作表 Sheet1，在弹出的快捷菜单中选择“重命名”命令。

3）双击工作表 Sheet1。

这 3 种方法都会使标签中的工作表名称 Sheet1 反白显示，此时输入新名称“教师信息表”，再按【Enter】键即可完成工作表的重命名。

4. 移动或复制工作表

工作表可以在工作簿内或工作簿之间移动或复制。选定要移动或复制的工作表，单击“开始”选项卡“单元格”选项组中的“格式”下拉按钮，在弹出的下拉列表中选择“移动或复制工作表”选项，弹出“移动或复制工作表”对话框，如图 5.23 所示；选择要移动或复制的目标位置，包括工作簿名和工作表名；是移动还是复制，取决于是否选中“建立副本”复选框，如果选中该复选框，则为复制，否则为移动；设置完成后单击“确定”按钮，完成操作。

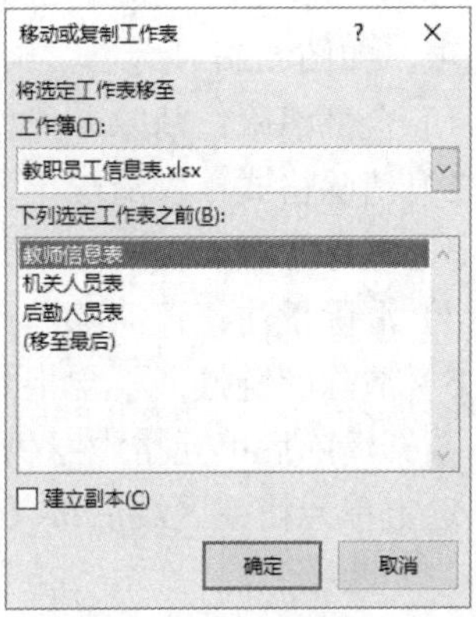

图 5.23　“移动或复制工作表”对话框

如果是在当前工作簿内移动或复制工作表，还可用鼠标拖动：移动工作表时，单击要移动的工作表标签，然后沿着工作表标签行将工作表标签拖动到新的位置；复制工作表时，单击要复制的工作表标签，按住【Ctrl】键，然后沿着工作表标签行将工作表标签拖动到新的位置。

5. 删除工作表

当不再需要某个工作表时，可将其删除。选定要删除的工作表，单击“开始”选项卡“单元格”选项组中的“删除”下拉按钮，在弹出的下拉列表中选择“删除工作表”选项；或右击要删除的工作表，在弹出的快捷菜单中选择“删除”命令。

5.3　编辑数据

在单元格中输入数据后可以对其进行修改、删除、复制和移动等操作。

1. 数据的修改

在 Excel 中，修改数据有两种方法：一是在编辑栏中修改，只需先选定要修改的单元格，然后在编辑栏中进行相应修改，单击“输入”按钮确认修改，单击“取消”按钮或按【Esc】键放弃修改，此种方法适用于内容较多的情况和公式的修改；二是直接在单元格中修改，双击单元格，然后对单元格内容进行修改，此种方法适用于内容较少的情况的修改。

2. 数据的删除

在 Excel 中删除数据有两个概念：数据清除和数据删除。

（1）数据清除

数据清除针对的对象是数据，单元格本身并不受影响。在选定单元格或区域后，单击“开始”选项卡“编辑”选项组中的“清除”下拉按钮，弹出的下拉列表中有以下 5 个选项，如图 5.24 所示。

1）全部清除：清除单元格的全部内容和格式。

2）清除格式：仅清除单元格的格式，不改变单元格中的内容。

3）清除内容：仅清除单元格中的内容，不改变单元格的格式。

4）清除批注：仅清除单元格的批注，不改变单元格的格式和内容。

5）清除超链接（不含格式）：因为应用极少，此处不再介绍。

数据清除后单元格本身仍留在原位置不变。

选定单元格或区域后按【Delete】键，相当于选择“清除内容”选项。

（2）数据删除

数据删除针对的对象是单元格，删除后选定的单元格与单元格中的数据都会从工作表中消失。

选定单元格或区域后，单击“开始”选项卡“单元格”选项组中的“删除”下拉按钮，在弹出的下拉列表中选择“删除单元格”选项，弹出“删除”对话框，如图 5.25 所示。用户可选中“右侧单元格左移”或“下方单元格上移”单选按钮，填充删掉单元格后留下的空缺。选中“整行”或“整列”单选按钮将删除所选区域所在的行或列，其下方行或右侧列自动填充空缺。当选定要删除的单元格区域为若干整行或若干整列时，将直接删除而不弹出对话框。

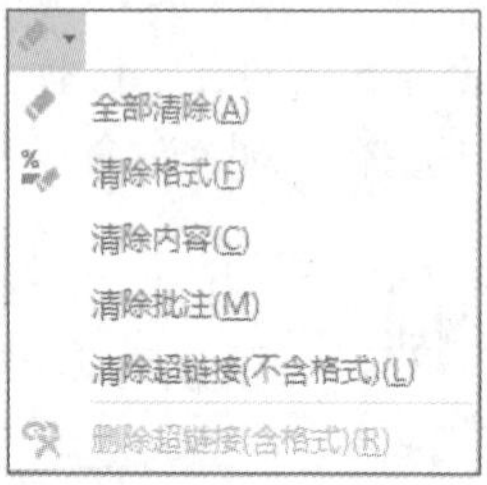

图 5.24 “清除”下拉列表

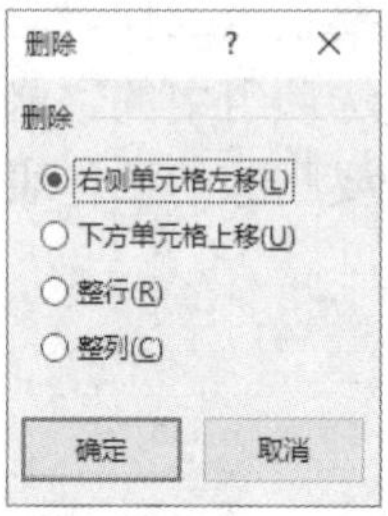

图 5.25 “删除”对话框

3. 数据的移动和复制

移动或复制数据可在同一个工作表中进行，也可以在不同的工作表、不同的工作簿中进行。移动数据操作将使目标单元格或区域中的数据被移动来的数据所覆盖。移动或复制数据通常使用以下两种方法。

（1）鼠标拖动

这种方法比较适用短距离、小范围的数据移动和复制。

选定单元格或区域，将鼠标指针移动到其边框上，待鼠标指针形状由原来的空心十字变成十字箭头形状时，拖动此边框到目标单元格，释放鼠标左键。如果要进行复制操作，则只需在拖动的同时按住【Ctrl】键。

（2）使用剪贴板

选定单元格或区域，单击“开始”选项卡“剪贴板”选项组中的“剪切”（或“复制”）按钮，然后选择目标位置，单击“粘贴”按钮。

在源区域执行剪切或复制命令后，区域周围会出现虚线，只要虚线不消失，就可以进行多次粘贴操作，一旦虚线消失，粘贴操作将无法进行。如果只需粘贴一次，有一种简单的粘贴方法，即在目标区域直接按【Enter】键。

（3）选择性粘贴

复制单元格时会复制单元格的全部信息，如果要选择性地复制单元格数据的部分信息，如单元格的格式、批注、公式等，则可以使用选择性粘贴。具体操作步骤如下。

1）对源单元格或区域执行复制操作。

2）选定目标单元格或区域。

3）单击“开始”选项卡“剪贴板”选项组中的“粘贴”下拉按钮，在弹出的下拉列表中选择“选择性粘贴”选项，弹出“选择性粘贴”对话框，如图 5.26 所示。

4）在该对话框的“粘贴”选项组中选择要粘贴的项目。

5）单击“确定”按钮即可完成设置。

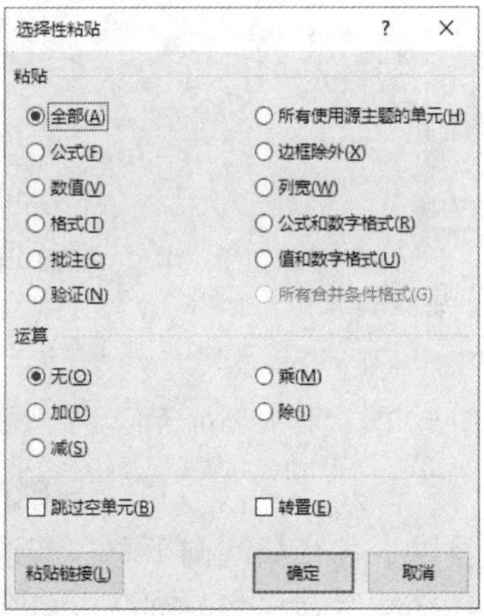

图 5.26　“选择性粘贴”对话框

单元格中数据的成分较多，各选项说明如表 5.1 所示。

表 5.1　“选择性粘贴”选项说明表

目的	选项	含义
粘贴	全部	默认设置，将源单元格所有属性都粘贴到目标区域
	公式	只粘贴单元格公式，而不粘贴格式、批注等
	数值	只粘贴单元格中显示的内容，而不粘贴其他属性
	格式	只粘贴单元格的格式，而不粘贴单元格内的实际内容
	批注	只粘贴单元格的批注，而不粘贴单元格内的实际内容
	验证	只粘贴源区域中的有效性数据规则
	边框除外	只粘贴单元格的值和格式等，但不粘贴边框
	列宽	将某一列的宽度粘贴到另一列中
	公式和数字格式	只粘贴单元格公式和所有数字格式
	值和数字格式	只粘贴单元格中显示的内容和所有数字格式

续表

目的	选项	含义
运算	无	默认设置，不进行运算，用源单元格数据完全取代目标区域中的数据
	加	源单元格中数据加上目标单元格数据再存入目标单元格
	减	源单元格中数据减去目标单元格数据再存入目标单元格
	乘	源单元格中数据乘以目标单元格数据再存入目标单元格
	除	源单元格中数据除以目标单元格数据再存入目标单元格
设置	跳过空单元	不粘贴源区域中的空白单元格，以避免其取代目标区域的数值
	转置	将源区域的数据行列交换后粘贴到目标区域

4. 单元格、行、列的插入、移动和删除

输入数据时难免会出现遗漏，有时是漏输一个数据，有时可能漏掉一行或一列。这些可通过 Excel 的“插入”操作来弥补。

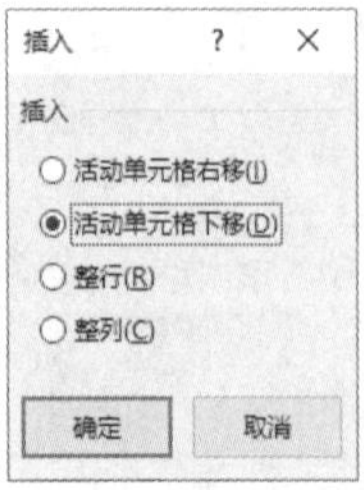

图 5.27 “插入”对话框

（1）插入单元格

选定要插入单元格的位置，单击“开始”选项卡“单元格”选项组中的“插入”下拉按钮，在弹出的下拉列表中选择“插入单元格”选项，弹出“插入”对话框，选定新单元格出现的位置，单击“确定”按钮，即插入一个空白单元格，如图 5.27 所示。

（2）插入行、列

在图 5.27 所示的“插入”对话框中，若选中“整行”单选按钮，则在插入位置即当前行的上方插入一个空白行，当前行及以下各行依次向下移；若选中“整列”单选按钮，则在插入位置即当前列的左侧插入一个空白列，当前列及以后各列依次右移。例如，在教师信息表“身份证号”列左侧插入“工龄”列。

若选定插入位置处的若干行或列后，单击“开始”选项卡“单元格”选项组中的“插入”下拉按钮，在弹出的下拉列表中选择“插入工作表行”或“插入工作表列”选项，则在当前行的上方插入多行或在当前列的左侧插入多列，插入的行数或列数与选择的行数或列数相等。

（3）移动单元格、行、列

选择要移动的内容，将鼠标指针移动到所选内容的边线上，当鼠标指针变为十字箭头时，拖动鼠标即可实现移动。例如，将“教师信息表”工作表中的“性别”列移至“姓名”列后。

注意：移动时注意目标位置的数据是否被替换。如果要保留原有数据，可使用“剪切”“粘贴”的方法。

单元格、行、列的删除参见“2.数据的删除”。编辑数据时如有误操作，可单击快速访问工具栏中的“撤销”按钮，使数据恢复到误操作之前的状态。

5-8 编辑单元格

5.4　工作表的格式化

建立了工作表并不等于完成了所有工作，还必须对工作表进行格式化，使工作表的外观更漂亮，排列更整齐，重点更突出。

格式化工作表主要包括字体、数字格式、列宽和行高、对齐方式、表格边框线及底纹的设置等。为了提高格式化的效率，Excel 2016 还提供了一些格式化的快速操作方法，如复制格式、样式的使用、自动格式化、条件格式等。

【任务一（续）】“教师信息表”工作表的格式化

1. 任务描述

“教师信息表”工作表内容已经输入完成，现在需要对表格进行格式化，使之更加美观、方便阅读、符合人们日常使用习惯。

2. 任务分析

在本次任务中，需要完成下列操作。

1）字符格式设置：对字体、字号等进行设置，使表格更加美观。

2）数字格式设置：数字格式指数据的外观形式，改变数字格式并不会影响数据本身，但会使数字显示美观且便于阅读，或使其精度更高。恰当地选择数字格式是 Excel 表格中编辑数据的特点。

3）对齐格式设置：调整数据的对齐设置，使数据更美观、便于阅读。

4）边框、底纹设置：工作表中的网格线在默认情况下只用于显示，不会被打印出来。为了使表格更加美观，可进行边框线、填充色等的设置。

5）条件格式设置：根据设定的条件，将特定的数据特别显示，以重点突出某些数据。

6）套用预置样式：Excel 2016 提供了多种预置格式，方便快速实现表格的格式化，节省时间的同时，也产生了美观且统一的效果。

“教师信息表”工作表格式化后的效果如图 5.28 所示。

南浦大学教师信息表

编号	姓名	性别	部门	职称	参加工作时间	基本工资	身份证号
0001	刘晓明	男	信工	副教授	2005/6/18	4600	610830198002****31
0002	袁桦	女	经管	讲师	2013/7/16	3500	321012198807****46
0003	林利利	男	机电	副教授	2007/6/17	4500	441622198205****16
0004	张小苗	女	信工	助教	2018/3/18	3200	370827199312****23
0005	王中华	男	外语	讲师	2014/12/9	3400	370126198910****24
0006	李涌	男	经管	讲师	2012/3/20	3700	620724198705****56
0007	章京平	男	信工	教授	2003/5/21	5500	440116197801****51
0008	应晓萍	女	外语	副教授	2010/4/22	4800	440514198404****64
0009	闻红宇	男	机电	助教	2019/1/15	3100	542229199112****98
0010	黄茵茵	女	经管	助教	2018/8/25	3200	411302198910****86
0011	于海涛	男	信工	讲师	2012/7/20	3800	330621198709****94
0012	孙云述	男	外语	副教授	2003/6/17	4200	441427197803****53
0013	吴江宁	女	机电	讲师	2012/1/20	3800	510184198704****51
0014	李连平	男	信工	副教授	2008/4/18	4200	350725197909****35
0015	周萍萍	女	外语	讲师	2012/2/16	3600	341221198607****29

图 5.28　“教师信息表”工作表格式化后的效果

5.4.1 格式化工作表

1. 字符格式设置

在 Excel 的字符格式设置中，字体类型、字体形状、字体尺寸是最主要的 3 个方面。用户可使用“开始”选项卡“字体”选项组中的相关按钮进行相应的设置，也可以在“设置单元格格式”对话框的“字体”选项卡中进行设置，如图 5.29 所示，各项意义与 Word 中的“字体”对话框类似，在此不再详细介绍。

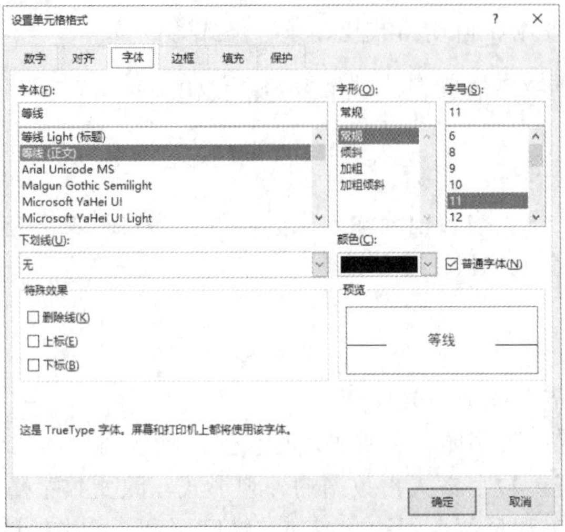

图 5.29 “字体”选项卡

2. 数字格式设置

5-9 数字格式化

Excel 提供了大量的数字格式，并将它们分成常规、数值、货币、特殊、自定义等，如果不进行设置，输入时使用默认的“常规”单元格格式。

在选定需要设置数字格式的单元格或单元格区域后，可以使用以下 3 种方法设置数字格式。

（1）使用“开始”选项卡

直接单击“开始”选项卡“数字”选项组中的“会计数字格式”“百分比样式”“千位分隔样式”“增加小数位数”“减少小数位数”按钮，可以进行常用数字格式的快速设置。

（2）使用“设置单元格格式”对话框

单击“开始”选项卡“数字”选项组中的“对话框启动”按钮，弹出“设置单元格格式”对话框，选择“数字”选项卡，如图 5.30 所示，从中选择需要的数字格式，即可将相应格式反映到工作表的相应区域。

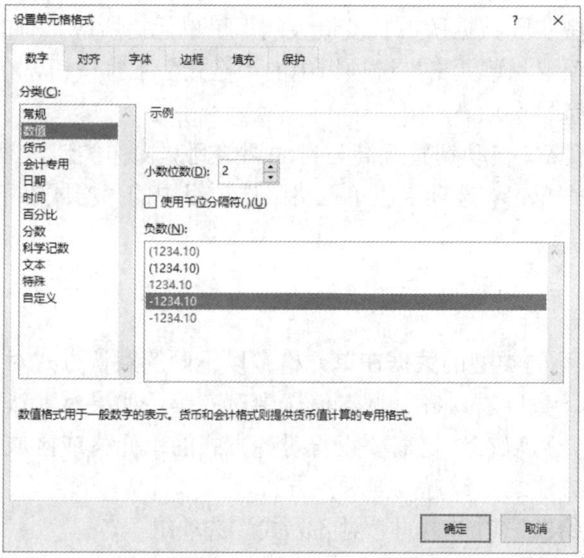

图 5.30　“数字”选项卡

（3）使用快捷菜单

右击要设置数字格式的单元格，在弹出的快捷菜单中选择“设置单元格格式”命令，弹出图 5.30 所示的“设置单元格格式”对话框，其他操作与前一种方法相同。

3. 调整工作表的列宽和行高

用户建立工作表时，所有单元格具有相同的宽度和高度。默认情况下，当单元格中输入的数据超过列宽时，如果相邻单元格中已有内容，那么超出的部分会被截去。当然，完整的数据还在单元格中，只不过没有显示出来。因此需要调整列宽和行高，以便于数据的完整显示。

调整列宽和行高常用的方法有以下 3 种。

（1）利用鼠标调整列宽和行高

将鼠标指针移动到需要调整列宽（或行高）的列标（或行标）分隔线上，这时鼠标指针变为双向箭头状，拖动分隔线至适当位置。

若要调整多列的宽度，则选中要调整列宽的列，然后拖动所选列标题的右侧边界。调整多行的高度与调整多列的宽度的操作类似，拖动所选行标题的下边界即可。

（2）利用选项卡进行调整

1）调整列宽。选定要调整的列或列中的任意一个单元格，单击“开始”选项卡“单元格”选项组中的“格式”下拉按钮，在弹出的下拉列表中选择“列宽”选项，弹出“列宽”对话框，输入需要的宽度值，单击“确定”按钮。

2）调整行高。调整行高与调整列宽操作类似，只需在下拉列表中选择“行高”选项，然后在弹出的“行高”对话框中输入需要的高度值。

（3）自动调整列宽或行高

1）自动调整列宽。一种方法是双击列标题右侧的分隔线，将该列的宽度自动调整到该列所有单元格中实际数据所占长度最大的那个单元格所应具有的宽度。另一种方法是单击“开始”选项卡“单元格”选项组中的“格式”下拉按钮，在弹出的下拉列表中选择“自动调整列宽”选项。

2）自动调整行高。自动调整行高与自动调整列宽操作类似，只需双击行标题下方的分隔线，或者在“开始”选项卡“单元格”选项组中的“格式”下拉列表中选择“自动调整行高”选项。

4. 对齐格式设置

5-10 单元格格式设置

在 Excel 中，不同类型的数据在单元格中以不同的默认方式对齐，如文字左对齐、数字右对齐、逻辑值居中对齐等。如果对默认的对齐方式不满意，可以在选定需要设置对齐方式的单元格或区域后，使用下面 3 种方法之一设置数据对齐方式。

（1）使用“开始”选项卡中的“对齐方式”选项组

单击“开始”选项卡“对齐方式”选项组中的“左对齐”“居中”“右对齐”按钮可以设置水平对齐方式，单击“顶端对齐”“垂直居中”“底端对齐”按钮可以设置垂直对齐方式。

（2）使用“设置单元格格式”对话框

单击“开始”选项卡“数字”选项组中的“对话框启动”按钮，弹出“设置单元格格式”对话框，选择“对齐”选项卡，如图 5.31 所示。

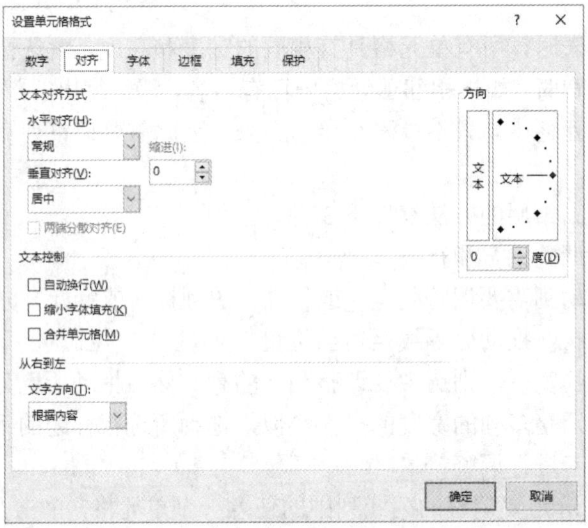

图 5.31 “对齐”选项卡

“水平对齐”下拉列表包括常规、靠左、居中、靠右、填充、两端对齐、跨列居中、分散对齐等选项。“垂直对齐”下拉列表包括靠上、居中、靠下、两端对齐、分散对齐等选项。“对齐”格式示例如图 5.32 所示。

选中以下复选框时，可解决单元格中文字较长时被截断的问题。

图 5.32　“对齐”格式示例

1）自动换行。输入的文本根据单元格列宽自动换行。

2）缩小字体填充。缩小单元格中的字符大小，使数据的宽度与列宽相同。

3）合并单元格。将多个单元格合并为一个单元格，和“水平对齐”下拉列表中的“居中”结合，一般用于标题的对齐显示。“开始”选项卡“对齐方式”选项组中的“合并后居中”按钮直接提供了该功能。

在“方向”选项组中可设置单元格文字或数据旋转显示的角度，角度范围为-90°～+90°。

（3）使用快捷菜单

右击要设置对齐方式的单元格，在弹出的快捷菜单中选择“设置单元格格式”命令，弹出“设置单元格格式”对话框，选择“对齐”选项卡，如图 5.31 所示，其他操作与前一种方法相同。

5. 添加边框

通常用户在工作表中所看到的单元格都带有浅灰色的网格线，其实这是 Excel 内部设置的便于用户操作的网格线，打印时不会出现。在制作财务、统计等报表时常常需要把报表设计成各种各样的表格形式，使数据及其说明文字层次更加分明。这可以通过设置单元格的边框线来实现。

选定需要添加边框的单元格或区域后，可以使用下面 3 种方法之一为单元格或区域添加边框。

（1）使用“开始”选项卡中的“字体”选项组

使用“开始”选项卡“字体”选项组中的“边框”按钮进行边框设置。

（2）使用“设置单元格格式”对话框

单击“开始”选项卡“字体”选项组、“对齐方式”选项组或“数字”选项组的“对话框启动”按钮，都会弹出“设置单元格格式”对话框，在该对话框中选择“边框”选项卡，如图 5.33 所示。

1）在“样式”列表框中选择边框线的类型，在“颜色”下拉列表中选择边框线的颜色。

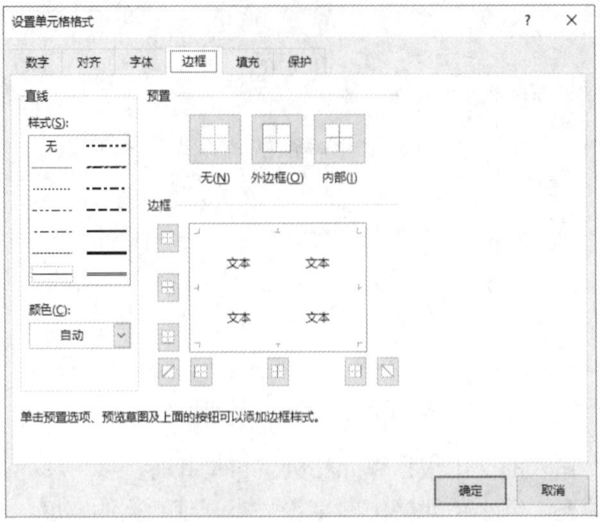

图 5.33 “边框”选项卡

2）在“预置”选项组中单击“内部”按钮，可为所选单元格区域添加内部框线；单击“外边框”按钮，可为所选单元格区域添加外部框线。

3）在“边框”选项组中单击所需要的边框形式的按钮，或单击预览区中预览草图上的相应框线的位置，边框效果会显示在预览区中。如果要删除某一边框，可以再次单击该边框的图示按钮。

（3）使用快捷菜单

右击要添加边框的单元格或区域，在弹出的快捷菜单中选择“设置单元格格式”选项，弹出“设置单元格格式”对话框，选择“边框”选项卡，如图 5.33 所示，其他操作与前一种方法相同。

6. 添加底纹

除了为工作表添加边框外，还可以添加背景颜色和图案，突出单元格中的内容，增强工作表的视觉效果。

选定需要添加背景颜色和图案的单元格或区域后，可以使用下面 3 种方法之一为单元格或区域添加底纹。

（1）使用“开始”选项卡中的“字体”选项组

使用“开始”选项卡“字体”选项组中的“填充颜色”按钮设置所选单元格或区域的背景色。

（2）使用“设置单元格格式”对话框

单击“开始”选项卡“字体”选项组、“对齐方式”选项组或“数字”选项组中的“对话框启动”按钮，都可弹出“设置单元格格式”对话框。在该对话框中选择“填充”选项卡，如图 5.34 所示，可以为单元格设置背景色和渐变的填充效果，设置单元格图案颜色和图案样式，在“示例”区域中可以预览设置的效果。

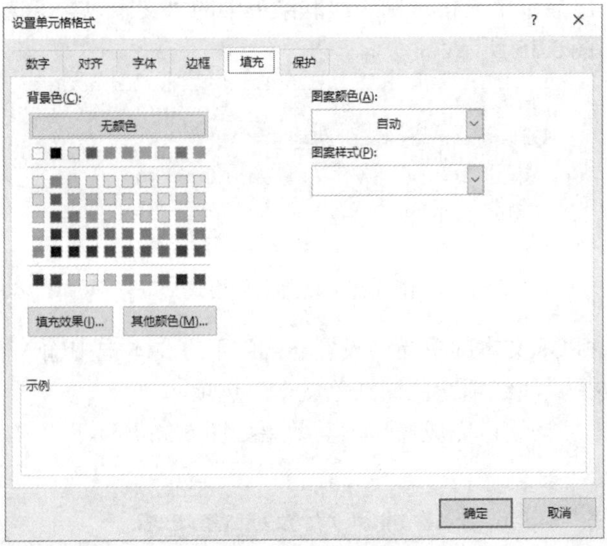

图 5.34 “填充”选项卡

（3）使用快捷菜单

右击要设置背景色的单元格或区域，在弹出的快捷菜单中选择“设置单元格格式”命令，弹出“设置单元格格式”对话框，选择“填充”选项卡，如图 5.34 所示，其他操作与前一种方法相同。

7. 条件格式设置

5-11 条件格式设置

条件格式指当单元格中的数据满足指定条件时设置为指定的格式。应用条件格式可根据设定规则让处于不同取值范围的单元格呈现不同的格式，从而突出显示所关注的单元格或单元格区域、强调特殊值和可视化数据。使用条件格式可以帮助用户直观地查看和分析数据、关注变化转折和发现变化趋势等。

（1）快速设置条件格式

Excel 2016 支持多种条件格式，设置方式基本类似，只是选择不同规则时所需要的参数不同，因而设置的对话框也有所不同。

单击“开始”选项卡“样式”选项组中的“条件格式”下拉按钮，弹出“条件格式”下拉列表。该下拉列表中各选项的说明如下。

1）突出显示单元格规则。当单元格的值大于、小于、等于或介于设定值时，或包含特定文本或日期时，为选定范围内唯一值或选定范围内有重复值时进行格式的设定。

例如，在“教师信息表”工作表中，副高以上职称用突出的方式表示，如设置为“浅红填充色深红色文本”。具体操作步骤如下。

① 选定要设置格式的单元格区域。

② 单击“开始”选项卡“样式”选项组中的“条件格式”下拉按钮，在弹出的下

拉列表中选择“突出显示单元格规则”级联菜单中的“文本包含”选项，弹出“文本中包含”对话框，如图 5.35 所示。

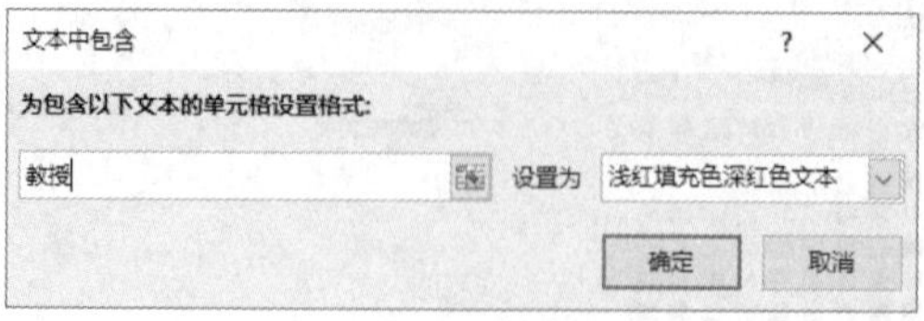

图 5.35　设置条件格式

③ 在“为包含以下文本的单元格设置格式”下方文本框中输入“教授”，在“设置为”下拉列表中选择“浅红填充色深红色文本”选项。

④ 单击“确定”按钮，完成操作。其效果如图 5.36 所示。

	A	B	C	D	E	F	G	H
1	南浦大学教师信息表							
2	编号	姓名	性别	部门	职称	参加工作时间	基本工资	身份证号
3	0001	刘晓明	男	信工	副教授	2005/6/18	4600	610830198002****31
4	0002	袁桦	女	经管	讲师	2013/7/16	3500	321012198807****46
5	0003	林利利	男	机电	副教授	2007/6/17	4500	441622198205****16
6	0004	张小苗	女	信工	助教	2018/3/18	3200	370827199312****23
7	0005	王中华	男	外语	讲师	2014/12/9	3400	370126198910****24
8	0006	李涌	男	经管	讲师	2012/3/20	3700	620724198705****56
9	0007	章京平	男	信工	教授	2003/5/21	5500	440116197801****51
10	0008	应晓萍	女	外语	副教授	2010/4/22	4800	440514198404****64
11	0009	闻红宇	男	机电	助教	2019/1/15	3100	542229199112****98
12	0010	黄茵茵	女	经管	助教	2018/8/25	3200	411302198910****86
13	0011	于海涛	男	信工	讲师	2012/7/20	3800	330621198709****94
14	0012	孙云述	男	外语	副教授	2003/6/17	4200	441427197803****53
15	0013	吴江宁	女	机电	讲师	2012/1/20	3800	510184198704****51
16	0014	李连平	男	信工	副教授	2008/4/18	4200	350725197909****35
17	0015	周萍萍	女	外语	讲师	2012/2/16	3600	341221198607****29

图 5.36　设置条件格式后的表格效果

2）最前/最后规则。当单元格的值为选定范围内最大或最小的几项时，或为选定范围内前百分之几或后百分之几时，高于或低于选定范围值的平均数时进行格式的设定。

3）数据条。数据条可以直观显示某个单元格对于其他单元格的值。数据条的长度代表单元格的值。数据条越长，表示值越高；数据条越短，表示值越低。

4）色阶。色阶包含双色刻度和三色刻度。

① 双色刻度使用两种颜色的深浅程度来帮助比较某个区域的单元格。颜色的深浅表示值的高低。

② 三色刻度使用三种颜色的深浅程度来帮助比较某个区域的单元格。颜色的深浅表示值的高、中、低。

5）图标集。使用图标集可以对数据进行注释，还可以按阈值将数据分为 3～5 个类别，每个图标代表一个值的范围。

数据条、色阶与图标集的效果如图 5.37 所示。

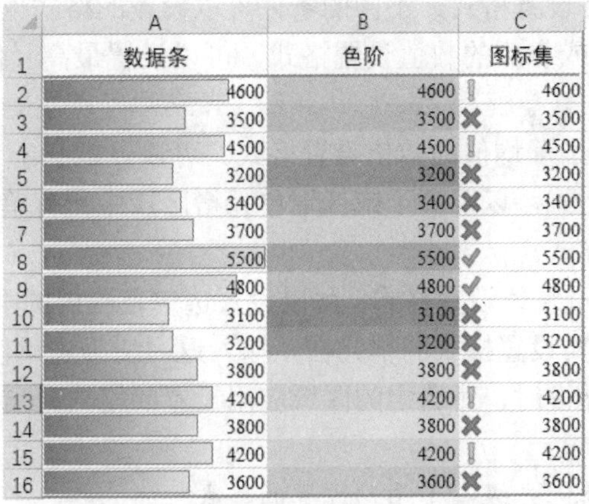

图 5.37　数据条、色阶与图标集的效果

（2）条件格式的详细设置

如果需要进一步设置条件格式的参数，可以单击“开始”选项卡“样式”选项组中的“条件格式”下拉按钮，在弹出的“条件格式”下拉列表中选择“新建规则”选项，弹出“新建格式规则”对话框，如图 5.38 所示。通过该对话框可以详细地设置条件格式的各个参数，规则参数不同，对话框的形式也不同。

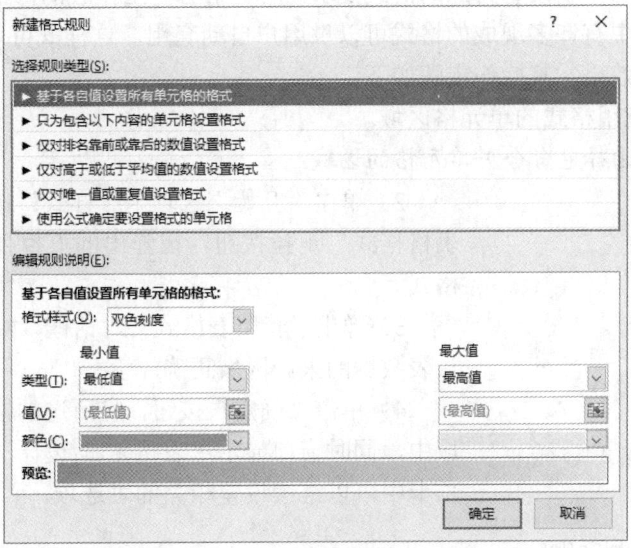

图 5.38　“新建格式规则”对话框

“选择规则类型”列表框中列出了 6 种规则。

1）基于各自值设置所有单元格的格式。这是规则中设置最为复杂的一类。“编辑规则说明”选项组的“格式样式”下拉列表中提供了双色刻度、三色刻度、数据条与图标集 4 种类型供用户选用。

2）只为包含以下内容的单元格设置格式。可以按单元格值、特定文本、发生日期、空值、错误等不同条件设置格式，不同的条件可以设置的格式也不相同。

3）仅对排名靠前或靠后的数值设置格式。可以设置最高（低）几名或最高（低）百分之几的单元格格式。

4）仅对高于或低于平均值的数值设置格式。可以设置高于或低于区域中所有单元格的平均值的单元格格式，以及高于或低于单元格区域中所有单元格的 1 个、2 个或 3 个标准偏差的单元格格式。

5）仅对唯一值或重复值设置格式。可以设置选定范围内的唯一值或重复值的格式。

6）使用公式确定要设置格式的单元格。输入返回值为逻辑值（true 或 false）的公式，当公式结果值为 true 时，对选定的区域应用设置的格式；当公式结果值为 false 时，则忽略设置的格式。

注意：条件格式的优先级高于手动设置的格式。

（3）清除条件格式

如果要清除已设置的条件格式，可以单击“开始”选项卡“样式”选项组中的“条件格式”下拉按钮，在弹出的下拉列表中选择“清除规则”选项，在其级联菜单中选择要清除规则的范围（所选单元格或整个工作表）。

8. 自动套用格式

如果对所建工作表没有特殊的格式要求，用户不必为工作表的修饰花太多时间，因为在 Excel 2016 中有许多现成的格式可以供用户自动套用。这样既可以节省大量时间，又能获得较好的效果。其操作步骤如下。

1）选定要应用格式的单元格区域。

注意：不能选择包含合并单元格的区域。

2）单击“开始”选项卡“样式”选项组中的“套用表格格式”下拉按钮，在弹出的下拉列表中选择合适的格式。

3）弹出“套用表格式”对话框，如图 5.39 所示，确认表数据的来源区域正确。

4）单击“确定”按钮，将所选的格式应用到所选区域中，同时窗口显示“表格工具/设计”选项卡，在此选项卡中可以继续设置相关的表选项。

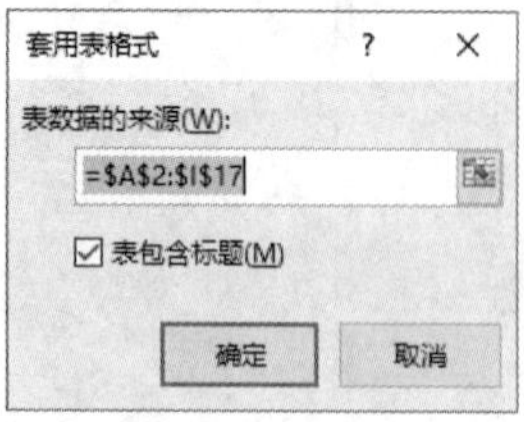

图 5.39 “套用表格式”对话框

5.4.2 格式的复制和删除

对已格式化的数据区域，如果其他区域也要使用该格式，不必重复设置，可以使用复制格式的方法快速完成；也可以把不满意的格式删除。

1. 格式复制

格式的复制一般使用“开始”选项卡“剪贴板”选项组中的“格式刷”按钮实现。具体操作步骤如下。

1）选定所要复制格式的源单元格或源区域。

2）单击“开始”选项卡“剪贴板”选项组中的“格式刷”按钮。

3）此时，鼠标指针呈小刷子状，使用它选择目标区域，即可完成操作。

也可以单击“复制”按钮确定要复制的格式，再选定目标区域，单击“粘贴”下拉按钮，在弹出的下拉列表中选择“选择性粘贴”级联菜单中的“格式”选项，实现对目标区域的格式复制。

2. 格式删除

当对已设置的格式不满意时，可以选定已设置格式的区域，然后单击“开始”选项卡“编辑”选项组中的“清除”下拉按钮，在弹出的下拉列表中选择“清除格式”选项。格式清除后，单元格中的数据会以常规格式显示。

5.4.3 插入图片

选定要添加背景的工作表，单击“页面布局”选项卡“页面设置”选项组中的“背景”按钮，弹出“工作表背景”对话框，如图 5.40 所示，找到并选中所需的图片后单击“插入”按钮，则选中的图片成为工作表的背景。

如果要删除工作表的背景，选定工作表后单击“页面布局”选项卡“页面设置”选项组中的“删除背景”按钮即可。

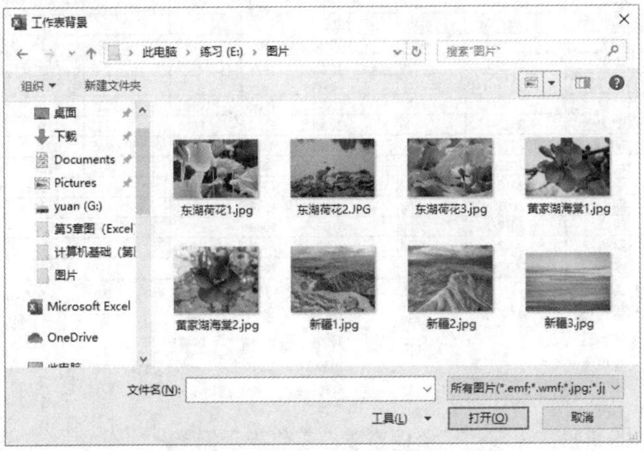

图 5.40　“工作表背景”对话框

5-12　美化表格

5.5　公式与函数的应用

【任务二】数据计算：“教师工资调整表”工作表的计算

1. 任务描述

南浦大学的教师工资调整方案为按职称、工龄增加工资。

1）职称工资：教授 3000 元、副教授 2000 元、讲师 1500 元、助教 1000 元。

2）工龄工资：按入职年限，每年发放 100 元工龄工资。

因此，需要根据调整方案计算职称工资、工龄工资、发放合计等。

2. 任务分析

在本次任务中，需要掌握以下技能。

1）公式和函数的使用：输入公式、函数的步骤。

2）常用函数的使用：求和、平均值、计数、最大值、最小值等。

3）单元格的引用：相对引用、绝对引用、混合引用。

4）单元格区域的引用：区域引用、联合引用、交叉引用。

3. 准备工作

1）在“教职员工信息表”工作簿中新建“教师工资调整表”工作表。

2）按图 5.41 示例输入标题和字段名。

3）复制“教师工资表”工作表中相关数据到“教师工资调整表”中。

	A	B	C	D	E	F	G	H	I	J	K
1	南浦大学教师工资表										
2	编号	姓名	部门	职称	参加工作时间	基本工资	调整后的职务工资	调整后的工龄工资	应发合计	住房公积金	实发工资
3	0001	刘晓明	信工	副教授	2005/6/18	4600	2000	1700	8300	690	7610
4	0002	袁桦	经管	讲师	2013/7/16	3500	1500	900	5900	525	5375
5	0003	林利利	机电	副教授	2007/6/17	4500	2000	1500	8000	675	7325
6	0004	张小苗	信工	助教	2018/3/18	3200	1000	400	4600	480	4120
7	0005	王中华	外语	讲师	2014/12/9	3400	1500	800	5700	510	5190
8	0006	李涌	经管	讲师	2012/3/20	3700	1500	1000	6200	555	5645
9	0007	章京平	信工	教授	2003/5/21	5500	3000	1900	10400	825	9575
10	0008	应晓萍	外语	副教授	2010/4/22	4800	2000	1200	8000	720	7280
11	0009	闻红宇	机电	助教	2019/1/15	3100	1000	300	4400	465	3935
12	0010	黄茵茵	经管	助教	2018/8/25	3200	1000	400	4600	480	4120
13	0011	于海涛	信工	讲师	2012/7/20	3800	1500	1000	6300	570	5730
14	0012	孙云述	外语	副教授	2003/6/17	4200	2000	1900	8100	630	7470
15	0013	吴江宁	机电	讲师	2012/1/20	3800	1500	1000	6300	570	5730
16	0014	李连平	信工	副教授	2008/4/18	4200	2000	1400	7600	630	6970
17	0015	周萍萍	外语	讲师	2012/2/16	3600	1500	1000	6100	540	5560
18				合计		59100	25000	16400	100500	8865	91635
19				平均值		3940	1667	1093	6700	591	6109
20				最大值		5500	3000	1900	10400	825	9575
21				最小值		3100	1000	300	4400	465	3935
22				计数		15	15	15	15	15	15

图 5.41 “教师工资调整表”工作表示例

5.5.1 公式

电子表格软件与文字处理软件最显著的差别是能够对输入的数据进行各种计算。电子表格中计算是以公式的形式进行的，因此，公式是电子表格的核心。

公式类似数学中的表达式。公式以等号开头，由常量、单元格引用、函数和运算符等组成，如“=(A1+25)*B5”。公式的运算结果就是单元格的值。

1. 运算符及优先级

公式中可使用的运算符主要包括以下 4 种。

5-13 公式和单元格引用

（1）算术运算符

算术运算符主要用于数值型数据的基本数学运算。算术运算符如表 5.2 所示。

表 5.2　算术运算符

算术运算符	含义	示例	算术运算符	含义	示例
+	加	=3+3	/	除	=3/3
−	减	=3−1	%	百分比	=20%
*	乘	=3*3	^	乘方	=3^2

（2）比较运算符

比较运算符用于比较两个值的大小，比较的结果是一个逻辑值，即逻辑真（true）或逻辑假（false）。比较运算符如表 5.3 所示。

表 5.3　比较运算符

比较运算符	含义	示例	比较运算符	含义	示例
=	等于	A1=B1	>=	大于等于	A1>=B1
>	大于	A1>B1	<=	小于等于	A1<=B1
<	小于	A1<B1	<>	不等于	A1<>B1

（3）文本运算符

文本运算符&（连接）将两个文本值连接起来生成一个连续的文本值。例如，"North" & "wind"的运算结果为"Northwind"。

（4）引用运算符

引用运算符用于指示公式中引用数据所在的单元格。引用运算符如表 5.4 所示。

表 5.4　引用运算符

引用运算符	含义	示例
:	区域运算符（引用区域内的全部单元格）	B5:B15
,	联合运算符（多个引用区域内的全部单元格）	SUM(B5:B15,D5:D15)
空格	交叉运算符（只引用交叉区域内的单元格）	SUM(B5:B15 D5:D15)

当多个运算符同时出现在公式中时，Excel 对运算符的优先级做了严格规定，算术运算符中从高到低分为 3 个级别：百分号和乘方、乘和除、加和减。比较运算符优先级相同。3 类运算符又以算术运算符最高，文本运算符次之，最后是比较运算符。优先级相同时，按从左到右的顺序计算。

2. 创建公式

在工作表中创建公式的具体步骤如下。

1）选定要输入公式的单元格。

2）先在单元格中输入等号（=），然后输入编制好的公式。

3）按【Enter】键确认输入，计算结果显示在单元格中，而公式则显示在编辑栏中。

例如，在“教师工资调整表”工作表中求刘晓明的应发合计，选中单元格 I3，输入求和公式“=F3+G3+H3”，按【Enter】键或单击编辑栏中的输入按钮。

3. 公式中的数据引用

（1）单元格引用

单元格引用指一个引用位置可代表工作表中的一个单元格或一个区域，引用位置用单元格的地址表示。在公式中之所以不用数字本身而是用单元格地址，就是要使计算的结果始终准确地反映单元格的当前数据。只要改变了数据单元格中的内容，公式单元格中的结果就会立刻自动刷新。如果在公式中直接写数字，那么当单元格中的数据有变化时，汇总的信息不会自动更新。

在公式中输入单元格引用时可以逐字输入单元格地址，但更为简便的方法是直接选取单元格或区域。

单元格引用分为相对引用、绝对引用和混合引用 3 种。

1）相对引用。用字母表示列，用数字表示行，如“F3”“G3”“H3”。相对引用仅指出引用数据的相对位置，当把一个含有相对引用的公式复制或移动到其他单元格位置时，公式会根据移动的位置自动调节公式中引用的单元格。一般在公式中使用的单元格默认为相对引用。

2）绝对引用。在列名和行号前分别加上一个符号“$”，如“$G$3”。绝对引用的单元格地址不随移动或复制目的单元格的变化而变化。

3）混合引用。单元格引用地址的一部分为绝对地址，另一部分为相对地址，如“$A1”或“A$1”。如果“$”符号在行号前，则表明该行位置“绝对不变”，而列位置仍随目的位置的变化做相应变化；反之，如果“$”符号在列名前，则表明该列位置“绝对不变”，行位置将随目的位置的变化而变化。

3 种引用地址输入时可以互相转换：在公式中选定引用单元格的部分，反复按【F4】键可进行引用间的转换。转换时，单元格中公式的引用会按 A1→$A$1→A$1→$A1→A1 顺序变化。

（2）工作表和工作簿的引用

1）工作表的引用。当前工作表中的单元格可以引用同一工作簿中其他工作表中的单元格，引用格式为“=<工作表标签>！<单元格引用>”。例如，将工作表 Sheet3 的单元格 B6 内容与工作表 Sheet2 的单元格 G4 内容相加，其结果放入工作表 Sheet2 的单元格 H4 中，则在工作表 Sheet2 的单元格 H4 中应输入公式“=Sheet3!B6+Sheet2!G4”。

2）工作簿的引用。当前工作表还可以引用其他工作簿中的单元格，引用格式为“=[<工作簿>]<工作表标签>!<单元格引用>”，如“=[教职员工信息表.xlsx]Sheet3!$A$3”。对已关闭工作簿的引用，则必须输入工作簿存放位置的完整路径并加单引号，如“='D:\Myfiles\[教职员工信息表.xlsx]Sheet3'!$A$3”。

4. 移动和复制公式

某个单元格中的数据如果是通过公式计算得到的，那么移动或复制此单元格数据时，不能采用一般数据的简单移动和复制方法。在进行公式的移动和复制时，会发现经过移动或复制后的公式有时会发生变化。例如，如果把图 5.42 所示的单元格 I3 的公式复制到单元格 I4 中，结果如何呢？

南浦大学教师工资表

编号	姓名	部门	职称	参加工作时间	基本工资	调整后的职务工资	调整后的工龄工资	应发合计	住房公积金	实发工资
0001	刘晓明	信工	副教授	2005/6/18	4600	2000	1700	8300		
0002	袁桦	经管	讲师	2013/7/16	3500	1500	900			
0003	林利利	机电	副教授	2007/6/17	4500	2000	1500			
0004	张小苗	信工	助教	2018/3/18	3200	1000	400			
0005	王中华	外语	讲师	2014/12/9	3400	1500	800			
0006	李涌	经管	讲师	2012/3/20	3700	1500	1000			
0007	章京平	信工	教授	2003/5/21	5500	3000	1900			
0008	应晓萍	外语	副教授	2010/4/22	4800	2000	1200			
0009	闻红宇	机电	助教	2019/1/15	3100	1000	300			
0010	黄茵茵	经管	助教	2018/8/25	3200	1000	400			
0011	于海涛	信工	讲师	2012/7/20	3800	1500	1000			
0012	孙云述	外语	副教授	2003/6/17	4200	2000	1900			
0013	吴江宁	机电	讲师	2012/1/20	3800	1500	1000			
0014	李连平	信工	副教授	2008/4/18	4200	2000	1400			
0015	周萍萍	外语	讲师	2012/2/16	3600	1500	1000			

图 5.42　复制公式

单元格 I3 存放了求和公式“=F3+G3+H3”（注意编辑栏显示的是单元格 I3 内容），通过复制操作，将该公式复制到单元格 I4 中，公式复制结果如图 5.43 所示。复制后的公式随目标单元格位置的变化相应变化为“=F4+G4+H4”。

南浦大学教师工资表

编号	姓名	部门	职称	参加工作时间	基本工资	调整后的职务工资	调整后的工龄工资	应发合计	住房公积金	实发工资
0001	刘晓明	信工	副教授	2005/6/18	4600	2000	1700	8300		
0002	袁桦	经管	讲师	2013/7/16	3500	1500	900	5900		
0003	林利利	机电	副教授	2007/6/17	4500	2000	1500			
0004	张小苗	信工	助教	2018/3/18	3200	1000	400			
0005	王中华	外语	讲师	2014/12/9	3400	1500	800			
0006	李涌	经管	讲师	2012/3/20	3700	1500	1000			
0007	章京平	信工	教授	2003/5/21	5500	3000	1900			
0008	应晓萍	外语	副教授	2010/4/22	4800	2000	1200			
0009	闻红宇	机电	助教	2019/1/15	3100	1000	300			
0010	黄茵茵	经管	助教	2018/8/25	3200	1000	400			
0011	于海涛	信工	讲师	2012/7/20	3800	1500	1000			
0012	孙云述	外语	副教授	2003/6/17	4200	2000	1900			
0013	吴江宁	机电	讲师	2012/1/20	3800	1500	1000			
0014	李连平	信工	副教授	2008/4/18	4200	2000	1400			
0015	周萍萍	外语	讲师	2012/2/16	3600	1500	1000			

图 5.43　公式复制结果

要将公式复制到区域 I4:I17 的每一个单元格中，只需选中单元格 I3，并拖动填充柄到单元格 I17。

5.5.2 使用函数

Excel 2016 中的函数实际上是一类特殊的、事先编辑好的公式。函数主要用于处理简单的四则运算不能处理的问题，是为解决复杂计算需求而提供的一种预定义公式。利用函数通常可以简化公式。

Excel 2016 提供了大量的用于不同用途的函数，以方便用户对数据进行运算和分析。这些函数分为财务、日期和时间、数学和三角函数、统计、查找与引用、数据库、文本、逻辑、信息、工程和多维数据库等。

1. 函数的一般格式

5-14 函数格式与输入

函数的一般格式如下。

函数名(参数 1,参数 2,…)

由函数的一般格式可见，函数由函数名、参数和圆括号组成。函数名起标识作用，参数可以是数值、文本、单元格引用，也可以是常量、公式或其他函数，写在括号内，所以函数名后一定要有一对圆括号。当有多个参数时，各个参数之间用半角逗号分隔，个别函数不需要参数。例如：

SUM(C3:F3) 表示将单元格 C3 到单元格 F3 的所有值相加。

AVERAGE(C3:F3) 表示对单元格 C3 到单元格 F3 的所有值求平均值。

MAX(C3:F3) 表示对单元格 C3 到单元格 F3 中的所有值求最大值。

PI()表示产生圆周率 π 的值。

使用函数时必须按照正确的顺序和格式输入函数参数。

2. 输入函数

输入函数有 3 种方法，分别是直接输入、使用“插入函数”对话框输入和使用“公式”选项卡输入。

（1）直接输入

如果用户对函数名称和参数意义都非常清楚，可直接在单元格或编辑栏中输入函数及其参数。输入函数与输入公式一样，一定要以等号开头，等号后紧跟函数，如“=SUM(F3:H3)”，按【Enter】键或单击编辑栏中的“确认”按钮确认，即可得到计算结果。

直接输入函数时还可使用公式记忆式输入法。其操作步骤如下。

1）在单元格中输入等号和函数开头的一个或几个字母，系统将在单元格的下方显示一个动态下拉列表，该下拉列表中包含与这些字母相匹配的可用函数。按【↓】键滚动列表时还会看到每个函数的功能提示，如图 5.44（a）所示。

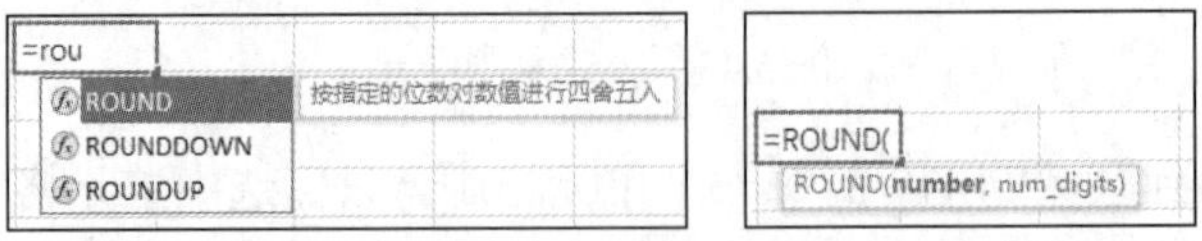

（a）在单元格下方显示动态下拉列表　　（b）语法和参数提示

图 5.44　公式记忆式输入示例

2）在列表中双击要使用的函数，系统将在单元格中自动输入函数名称，后面紧跟一个左括号，并提示该函数的语法及参数类型，如图 5.44（b）所示。

3）按【Enter】键后系统自动添加右括号，并在单元格中显示函数的计算结果，在编辑栏中可以查看公式。

使用这种方法输入函数可以减少输入错误和语法错误。

（2）使用“插入函数”对话框输入

由于 Excel 2016 提供了数百个函数，要记住它们难度很大。为此，Excel 2016 提供了“插入函数”对话框，引导用户正确输入函数。下面以公式“=SUM(F3:H3)”为例说明“插入函数”对话框的使用方法。

1）选中要输入函数的单元格（如单元格 I3）。

2）单击“公式”选项卡“函数库”选项组中的“插入函数”按钮，或单击编辑栏中的“插入函数”按钮，或按【Shift+F3】快捷键，弹出“插入函数”对话框。

3）在该对话框的“或选择类别”下拉列表中选择函数类型（如“常用函数”），在“选择函数”列表框中选择函数名称（如“SUM”），此时列表框的下方显示关于该功能的简单介绍，如图 5.45 所示。

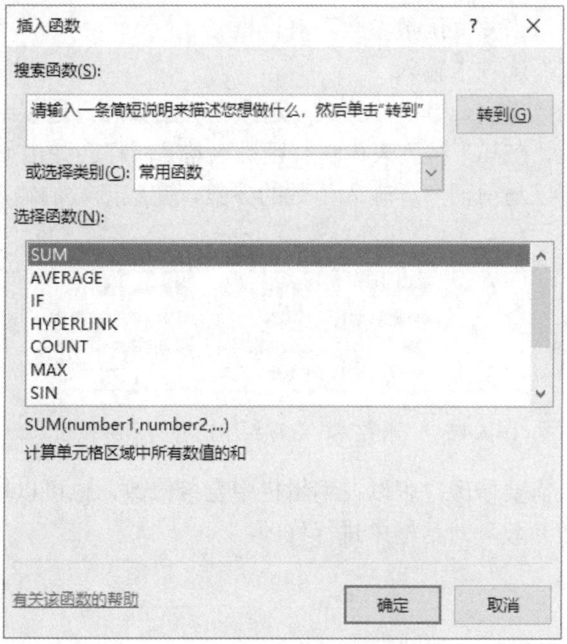

图 5.45　“插入函数”对话框

4）单击“确定”按钮，弹出“函数参数”对话框，如图 5.46 所示。

5）在“SUM”文本框中输入常量、单元格或区域。

6）输入完函数所需的所有参数后，单击“确定”按钮，即可在单元格中显示计算结果，在编辑栏中显示公式。

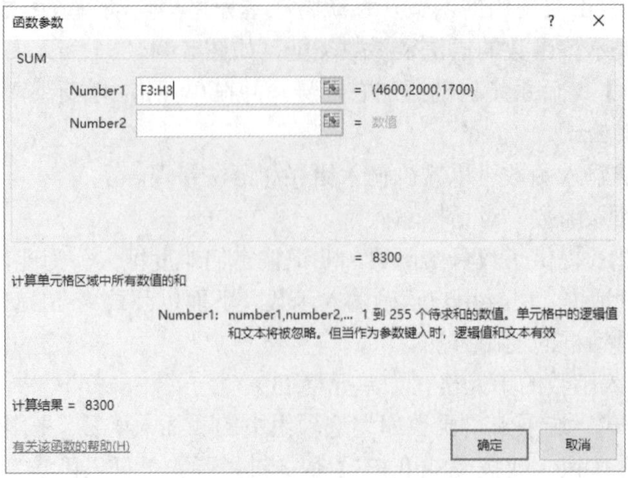

图 5.46 “函数参数”对话框

在参数框右侧有一个“折叠对话框”按钮，当对输入的单元格或区域无把握时，可单击此按钮，暂时折叠对话框，显示出工作表，选择所需的单元格或区域，再单击折叠后的输入框右侧按钮，恢复“函数参数”对话框。

（3）使用“公式”选项卡输入

按照要使用的函数类别，单击“公式”选项卡“函数库”选项组中的各类函数下拉按钮，如图 5.47 所示，在其下拉列表中选择函数名称，同样会弹出如图 5.46 所示的“函数参数”对话框，可以与前面一样输入函数的参数，完成函数的输入。

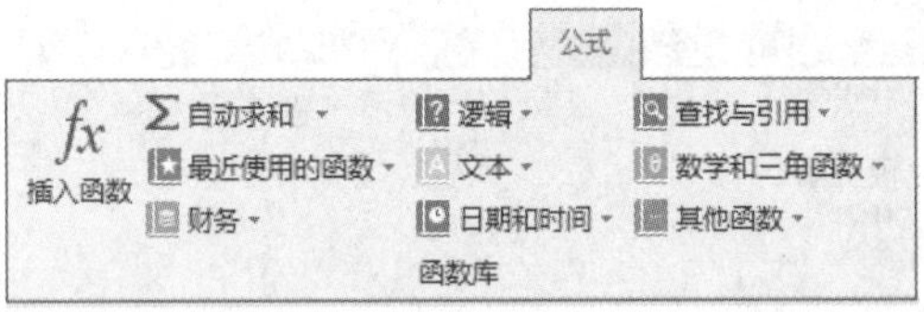

图 5.47 “函数库”选项组中的各类函数按钮

函数输入后如果需要修改，可以在编辑栏中直接修改，也可以单击“插入函数”按钮，在弹出的“函数参数”对话框中进行修改。

3. 自动求和

在 Excel 工作表数据处理中经常需要对数据进行求和运算，单击“开始”选项卡“编辑”选项组中的“自动求和”下拉按钮，在其下拉列表中可以快捷地调用求和、平均值、最大值、最小值等函数。

例如，用函数求“教师工资调整表”工作表中刘晓明的“应发合计”。具体操作步骤如下。

1）选定要存放求和结果的单元格 I3。

2）单击“开始”选项卡“编辑”选项组中的“自动求和”按钮。

3）Excel 自动在单元格中插入 SUM()函数，并给出默认的求和区域，生成相应的求和公式，如图 5.48 所示。可以使用鼠标重新选择求和区域。

4）按【Enter】键或单击编辑栏中的“确认”按钮确认输入。

	A	B	C	D	E	F	G	H	I	J	K
1	南浦大学教师工资表										
2	编号	姓名	部门	职称	参加工作时间	基本工资	调整后的职务工资	调整后的工龄工资	应发合计	住房公积金	实发工资
3	0001	刘晓明	信工	副教授	2005/6/18	4600	2000		=SUM(F3:H3)		
4	0002	袁桦	经管	讲师	2013/7/16	3500	1500	900	SUM(number1, [number2], ...)		
5	0003	林利利	机电	副教授	2007/6/17	4500	2000	1500			
6	0004	张小苗	信工	助教	2018/3/18	3200	1000	400			
7	0005	王中华	外语	讲师	2014/12/9	3400	1500	800			
8	0006	李涌	经管	讲师	2012/3/20	3700	1500	1000			
9	0007	章京平	信工	教授	2003/5/21	5500	3000	1900			
10	0008	应晓萍	外语	副教授	2010/4/22	4800	2000	1200			
11	0009	闻红宇	机电	助教	2019/1/15	3100	1000	300			
12	0010	黄茵茵	经管	助教	2018/8/25	3200	1000	400			
13	0011	于海涛	信工	讲师	2012/7/20	3800	1500	1000			
14	0012	孙云述	外语	副教授	2003/6/17	4200	2000	1900			
15	0013	吴江宁	机电	讲师	2012/1/20	3800	1500	1000			
16	0014	李连平	信工	副教授	2008/4/18	4200	2000	1400			
17	0015	周萍萍	外语	讲师	2012/2/16	3600	1500	1000			

图 5.48 自动求和

如果要自动求和的区域是不连续的，那么在拖动选择单元格时，需按住【Ctrl】键，依次选择每个要选择的单元格。求和区域也可以手动输入。

此外，还可以单击“公式”选项卡“函数库”选项组中的“自动求和”下拉按钮，在弹出的下拉列表中选择“平均值”“计数”“最大值”“最小值”等函数进行相应的计算。

4. 常用函数

5-15 常用函数　5-16 函数示例

（1）求和函数 SUM()

函数功能：计算所有参数的和，属于数学和三角函数。

格式：SUM(number1,number2,⋯)。

参数：number1,number2, ⋯为待求和的参数，最多有 255 个，可以是数值、逻辑值、文本数字、单元格和区域的引用地址。

例如，计算“基本工资”总额，将结果放在单元格 F18 中：选中单元格 F18，单击“公式”选项卡“函数库”选项组中的“自动求和”按钮，选中区域 F3: F17，按【Enter】键确认。

（2）求平均值函数 AVERAGE()

函数功能：计算所有参数的算术平均值，属于统计函数。

格式：AVERAGE(number1,number2,⋯)。

参数：number1,number2, ⋯为需要求平均值的参数，最多有 255 个，可以是数值、逻辑值、文本数字、单元格和区域的引用地址。

例如，计算“基本工资”的平均值，将结果放在单元格 F19 中：选中单元格 F19，单击“公式”选项卡“函数库”选项组中的“自动求和”下拉按钮，在弹出的下拉列表中选择“平均值”选项，选中区域 F3: F17，按【Enter】键确认。

（3）四舍五入函数 ROUND()

函数功能：按指定的位数对数值进行四舍五入，属于数学和三角函数。

格式：ROUND(number, num_digits)。

参数：number 为要四舍五入的数值，可以是数值或单元格地址。

num_digits 为执行四舍五入时采用的位数。

说明：如果 num_digits 大于 0，则将数字四舍五入到指定的小数位。

如果 num_digits 等于 0，则将数字四舍五入到最接近的整数。

如果 num_digits 小于 0，则在小数点左侧进行四舍五入。

（4）取整函数 INT()

函数功能：将数值向下取整为最接近的整数，属于数学和三角函数。

格式：INT(number)。

参数：number 为要取整的实数，可以是数值或单元格地址。

（5）求最大值函数 MAX()

函数功能：返回参数包含的数据集中的最大值，属于统计函数。

格式：MAX(number1,number2,…)。

参数：number1,number2, …为需要求最大值的参数，最多有 255 个，可以是数值、逻辑值、文本数字、单元格和区域的引用地址。

例如，计算“基本工资”的最大值，将结果放在单元格 F20 中：选中单元格 F20，单击“公式”选项卡“函数库”选项组中的“自动求和”下拉按钮，在弹出的下拉列表中选择“最大值”选项，选中区域 F3: F17，按【Enter】键确认。

（6）求最小值函数 MIN()

函数功能：返回参数包含的数据集中的最小值，属于统计函数。

格式：MIN(number1,number2,…)。

参数：number1,number2, …为需要求最小值的参数，最多有 255 个，可以是数值、逻辑值、文本数字、单元格和区域的引用地址。

（7）计数函数 COUNT()

函数功能：返回参数中包含数字的单元格的个数，属于统计函数。

格式：COUNT(value1, value2,…)。

参数：value1, value2,…为包含或引用各种类型数据的参数，最多有 255 个，可以是数值、逻辑值、文本数字、单元格和区域的引用地址。

例如，计算“基本工资”的计数项（即有几个数据），将结果放在单元格 F22 中：选中单元格 F22，单击“公式”选项卡“函数库”选项组中的“自动求和”下拉按钮，在弹出的下拉列表中选择“计数”选项，选中区域 F3: F17，按【Enter】键确认。

（8）计数函数 COUNTA()

函数功能：返回参数中不为空的单元格的个数，属于统计函数。

格式：COUNTA(value1, value2,…)。

参数：value1, value2,…为包含或引用各种类型数据的参数，最多有 255 个，可以是数值、逻辑值、文本数字、单元格和区域的引用地址。

注意：COUNTA()函数与 COUNT()函数的区别如下。

COUNTA()函数可对包含任何类型数据的单元格进行计数，包括错误值和空文本("")；而 COUNT()函数只对包含数字的单元格进行计数。

（9）条件返回函数 IF()

函数功能：判断是否满足某个条件，如果满足返回一个值，如果不满足则返回另一个值，属于逻辑函数。

格式：IF(logical_test, value_if_true, value_if_false)。

参数：logical_test 为结果为 true 或 false 的任意值或表达式。

value_if_true 为 logical_test 参数计算结果为 true 时所要返回的值。

value_if_false 为 logical_test 参数计算结果为 false 时所要返回的值。

例如，计算“调整后的职务工资”，将结果放在表格 G 列中：在单元格 G3 中输入函数“=IF(D3="教授",3000,IF(D3="副教授",2000,IF(D3="讲师",1500,1000)))”。

公式中使用了嵌套函数，即在公式中使用一个函数的结果作为另一个函数的参数，将两个或多个函数嵌套使用。

（10）条件计数函数 COUNTIF()

函数功能：返回参数中满足单个指定条件的单元格的个数，属于统计函数。

格式：COUNTIF(range, criteria)。

参数：range 为要进行计数的一个或多个单元格。

criteria 为以数字、表达式或文本形式定义的条件。

例如，统计“教师信息表”工作表中女教师人数，可使用函数“=COUNTIF (C3:C17,"女")”。

同理，可以统计“教师信息表”工作表中各个部门、各个职称的人数。

（11）日期和时间函数

1）NOW()。

函数功能：返回系统设置的当前日期和时间的序列号。

格式：NOW()。

2）TODAY()。

函数功能：返回系统设置的当前日期的序列号。

格式：TODAY()。

3）YEAR()。

函数功能：返回某日期对应的年份值，一个 1900～9999 的数字。

格式：YEAR(serial_number)。

参数：serial_number 为包含年份的日期值。

例如，计算“调整后的工龄工资”，将结果放在表格 H 列中：在单元格 H3 中输入函数“=(YEAR(TODAY())-YEAR(E3))*100”。

（12）提取字符串函数 MID()

函数功能：从文本字符串中指定的起始位置起返回指定长度的字符，属于文本函数。

格式：MID(text,start_num,num_chars)。

参数：text 为准备从中提取字符串的文本字符串。

start_num 为准备提取的第一个字符的位置。

num_chars 为指定所要提取的字符串长度。

例如，在“教师信息表”工作表中根据身份证号填充性别，可使用函数“=IF(MID(H3,17,1)/2=INT(MID(H3,17,1)/2),"女","男")”。

利用身份证号提取“出生日期”，可使用函数“=MID(H3,7,4)&"年"&MID(H3,11,2)&"月"&MID(H3,13,2)&"日"”。

在实际工作中，能用函数解决的问题一般使用函数解决。

5. 完善教师工资表

1）计算“住房公积金”，将结果放在表格 J 列中。住房公积金=基本工资*15%。

2）计算“实发工资”，将结果放在表格 K 列中。实发工资=应发合计-住房公积金。

3）用公式和函数复制与填充的方法，将整张表数据填满。

5.6 数据管理和分析

Excel 除提供了前面介绍的若干功能外，还提供了强大的数据管理功能。在 Excel 中不但可以使用多种格式的数据，还可以对不同类型的数据进行处理，包括排序、筛选、分类汇总等操作。可以这样说，Excel 在制表、作图等数据分析方面的能力比一般数据库更强。

【任务三】数据分析：调整后教师工资表的分析

1. 任务描述

根据南浦大学的工资调整方案计算出新的工资表后，需要对其进行数据分析，以判断工资调整方案是否合理、可行。

2. 任务分析

在本次任务中，需要完成下列操作。

1）数据排序：如比较最高工资和最低工资是否在一个合适的范围内。

2）数据筛选：如按不同筛选标准，比较调整后工资是否合理。

3）分类汇总：如比较同一部门、同一职称的教师工资是否合理、男女教师是否同工同酬等。

3. 准备工作

1）在“教职员工信息表.xlsx”工作簿中新建“数据分析表”工作表。

2）将“教师工资调整表”工作表中的数据复制到“数据分析表”工作表中。

注意：如果要复制整个表格的大标题，则大标题格式不能设为“合并后居中”，而应在“设置单元格格式”对话框中的“水平对齐”下拉列表中选择“跨列居中”选项，这样才符合数据清单的要求，不会影响后面数据分析的操作。

5.6.1　数据清单的概念

在 Excel 中，数据清单指以相同结构方式存储的数据的集合。简单的理解就是带有标题行的一个工作表，每个工作表的每一行结构是相同的，每一列的各个单元格（除标题行）的数据类型也是相同的。数据的管理是基于数据清单形式进行的。

建立数据清单应注意以下 5 点。

1）一个工作表中最好只放置一份数据清单，尽量避免放置多份数据清单，因为数据清单的某些管理功能一次只能处理工作表中的一份清单。

2）在数据清单的第一行建立列标题，列标题使用的格式应与清单中其他数据有所区别。

3）列标题名唯一，并且同列数据的数据类型应完全相同。

4）数据清单区域内不可出现空列或空行，如果是为了将数据隔开，可使用边框线。

5）一个工作表中除数据清单外可以有其他数据，但数据清单和其他数据之间要用空行分开。

5.6.2　数据排序

排序指按照一定次序重新排列记录的顺序。排序并不改变记录的内容，排序后的数据清单有利于记录查询。

5-17　数据排序

1. 排序规则

在 Excel 中，排序的规则如下。

1）数字按大小进行排序。

2）日期和时间按先后顺序排序。

3）英文按字母顺序排序，可以指定是否区分大小写。如果区分大小写，在进行升序排序时，小写字母排在大写字母之前。

4）汉字既可以按拼音字母的顺序排序，也可以按汉字的笔画进行排序。

5）在逻辑值中，升序排列时 false 排在 true 之前。

6）对于空白单元格，无论是升序排序还是降序排序总是排在最后。

2. 简单排序

当仅仅需要对数据清单中的某一列数据进行排序时，只要选定该列中的任一单元格，然后单击“开始”选项卡“编辑”选项组中的“排序和筛选”下拉按钮，在弹出的下拉列表中选择“升序”或“降序”选项，即可完成按当前列的值升序或降序排序。

例如，在“教师工资调整表”工作表中，选中“应发合计”字段列中的任意单元格，按上述操作选择“降序”选项，即可将每条记录按“应发合计”从高到低排列，各记录行的顺序被重新调整，排序结果如图 5.49 所示。

	A	B	C	D	E	F	G	H	I	J	K
1	南浦大学教师工资表										
2	编号	姓名	部门	职称	参加工作时间	基本工资	调整后的职务工资	调整后的工龄工资	应发合计	住房公积金	实发工资
3	0007	章京平	信工	教授	2003/5/21	5500	3000	1900	10400	825	9575
4	0001	刘晓明	信工	副教授	2005/6/18	4600	2000	1700	8300	690	7610
5	0012	孙云述	外语	副教授	2003/6/17	4200	2000	1900	8100	630	7470
6	0003	林利利	机电	副教授	2007/6/17	4500	2000	1500	8000	675	7325
7	0008	应晓萍	外语	副教授	2010/4/22	4800	2000	1200	8000	720	7280
8	0014	李连平	信工	副教授	2008/4/18	4200	2000	1400	7600	630	6970
9	0011	于海涛	信工	讲师	2012/7/20	3800	1500	1000	6300	570	5730
10	0013	吴江宁	机电	讲师	2012/1/20	3800	1500	1000	6300	570	5730
11	0006	李涌	经管	讲师	2012/3/20	3700	1500	1000	6200	555	5645
12	0015	周萍萍	外语	讲师	2012/2/16	3600	1500	1000	6100	540	5560
13	0002	袁桦	经管	讲师	2013/7/16	3500	1500	900	5900	525	5375
14	0005	王中华	外语	讲师	2014/12/9	3400	1500	800	5700	510	5190
15	0004	张小苗	信工	助教	2018/3/18	3200	1000	400	4600	480	4120
16	0010	黄茵茵	经管	助教	2018/8/25	3200	1000	400	4600	480	4120
17	0009	闻红宇	机电	助教	2019/1/15	3100	1000	300	4400	465	3935

图 5.49 简单排序结果

3. 自定义排序

如果排序要求较复杂，如需要按“部门、职称、基本工资”对数据进行排序，此时排序不再局限于单列，这时可以使用自定义排序实现。具体操作步骤如下。

1）选中“教师工资调整表”工作表中的任一单元格。

2）单击“开始”选项卡“编辑”选项组中的“排序和筛选”下拉按钮，在弹出的“排序和筛选”下拉列表中选择“自定义排序”选项，弹出“排序”对话框，如图 5.50 所示。

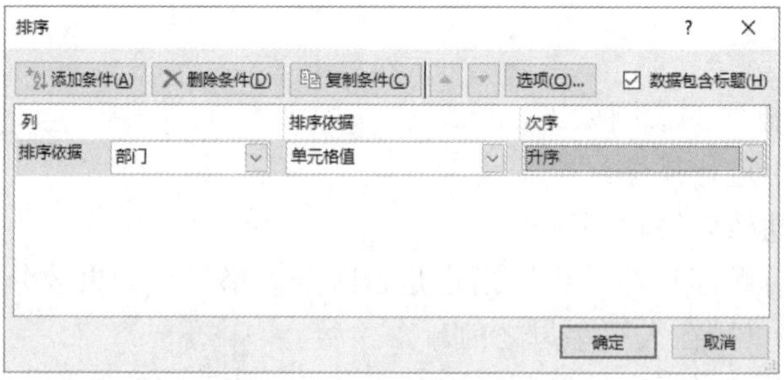

图 5.50 “排序”对话框

3）在“列”选项组中的“排序依据”下拉列表中选择要排序的字段名，如“部门”。

4）在“排序依据”下拉列表中选择排序类型。若按文本、数字、日期或时间进行排序，则选择“单元格值”选项；若按格式进行排序，则选择“单元格颜色”、“字体颜色”或“条件格式图标”选项。此处选择“单元格值”选项。

5）在“次序”下拉列表中选择排序方式。对于文本值、数值、日期或时间值，可选择“升序”或“降序”选项；若要基于自定义序列进行排序，则选择“自定义序列”选项。此处选择“升序”选项。

6）单击“添加条件”按钮，在“次要关键字”下拉列表中选择“职称”字段，设置“排序依据”为“单元格值”，排序方式为“升序”；再次单击“添加条件”按钮，在

“次要关键字”下拉列表中选择“基本工资”字段，设置“排序依据”为“单元格值”，排序方式为“降序”，如图5.51所示。

7）为避免字段名也成为排序对象，可选中“数据包含标题”复选框。单击“确定”按钮。

在如图5.50所示的“排序”对话框中单击“选项”按钮，弹出“排序选项”对话框，如图5.52所示，在该对话框中可以选择英文字母是否区分大小写；中文通常习惯按汉字的笔画排序，则可选中“笔划排序”单选按钮。

此外，使用“数据”选项卡“排序和筛选”选项组中的相应按钮也可以实现数据的排序。

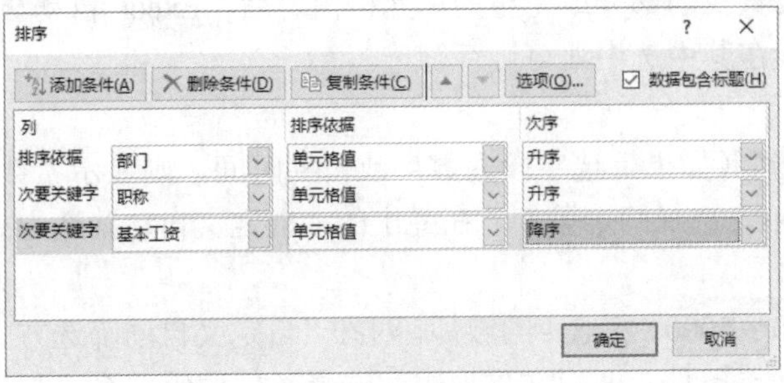

图5.51　添加排序条件

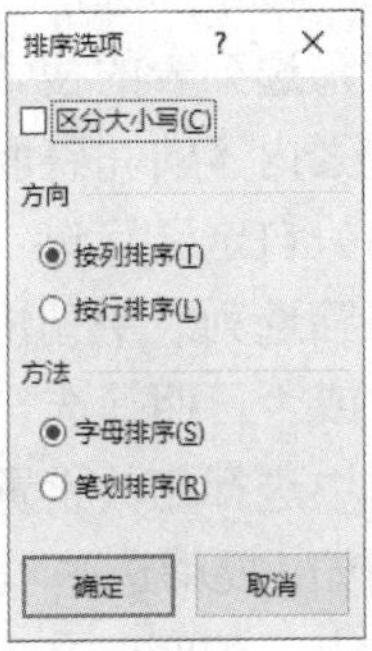

图5.52　“排序选项”对话框

5.6.3　数据筛选

5-18　数据筛选

当数据表中记录很多时，用户如果只对其中一部分数据感兴趣，可以使用Excel的数据筛选功能。数据筛选的作用是将满足条件的数据集中显示在工作表上。“筛选”与“排序”的区别在于“排序”是重新排列数据，而“筛选”是暂时隐藏不需要的记录。

Excel提供的筛选功能包括简单筛选和高级筛选，分别用于单字段筛选和多字段筛选。

1. 简单筛选

简单筛选指筛选出某一列满足指定条件的记录。具体操作步骤如下。

1）选定数据清单中任一单元格。

2）单击“数据”选项卡“排序和筛选”选项组中的“筛选”按钮；或单击“开始”选项卡“编辑”选项组中的“排序和筛选”下拉按钮，在弹出的下拉列表中选择“筛选”选项，此时在每个列标题旁都将出现带向下箭头的筛选按钮。

3）单击筛选按钮即可显示筛选列表。

（1）自动筛选

筛选列表中列出了筛选字段当前的所有取值，选中其中的一个或多个值后，单元格中包含这些值的行将被筛选出来并在工作表中显示。例如，只显示全部信工教师的记录，可在其筛选列表中选中“信工”复选框，单击“确定”按钮。简单筛选结果如图 5.53 所示，其中含筛选条件的列（部门）旁边的筛选按钮图标变为漏斗形状。

2	编号	姓名	部门	职称	参加工作时间	基本工资	调整后的职务工资	调整后的工龄工资	应发合计	住房公积金	实发工资
3	0001	刘晓明	信工	副教授	2005/6/18	4600	2000	1700	8300	690	7610
6	0004	张小苗	信工	助教	2018/3/18	3200	1000	400	4600	480	4120
9	0007	章京平	信工	教授	2003/5/21	5500	3000	1900	10400	825	9575
13	0011	于海涛	信工	讲师	2012/7/20	3800	1500	1000	6300	570	5730
16	0014	李连平	信工	副教授	2008/4/18	4200	2000	1400	7600	630	6970

图 5.53　简单筛选结果

（2）搜索筛选

在筛选列表的搜索框中输入要查找的部分或完整的单元格内容后，Excel 自动显示包含搜索内容的完整取值，进一步在其中选中即可进行筛选。

（3）自定义筛选

在筛选列表中调出“文本筛选”（如果筛选字段为数字或日期时间，则显示“数字筛选”或“日期筛选”）的级联菜单，选择筛选条件，在弹出的“自定义自动筛选方式”对话框中进行相关设置。

例如，要筛选基本工资在 4000～5000（不含）的教师，可在“自定义自动筛选方式”对话框上、下两组文本框中输入筛选条件，两组文本框中间选择条件逻辑关系“与”，如图 5.54 所示。单击“确定”按钮，满足条件的记录即被筛选出来。

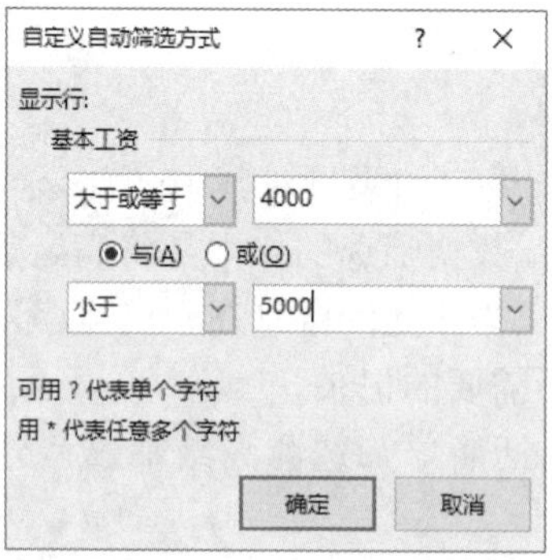

图 5.54　“自定义自动筛选方式”对话框

筛选并不意味着删除不满足条件的记录，只是将其暂时隐藏起来。如果想恢复被隐藏的记录，可通过以下方法实现。

1）退出简单筛选。再次单击“数据”选项卡“排序和筛选”选项组中的“筛选”按钮，即可退出简单筛选功能。

2）取消对所有列进行的筛选。单击“数据”选项卡“排序和筛选”选项组中的“清除”按钮，则可以显示原来的全部记录，但不退出简单筛选状态。

3）取消对某一列进行的筛选。单击该列字段名右侧的下拉按钮，在弹出的下拉列表中选择“全选”选项或者选择从该列中清除筛选。

注意：筛选条件是累加的，每一个追加的筛选条件都是基于当前的筛选结果，同时对每一列只能应用一种筛选条件。

2. 高级筛选

利用简单筛选对各字段进行的筛选是逻辑“与”的关系，即同时满足各个条件；若要实现逻辑“或”的关系，则必须借助高级筛选。高级筛选根据复合条件来筛选数据，并允许把满足条件的记录复制到其他区域，形成一个新的数据清单。

在高级筛选中，将数据清单中进行筛选的区域称为数据区域。筛选条件所在的区域称为条件区域，在使用高级筛选之前，应正确设置条件区域。

（1）条件区域的设置

1）条件区域与数据区域之间至少要空出一行或一列。

2）条件区域至少有两行，第一行为条件标记，条件标记名必须与数据清单中的字段名完全相同，排列顺序可以不同。条件标记下方的各行为相应的条件。

3）一条空白的条件行表示无条件，即数据清单中的所有记录都满足它，所以条件范围内不能有空白的条件行，它会使其他的条件都无效。

4）同一条件行不同单元格的条件，互为“与”的关系，表示筛选同时满足这些条件的记录。例如，要在“教师工资调整表”工作表中筛选“实发工资”大于 7000（含），职称为“副教授”的教师记录，条件标记如下。

职称	实发工资
副教授	>=7000

5）不同条件行不同单元格中的条件，互为“或”的关系，表示筛选满足任何一个条件的记录。例如，条件为调整后的职务工资和调整后的工龄工资大于 1500 的教师记录的条件标记如下。

调整后的职务工资	调整后的工龄工资
>=1500	
	>=1500

6）如果是在相同的范围内指定“或”的关系，则应重复输入条件行。例如，条件为信工或机电部门，实发工资大于 7000 的教师记录的条件标记如下。

部门	实发工资
信工	>=7000
机电	>=7000

（2）高级筛选的应用

建立条件区域后，就可以使用高级筛选来筛选记录。

例如，在“教师工资调整表”工作表中筛选“实发工资”大于 7000（含），职称为“副教授”的教师记录，操作步骤如下。

1）在数据清单的下方输入筛选条件。

2）选中数据清单中任一单元格，单击“数据”选项卡“排序和筛选”选项组中的“高级”按钮，弹出“高级筛选”对话框，分别设置列表区域和条件区域，单击“确定”按钮，如图 5.55 所示。

	A	B	C	D	E	F	G	H	I	J	K
1	南浦大学教师工资表										
2	编号	姓名	部门	职称	参加工作时间	基本工资	调整后的职务工资	调整后的工龄工资	应发合计	住房公积金	实发工资
3	0001	刘晓明	信工	副教授	2005/6/18	4600	2000	1700	8300	690	7610
4	0002	袁桦	经管	讲师	2013/7/16	3500	1500	900	5900	525	5375
5	0003	林利利	机电	副教授	2007/6/17	4500	2000	1500	8000	675	7325
6	0004	张小苗	信工	助教	2018/3/18	3200	1000	400	4600	480	4120
7	0005	王中华	外语	讲师	2014/12/9	3400	1500	800			
8	0006	李涌	经管	讲师	2012/3/20	3700	1500	1000			
9	0007	章京平	信工	教授	2003/5/21	5500	3000	1900			
10	0008	应晓萍	外语	副教授	2010/4/22	4800	2000	1200			
11	0009	闻红宇	机电	助教	2019/1/15	3100	1000	300			
12	0010	黄茵茵	经管	助教	2018/8/25	3200	1000	400			
13	0011	于海涛	信工	讲师	2012/7/20	3800	1500	1000			
14	0012	孙云述	外语	副教授	2003/6/17	4200	2000	1900			
15	0013	吴江宁	机电	讲师	2012/1/20	3800	1500	1000			
16	0014	李连平	信工	副教授	2008/4/18	4200	2000	1400			
17	0015	周萍萍	外语	讲师	2012/2/16	3600	1500	1000			
18											
19											
20			职称	实发工资							
21			副教授	>=7000							

图 5.55 工作表高级筛选设置

高级筛选结果如图 5.56 所示。

	A	B	C	D	E	F	G	H	I	J	K
1	南浦大学教师工资表										
2	编号	姓名	部门	职称	参加工作时间	基本工资	调整后的职务工资	调整后的工龄工资	应发合计	住房公积金	实发工资
3	0001	刘晓明	信工	副教授	2005/6/18	4600	2000	1700	8300	690	7610
5	0003	林利利	机电	副教授	2007/6/17	4500	2000	1500	8000	675	7325
10	0008	应晓萍	外语	副教授	2010/4/22	4800	2000	1200	8000	720	7280
14	0012	孙云述	外语	副教授	2003/6/17	4200	2000	1900	8100	630	7470
18											
19											
20			职称	实发工资							
21			副教授	>=7000							

图 5.56 高级筛选结果

（3）取消高级筛选

单击“数据”选项卡“排序和筛选”选项组中的“清除”按钮，可以清除当前数据范围内的高级筛选，并显示全部记录。

5.6.4 分类汇总

分类汇总指对相同类别的数据进行统计汇总，也就是先将相同类别的数据排列在一起，然后进行求和、计数、平均值等汇总运算，从而对数据进行管理和分析。

5-19 分类汇总

1. 创建分类汇总表

分类汇总前必须先将数据按照需要分类的字段排序。

例如，需要分部门统计实发工资的平均数，操作步骤如下。

1）进行分类。将相同部门的记录排列在一起，通过将“教师工资调整表”工作表按照需要分类的字段排序来实现。本例中以“部门”字段为关键字排序。

2）选中“教师工资调整表”工作表中任一单元格，单击“数据”选项卡“分级显示”选项组中的“分类汇总”按钮，弹出“分类汇总”对话框，如图 5.57 所示。

3）在“分类字段”下拉列表中选择需要用来分类汇总的字段，选择的字段应与排序的分类字段相同。本例中选择“部门”字段。

4）在“汇总方式”下拉列表中选择所需的统计函数，如求和、平均值、最大值、计数等。本例中选择“平均值”函数。

5）在“选定汇总项”列表框中选择汇总的对象，可以对多项指标进行汇总，即同时选择多项。本例中选中“实发工资”复选框。

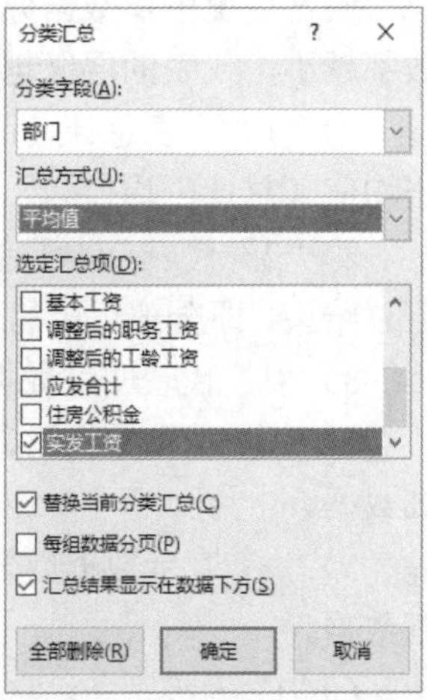

图 5.57　“分类汇总”对话框

6）单击“确定”按钮。分类汇总统计结果如图 5.58 所示。

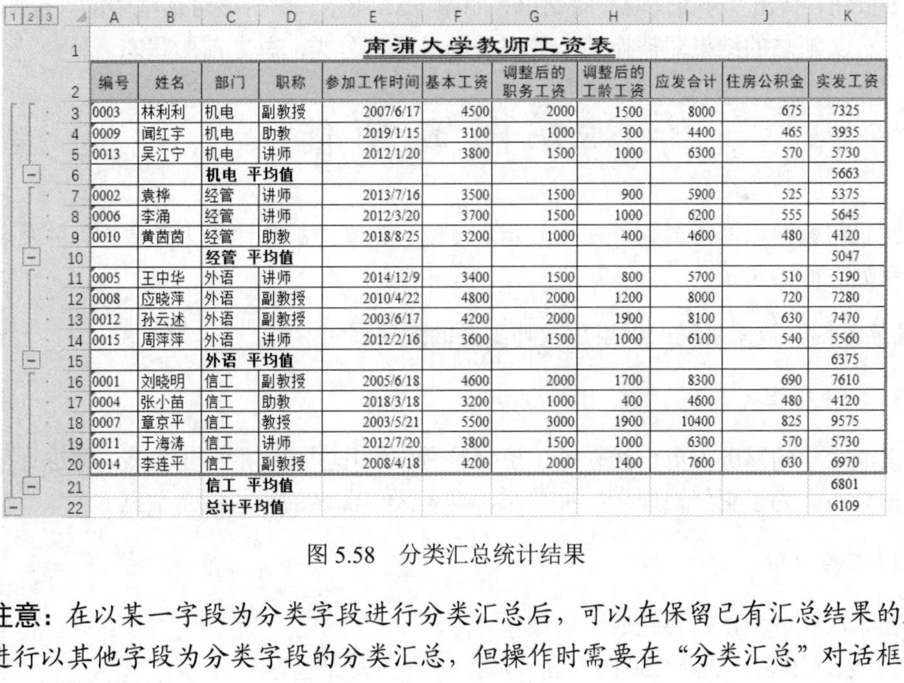

	A	B	C	D	E	F	G	H	I	J	K
1	南浦大学教师工资表										
2	编号	姓名	部门	职称	参加工作时间	基本工资	调整后的职务工资	调整后的工龄工资	应发合计	住房公积金	实发工资
3	0003	林利利	机电	副教授	2007/6/17	4500	2000	1500	8000	675	7325
4	0009	闻红宇	机电	助教	2019/1/15	3100	1000	300	4400	465	3935
5	0013	吴江宁	机电	讲师	2012/1/20	3800	1500	1000	6300	570	5730
6			**机电 平均值**								5663
7	0002	袁桦	经管	讲师	2013/7/16	3500	1500	900	5900	525	5375
8	0006	李涌	经管	讲师	2012/3/20	3700	1500	1000	6200	555	5645
9	0010	黄茵茵	经管	助教	2018/8/25	3200	1000	400	4600	480	4120
10			**经管 平均值**								5047
11	0005	王中华	外语	讲师	2014/12/9	3400	1500	800	5700	510	5190
12	0008	应晓萍	外语	副教授	2010/4/22	4800	2000	1200	8000	720	7280
13	0012	孙云述	外语	副教授	2003/6/17	4200	2000	1900	8100	630	7470
14	0015	周萍萍	外语	讲师	2012/2/16	3600	1500	1000	6100	540	5560
15			**外语 平均值**								6375
16	0001	刘晓明	信工	副教授	2005/6/18	4600	2000	1700	8300	690	7610
17	0004	张小苗	信工	助教	2018/3/18	3200	1000	400	4600	480	4120
18	0007	章京平	信工	教授	2003/5/21	5500	3000	1900	10400	825	9575
19	0011	于海涛	信工	讲师	2012/7/20	3800	1500	1000	6300	570	5730
20	0014	李连平	信工	副教授	2008/4/18	4200	2000	1400	7600	630	6970
21			**信工 平均值**								6801
22			**总计平均值**								6109

图 5.58　分类汇总统计结果

注意： 在以某一字段为分类字段进行分类汇总后，可以在保留已有汇总结果的基础上，进行以其他字段为分类字段的分类汇总，但操作时需要在“分类汇总”对话框中取消选中“替换当前分类汇总”复选框。

2. 分类汇总表的显示

数据清单进行分类汇总后，在工作表窗口的左侧会显示分级显示区，如图 5.58 所示。其中列出了一些分级显示按钮，利用这些按钮可以对数据的显示进行控制。

通常情况下，数据分三级显示，在分级显示区的上方通过“数字”按钮进行控制。数字越小，代表的层级越高。各个按钮的功能如下。

1）“1”代表总计。单击“1”按钮时，只显示全部数据的汇总结果，即全部记录的平均值（总计平均值）。

2）“2”代表分类汇总结果。单击“2”按钮时，可显示全部数据的汇总结果及分类汇总结果，即全部记录的平均值和机电、经管、外语、信工 4 个部门的实发工资平均值。

3）“3”代表明细数据。单击“3”按钮时，显示所有的详细数据。

4）“+”表示数据隐藏状态。单击“+”按钮时，显示该按钮所对应的分类组中的明细数据。

5）“-”表示数据展开状态。单击“-”按钮时，隐藏该按钮所对应的分类组中的明细数据。

6）“|”为级别条。它指示属于某一级别的明细数据行或列的范围。单击级别条可隐藏所对应的明细数据。

3. 删除分类汇总

选中数据表中的任一单元格，单击“数据”选项卡“分级显示”选项组中的“分类汇总”按钮，弹出“分类汇总”对话框，如图 5.57 所示。单击该对话框中的“全部删除”按钮，分类汇总的结果即被撤销，数据清单显示为分类汇总之前的状态。

5.7 图表功能

图表将数据以图形形式可视化显示，使用户直观理解和比较大量数据，并发现不同数据系列之间的关系。

【任务四】数据呈现：调整后教师工资的图表展示

1. 任务描述

南浦大学的财务人员已经根据工资调整方案制作了调整后的工资表，并进行了相应的数据分析。为了更好地展示数据关系，准备采用图表的形式展示数据。

2. 任务分析

在本次任务中，需要完成下列操作。

1）创建图表：选择合适的数据区域，设置图表类型等。

2）编辑图表：更改类型、更改元素、调整大小、动态更新、移动位置、删除图表等。

3）美化图表：设置颜色、边框样式、对齐方式等。

5.7.1　创建图表

1. 图表元素

在创建图表之前，有必要先了解一下 Excel 2016 图表的组成部分。

各个图表元素在图表中的位置如图 5.59 所示。

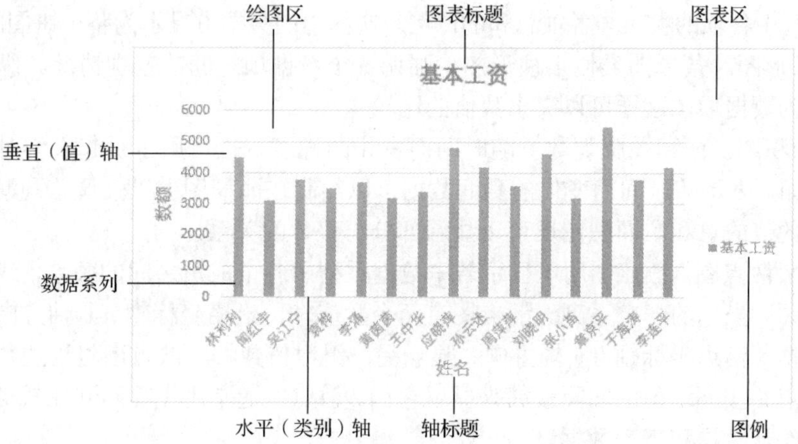

图 5.59　图表元素

1）图表区。图表区用于显示整个图表及其包含的元素。

2）绘图区。以坐标轴为界，包含全部数据系列的区域称为绘图区。

3）数据系列。绘制在图表中的一些相关数据点，来源于工作表的行或列，被按行或按列分组而构成各个数据系列。如果按行定义数据系列，那么每一行上的数据就构成一个数据系列；如果按列定义数据系列，那么每一列上的数据就构成一个数据系列。各数据系列的颜色各不相同。

4）图例。图例指位于图表中适当位置处的一个方框，内含各个数据系列名及图例项标志（标志各个数据系列的颜色及填充图案）。

5）水平（类别）轴。水平（类别）轴常用来表示种类，在一些图表类型中用水平方向的 x 轴代表。

6）垂直（值）轴。垂直（值）轴常用来表示数值的大小，在一些图表类型中用垂直方向的 y 轴代表。

7）图表标题。一般情况下每个图表都有一个标题，用来标明图表的内容。

8）轴标题。轴标题指在图表中使用坐标轴来描述数据内容时的标题，又分为水平（类别）轴标题和垂直（值）轴标题。

2. 图表类型说明

Excel 2016 提供了丰富的图表类型，每种图表类型又包含了若干种子图表类型。每种图表类型各有特色，其中树状图、旭日图、直方图、箱形图和瀑布图是 Excel 2016 新增的图表类型。

1）柱形图。柱形图用于显示一段时间内的数据变化或各项之间的比较情况。在柱形图中，通常沿横坐标轴组织类别，沿纵坐标轴组织值。

2）折线图。折线图可以显示随时间而变化的连续数据，因此非常适用于显示在相等时间间隔下数据的趋势。在折线图中，类别数据沿水平轴均匀分布，所有值数据沿垂直轴均匀分布。

3）饼图。仅排列在工作表一行或一列中的数据可以绘制到饼图中。饼图显示了一个数据系列中各项的大小与各项总和的比例。饼图中的数据点显示为整个饼图的百分比。

4）条形图。条形图类似于柱形图，强调各个数据项之间的差别情况。纵轴为分类轴，横轴为数据项，这样可以突出数值的比较。

5）面积图。面积图强调数量随时间而变化的程度，也可用于引起人们对总趋势的注意。例如，表示随时间而变化的利润数据可以绘制在面积图中以强调总利润。通过显示所绘制的值的总和，面积图还可以显示部分与整体的关系。

6）XY 散点图。散点图用于显示若干数据系列中各个成员之间的关系，或者将两组数绘制为 x-y 坐标的一个系列。散点图有两个数值轴，沿横坐标轴（x 轴方向）显示一组数值数据，沿纵坐标轴（y 轴方向）显示另一组数值数据。散点图将这些数值合并到单一数据点并按不均匀的间隔或簇来显示它们。散点图通常用于显示和比较数值，如科学数据、统计数据和工程数据。

7）股价图。以特定顺序排列在工作表的列或行中的数据可以绘制到股价图中。顾名思义，股价图经常用来显示股价的波动。这种图表也可用于科学数据。例如，可以使用股价图来显示每天或每年温度的波动。只有按正确的顺序来组织数据才能创建股价图。

8）曲面图。如果要找到两组数据之间的最佳组合，可以使用曲面图。曲面图类似地形图，颜色和图案表示具有相同数据范围的区域。当类别和数据系列都是数值时，可以使用曲面图。

9）圆环图。类似饼图，圆环图同样用于显示各个部分与整体之间的关系，但是它可以包含多个数据系列，它的每一个环都代表一个数据系列。

10）气泡图。在气泡图中，数据标记的大小反映了第三个变量的大小。要排列数据，应将 x 值放在一行或一列中，并在相邻的行或列中输入对应的 y 值和气泡大小。

11）雷达图。雷达图中每个分类都有它自己的数值轴，每个数值轴都从中心向外辐射，而线条则以相同的顺序连接所有的值。

12）树状图。树状图一般用于展示数据之间的层级和占比关系，矩形的面积代表数据大小。

13）旭日图。旭日图多用于展示多层级数据之间的占比及对比关系，图形中每一个圆环代表同一级别的比例数据，离原点越近的圆环级别越高，最内层的圆表示层次结构的顶级。

14）直方图。直方图用于展示数据的分组分布状态，矩形的宽度和高度表示频数分布。通过直方图，用户可以很直观地看出数据分布的情况、中心位置及数据的离散程度等。

15）箱形图。箱形图常用作显示一组数据分散情况资料的统计图，因形状如箱子而得名。箱形图能显示出一组数据的最大值、最小值、中位数及上下四分位数。

16）瀑布图。瀑布图因其形似瀑布流水而得名。瀑布图能够在反映数据的多少的同时，直观地反映数据的增减变化，一般用于分类，便于反映各部分之间的差异。

17）组合图。组合图将两种或更多种图表类型组合在一起，使图表内容更加丰富、直观，使数据更容易理解，特别是数据变化范围较大时。组合的图表类型可以选择，也可以自定义组合。

3. 创建图表

在 Excel 中，图表可分为两种类型：一种是独立图表，它位于单独的工作表中，与数据源不在同一个工作表中，打印时也与数据表分开打印；另一种是嵌入式图表，它与数据源在同一个工作表中，可以同时看到图表与数据的内容，打印时也同时打印。

独立图表和嵌入式图表都与工作表数据源相链接，并随工作表数据的更新而自动更新。

（1）创建嵌入式图表

以所有人的“基本工资”数据制作柱形图，操作步骤如下。

1）选定要创建图表的数据区域。将“姓名”列和“基本工资”列的所有数据选中（列标题也要一起选中）。

正确地选择数据区域是创建图表的关键。选定的数据区域可以是连续的，也可以是不连续的。但需注意的是，若选定的区域是不连续的，则第二个区域应和第一个区域所在行或所在列具有相同的矩形；若选定的数据区域有文字，则文字应在区域的最左列或最上行，作为图表中数据含义的说明。

2）设置图表类型。单击“插入”选项卡“图表”选项组中的相应按钮选择图表类型。例如，单击“柱形图”下拉按钮，在弹出的下拉列表中选择“二维柱形图”级联菜单中的“簇状柱形图”选项，此时即快速创建了一个嵌入式图表，如图 5.60 所示。

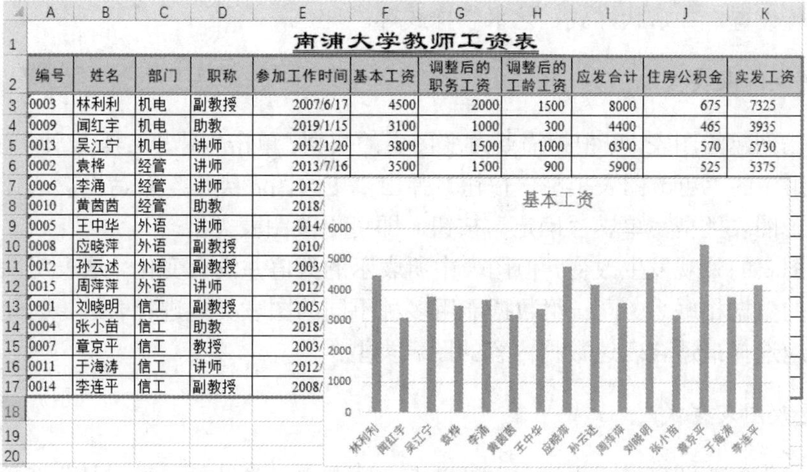

南浦大学教师工资表

编号	姓名	部门	职称	参加工作时间	基本工资	调整后的职务工资	调整后的工龄工资	应发合计	住房公积金	实发工资
0003	林利利	机电	副教授	2007/6/17	4500	2000	1500	8000	675	7325
0009	闻红宇	机电	助教	2019/1/15	3100	1000	300	4400	465	3935
0013	吴江宁	机电	讲师	2012/1/20	3800	1500	1000	6300	570	5730
0002	袁桦	经管	讲师	2013/7/16	3500	1500	900	5900	525	5375
0006	李涌	经管	讲师	2012/						
0010	黄茵茵	经管	助教	2018/						
0005	王中华	外语	讲师	2014/						
0008	应晓萍	外语	副教授	2010/						
0012	孙云述	外语	副教授	2003/						
0015	周萍萍	外语	讲师	2012/						
0001	刘晓明	信工	副教授	2005/						
0004	张小苗	信工	助教	2018/						
0007	章京平	信工	教授	2003/						
0011	于海涛	信工	讲师	2012/						
0014	李连平	信工	副教授	2008/						

图 5.60　创建嵌入式图表

（2）创建独立图表

创建独立图表有以下两种情况。

1）创建默认的独立图表。Excel 2016 默认的图表类型为柱形图。选定要创建图表的数据区域，按【F11】键，即可创建默认的独立图表。

2）将嵌入式图表更改为独立图表。选定已经创建的嵌入式图表，单击“图表工具/设计”选项卡“位置”选项组中的“移动图表”按钮，弹出“移动图表”对话框，如图 5.61 所示。选中“新工作表”单选按钮，输入新工作表的名称，单击“确定”按钮，则将嵌入式图表移动到一个新的工作表中，即成为一个独立图表。

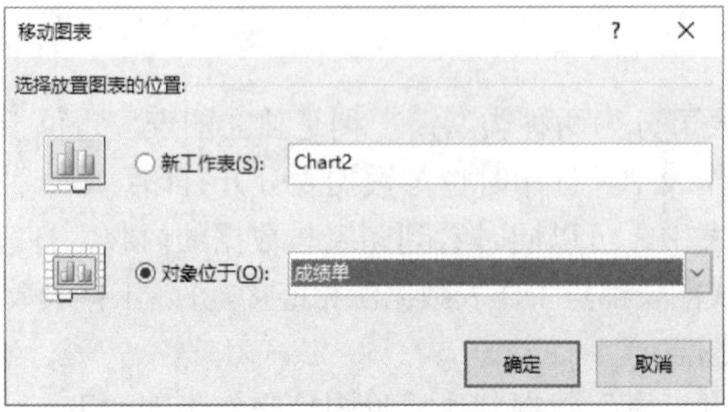

图 5.61 “移动图表”对话框

如果选定独立图表，在“移动图表”对话框中，选中“对象位于”单选按钮，则可以将独立图表移动到其他工作表中而成为嵌入式图表。

5.7.2 编辑图表

图表创建后，如果需要修改图表类型或是图表中的某些选项，可单击图表区域的任一位置，选中要修改的图表，然后对图表进行编辑。此时系统会自动显示“图表工具/设计”和“图表工具/格式”两个选项卡。其中，“图表工具/设计”选项卡用于对图表整个格局进行设置，如图表布局、图表样式等；“图表工具/格式”选项卡用于对图表中对象格式进行设置，如形状样式、艺术字样式等。

1. 更改图表类型

对于已创建的图表，可根据需要改变图表的类型。单击“图表工具/设计”选项卡“类型”选项组中的“更改图表类型”按钮，弹出“更改图表类型”对话框，选择所需的图表类型和子图表类型，单击“确定”按钮，即可更改图表类型。

虽然图表的外观发生改变，但图表中所表示的数值并没有变化。这表明图表仍然与它所表示的数据相联系。同一组数据能用多种不同的图表类型进行表达，因此在选择图表类型时应选择最适合表达数据内容的图表类型。

2. 更改图表样式

如果对创建的图表样式不满意，可以进行修改。在“图表工具/设计”选项卡“图表样式”选项组中选择一种满意的外观样式，然后查看更改图表样式后的效果即可。

3. 更改图表中的数据

图表建好之后，图表和工作表的数据区域之间就建立了联系，当工作表中的数据发生变化时，图表中的对应数据将自动更新。

1）删除图表中的数据系列。选定需要删除的数据系列，按【Delete】键即可把该数据系列从图表中删除，但不影响工作表中的数据。若删除工作表中的数据，则图表中对应的数据系列也将自动被删除。

2）向图表添加数据系列。选择新添数据的源区域，如“调整后的职务工资”列，单击“开始”选项卡“剪贴板”选项组中的“复制”按钮，再选择图表，单击“粘贴”按钮。

3）重新选择图表的数据源。选定图表，单击“图表工具/设计”选项卡“数据”选项组中的“选择数据”按钮，弹出“选择数据源”对话框，如图 5.62 所示。其中，在“图表数据区域”文本框中可以重新设置创建图表的数据源区域，在“图例项（系列）”选项组中可以实现对数据系列的添加、编辑和删除。设置完成后，单击“确定”按钮。

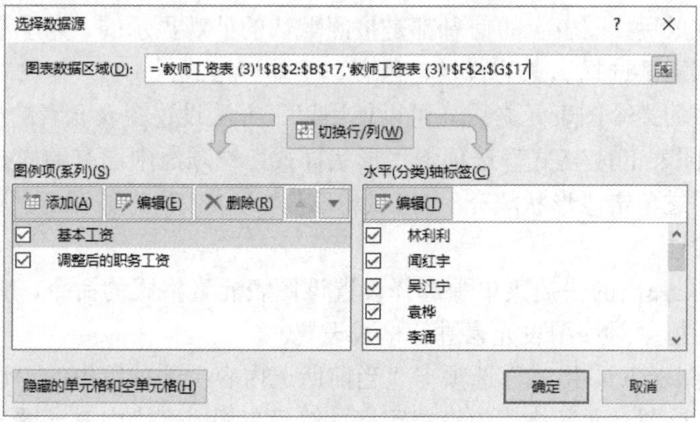

图 5.62　“选择数据源”对话框

4）更改图表中的数据系列来源。单击“图表工具/设计”选项卡“数据”选项组中的“切换行/列”按钮，或者在“选择数据源”对话框中单击“切换行/列”按钮，都可以实现数据系列的行列互换。

4. 添加图表元素

Excel 直接创建的图表有时缺少一些必要的图表元素，如图表标题、坐标轴标题、图例等，此时就需要在生成图表之后通过添加的方式补充这些图表元素。单击“图表工具/设计”选项卡“图表布局”选项组中的“添加图表元素”下拉按钮，在弹出的下拉列表中选择相应的图表元素，如图 5.63 所示，Excel 会自动添加这些元素，或者添加元素的占位符后再进行修改（如坐标轴标题）。

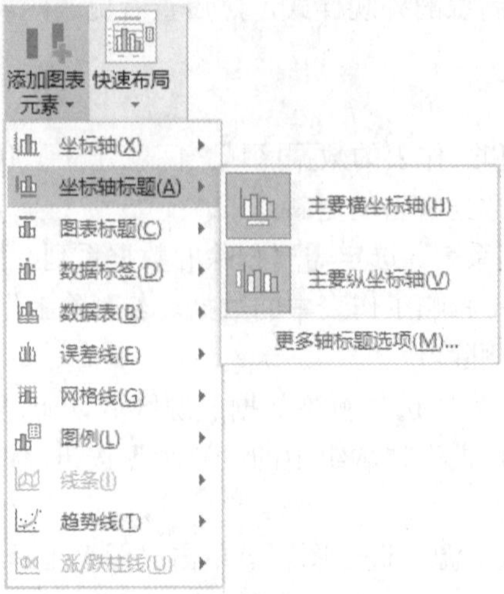

图 5.63 “添加图表元素”下拉列表

5.7.3 美化图表

图表制作完成后，图表上的信息都是按照默认的外观显示的。为了获得更理想的显示效果，可根据需要选择满意的背景、色彩、字体等格式。

选定图表中的某个图表元素后，可以使用以下方法设置图表元素的格式。

1）单击“图表工具/格式”选项卡“形状样式”选项组中已有的样式按钮直接应用样式，也可以通过单击“形状填充”“形状轮廓”“形状效果”按钮对填充颜色、边框、效果进行单独设计。

2）右击，在弹出的快捷菜单中选择设置该图表元素格式的命令，弹出相应的对话框，然后在对话框中对该图表元素进行格式设置。

3）单击“图表工具/格式”选项卡“当前所选内容”选项组中的“设置所选内容格式”按钮，打开该图表元素格式的设置窗格，然后在相应窗格中对该图表元素进行格式设置。

5.8 页面设置与工作表打印

工作表设计好之后，还需要打印输出。其操作步骤一般是先进行页面设置，再进行打印预览，最后打印输出。

【任务五】“教师信息表”和“教师工资调整表”工作表的打印

1. 任务描述

“教师信息表”和“教师工资调整表”工作表制作完成后，为了方便查看，需要将其打印输出。

2. 任务分析

在本次任务中，需要完成下列操作。

1）页面设置：对纸张大小、纸张方向、页边距、页眉和页脚等进行设置。

2）打印设置：对打印机、打印份数、打印范围等进行设置。

5.8.1　页面设置

5-20　页面设置

用户可以使用“页面布局”选项卡“页面设置”选项组中的相应按钮对页面进行设置，或单击“页面布局”选项卡“页面设置”选项组中的“对话框启动”按钮，在弹出的“页面设置”对话框中进行页面设置。其中，页边距、纸张方向、纸张大小等设置与在 Word 2016 中基本类似，在此不再赘述。下面介绍与工作表有关的选项的设置。

1. 设置打印区域

正常情况下打印工作表时，会将整个工作表全部打印输出。如果仅打印部分区域的内容，可以通过设置打印区域实现。

选定当前工作表中需要打印的区域，单击“页面布局”选项卡“页面设置”选项组中的 “打印区域”下拉按钮，在弹出的下拉列表中选择“设置打印区域”选项；或单击“页面布局”选项卡“页面设置”选项组中的“对话框启动”按钮，弹出“页面设置”对话框，选择“工作表”选项卡，在“打印区域”文本框中输入打印区域，如“$A$2:$K$17”，如图 5.64 所示。

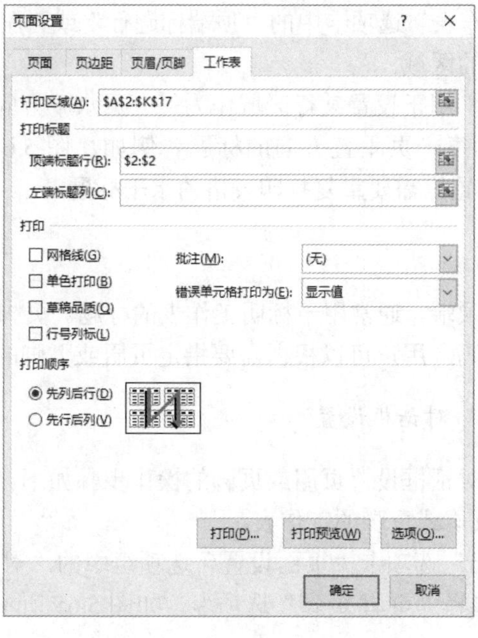

图 5.64　“工作表”选项卡

2. 设置分隔符

当需要打印的工作表的内容多于一页时，Excel 会根据纸张大小、页边距等设置，自动将工作表分页打印。此外，也可以根据需要进行人工强制分页。

（1）插入分页符

插入分页符的操作步骤如下。

1）单击分页符插入位置，即新页左上角的单元格。

2）单击“页面布局”选项卡“页面设置”选项组中的“分隔符”下拉按钮，在弹出的下拉列表中选择“插入分页符”选项。

如果单击第一行中的某个单元格或某一列的列标，将只插入垂直分页符；如果单击第一列中的某个单元格或某一行的行标，将只插入水平分页符；如果单击工作表中其他位置的单元格，将同时插入水平分页符和垂直分页符。

（2）删除分页符

如果删除水平分页符，则需要单击水平分页符下方的单元格；如果删除垂直分页符，则需要单击垂直分页符右侧的单元格；如果同时删除水平分页符和垂直分页符，则需要单击新起始页左上角的单元格，然后单击“页面布局”选项卡“页面设置”选项组中的“分隔符”下拉按钮，在弹出的下拉列表中选择“删除分页符”选项。

3. 设置打印标题

通过设置打印标题可以指定在每个打印页的顶端或左侧重复显示的行或列。

单击“页面布局”选项卡“页面设置”选项组中的“打印标题”按钮，弹出“页面设置”对话框，在“工作表”选项卡中的“顶端标题行”或“左端标题列”文本框中输入作为标题行或标题列的区域。

其中，“顶端标题行”用于设置某行区域作为每一页水平方向的标题，“左端标题列”用于设置某列区域作为每一页垂直方向的标题。例如，图 5.64 就是将当前工作表中第 2 行（$2:$2）内容设置为需要重复打印表格的水平标题。

5.8.2 页眉和页脚

页眉位于页面的最顶端，通常用于标明工作表的标题。页脚位于页面的最底端，通常用于标明工作表的页码。用户可以根据需要指定页眉或页脚的内容。

1. 通过“页面设置”对话框设置

通过“页面设置”对话框设置页眉或页脚的操作步骤如下。

1）选定需要添加页眉或页脚的工作表。

2）单击“页面布局”选项卡“页面设置”选项组中的“对话框启动”按钮，弹出“页面设置”对话框，选择“页眉/页脚”选项卡，如图 5.65 所示。

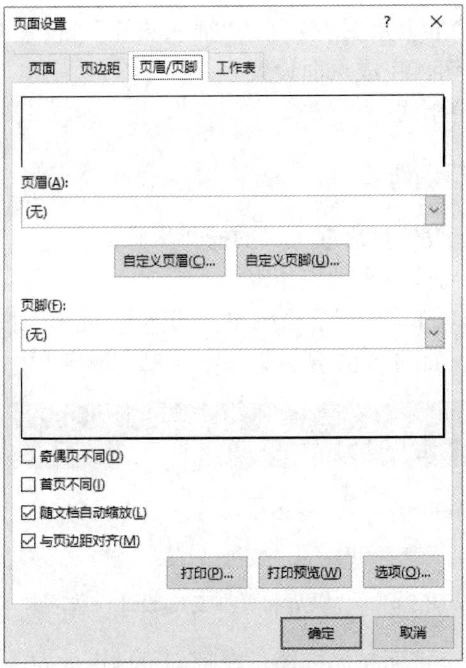

图 5.65　“页眉/页脚”选项卡

3）在“页眉”下拉列表中选择 Excel 2016 预设的页眉内容。

4）单击“自定义页眉”按钮，弹出“页眉”对话框，如图 5.66 所示。可以在“左部”“中部”“右部”3 个文本框中输入自定义的页眉内容。“左部”“中部”“右部”3 个文本框中的信息将分别显示在打印页顶部的左端、中间和右端。

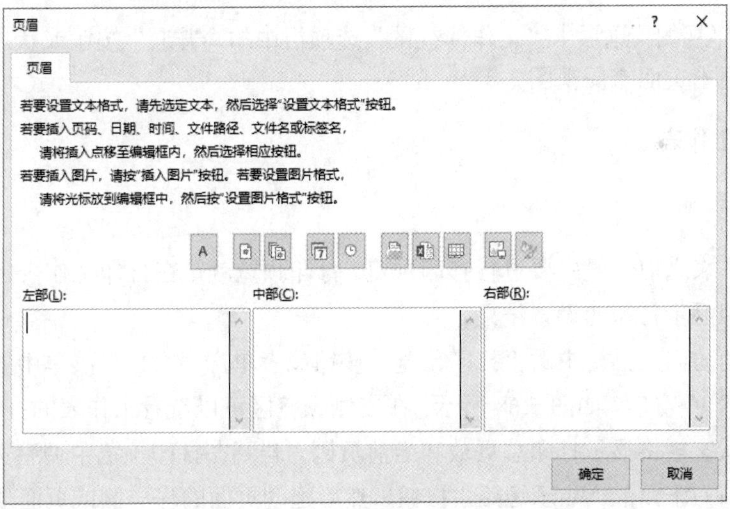

图 5.66　“页眉”对话框

通过“页眉”对话框中间部位的按钮可以输入页眉的内容或者设置页眉的格式。这些按钮分别是“格式文本”“插入页码”“插入页数”“插入日期”“插入时间”“插入文件路径”“插入文件名”“插入数据表名称”“插入图片”“设置图片格式”。

5）单击“确定”按钮，完成页面设置。

页脚设置方法与页眉相同。

2. 通过“插入”选项卡设置

通过“插入”选项卡设置页眉或页脚的操作步骤如下。

1）选定需要添加页眉或页脚的工作表。

2）单击“插入”选项卡“文本”组中的“页眉和页脚”按钮，窗口出现“页眉和页脚工具/设计”选项卡，如图 5.67 所示。

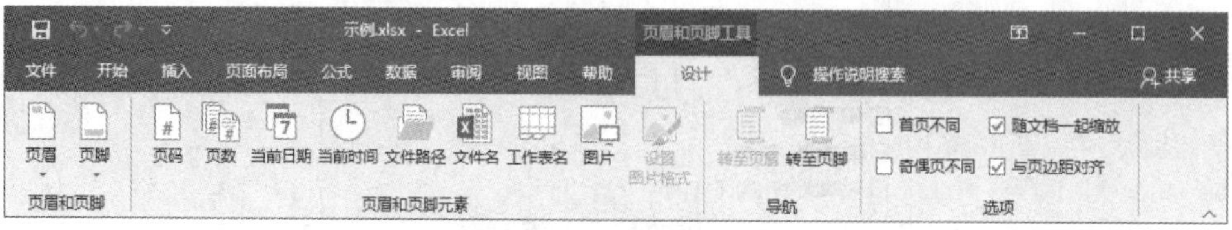

图 5.67 “页眉和页脚工具/设计”选项卡

3）工作表自动切换至页面布局视图，在顶部页眉区的左、中、右 3 个文本框中可以输入页眉内容。

单击“页眉和页脚工具/设计”选项卡“页眉和页脚元素”选项组中的按钮可以在页眉中插入页码、页数、当前日期、当前时间、文件路径、文件名、工作表名和图片。

单击“页眉和页脚工具/设计”选项卡“页眉和页脚”选项组中的“页眉”下拉按钮或“页脚”下拉按钮，在弹出的下拉列表中可以选择 Excel 2016 预设的页眉或页脚内容。

4）单击“视图”选项卡“工作簿视图”选项组中的“普通”按钮或状态栏中的“普通”按钮，退出页面布局视图。

5.8.3 打印工作表

1. 打印预览

打印工作表之前一般先要进行打印预览。打印预览就是在打印工作表之前浏览打印的效果，模拟显示打印的设置结果。

单击快速访问工具栏中的“打印预览”按钮或者单击“文件”菜单中的“打印”按钮，打开“打印”窗口，如图 5.68 所示。在右侧预览区可以查看工作表的打印预览效果。预览区下方状态栏将显示打印总页数和当前页码。若要在打印预览中调整页边距，则可单击预览窗口右下角的“显示边距”按钮，然后拖动页面的任一侧或页面顶部或底部上的黑色边距控点。

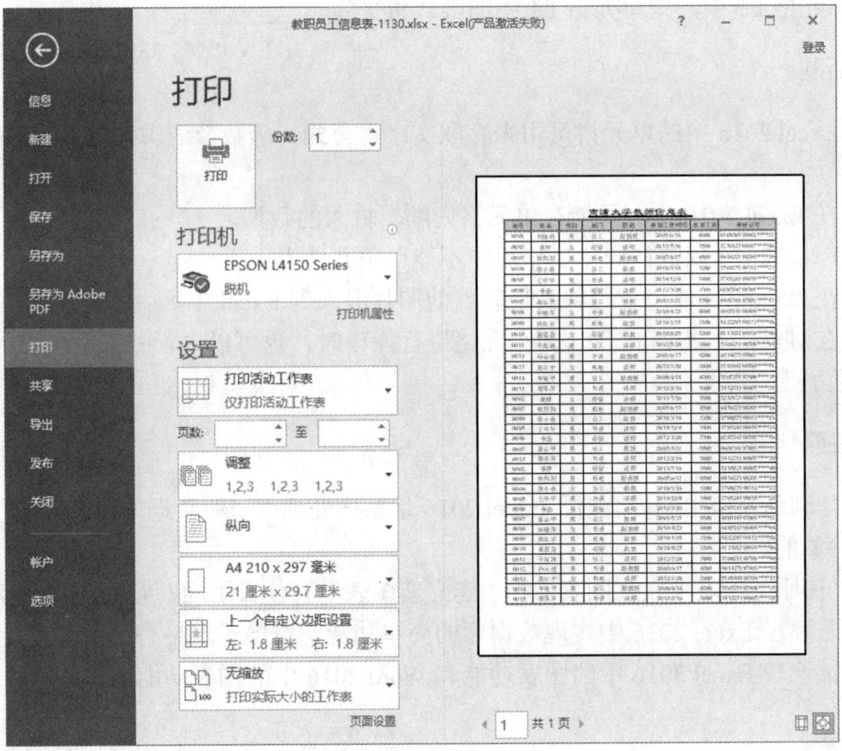

图 5.68　“打印”窗口

2. 设置并打印

经页面设置、打印预览后，用户可正式打印工作表。在“打印”窗口的“打印机”选项组中可以选择打印机的类型；在“设置”选项组中可以选择打印选定区域、活动工作表或整个工作簿，以及要打印的起始页码和终止页码。用户还可以对纸张方向、页面边距、是否缩放、打印份数等进行设置。

设置完成后，单击“打印”按钮即开始打印。

习　题　5

一、填空题

1．在 Excel 2016 中，一般工作文件的默认文件类型为__________。

2．在 Excel 2016 中，被选中的单元格称为__________。

3．在 Excel 2016 中，每一个单元格具有对应的参考坐标，称之为__________。

4．在 Excel 2016 中，引用地址有__________、__________及__________3 种表示方式。

5．在 Excel 2016 工作表中，假定单元格 D1 中保存的公式为“=B2+$C$3”，若把它复制到单元格 E1 中，则单元格 E1 中的公式将变为__________。

二、判断题

1．Excel 2016 中的单元格可用来存取文字、公式、函数及逻辑值等数据。（　　）

2．在 Excel 2016 中，只能在单元格内编辑输入的数据。（　　）

3．Excel 2016 规定在同一工作簿中不能引用其他表。（　　）

4．在 Windows 环境下可将其他软件的图片嵌入到 Excel 中。（　　）

5．在对 Excel 2016 的工作簿单元格进行操作时，也可以进行外部引用，外部引用表示必须加上“!”。（　　）

三、简答题

1．复制单元格中的内容时，Excel 2016 是怎样处理“一般数据”和“公式”这两种不同的对象的？

2．“在原工作表中嵌入图表”和“建立新图表”有什么不同？它们各自如何实现？

3．若要在 Excel 2016 中实现数据库的简单功能，对电子表格有哪些约定？

4．试比较 Excel 2016 中的图表功能和 Word 2016 中的图表功能的区别。

第 6 章　演示文稿制作

演示文稿软件 PowerPoint 是一个功能强大的演示文稿制作工具，是目前学术交流、教学、展示等数字多媒体传播需求中最为便捷的一种形式。其最终目标大多是以投影机投射在屏幕上辅助演讲或展示。所以，电子演示文稿的本质在于可视化，即将原来看不见、摸不着、晦涩难懂的抽象文字转化为由图形、图片、动画及声音所构成的生动场景，以求通俗易懂、引人入胜。

6.1　PowerPoint 2016 简介

6-1　PowerPoint 简介

演示文稿是应用信息技术，将文字、图片、声音、动画和电影等多种媒体有机结合在一起形成的多媒体幻灯片，广泛应用于会议报告、课程教学、广告宣传、产品演示等方面。学习制作多媒体演示文稿是大学计算机基础课程的一个重要内容。本章将以 PowerPoint 2016 为例，讲解演示文稿的制作、编辑及打包等内容。

6.1.1　PowerPoint 2016 的启动与退出

1. 启动 PowerPoint 2016

PowerPoint 2016 的启动方法与 Word 2016 完全一致，同样可以通过以下 3 种方式实现。

1）通过“开始”菜单启动 PowerPoint 2016。

2）通过桌面快捷图标启动 PowerPoint 2016。

3）通过已存在的 PowerPoint 文档启动 PowerPoint 2016。

2. 退出 PowerPoint 2016

PowerPoint 2016 的退出方法也与 Word 2016 完全一致。

1）单击 PowerPoint 2016 程序窗口右上角的“关闭”按钮。

2）单击“文件”菜单中的“关闭”按钮。

3）使用【Alt +F4】快捷键。

6.1.2　PowerPoint 2016 的工作环境

1. PowerPoint 2016 工作界面

6-2　PowerPoint 工作界面

启动 PowerPoint 2016 后，其工作界面如图 6.1 所示。从图中可以看出，PowerPoint 2016 窗口中也有快速访问工具栏、标题栏、选项卡功能区等，其操作方法与 Word 2016 和 Excel 2016 相同。

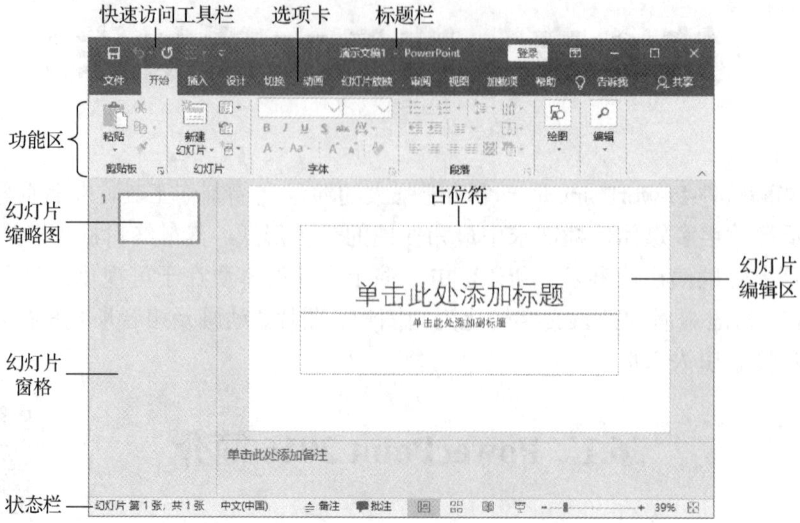

图 6.1 PowerPoint 2016 的工作界面

其中，PowerPoint 2016 工作界面特有的组成部分如下。

1）幻灯片编辑区：演示文稿的核心编辑区域，用于显示、编辑或修改当前幻灯片中的文本、图片等内容。

2）幻灯片窗格：以缩略图的形式显示演示文稿中所有的幻灯片，可用于查看幻灯片的设计效果。

3）状态栏：用于显示当前幻灯片的各种相关信息。状态栏的左侧是幻灯片张数、语言等，右侧是“备注”按钮、“批注”按钮、视图按钮和缩放比例按钮。单击“备注”按钮，将在幻灯片编辑区下方显示“备注”窗格；单击“批注”按钮，将在幻灯片编辑区右侧显示“批注”窗格；再次单击时，“备注”窗格、“批注”窗格收起。单击最右侧的“使幻灯片适应当前窗口”按钮将使幻灯片显示比例自动适应窗口的尺寸大小。

2. PowerPoint 2016 的视图模式

6-3 视图模式

PowerPoint 2016 提供了普通视图、大纲视图、幻灯片浏览视图、备注页视图和阅读视图。在不同的视图中，PowerPoint 2016 显示文稿的方式是不同的，并且可以对文稿进行不同的加工。无论是在哪一种视图中，对文稿所做的编辑都会反映到其他视图中。

（1）普通视图

普通视图是主要的编辑视图，用于撰写和设计演示文稿。普通视图包含 3 个窗格：左侧窗格以缩略图的形式显示演示文稿中的幻灯片，方便用户查看整体效果，在此窗格中可以移动（顺序调整）、复制、删除幻灯片；右侧为幻灯片编辑区，显示当前幻灯片中所有内容和设计元素，可对幻灯片进行编辑；“备注”窗格显示当前幻灯片的备注内容。拖动窗格边框可调整不同窗格的大小。

（2）大纲视图

大纲视图模式下，在左侧窗格中以大纲形式显示幻灯片中的标题文本，如图 6.2 所示。大纲视图用于查看、编排演示文稿的大纲，方便把握整个演示文稿的设计主题。在左侧窗格中输入或编辑文字时，在右侧窗格中可以看到相应变化。

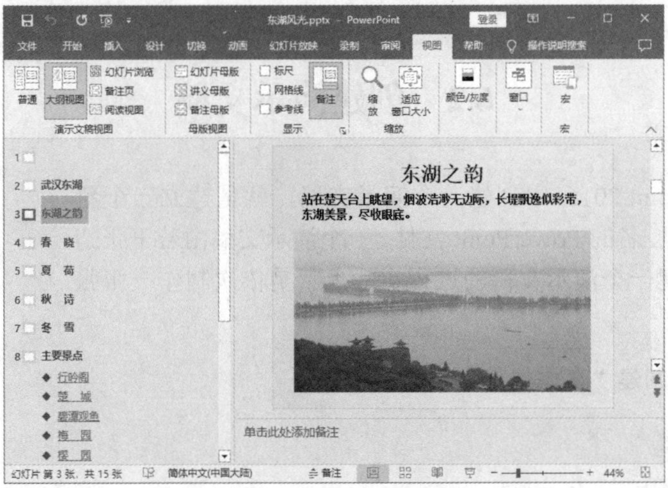

图 6.2　幻灯片大纲视图

（3）幻灯片浏览视图

在幻灯片浏览视图中，可以在屏幕上同时看到演示文稿中的所有幻灯片，这些幻灯片以缩略图形式显示，如图 6.3 所示。右击选定的幻灯片，在弹出的快捷菜单中选择相应的命令，即可轻松地添加、删除和移动幻灯片，但不能对幻灯片进行内容编辑。

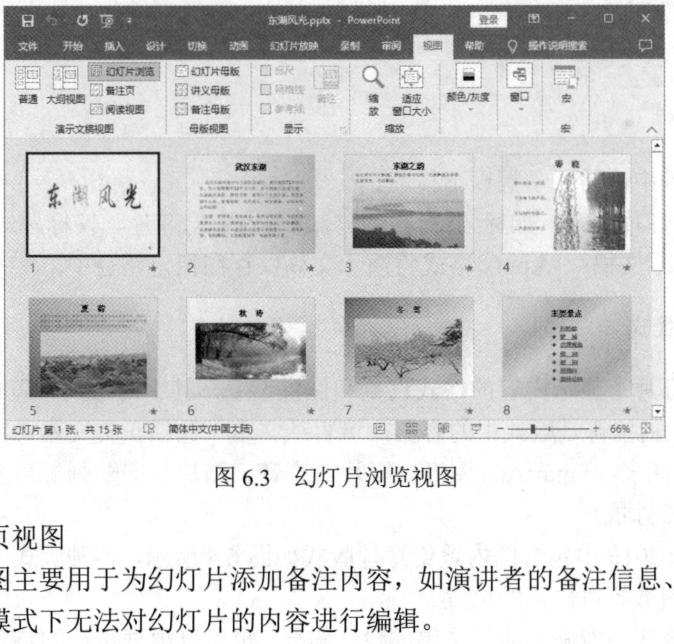

图 6.3　幻灯片浏览视图

（4）备注页视图

备注页视图主要用于为幻灯片添加备注内容，如演讲者的备注信息、解释说明信息等。在该视图模式下无法对幻灯片的内容进行编辑。

（5）阅读视图

此视图模式以全窗口形式放映幻灯片，用户可以查看设计好的演示文稿的所有演示效果，实现幻灯片的播放，在放映过程中可以通过单击切换放映的幻灯片。

在创建演示文稿期间，用户可以通过单击“幻灯片放映”按钮启动幻灯片放映和预览演示文稿。

6.2 创建演示文稿

6-4 演示文稿与幻灯片

6-5 演示文稿的制作步骤

在 PowerPoint 2016 中创建一个演示文稿，就是建立一个新的以.pptx 为扩展名的 PowerPoint 文件。一个演示文稿由若干张幻灯片组成，创建一个演示文稿的过程实际上就是依次制作一张张幻灯片的过程。

【任务一】创建“东湖风光”演示文稿

1. 任务描述

武汉东湖是中国最大的城中湖，拥有秀美的湖光山色，景观别致，风光迷人。要求创建“东湖风光”演示文稿，介绍东湖的主要景点。

2. 任务分解

分析上面的任务描述，需要完成下列操作。

1）准备文字素材，创建演示文稿。

2）按内容制作幻灯片。

3）保存演示文稿。

3. 任务分析

在本次任务中，需要掌握以下技能。

1）应用幻灯片版式：如标题幻灯片、标题和内容幻灯片、仅标题幻灯片。

2）保存演示文稿：以.pptx 格式将演示文稿保存在指定路径中。

6.2.1 幻灯片版式

版式是幻灯片上显示内容的格式设置和位置设置，其中对象的位置以占位符表示，如图 6.1 所示。占位符是版式中的容器，可容纳文本（包括正文文本、项目符号列表和标题）、表格、图表、SmartArt 图形、影片、声音、图片及剪贴画等内容。版式也包含幻灯片的主题和背景。

PowerPoint 2016 中包含的内置幻灯片版式如图 6.4 所示，各种版式上显示了可在其中添加文本或图形等占位符的位置。

如果标准版式不能满足演示文稿的设计需要，也可以根据设计的特定需求创建自定义版式，个性化地指定占位符的数目、大小和位置、背景内容、主题颜色、字体及效果等。

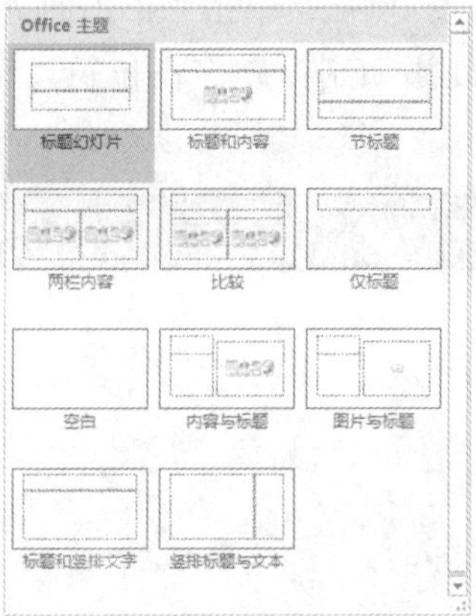

图 6.4　幻灯片版式

6.2.2　新建演示文稿

PowerPoint 2016 根据用户的不同需求，提供了多种新建演示文稿的方式。

6-6　创建演示文稿

1. 新建空白演示文稿

用户如果希望建立具有自己风格的幻灯片，可以从空白的演示文稿开始设计。具体操作步骤如下。

1）单击“文件”菜单中的“新建”按钮，打开“新建”窗口，如图 6.5 所示。

图 6.5　“新建”窗口

2）选择“空白演示文稿”模板，生成一张“标题”版式的幻灯片。

此时可制作一张标题幻灯片。例如，单击“单击此处添加标题”占位符，输入“演示文稿制作”；单击“单击此处添加副标题”占位符，输入作者姓名及制作时间，如图 6.6 所示。

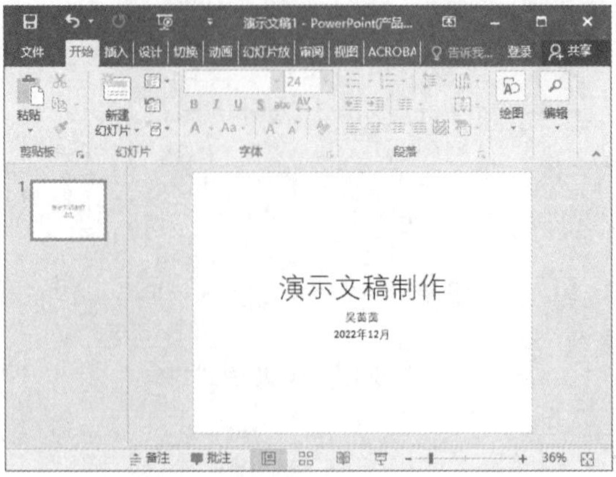

图 6.6　标题幻灯片

2. 利用模板建立演示文稿

模板是控制演示文稿外观统一的最快捷的方法。模板是以扩展名为.potx 的文件保存的幻灯片、幻灯片组合图案或蓝图。模板可以包含版式、主题和背景样式，还可以包含部分特定内容。模板的选择对于一个演示文稿的风格和演示效果影响很大。用户可以随时为某个演示文稿选择一个满意的模板，并对选定的模板做进一步的修饰与更改。

利用模板创建演示文稿的操作步骤如下。

1）单击“文件”菜单中的“新建”按钮，打开“新建”窗口。

2）在“新建”列表框中选择一种合适的模板，如“教育”主题中的“教育演示文稿”模板，如图 6.7 所示，单击“创建”按钮，即建立一个以选定的设计模板为背景的空白演示文稿。

图 6.7　选择“教育演示文稿”模板

利用“搜索联机模板和主题”搜索框，可以查找更多模板和主题。

用户还可以根据个人需要对模板进行修改，创建自己的模板，并通过“文件”菜单中的“另存为”按钮将其保存为模板文件供以后使用。

注意：在另存文件时，“保存类型”应选择为“PowerPoint 模板（*.potx）”，并为模板命名。

3. 利用“主题”新建演示文稿

主题包含设计元素的颜色、字体和效果（如渐变、三维、线条、填充、阴影等）。应用主题可使演示文稿的风格统一，并与所表现的内容相和谐，使幻灯片具有专业设计师水准的外观设计。

利用“主题”创建演示文稿的操作步骤如下。

1）单击“设计”选项卡“主题”选项组中的“其他”下拉按钮，弹出“主题”下拉列表，如图 6.8 所示。

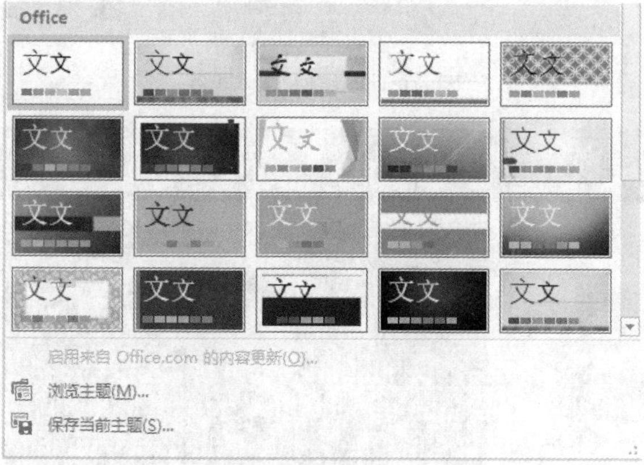

图 6.8 “主题”下拉列表

2）选择一种满意的主题，即可以创建一个以该主题为背景和字体搭配的演示文稿。

变换不同的主题可使幻灯片的版式和背景发生显著变化。单击不同的主题预览演示文稿的外观变化，以确定应用哪个主题能更和谐、高效地表达幻灯片内容。

高效、专业的幻灯片设计通常不是在完成文字稿后再在文字上添加颜色，而是在设计之初就定义了统一的主题颜色，使输入的文字自动具有预定的颜色设置。这种做法既达到了配色统一协调，又避免了大量的手动操作步骤。

4. 制作相册

应用 PowerPoint 2016 可以很轻松地制作各种精美的电子相册。

单击“插入”选项卡“图像”选项组中的“相册”按钮，弹出“相册”对话框，如图 6.9 所示。单击“文件/磁盘”按钮，弹出“插入新图片”对话框，插入所需要的图片。如果要更改图片的显示顺序，可在“相册中的图片”列表框中单击要移动的图片文件名，然后使用方向按钮在列表框中向上或向下移动，单击“创建”按钮，即可创建精美的相册，如图 6.10 所示。单击“插入”选项卡“图像”选项组中的“相册”下拉按钮，在弹出的下拉列表中选择“编辑相册”选项，可重新选择要制作相册的图片。

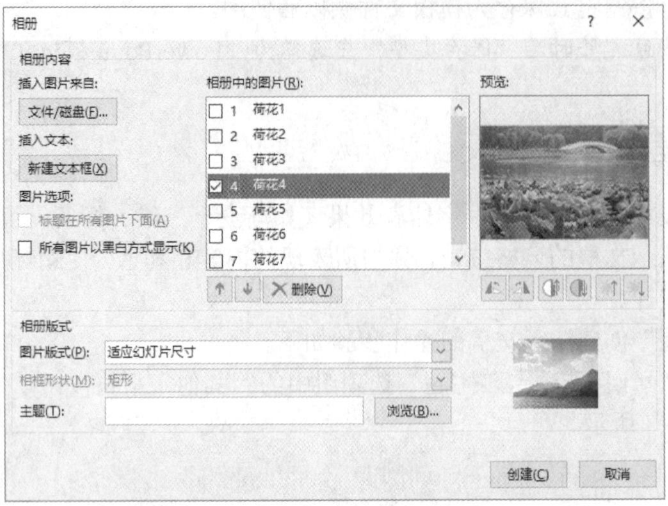

图 6.9 “相册”对话框

图 6.10 新建的相册

6.2.3 保存演示文稿

与 Microsoft Office 中其他应用程序一样，创建好演示文稿后，应立即为其命名并加以保存，在编辑过程中也要经常保存所做的更改。

6-7 保存演示文稿

保存演示文稿的操作步骤如下。

1）单击“文件”菜单中的“保存”或“另存为”按钮，打开“另存为”窗口。

2）单击“浏览”按钮，打开“另存为”对话框。

3）在“另存为”对话框的左侧窗格中，选择要保存演示文稿的位置“D:\Myfile”。

4）在“文件名”文本框中输入演示文稿的文件名“东湖风光”。

5）在“保存类型”下拉列表中选择要保存的文件类型。PowerPoint 2016 文件默认的扩展名为.pptx，并自动添加。

6）单击“保存”按钮，完成设置。

如果要在没有安装 PowerPoint 的计算机上播放演示文稿，可在“保存类型”下拉列表中选择“PowerPoint 放映（*.ppsx）”选项，如图 6.11 所示。以后在“此电脑”窗口或“文件资源管理器”窗口中双击此演示文稿时即可进行自动播放。

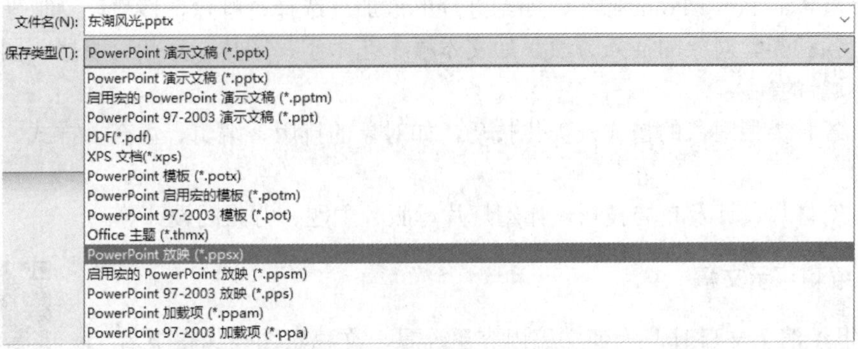

图 6.11　保存为“PowerPoint 放映（*.ppsx）”文件

如果要保存为可在早期版本的 PowerPoint 中打开的演示文稿，可在“保存类型”下拉列表中选择“PowerPoint 97-2003 演示文稿(*.ppt)”选项。

在以后的编辑修改中，用户可以按【Ctrl+S】快捷键或单击快速访问工具栏中的“保存”按钮，随时快速保存演示文稿。

6.3　编辑和美化演示文稿

【任务二】编辑美化“东湖风光”演示文稿

1. 任务描述

【任务一】只是初步尝试了建立演示文稿的过程，要完成“东湖风光”演示文稿还需要制作一系列幻灯片，而演示文稿中每一张幻灯片又是由若干对象组成的，它们是幻灯片重要的组成元素。用户可以在幻灯片中插入文字、图片及其他元素，这些元素都是以一个个对象的形式出现在幻灯片中的。用户可以选择对象，修改对象的内容或大小，移动、复制或删除对象；还可以改变对象的属性，如颜色、阴影、边框等。所以，制作一张幻灯片的过程，实际上就是制作其中每一个被指定对象的过程。

2. 任务分解

分析上面的任务描述，需要完成下列操作。

1）对象插入及编辑。根据需求插入对象，并根据整体风格对对象进行编辑和修饰。

2）排版和美化幻灯片。按要求对各种类型的幻灯片进行排版和美化，注意内容不在多而在精，色彩不在多而在和谐，文字要少、字体要大。

3）整体设计及布局。根据要求对幻灯片进行设计和布局，注意幻灯片整体应网络简明、格式统一、搭配协调。

3. 任务分析

在本次任务中，需要掌握以下技能。

1）基本的PowerPoint操作，如幻灯片的添加、选择、删除、移动、复制等。

2）各种类型对象的插入方法，如文本框、艺术字、图片、形状、表格、图表、音频和视频等的插入。

3）各种类型对象的操作及美化技巧，如对象的排版、编辑、填充、样式、排列、大小等。

4）幻灯片设计及布局技巧，如幻灯片母版、主题、背景的设计等。

6.3.1 编辑演示文稿

6-8 编辑演示文稿

在组织演示文稿时，为使文稿内容更连贯，文稿意图表达得更清楚明白，经常需要通过插入、删除、移动以及复制幻灯片来逐渐完善演示文稿。

幻灯片的插入、删除、移动及复制操作一般在幻灯片浏览视图或普通视图的“幻灯片”选项组中进行。

1. 插入幻灯片

单击“开始”选项卡“幻灯片”选项组中的“新建幻灯片”按钮，可以在选定幻灯片之后插入一张新的幻灯片。如果要为插入的幻灯片选择版式，则单击该按钮右下角的下拉按钮，在弹出的下拉列表中选择一种需要的版式。

如果要修改已经建立的幻灯片的版式，可右击幻灯片，在弹出的快捷菜单中选择“版式”命令，或单击“开始”选项卡“幻灯片”选项组中的“版式”按钮。

本次任务共包含15张幻灯片：东湖介绍、东湖四季和东湖的8个主要景点。按照上述步骤插入14张幻灯片，有“标题和内容”“两栏内容”“仅标题”“空白”等版式。

2. 删除幻灯片

选中要删除的幻灯片，按【Delete】键；或右击要删除的幻灯片，在弹出的快捷菜单中选择“删除幻灯片”命令。若无意中误删了幻灯片，可单击快速访问工具栏中的“撤销”按钮恢复。

3. 移动幻灯片

移动幻灯片可以调整幻灯片的位置，使演示文稿的结构更合理。移动幻灯片的方法：直接拖动幻灯片到目标位置。

单击可选择一张幻灯片，拖动可选择连续的幻灯片。单击一张幻灯片后，按住【Ctrl】

键再单击其他幻灯片，可选择不连续的多张幻灯片。利用剪贴板剪切、粘贴功能也可以实现幻灯片的移动操作。

4. 复制幻灯片

在幻灯片浏览视图中，按住【Ctrl】键的同时拖动幻灯片可以将选定的幻灯片复制到指定位置。利用剪贴板复制、粘贴功能也可以实现幻灯片的复制操作。

6.3.2 插入对象

1. 输入和编辑文本

6-9　输入和编辑文本

（1）添加文本

在 PowerPoint 2016 中，每张不同版式的新幻灯片上都有带虚线或影线标记边框的框，其中有相关提示文字，称为占位符，如图 6.12 所示。在占位符内单击便激活该区域，随后即可在其中输入或粘贴文本，如图 6.13 所示。

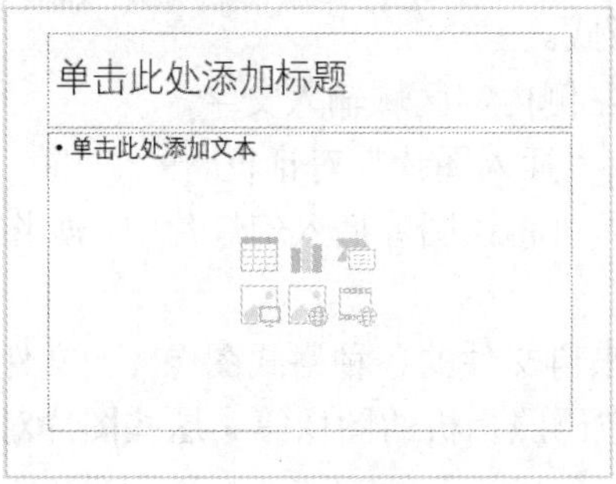

图 6.12　演示文稿的占位符

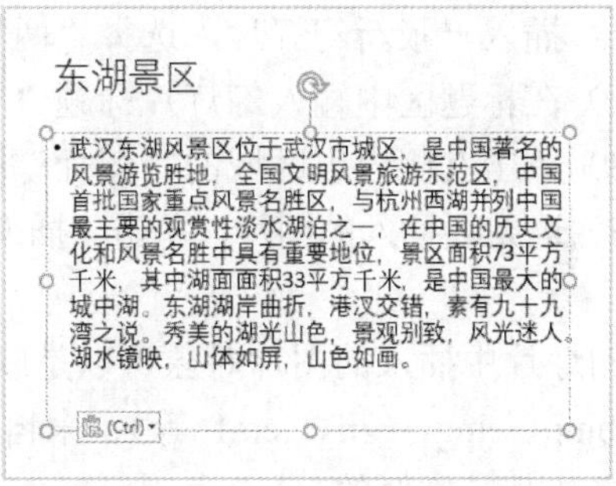

图 6.13　在文本区输入文本

在 PowerPoint 2016 中，幻灯片上的所有文本都要输入到文本框中。若要在空白版式的幻灯片或占位符之外添加文字（如在图形上添加标题或标注），则单击“插入”选项卡“文本”选项组中的“文本框”按钮，在空白的幻灯片中或其他需要输入文字的位置添加文本框，然后在其中输入具体内容，完成后单击文本框外区域的任意位置即可。

在输入文本过程中，若文本较多而超过了文本框的长度，超长文本会自动换行；若要强行换行，则可按【Enter】键；若不希望换行，则在输入文本后拖动文本框左右两侧的尺寸控制点，拉长文本框使其中的文本排列在一行内。

（2）设置文本格式

对于幻灯片中输入的文本，为增强其表达效果，有时需要更改或添加文本的格式。可以在“字体”对话框和“段落”对话框中进行相关设置，也可以使用“开始”选项卡“字体”选项组和“段落”选项组中的工具按钮进行操作。例如，设置字体、字号、对齐方式和项目符号等。

在 PowerPoint 2016 中编辑文本与在 Word 2016 中方法类似，在此不再详述。对文本进行编辑之前，首先要选定文本。可以使用拖动的方法选择部分文本，当单击标题区或文本区时，可以选择整个标题或文本框。

2. 插入艺术字

6-10 插入艺术字、公式、符号

艺术字属于嵌入式的应用程序。在 PowerPoint 2016 中，用户利用“艺术字”功能可以创建旗帜鲜明的标志或标题。下面就用艺术字功能创建一张幻灯片的标题。

1）在第 1 张幻灯片后插入一张新幻灯片，选择“空白”版式。

2）单击“插入”选项卡“文本”选项组中的“艺术字”下拉按钮，打开艺术字库，从中选择一种艺术字样式。

3）输入文字内容“东湖风光”，然后设置文字字体、字号和字形。这样即在幻灯片中插入了艺术字，如图 6.14 所示。

3. 插入图片

6-11 插入图片、形状、SmartArt 图形

用户可以直接在幻灯片中插入各种图片，具体操作步骤如下。

1）插入一张新幻灯片，选择“两栏内容”版式。

2）在标题区中输入幻灯片标题“春晓”，在左侧内容区域输入文字。

3）单击右侧内容区域的“图片”图标，弹出“插入图片”对话框。

4）选定要插入的图片，单击“插入”按钮，即可将该图片插入幻灯片中，如图 6.15 所示。

幻灯片中插入的图片对象可以是联机图片、来自文件的各种格式图像（如文件扩展名为.bmp、.jpg、.gif、.emf 等）、来自扫描仪或数码照相机的图像等。这些图片对象的操作方法都是类似的。

图 6.14 在幻灯片中插入艺术字

图 6.15 在幻灯片中插入图片

4. 插入自选图形

单击“插入”选项卡“插图”选项组中的“形状”按钮，可插入任意自选图形。PowerPoint 2016 中的自选图形操作与 Word 2016 中类似，不同之处主要有以下两点。

1）在 PowerPoint 2016 中，给自选图形添加文字比在 Word 2016 中方便，插入自选图形后可直接输入文字；而在 Word 2016 中需要选定图形后右击，在弹出的快捷菜单中选择“添加文字”命令。

2）在 PowerPoint 2016 中，文本框在默认情况下无边框，这使得为流程图的线条添

加文字比较方便；在 Word 2016 中，需要将文本框的“形状轮廓”设置为“无轮廓”。

5. 插入表格

6-12 插入表格和图表

用户可以先在 Word 2016 或 Excel 2016 中制作好表格，然后通过复制、粘贴操作将其插入到幻灯片中。也可以在 PowerPoint 2016 中直接绘制表格，操作步骤如下。

1）插入一张新幻灯片，选择“标题和内容”版式。

2）在标题区中输入幻灯片标题“景点热度”。

3）单击“插入表格”图标，弹出“插入表格”对话框，在此对话框中设置“行数”为 5、“列数”为 2，单击“确定”按钮，即可创建一个 5 行 2 列的表格，其制作方法与在 Word 2016 中相同，如图 6.16 所示。

6. 插入图表

图表可使枯燥的数据以可视化形式直观表现。在 PowerPoint 2016 中，可以插入多种数据图表。例如，在“景点热度”幻灯片中插入图表，操作步骤如下。

1）将“景点热度”幻灯片更改为“两栏标题”版式，如图 6.17 所示。

图 6.16 在幻灯片中插入表格

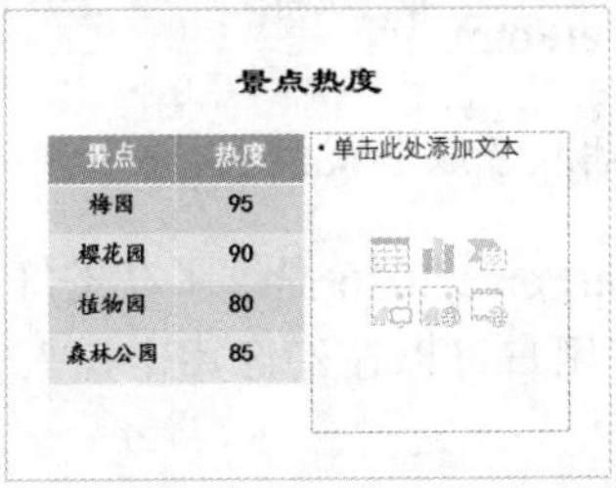

图 6.17 更改幻灯片为“两栏标题”版式

2）单击“插入图表”图标，弹出“插入图表”对话框，选择图表的类型为“簇状柱形图”，单击“确定”按钮，如图 6.18 所示。

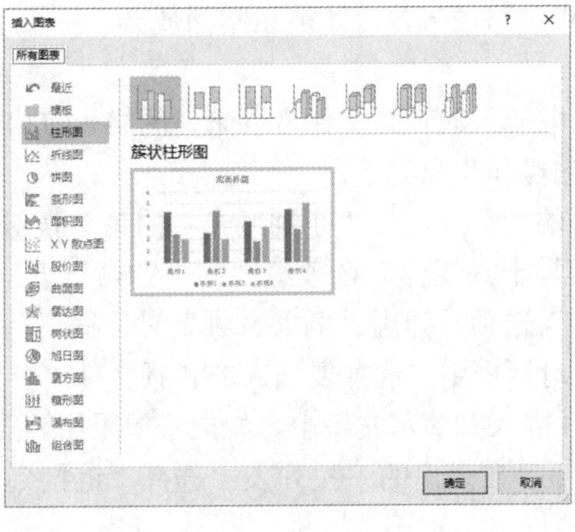

图 6.18 “插入图表”对话框

系统自动调用 Excel 来处理图表，在 Excel 窗口中输入幻灯片左侧表格中的内容，然后关闭 Excel 窗口，则在幻灯片右侧生成图表对象，如图 6.19 所示。

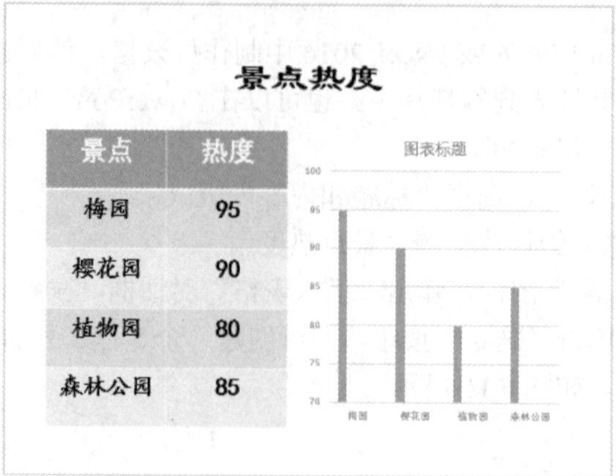

图 6.19 生成图表对象

图表插入后 PowerPoint 会自动弹出“图表工具/设计”和“图表工具/格式”选项卡，利用其可以对图表进行编辑和修改；也可以直接在 Excel 中生成图表，再利用剪贴板粘贴到 PowerPoint 中。

7. 插入音频和视频

PowerPoint 2016 提供了在幻灯片放映时播放声音、音乐和影片的功能。用户可以在幻灯片中插入音频和视频信息，使演示文稿声色俱佳。

6-13 插入音频和视频

音频和视频文件有两种插入方式：“插入”和“链接到文件”。选择“插入”方式会将音频或视频嵌入演示文稿，该方式可能会造成演示文稿文件过大，但优点是不会因未复制外部音频或视频文件或其相对路径改变而无法播放；而选择“链接到文件”方式，则音频或视频文件不嵌入演示文稿文件，在复制时需要将音频或视频文件一并复制，并保持与演示文稿文件的相对路径一致，才能正常播放。

（1）插入音频

在 PowerPoint 2016 中插入的音频文件可以来自网络、CD-ROM，也可以自行录制。在演示文稿中插入音频的操作步骤如下。

1）选定要添加音频的幻灯片，如“东湖风光”的第 2 张幻灯片。

2）单击“插入”选项卡“媒体”选项组中的“音频”下拉按钮，在弹出的下拉列表中选择“PC 上的音频”选项，弹出“插入音频”对话框。

3）在“插入音频”对话框中，选择要插入的音频文件“梦里水乡.mp3”，单击“插入”按钮，即可将该文件嵌入到演示文稿中。如果希望采用链接方式插入，则单击“插入”按钮右侧的下拉按钮，在弹出的下拉列表中选择“链接到文件”选项，如图 6.20 所示。

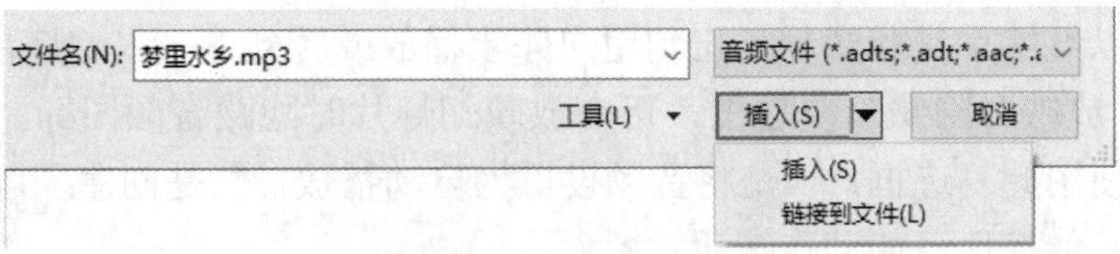

图 6.20　插入方式

4）此时在幻灯片中将出现一个音频图标，这表明音频文件已经成功插入了演示文稿中。单击音频图标会在图标下方显示一个浮动框，如图 6.21 所示。利用此浮动框中的工具按钮可以在幻灯片上播放、暂停音频。将鼠标指向“静音”按钮，在弹出的“声音控制器”中拖动滑块可调整播放声音的大小。

如果在“音频”下拉列表中选择“录制音频”选项，则弹出“录制声音”对话框，如图 6.22 所示。在“名称”文本框中输入录制的音频文件名，单击“录制”按钮开始录音，单击“结束”按钮结束录音，单击“播放”按钮可试听录制的音频，单击“确定”按钮即将录制的音频插入幻灯片中。

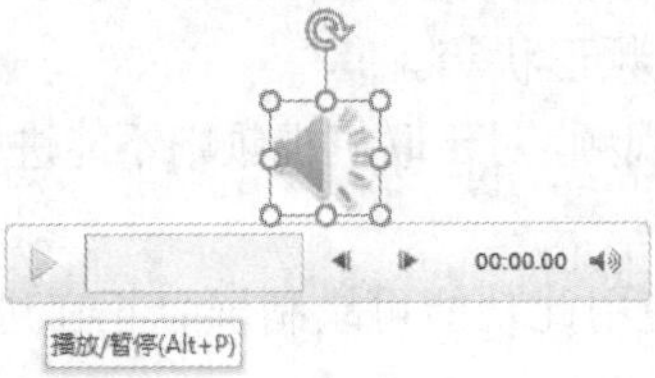

图 6.21　“插入音频”浮动框

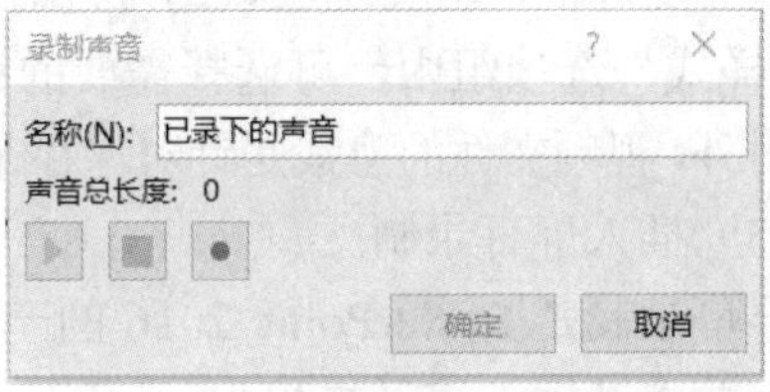

图 6.22　“录制声音”对话框

（2）设置音频的播放选项

在幻灯片中插入音频文件后，播放时默认情况下只在有音频图标的幻灯片中播放，当进入下一张幻灯片时就会停止。用户可以根据需要设置音频的播放选项。

选定幻灯片中的音频图标，可在如图 6.23 所示的“音频工具/播放”选项卡的“音频选项”选项组中进行如下设置。

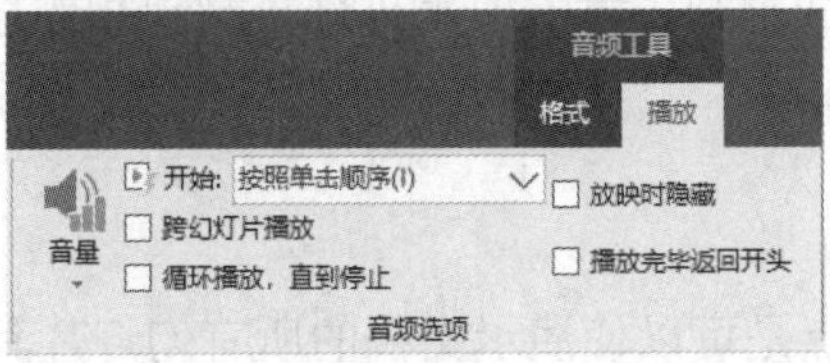

图 6.23　“音频选项”选项组

1）如果在“开始”下拉列表中选择“自动”选项，可在放映该幻灯片时自动开始播放音频。

2）如果在“开始”下拉列表中选择“单击时”选项，可在幻灯片中通过单击音频图标的方式手动播放。

3）如果选中“跨幻灯片播放”复选框，可使插入的音频在多张幻灯片中连续播放。

4）如果音频文件的长度不足以在幻灯片上继续播放，可选中“循环播放，直到停止”复选框，以继续重复此音频，直到用户停止播放或转到下一张幻灯片为止。

5）选中“放映时隐藏”复选框，可在放映幻灯片时隐藏音频图标。但只有在两种情况下才可以使用此复选框：一是将音频设置为自动播放；二是创建了可通过单击来播放音频的某种其他控件，如动作按钮。

在普通视图中，音频图标始终是可见的。

注意：如果添加了多个音频，则会层叠在一起，并按照添加顺序依次播放。如果希望每个音频都在单击时播放，可在插入音频后拖动音频图标使其分开。

（3）插入视频

插入视频和插入音频的操作非常类似。插入“联机视频”时，需要计算机正常联网，可插入网络视频，也可通过插入视频代码快速插入视频文件。

（4）编辑视频

在幻灯片中插入视频文件后，PowerPoint 2016 会自动显示“视频工具/格式”和“视频工具/播放”两个选项卡。在“视频工具/播放”选项卡“视频选项”选项组中选中“全屏播放”复选框，可实现放映幻灯片时全屏播放视频文件；在“视频工具/格式”选项卡“视频样式”选项组中，可选择需要的视频样式、视频形状等。

另外，视频文件的剪裁是针对保存在计算机中的视频，对于联机视频则不能进行剪裁。

（5）插入屏幕录制

屏幕录制是 PowerPoint 2016 的一个新功能，使用此功能可录制屏幕正在进行的任何内容并将其插入演示文稿中。

图 6.24 “屏幕录制”对话框

打开需录制的内容，单击“插入”选项卡“媒体”选项组中的“屏幕录制”按钮，切换计算机屏幕，弹出“屏幕录制”对话框，如图 6.24 所示。单击“录制区域”按钮选择录制区域，单击“录制”按钮开始录制，按【Windows+Shift+Q】快捷键停止录制，并将录制的视频插入演示文稿中。

默认录制屏幕时会自动录制声音，如果执行录制视频操作后，单击“音频”按钮，可只录制屏幕不录制声音。

6.3.3 设置幻灯片外观

PowerPoint 的一大特点是可以使演示文稿的所有幻灯片具有一致的外观。控制幻灯片外观的方法有 3 种，分别是使用母版、应用主题和更改幻灯片背景。

1. 使用母版

母版是幻灯片层次结构中的顶层幻灯片，用于存储主题和版式信息，包括背景、颜色、字体、效果、占位符大小和位置。

6-14 母版及其应用

使用母版的优点是可以统一演示文稿中所有幻灯片的风格和样式。改变母版中的任何格式或添加任何对象，均会反映到基于该母版的所有幻灯片中。所以，对于每张幻灯片上相同的信息可使用母版一次性设定，以节省编辑时间，提高编辑效率。

一些初学者在新建多张幻灯片之后才创建幻灯片母版，此时幻灯片上的某些项目可能与母版的设计风格不完全相符。所以，建议在新建各张幻灯片之前就创建幻灯片母版，而不应在编辑了多张幻灯片之后再创建母版。

PowerPoint 2016 提供的母版分为 3 类，分别是幻灯片母版、讲义母版和备注母版。幻灯片母版控制在幻灯片上输入的标题和文本的格式与类型；讲义母板用于添加或修改幻灯片在讲义视图中每页讲义上出现的页眉或页脚信息；备注母版用于控制备注页的版式及备注文字的格式。最常用的母版是幻灯片母版。

（1）打开幻灯片母版

若要对幻灯片母版进行操作，首先要打开幻灯片母版，并将其显示在屏幕上，以便用户进行编辑。执行下列操作之一，可切换到如图 6.25 所示的幻灯片母版视图。

1）单击“视图”选项卡“母版视图”选项组中的“幻灯片母版”按钮。

2）按住【Shift】键的同时单击窗口下方的“普通视图”按钮。

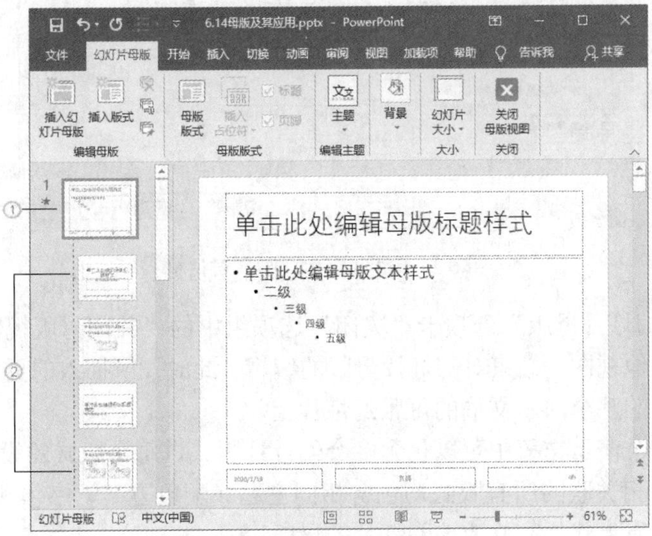

图 6.25　幻灯片母版视图

注意：图 6.25 中“①”为“幻灯片母版”视图中的幻灯片母版，“②”是与幻灯片母版相关联的幻灯片版式。

幻灯片母版给出了标题区、项目列表区、日期区、页脚区和数字区 5 个占位符。

（2）编辑幻灯片母版

在幻灯片母版中，用户可以对其中的所有内容进行修改，如改变背景、改变配色方案、改变各个占位符的位置及格式、插入图片、剪辑媒体等。换言之，凡是能够在演示文稿的幻灯片中所做的操作，都可以在幻灯片母版中进行，只是这些操作所影响的范围不同而已。

例如，对于“东湖风光”演示文稿，要在除标题幻灯片以外的所有幻灯片中添加相同的页脚内容，操作步骤如下。

1）切换到幻灯片母版视图。

2）单击“插入”选项卡“文本”选项组中的“页眉和页脚”按钮，弹出“页眉和页脚”对话框。

3）在该对话框中选中“页脚”复选框，并在其下方文本框中输入“城市学院信息工程学部”字样。在该对话框中还可以设置幻灯片的日期、时间及幻灯片编号。

4）选中“标题幻灯片中不显示”复选框，单击“全部应用”按钮，如图 6.26 所示，返回幻灯片母版视图，对输入的字体进行格式的调整。

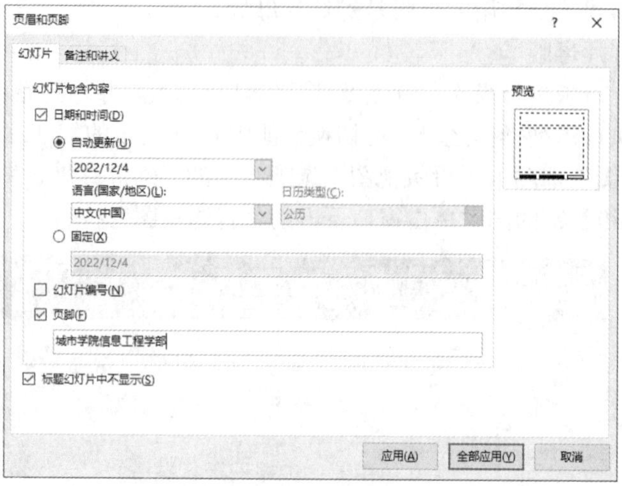

图 6.26 “页眉和页脚”对话框

5）单击“幻灯片母版”选项卡“关闭”选项组中的“关闭母版视图”按钮，或切换到幻灯片的其他视图，结束对幻灯片母版的编辑，此时，所插入的页脚信息出现在除标题幻灯片以外的整个演示文稿的每张幻灯片上。

这样，在一个演示文稿中可以包含多个幻灯片版式，每个版式的设置方式都不同，但与幻灯片母版相关联的所有版式均包含相同主题（配色方案、字体和效果）。在修改这些版式时，实质上就是在修改该幻灯片的母版。

并非所有幻灯片在每个细节上都必须与幻灯片母版保持一致。若要使某张幻灯片的格式或风格与母版有所不同，可以在幻灯片普通视图中单独设置该幻灯片的格式。

2. 应用主题

PowerPoint 2016 的主题相当于 PowerPoint 早期版本的设计模板，但它比设计模板更灵活、更丰富。主题将配色方案、字体样式和效果集成为精美的设计包，此设计包可用于多种类型的演示文稿。

单击“设计”选项卡“主题”选项组中的“其他”下拉按钮，在其下拉列表中展示了系统的内置主题库，如图 6.27 所示。PowerPoint 2016 的主题具有预览功能，当鼠标指针指向某一主题时，当前幻灯片就显示出该主题的效果。右击该主题，在弹出的快捷菜单中可选择该主题应用的范围。应用某一内置主题后还可以通过“颜色”“字体”“效果”命令对其做进一步修饰，并且可以将修饰完的主题存储为自定义的主题。

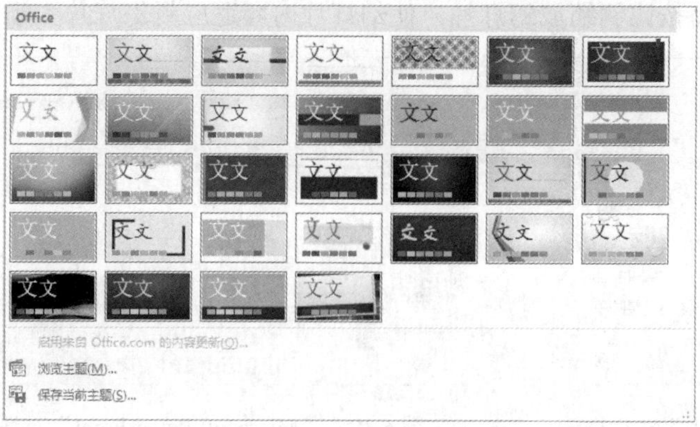

图 6.27　内置主题库

6-15　设置幻灯片页面

3. 更改幻灯片背景

幻灯片的背景是幻灯片中最显著的部分，在 PowerPoint 2016 中可以单独改变幻灯片背景的颜色、过渡、图案或者纹理。此外，还可以使用图片作为幻灯片背景。更改背景时，可以将更改只应用于当前幻灯片，也可以将更改应用于所有幻灯片或幻灯片母版。

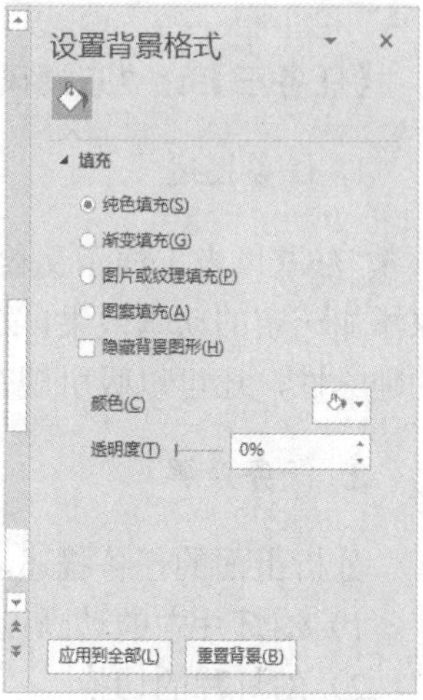

图 6.28　“设置背景格式”窗格

更改幻灯片背景的操作步骤如下。

1）打开演示文稿，选定需要更改背景的幻灯片。

2）单击“设计”选项卡“自定义”选项组中的“设置背景格式”按钮，打开“设置背景格式”窗格，如图 6.28 所示。

3）在“设置背景格式”窗格中选择一种填充模式。

如果要将更改应用于所有的幻灯片，则单击“应用到全部”按钮。

4. 设置幻灯片大小

幻灯片大小的设置直接影响着幻灯片的展示效果，为使幻灯片上的所有内容能得到有效展示，可以根据需要修改幻灯片的大小。PowerPoint 2016 提供了两种幻灯片大小，即标准（4∶3）和宽屏（16∶9），默认大小为宽屏。

单击“设计”选项卡“自定义”选项组中的“幻灯片大小”下拉按钮，在弹出的下拉列表中选择 PowerPoint 2016 提供的两种幻灯片大小。选择“自定义幻灯片大小”选项，则弹出如图 6.29 所示的“幻灯片大小”对话框，在此可设置幻灯片的宽度、高度，以及备注、讲义和大纲。

重新设置幻灯片的宽度、高度或方向后，单击“确定”按钮，弹出如图 6.30 所示的

“Microsoft PowerPoint”对话框，单击“最大化”按钮，将使幻灯片内容充满整个页面；单击“确保合适”按钮，将按比例缩放幻灯片，使幻灯片内容适应新幻灯片大小。

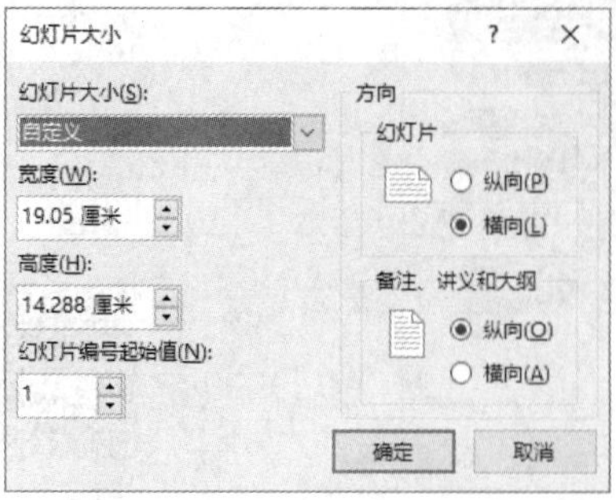

图 6.29 “幻灯片大小”对话框

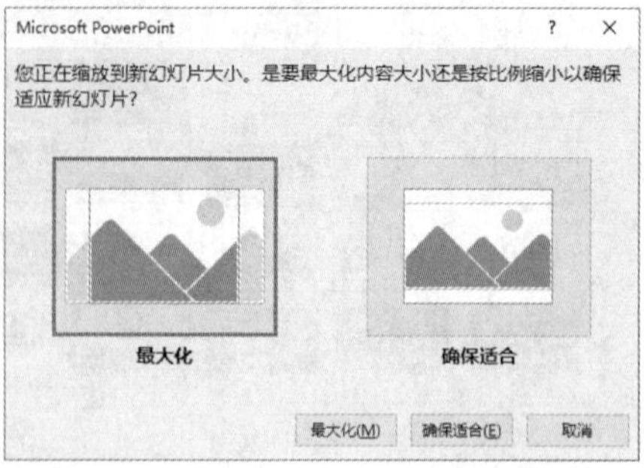

图 6.30 “Microsoft PowerPoint”对话框

6.4 幻灯片动画效果设置

【任务三】让“东湖风光”演示文稿动起来

1. 任务描述

“东湖风光”演示文稿虽然已经图文并茂，但略显呆板，如果能为演示文稿中的对象添加一定的动画效果，幻灯片的放映效果就会更加生动精彩，不仅可以增加演示文稿的趣味性，还可以吸引观众的注意力。

2. 任务分解

分析上面的任务描述，需要完成下列任务。

1）幻灯片中的动画设计。

2）幻灯片的切换

3）幻灯片的动作设置。

4）幻灯片的放映操作。

3. 任务分析

在本次任务中，需要掌握以下技能。

1）幻灯片的动画设置：动画、效果选项、计时、高级动画的设置等。

2）幻灯片切换的设置：切换效果、计时、声音、效果选项的设置等。

3）动作和超链接设置：动作、动作按钮、超链接的设置等。

4）幻灯片放映基本操作：幻灯片播放、停止、翻页、指针的灵活运用等。

6.4.1 设置幻灯片的动画效果

使用 PowerPoint 2016 提供的动画功能可以控制幻灯片中的文本、形状、图像和其他对象的进入方式和顺序，以突出重点并提高演示文稿的趣味性。

1. 动画的类型

6-16　设置自定义动画

PowerPoint 2016 支持以下 4 种不同类型的动画效果。

1）进入。使对象从视野之外进入幻灯片的动画效果，如飞入、切入等。

2）退出。对象从幻灯片中退出的动画效果，如飞出、淡出、消失等。

3）强调。吸引观众注意力的强调效果，如放大、缩小、填充颜色、旋转等。

4）动作路径。指定对象移动的动画路径，使对象沿着某种形状，甚至自定义路径移动。

2. 动画的设置

动画设置的操作步骤如下。

1）在普通视图中，选定要设置动画效果的幻灯片。

2）选定需要动态显示的对象，如艺术字“东湖风光”。

3）单击“动画”选项卡“动画”选项组中的“其他”下拉按钮，在展开的动画效果库中选择所需的动画效果，如选择“飞入”效果，如图 6.31 所示。

图 6.31　设置“飞入”动画

动画的多种效果可组合在一起，如单击“动画”选项卡“高级动画”选项组中的“添加动画”下拉按钮，在弹出的下拉列表中选择“放大”效果，即可设置对象边飞入边放大。

4）设置在播放时触发动画效果开始计时的选项，包括以下内容。

① 单击时：单击时开始动画效果，这是默认选项。

② 与上一动画同时：与列表框中上一个动画效果同时开始，用于同一时间组合多个效果。

③ 上一动画之后：在列表框中上一个动画效果完成后自动开始。

5）在“计时”选项组中为动画指定持续时间及延迟计时（均以秒为单位）。其中，持续时间指动画动作完成的快慢，延迟指动画开始前的等待时间。

6）若要为动画设置效果选项，可单击“动画”选项卡“动画”选项组中的“效果选项”下拉按钮，在弹出的下拉列表中选择所需的效果。

如果演示文稿中的幻灯片数目较多，可用母版进行动画设置，从而提高设置动画的效率。

3. 更改动画播放顺序

在演示文稿中可以改变各个对象出现的先后顺序，更改动画播放顺序的操作步骤如下。

1）在普通视图中，选中要更改动画顺序的幻灯片。

2）单击“动画”选项卡“高级动画”选项组中的“动画窗格”按钮。

3）在打开的“动画窗格”任务窗格中选定需要重新排序的动画，单击向上或向下移动按钮，便可以上下移动动画列表中的对象，改变该对象的动画顺序。

在“动画窗格”任务窗格中可以查看幻灯片上所有动画的列表框，并显示有关动画效果的重要信息，如效果的类型、多个动画效果之间的相对顺序、受影响对象的名称、效果的持续时间等。

4. 使用动画刷

类似使用格式刷复制格式，使用动画刷也可以复制动画。其具体操作步骤如下。

1）选中已设置动画效果的对象。

2）单击或双击“动画”选项卡“高级动画”选项组中的“动画刷”按钮，这时鼠标指针会变成一个小刷子状。

3）用动画刷单击某个对象，即可将动画复制给该对象。单击与双击动画刷的区别：单击后，动画刷刷一次即失效；而双击后，动画刷可以连续使用，直到再次单击“动画刷”按钮或按【Esc】键退出为止。

6.4.2 设置幻灯片的切换效果

6-17 设置切换效果

幻灯片的切换效果指幻灯片放映时幻灯片进入和离开屏幕时的视觉效果。可以选择不同的切换方式并改变其速度，也可以改变切换效果以引出演示文稿新的部分或强调某张幻灯片。设置幻灯片切换效果的方法如下。

1）选中需要设置切换方式的幻灯片。

2）单击“切换”选项卡“切换到此幻灯片”选项组中的“其他”下拉按钮（图 6.32），在展开的切换效果库中选择所需的切换效果。

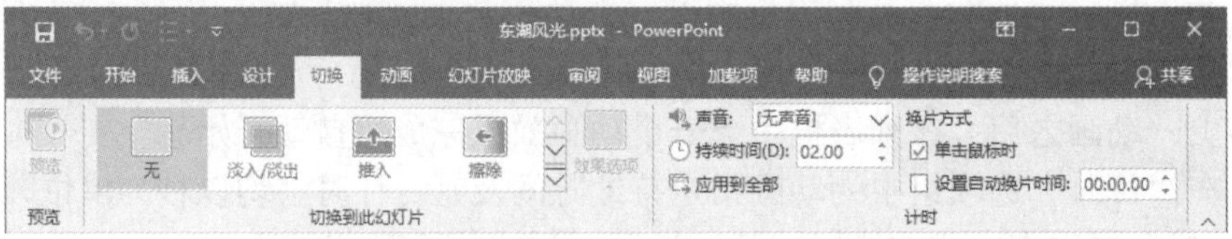

图 6.32 幻灯片切换效果设置

3）如果要将所做的设置应用于所有的幻灯片，应单击“应用到全部”按钮，否则只对选定的幻灯片添加切换效果。

在“切换”选项卡“计时”选项组中，可以设置切换方式的持续时间、从当前幻灯片进入下一张幻灯片时的换片方式，以及切换时的声音效果。偶尔使用声音效果配合幻灯片切换可起到活跃气氛、引起注意等作用，但滥用声音效果反而可能令人反感，造成不良后果。

6.4.3　设置超链接

用户可以利用 PowerPoint 2016 的超链接功能在制作演示文稿时预先为幻灯片对象创建超链接，并将链接目的地指向其他位置，如演示文稿内特定的幻灯片、另一个演示文稿、某个 Word 文档或 Excel 工作簿，甚至某个网上资源地址，从而制作出具有交互使用功能的多媒体文稿。幻灯片放映时，用户可根据自己的需要单击某个超链接，进行相应内容的跳转。

6-18　设置超链接

1. 使用“操作设置”对话框创建超链接

使用“操作设置”对话框可以将超链接创建在任何对象（如文本、图形、表格或图片等）上。例如，为图 6.33 所示的幻灯片添加超链接功能，其操作步骤如下。

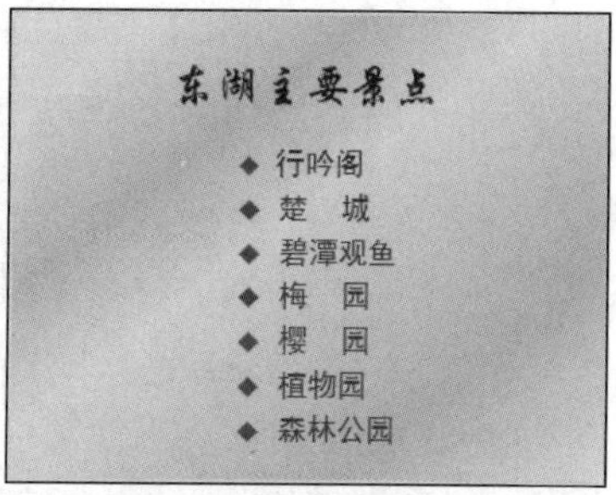

图 6.33　示例幻灯片

1）选中文本“行吟阁”。

2）单击“插入”选项卡“链接”选项组中的“动作”按钮，弹出“操作设置”对话框，如图 6.34 所示。

3）PowerPoint 2016 提供了两种激活超链接功能的交互动作：单击鼠标和鼠标悬停。单击鼠标用于设置单击动作交互时的超链接功能，大多数情况下采用这种方式；鼠标悬停的方式适用于提示、播放声音或影片。

4）选中“超链接到”单选按钮，在其下拉列表中选择要跳转到的目的幻灯片，弹出“超链接到幻灯片”对话框，如图 6.35 所示。

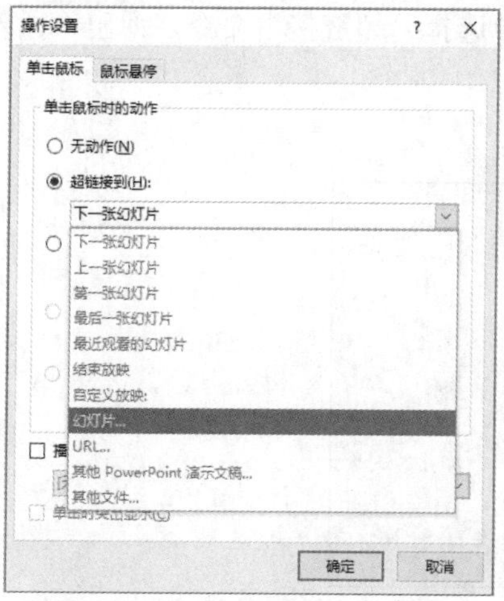

图 6.34　“操作设置”对话框

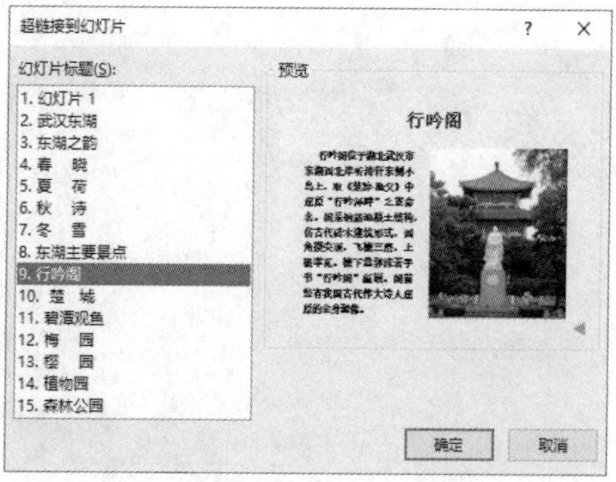

图 6.35　“超链接到幻灯片”对话框

5）单击“确定”按钮，即创建示例幻灯片与“行吟阁”幻灯片的超链接。

此时代表超链接的文本“行吟阁”会添加下划线，并显示为主题所指定的颜色。从超链接跳转到其他位置后，其颜色会改变。超链接只在幻灯片放映时才起作用，在其他视图中处理演示文稿时不起作用。

2. 使用“超链接”按钮创建超链接

使用“超链接”按钮创建超链接的操作步骤如下。

1）选定文本“楚城”。

2）单击“插入”选项卡“链接”选项组中的“链接”按钮，弹出“插入超链接”对话框，如图 6.36 所示。

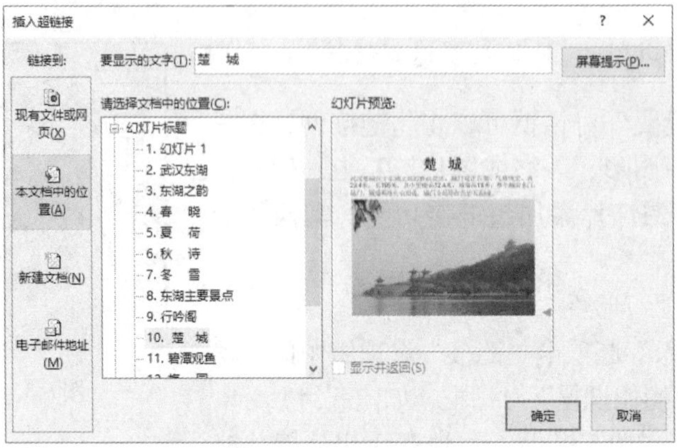

图 6.36　“插入超链接”对话框

3）在“链接到”列表框中选择“本文档中的位置”选项，在“请选择文档中的位置”列表框中选定幻灯片“楚城”。

4）单击“确定”按钮，即创建示例幻灯片与“楚城”幻灯片的超链接。

也可以右击选择的文本，在弹出的快捷菜单中选择“超链接”命令，弹出“插入超链接”对话框，然后同前面一样进行相关设置。

添加超链接后的示例幻灯片如图 6.37 所示。

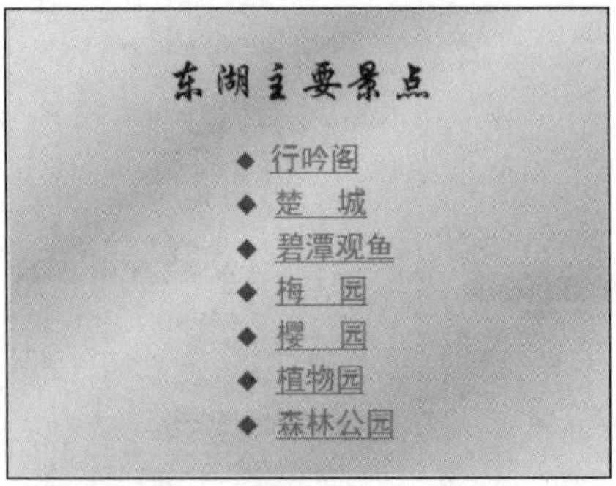

图 6.37　添加超链接后的示例幻灯片

3. 使用动作按钮创建超链接

PowerPoint 2016 带有一些制作好的动作按钮，可以将动作按钮插入到演示文稿并为之定义超链接。动作按钮包括一些形状，如左箭头和右箭头等，可以使用这些常用的、易于理解的符号转到下一张、上一张、第一张和最后一张幻灯片等。例如，在“东湖风光”演示文稿中设置从“行吟阁”幻灯片返回目录幻灯片的超链接，操作步骤如下。

1）选定“行吟阁”幻灯片。

2）单击“插入”选项卡“插图”选项组中的“形状”下拉按钮，在弹出的下拉列表中选择“动作按钮：后退或前一项”选项，如图 6.38 所示。

3）将鼠标指针移动到“行吟阁”幻灯片右下角，此时鼠标指针变成十字状，拖动鼠标，出现相应的动作按钮，同时弹出“操作设置”对话框。

4）在“操作设置”对话框中设置要链接到的位置，单击“确定”按钮关闭对话框，此时将看到“行吟阁”幻灯片右下角增加了返回按钮，如图 6.39 所示。

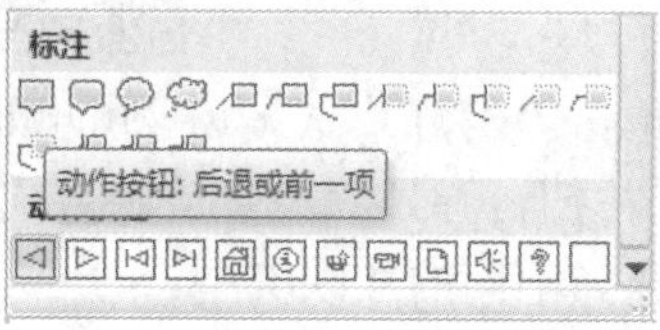

图 6.38　使用动作按钮创建超链接

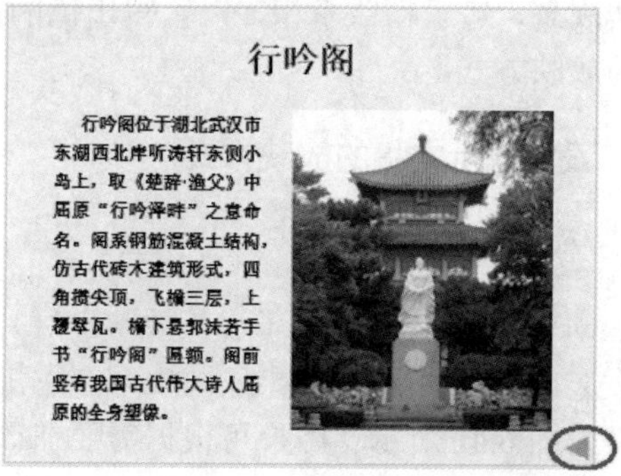

图 6.39　“行吟阁”幻灯片增加了返回按钮

4. 编辑超链接

右击具有超链接功能的对象，在弹出的快捷菜单中选择“编辑超链接”命令，弹出“编辑超链接”对话框，如图 6.40 所示，可在该对话框中重新设置超链接。

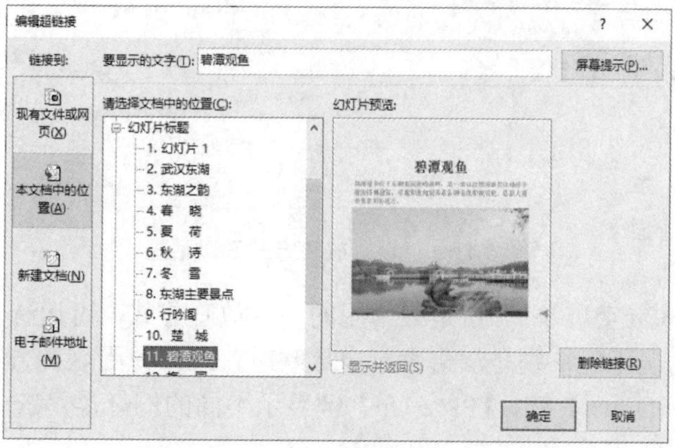

图 6.40　“编辑超链接”对话框

对于使用动作按钮创建的超链接，可右击动作按钮，在弹出的快捷菜单中选择“编辑超链接”命令，弹出“操作设置”对话框，在其中重新设置超链接。

5. 删除超链接

右击具有超链接功能的对象，在弹出的快捷菜单中选择“删除超链接”命令即可删除超链接；或者在“操作设置”对话框中选中“无动作”单选按钮；对于使用动作按钮创建的超链接，可以先选定按钮再按【Delete】键进行删除。

6.5 放映和输出演示文稿

创建演示文稿的目的是在观众面前放映和演示。除了要在创建演示文稿的过程中做好整体规划、追求精益求精，以获得出色的视觉效果外，还要根据使用者的需要，设置不同的放映方式。

6.5.1 设置演示文稿的放映方式

6-19 幻灯片放映设置

1. 放映类型

PowerPoint 2016 提供了 3 种放映幻灯片的方式。单击“幻灯片放映”选项卡“设置”选项组中的“设置幻灯片放映”按钮，弹出“设置放映方式”对话框，如图 6.41 所示。用户可根据需要在该对话框中选择不同的放映类型。

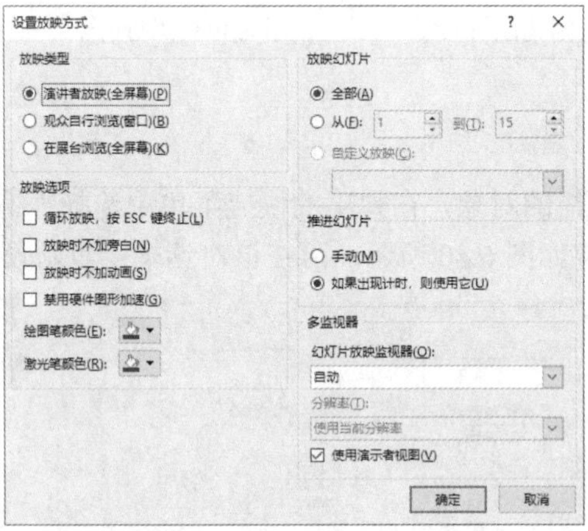

图 6.41 “设置放映方式”对话框

1）演讲者放映（全屏幕）。这是最常用的一种放映方式，可运行全屏幕显示的演示文稿。在大多数情况下，特别是演讲者亲自放映时，应该使用这种方式。用户可通过快捷菜单或按【Page Down】键、【Page Up】键显示不同的幻灯片。PowerPoint 2016 提供了绘图笔供用户进行勾画。

2）观众自行浏览（窗口）。用户采用该种方式时，系统将以窗口形式显示幻灯片，允许用户在放映时移动、复制和打印幻灯片。这种方式适合运行小规模的演示，如个人通过公司的网络浏览。

3）在展台浏览（全屏幕）。用户采用该种方式时，系统可自行运行演示文稿。在展览会场或会议中经常使用这种方式。它的特点是无人管理，要事先通过排练计时将每张幻灯片放映的时间规定好；在放映过程中，除了保留指针用于选择屏幕对象外，其余功能全部失效（按【Esc】键终止放映）。

2. 换片方式

6-20 创建自动演示文稿

（1）手动放映

手动放映是默认的放映方式，单击（或按【Enter】键）可播放下一张幻灯片，按【Esc】键可结束播放过程；按【Page Down】键或【Page Up】键可向后或向前翻一张幻灯片。

（2）自动放映

在设置自动放映方式之前要设置排练时间。其操作步骤如下。

1）设置排练计时。单击“幻灯片放映”选项卡“设置”选项组中的“排练计时”按钮，激活排练方式。此时幻灯片开始放映，同时计时系统启动，如图 6.42 所示。

2）通过单击自行安排每张幻灯片放映时所需的时间。如果重新计时可以单击“重复”按钮，暂停可以单击“暂停录制”按钮，如果要继续则按【Enter】键。

3）整个演示文稿放映完毕，系统将自动弹出排练计时提示对话框显示放映的总时间，单击“是”按钮保存排练计时，如图 6.43 所示。在幻灯片浏览视图中，设置了演示时间的幻灯片左下方会显示演示的时间长度。

图 6.42 排练计时

图 6.43 排练计时提示对话框

4）应用排练计时。单击“幻灯片放映”选项卡“设置”选项组中的“设置幻灯片放映”按钮，弹出“设置放映方式”对话框，设置“推进幻灯片”为“如果出现计时，则使用它”，如图 6.41 所示。

5）如果需要循环放映，则可选中“循环放映，按 ESC 键终止”复选框。

6）单击“确定”按钮，按【F5】键，即可实现自动放映。

3. 控制播放过程

在演示文稿放映过程中，右击幻灯片，弹出快捷菜单，如图 6.44 所示。用户可以使用快捷菜单在演示过程中进行一些必要的操作。例如，选择“指针选项”级联菜单中的“笔”选项，鼠标指针将变为绘图笔，在播放过程中可在幻灯片上书写或绘画等，如图 6.44 所示。

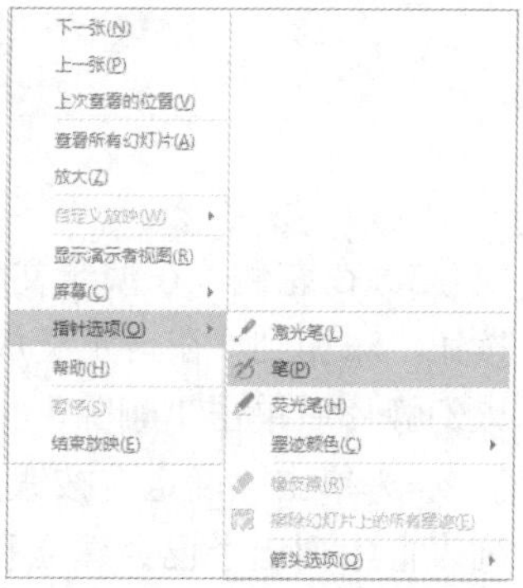

图 6.44 演示快捷菜单

如果需要更改绘图笔的颜色，可以执行下面的操作。

1）右击幻灯片，在弹出的快捷菜单中选择“指针选项”级联菜单中的“墨迹颜色”命令。

2）在“墨迹颜色”级联菜单中选择需要的颜色。

如果想在幻灯片上强调要点，则可将鼠标指针变成荧光笔。在幻灯片放映过程中单击即可开始标记。

4. 有选择地放映部分幻灯片

面对不同的观众对象和场合，往往会有选择地放映整套幻灯片中的一部分。“自定义幻灯片放映”和“隐藏幻灯片”两种功能都能达到有选择地演示部分幻灯片的目的。

（1）自定义放映

使用“自定义幻灯片放映”功能，可以有选择地放映演示文稿中某一部分幻灯片。具体操作步骤如下。

1）单击“幻灯片放映”选项卡“开始放映幻灯片”选项组中的“自定义幻灯片放映”按钮，弹出“自定义放映”对话框，如图 6.45 所示。

图 6.45 “自定义放映”对话框

2）单击“新建”按钮，弹出“定义自定义放映”对话框，在“幻灯片放映名称”文本框中输入自定义放映的演示文稿名称，如“教学设计”，如图 6.46 所示。

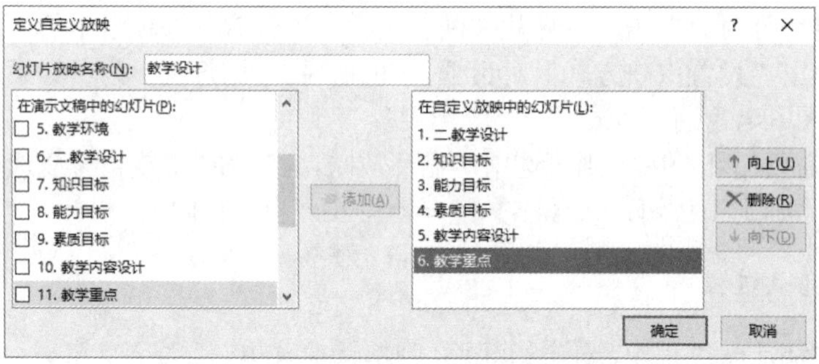

图 6.46 “定义自定义放映”对话框

3）在左侧“在演示文稿中的幻灯片”列表框中选择要放映的幻灯片，单击“添加”按钮，添加到“在自定义放映中的幻灯片”列表框中。若要删除错选的幻灯片，可选定该幻灯片后单击“删除”按钮。

4）单击“确定”按钮，返回“自定义放映”对话框。在该对话框的“自定义放映”列表框中列出了已经建立和刚刚建立的自定义放映名称，选择“教学设计”选项，单击“放映”按钮即可放映幻灯片。

在“自定义放映”对话框中选定某个自定义放映项，单击“删除”按钮即可删除该自定义放映。

（2）隐藏部分幻灯片

在幻灯片浏览视图中，选中演示时不放映的幻灯片，单击“幻灯片放映”选项卡“设置”选项组中的“隐藏幻灯片”按钮，被隐藏幻灯片左下角的序号数字上将显示隐藏标记，表示该幻灯片在放映时将被跳过而不演示。选中该隐藏幻灯片后再次单击“隐藏幻灯片”按钮，则取消该幻灯片的隐藏。

5. *录制幻灯片演示*

放映幻灯片时，如果演讲者无法在旁解说幻灯片的内容，可以利用 PowerPoint 2016 的“录制幻灯片演示”功能，将演讲者要说的内容预先录制在演示文稿中，播放时的效果类似纪录片。录制方法是先戴好耳机，然后单击“幻灯片放映”选项卡“设置”选项组中的“录制幻灯片演示”按钮，弹出“录制幻灯片演示”对话框，如图 6.47 所示。此功能不仅可录下演讲者的讲解内容，还可记录幻灯片的放映时间，以及演讲者使用荧光笔在幻灯片上讲解时的墨迹。录好的幻灯片即可脱离演讲者进行放映。

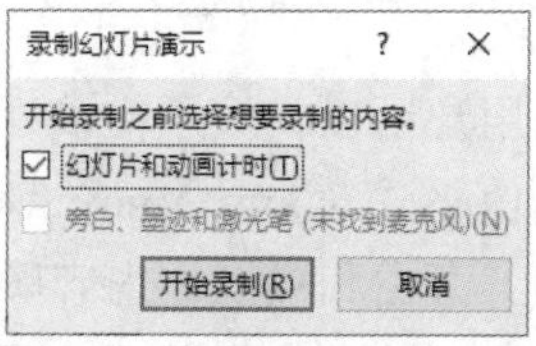

图 6.47 “录制幻灯片演示”对话框

6.5.2 输出演示文稿

根据不同的需求，输出演示文稿的类型也不同。除了放映演示文稿，还可以将演示文稿制作为多种类型的输出，如 PDF/XPS 文档、图片文件、视频文件、打印输出等。

1. *演示文稿导出为 PDF/XPS 文档*

PDF/XPS 文档以固定的格式保存演示文稿，保存后的文档能够保留幻灯片中的字体、格式和图像，在大多数计算机上具有相同的外观，并且其内容将不能再被修改。

单击“文件”菜单中的“导出”按钮，在打开的“导出”窗口中单击“创建 PDF/XPS 文档”按钮，单击右侧的“创建 PDF/XPS”按钮，在弹出的“发布为 PDF 或 XPS”对话框中选择文档保存类型为“PDF”或“XPS 文档”，输入文件名，单击“发布”按钮。单击“文件”菜单中的“另存为”按钮，在打开的“另存为”窗口中单击“浏览”按钮，弹出“另存为”对话框，选择保存类型为“PDF”或“XPS 文档”，输入文件名，单击“保存”按钮，也可创建一个 PDF 或 XPS 文档。

查看创建的 PDF 或 XPS 文档时，不再需要使用 PowerPoint 软件，而是使用专门的 PDF 或 XPS 阅读软件。

2. *演示文稿保存为图片*

演示文稿制作完成后，可直接将幻灯片以图片文件的格式保存，可保存的图片文件格式有 JPG、PNG 等。

单击“文件”菜单中的“另存为”按钮，在打开的“另存为”窗口中单击“浏览”按钮，弹出“另存为”对话框，设置保存类型、保存路径和文件名，单击“保存”按钮，弹出如图 6.48 所示的提示对话框，选择保存方式为“所有幻灯片”或“仅当前幻灯片”实现演示文稿保存成图片。若选择保存方式为“所有幻灯片”，则将每张幻灯片作为一张单独的图片保存在设置的保存路径中。

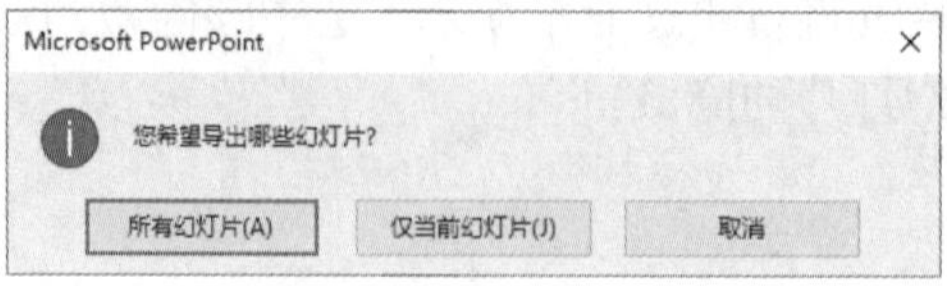

图 6.48　演示文稿保存为图片提示对话框

3. 演示文稿导出为视频文件

用户可以将演示文稿保存为 Windows Media(.wmv)视频文件或其他格式（.avi、.mov 等）的视频文件，以保证演示文稿中的动画、旁白和多媒体内容顺畅播放，观看者无须在其计算机上安装 PowerPoint 即可观看。具体操作步骤如下。

6-21　演示文稿保存为视频

1）单击“文件”菜单中的“导出”按钮，在打开的“导出”窗口中单击“创建视频”按钮，打开“创建视频”窗格，如图 6.49 所示。

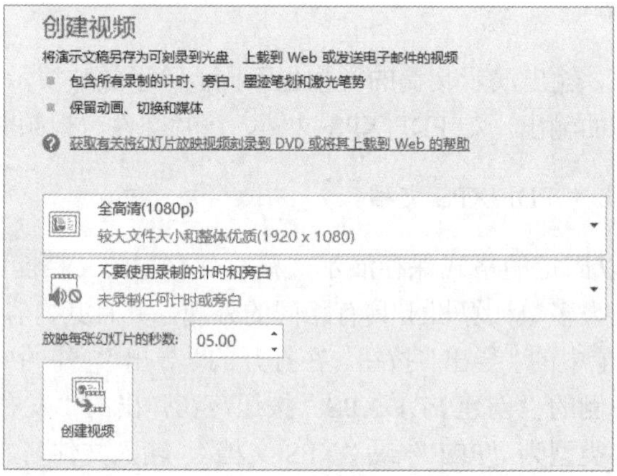

图 6.49　“创建视频”窗格

2）单击“全高清(1080p)”右侧的下拉按钮，可显示所有视频质量和大小的选项。

3）单击“不要使用录制的计时和旁白”右侧的下拉按钮，在弹出的下拉列表中可选择是否使用录制的计时和旁白；在“放映每张幻灯片的秒数”数值框中可更改每张幻灯片的放映时间。

4）单击“创建视频”按钮，弹出“另存为”对话框，在“文件名”文本框中输入视频文件的名称，并指定存放位置，单击“保存”按钮。

4. 打印演示文稿

6-22　打印演示文稿

演示文稿除了可以用于在计算机中进行电子演示外，还可以打印出来作为纸质资料。在 PowerPoint 2016 中可以使用彩色、黑白或灰度来打印演示文稿中的幻灯片、讲义和备注页。

单击“文件”菜单中的“打印”按钮，打开“打印”窗口。在其左窗格中可以对打印机、打印份数、打印范围及打印的内容等进行设置，如图 6.50 所示。

为了节约纸张，可以选择“讲义”选项，同时设置每页打印的幻灯片张数及其排列顺序等，如图 6.51 所示。

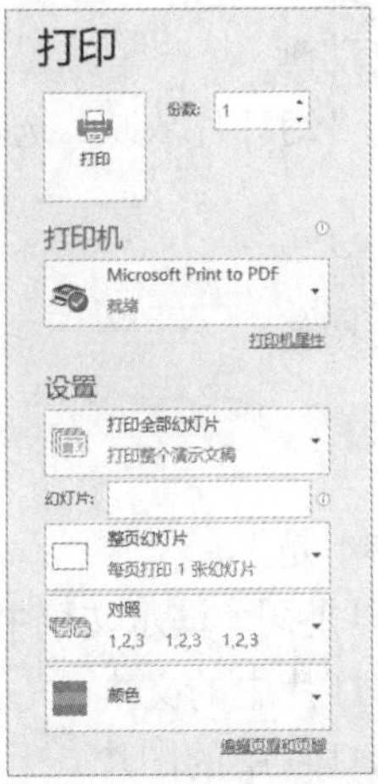

图 6.50　设置打印选项

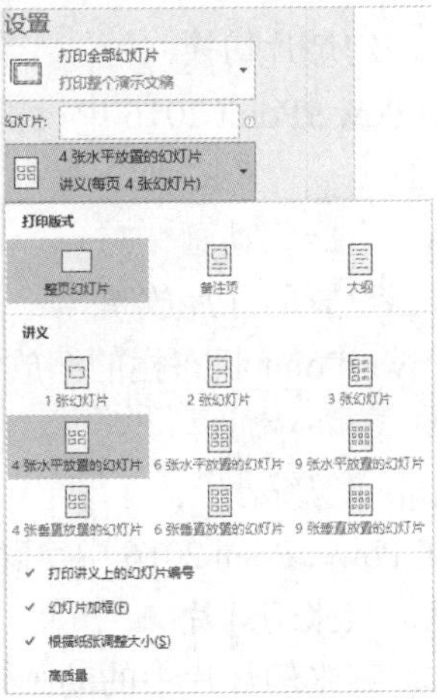

图 6.51　设置每页打印效果

如果选择“备注页”选项，则将幻灯片和备注页的内容同时打印在一张纸上作为提醒。如果选择“大纲”选项，则只打印大纲视图中的文字部分。

习　题　6

一、选择题

1. 下列 PowerPoint 视图中，可以精确设置幻灯片格式的是（　　）。

　A. 备注页视图　　B. 幻灯片浏览视图

　C. 普通视图　　D. 黑白视图

2. 在 PowerPoint 2016 中，下列有关幻灯片背景的说法中，错误的是（　　）。

　A. 用户可以为幻灯片设置不同的颜色、阴影、图案或者纹理背景

　B. 可以使用图片作为幻灯片背景

　C. 可以为单张幻灯片设置背景

　D. 不可以同时为多张幻灯片设置背景

3．在 PowerPoint 2016 中，在同一窗口能显示多张幻灯片，并在幻灯片的下方显示其编号的是（　　）。

A．大纲视图　　B．幻灯片浏览视图

C．备注页视图　　D．幻灯片视图

4．PowerPoint 2016 演示文稿设计模板的默认扩展名是（　　）。

A．.potx　　B．.pftx

C．.pptx　　D．.prtx

5．如果要从第 2 张幻灯片跳转到第 9 张幻灯片，在 PowerPoint 2016 中应使用（　　）来实现。

A．超链接　　B．动画方案

C．幻灯片切换　　D．自定义动画

6．在 PowerPoint 2016 中设置幻灯片放映方式应单击“幻灯片放映”选项卡“设置”选项组中的（　　）按钮。

A．自定义动画　　B．排练计时

C．设置幻灯片放映　　D．幻灯片切换

7．PowerPoint 状态栏的缩放滑块用于（　　）。

A．字符缩放　　B．字符放大

C．字符缩小　　D．以上均不是

8．在 Power Point 2016 中，设置超链接的目标对象可以是同一演示文稿中的（　　）。

A．某张幻灯片　　B．某张幻灯片中的文本

C．某张幻灯片中的动画　　D．某张幻灯片中的图片

二、填空题

1．在“设置放映方式”对话框中有 3 种不同的幻灯片放映方式，分别是________、________和________。

2．在一个演示文稿中________（能、不能）同时使用不同的模板。

3．幻灯片之间的切换效果，可通过________选项卡来设置。

4．在 PowerPoint 2016 中，背景图片只要在________视图中更改一次，就能作用于当前演示文稿中的所有幻灯片。

5．在 Power Point 2016 中要切换到幻灯片母版，应先选择________选项卡。

三、简答题

1．请说出幻灯片几种视图的名称及它们的用途。

2．简述幻灯片母版的特点。

3．如何设置演示幻灯片时每张幻灯片的切入方式？

4．如何向幻灯片中添加声音？

5．如何利用“超链接”功能组织幻灯片的浏览顺序？

6．如何设置演示文稿的自动播放效果？

第7章　计算机网络与Internet应用

随着通信技术和信息技术的飞速发展，计算机网络已经应用到社会的各个方面，在各行各业中起着举足轻重的作用。Internet 作为世界上最大的计算机网络信息管理系统，已经改变了人们的工作和生活方式，成为现代办公和家庭中不可缺少的工具。因此，人们需要了解和掌握一些网络的基本知识，以及 Internet 的使用方法。

7.1　计算机网络基础

人类目前生活的时代是一个以网络为核心的信息时代，其特征是数字化、网络化和信息化。世界经济正从工业经济转变到知识经济。知识经济最重要的特点是信息化和全球化。要实现信息化和全球化，就必须依赖完善的网络体系，即电信网络、有线电视网络和计算机网络。在这三类网络中，起核心作用的是计算机网络。计算机网络的建立和使用是计算机科学与通信技术发展相结合的产物，它是信息高速公路的重要组成部分，是一门涉及多种学科和技术领域的综合技术。计算机网络使人们不受时间和地域的限制，实现资源共享。

7.1.1　计算机网络概述

1．计算机网络的定义

7-1　计算机网络概述

计算机网络虽然发展速度很快，但到目前为止对计算机网络并没有一个精确、统一的定义。

美国著名的网络专家 Tanenbaum 给出了最简单的定义：网络是一些互联、自治的计算机的集合。在这个定义中，互联指计算机间能够相互交换信息，自治则指不受其他计算机控制，具有自我运行、计算能力的计算机。这一定义将一些早期带有多个终端的大型机排除在外。

另一位网络专家 Landwber 则指明一个计算机网络应当由以下 3 个部分组成。

1）若干主机，它们向网络提供服务。

2）一个通信子网，它由一些专用的结点交换机和连接这些结点的通信链路所组成。

3）一系列协议，这些协议用于主机之间或主机与子网的通信。

这些定义从不同的角度对计算机网络进行了描述。综合起来，可以将计算机网络理解为将地理上分散的多台主机通过通信设备、传输介质互相连接起来，并配以相应的网络协议、网络软件，以达到主机间能够相互交换信息、实现资源共享的系统。

2. 计算机网络的产生与发展

7-2 互联网的发展史

计算机网络的发展几乎与计算机的发展同时起步。自 1946 年第一台电子计算机 ENIAC 诞生以来，计算机与通信的结合不断地发展，计算机网络技术就是这种结合的结果。1952 年，美国半自动化地面防空（semi-automatic ground environment，SAGE）系统的建成可以看作计算机技术与通信技术的首次结合。此后，计算机通信技术逐渐从军用领域扩展到民用领域，一些研究机构、大学和大型商业组织在 20 世纪 60 年代陆续建立了一批实验研究用计算机通信网和实用计算机通信网。

计算机网络发展过程中的一个里程碑的事件是 ARPANET 的诞生。ARPANET 是美国国防部高级研究计划局（Defense Advanced Research Projects Agency，DARPA）于 1968 年提出的一个概念，到 1971 年 2 月，ARPANET 已建成 15 个结点，并进入工作阶段。在随后几年中，其地理范围从美国本土扩展至欧洲。

计算机网络出现的时间不长，但发展的速度很快，经历了具有通信功能的单机系统、具有通信功能的计算机网络和体系结构标准化的计算机网络等发展阶段，现在正向高速光纤网络技术、综合业务数字网（integrated services digital network，ISDN）技术、无线数字网技术和智能网技术等方面发展。

3. 计算机网络的功能

计算机网络的功能主要体现在资源共享、信息交换和分布式处理 3 个方面。

（1）资源共享

资源指网络中所有的硬件、软件和数据。共享指网络中的用户都能够部分或全部地使用这些资源。

通常，在网络范围内的各种输入输出设备、大容量的存储设备、高性能的计算机等都是可以共享的硬件资源，对于一些价格高又不经常使用的设备，可通过网络共享提高设备的利用率，节约不必要的开支，降低使用成本。

软件共享指网络用户对网络系统中的各种软件资源的共享，如主机中的各种应用软件、工具软件、语言处理程序等。数据共享指网络用户对网络系统中的各种数据资源的共享。网络上的数据库和各种信息资源是共享的一个主要内容。因为任何用户都不可能把需要的各种信息收集齐全，而且也没有这个必要，计算机网络提供了这样的便利，全世界的信息资源可通过 Internet 实现共享。

（2）信息交换

信息交换功能是计算机网络最基本的功能，主要完成网络中各个结点之间的通信。任何人都需要与他人交换信息，计算机网络提供了最快捷、最方便的途径。人们可以在网络上发送电子邮件、发布新闻消息，享受电子商务、远程教育和远程医疗等服务。

（3）分布式处理

分布式处理就是指网络系统中若干台计算机可以互相协作共同完成一个大型任务。

或者说，一个程序可以分布在几台计算机上并行处理。这样，就可以将一项复杂的任务划分成许多部分，由网络中各个计算机分别完成有关的部分，这样处理能均衡各计算机的负载，充分利用网络资源，增强处理问题的实时性，提高系统的可靠性。对解决复杂问题而言，多台计算机联合使用并构成高性能的计算机体系，这种协同工作、并行处理要比单独购置高性能的大型计算机便宜得多。

4. 计算机网络的分类

7-3　计算机网络的分类

计算机网络可以从不同的角度进行分类，最常见的分类方法如下。

（1）按照网络的覆盖范围分类

1）局域网（local area network，LAN）。一般用微型计算机通过高速通信线路相连，覆盖范围在 2 km 以内，通常用于连接一栋或几栋大楼，在局域网内传输速率高、传输可靠、误码率低；结构简单，容易实现。

2）城域网（metropolitan area network，MAN）。城域网是在一个城市范围内建立的计算机通信网络。通常使用与局域网相似的技术，传输媒介主要采用光缆。所有联网设备均通过专用连接装置与媒介相连，但对媒介访问控制在实现方法上与 LAN 不同。

当前，城域网的一个重要用途是用作骨干网，通过它将位于同一城市内不同地点的主机、数据库，以及 LAN 等互相连接起来。

3）广域网（wide area network，WAN）。当人们提到计算机网络时，通常所指的就是广域网。广域网又称为远程网，一般是连接不同城市之间的城域网的远程网，覆盖地理范围从几十千米到几千千米。它的通信传输装置和媒体一般由专门的部门提供。广域网的通信子网主要使用分组交换技术，可以使用公用分组交换网、卫星通信网和无线分组交换网。由于广域网常常借用传统的公共传输网（如电话网）进行通信，这就使广域网的数据传输率比局域网系统慢，传输误码率也较高。随着新的光纤标准和能够提供更宽带宽、更高传输率的全球光纤通信网络的引入，广域网的速度也将大大提高。

4）因特网（Internet）。在互联网应用飞速发展的今天，Internet 已是人们每天都要打交道的一种网络，无论从地理范围，还是从网络规模来说，Internet 都是最大的一种网络。从地理范围来说，Internet 可以是全球计算机的互联，这种网络的最大特点就是不定性，整个网络的计算机每时每刻随着人们网络的接入、断开在不断地变化。Internet 的优点就是信息量大、传播广。这种网络十分复杂，所以 Internet 的实现技术也非常复杂。

（2）按照网络的拓扑结构分类

网络中各个结点的物理连接方式称为网络的拓扑结构。网络的拓扑结构有许多种，常用的拓扑结构有总线结构、星形结构、环形结构和树形结构。除此之外，还有一些比较复杂的拓扑结构，包括网状结构、混合型结构，但这些网络拓扑结构的数据通信可靠性要求高。

1）总线结构。总线结构是以一根电缆作为传输介质（称为总线）将各个结点相互连接在一起，各个结点相互共享这条总线进行数据的传输与交换。为防止信号反射，一般在总线两端连接有终结器匹配线路阻抗，如图 7.1 所示。

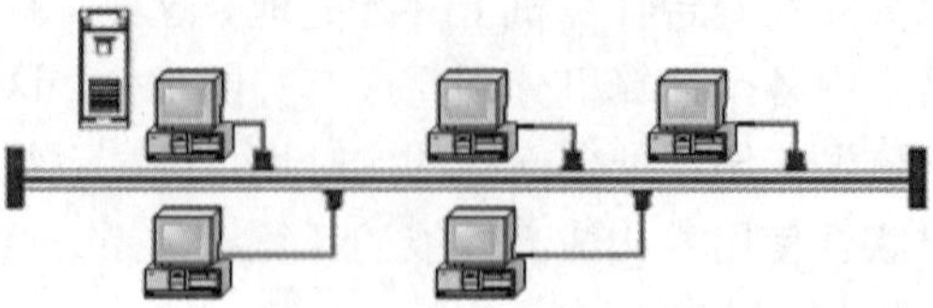

图 7.1　总线结构

总线结构的优点是信道利用率较高，结构简单，价格相对便宜，新结点的增加简单，易于扩充；缺点是同一时刻只能有两个网络结点相互通信，网络延伸距离有限，网络容纳结点数有限。在总线上只要有一个结点出现连接问题，就会影响整个网络的正常运行。目前在局域网中多采用此种结构。

总线拓扑网络相对容易安装，只需敷设主干电缆，比其他拓扑结构使用的电缆要少；配置简单，很容易增加或删除结点，但当可接受的分支点达到极限时，就必须重新敷设主干电缆。相对而言，总线拓扑网络维护比较困难，在排除介质故障时，要将错误隔离到某个网段，因而受故障影响的设备范围大。

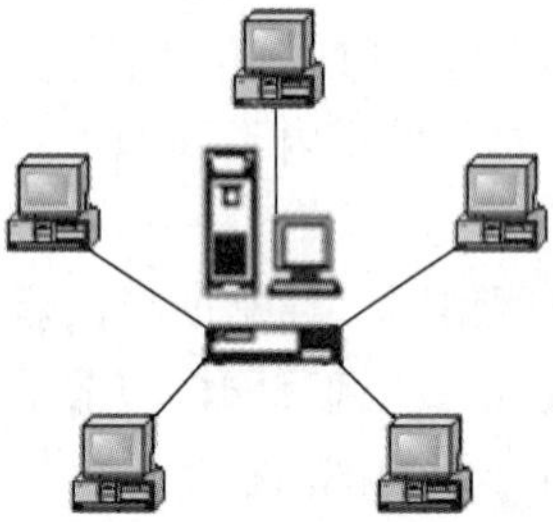

图 7.2　星形结构

2）星形结构。星形结构以一台计算机为中心，各种类型的入网机器均与该中心结点有物理链路直接相连。也就是说，网络上各结点之间的相互通信必须通过中央结点，如图 7.2 所示。

星形结构的特点是通信协议简单，任何一个连接都只涉及中央结点和一个站点；对外围站点要求不高，站点故障容易检测和隔离，单个站点的故障只影响一个设备，不会影响整个网络。

星形结构的缺点是整个网络过分依赖中央结点，若中央结点发生故障，则整个网络无法工作；每个站点直接和中央结点相连，需要大量的电缆，费用较大。

大多数星形结构配置的网络使用廉价的双绞线电缆，并且为了诊断和测试，所有的线头都放置在同一个位置。Windows 系统的对等网常采用星形结构，如学校教学用的计算机网络就常采用星形结构。

3）环形结构。环形结构是将所有接入网络的计算机用通信线路连接成一个闭合的环，如图 7.3 所示。环形结构也称为分散型结构。

在环形结构的网络中，信息按固定方向流动，或顺时针方向，或逆时针方向。

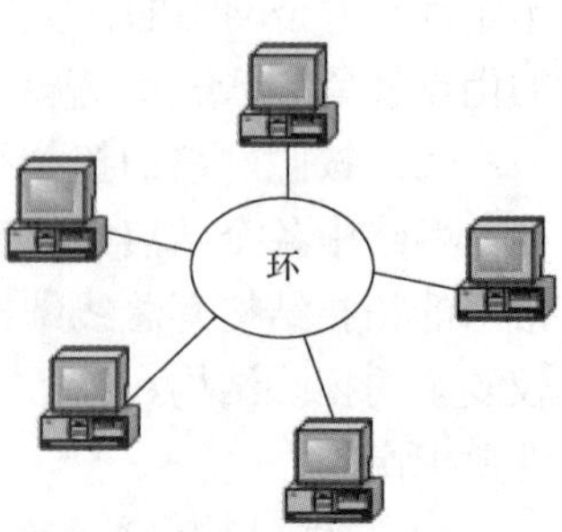

图 7.3　环形结构

环形结构的优点是：一次通信信息在网络中传输的最大传输延迟是固定的，每个网络结点只与其他两个结点有物理链路直接互联。因此，其传输控制机制较为简单，实时性强。其缺点是，一个结点出现故障可能会终止整个网络的运行，因此可靠性较差。为了克服可靠性差的问题，有些网络采用具有自愈功能的结构，一旦一个结点不工作，自动切换到另一环路工作。此时，网络需要对全网进行拓扑和访问控制机制的调整，因此较为复杂。

环形结构是一个点到点的环形结构。每台设备都直接连到环上，或通过一个接口设备和分支电缆连到环上。

在初始安装时，环形网络比较简单；但随着网上结点的增加，重新配置的难度也会增加，对环的最大长度和环上设备总数也有限制。环形拓扑网络中可以很容易地找到电缆的故障点。环形拓扑网络受故障影响的设备范围大，在单环系统上出现的任何错误，都会影响网上的所有设备。

4）树形结构。树形结构实际上是星形结构的一种变形，将原来用单独链路直接连接的结点通过多级处理主机进行分级连接，网络中的各结点按层次进行连接。不同层次的结点承担不同级别的职能，层次越高的结点，功能就越强，对其可靠性要求就越高。树形结构如图 7.4 所示。

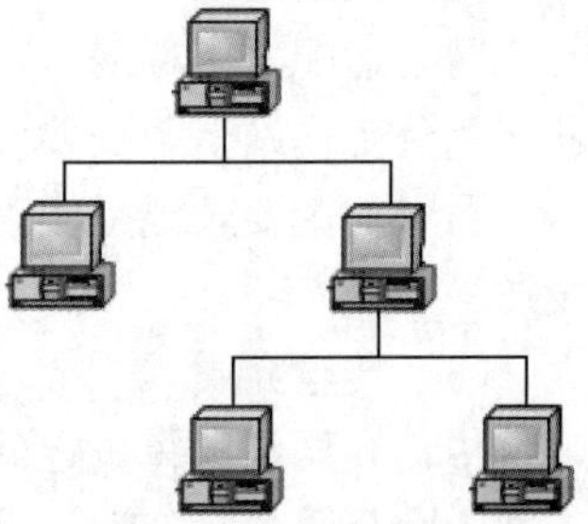

图 7.4 树形结构

树形结构与星形结构相比降低了通信线路的成本，但增加了网络复杂性。网络中除最底层结点及其连线外，任一结点或连线的故障均会影响其所在支路网络的正常工作。

Internet 是当今世界上规模最大、用户最多、影响最广泛的计算机网络。Internet 上连有大大小小成千上万个不同拓扑结构的局域网、城域网和广域网。因此，Internet 本身只是一种虚拟拓扑结构，无固定形式。

各种网络拓扑结构各有优点和缺点，在实际建网过程中，到底应该选用哪一种网络拓扑结构要依据实际情况来定，主要考虑以下因素：安装的相对难易程度、重新配置的难易程度、维护的相对难易程度、通信介质发生故障时受影响设备的情况。

7.1.2 计算机网络的组成

计算机网络系统主要由网络操作系统、组成计算机网络的计算机及各种通信设备构成，包括计算机网络硬件系统和计算机网络软件系统两大类。

1. 计算机网络硬件系统

计算机网络硬件系统是计算机网络的物质基础，构成计算机网络首先要实现物理上的连接。这些物理设备主要有以下 4 类。

（1）计算机

网络中的计算机又分为服务器和网络工作站两类。

1）服务器。服务器是计算机网络的核心，负责网络资源管理和用户服务，并使联网的各工作站能共享软件资源和昂贵的外设（如大容量硬盘、光盘、高级打印机等）。通常用小型计算机、专用个人计算机或高档微型计算机作为网络的服务器。一个计算机网络系统至少要有一台服务器。

服务器的主要功能是为网络工作站上的用户提供共享资源、管理网络文件系统、提供网络打印服务、处理网络通信、响应工作站上的网络请求等。常用的网络服务器有文件服务器、通信服务器、域名服务器、数据库服务器和打印服务器等。

2）工作站。工作站是网络上的个人计算机，通过网络接口卡和通信电缆连接到服务器上。它保持原有计算机的功能，作为独立的个人计算机为用户服务，同时又可以按照被授予的一定权限访问服务器。各工作站之间可以相互通信，也可以共享网络资源。有些网络工作站本身不具备计算功能，只提供操作网络的界面。

工作站能够访问文件服务器，与文件服务器之间进行信息交换，网络系统的信息处理是在工作站上完成的。工作站的功能是向各种服务器发出服务请求和从网络上接收传送给用户的数据。

（2）网络适配器

网络适配器俗称网卡，是计算机与通信介质的接口，是构成网络的基本部件。服务器和每台工作站上至少要安装一块网卡，通过网卡与公共通信电缆相连接。

网卡的主要功能是实现网络数据格式与计算机数据格式的转换、网络数据的接收与发送等。

（3）传输介质

传输介质是计算机之间传输数据信号的重要媒介，用于提供数据信号传输的物理通道。传输介质主要分为两大类：有线传输介质和无线传输介质。有线传输介质包括双绞线、同轴电缆、光缆等。无线传输介质包括无线电波、红外线、微波、激光、卫星通信等。

（4）其他网络互联设备

其他网络互联设备主要有中继器、网桥、路由器、交换机等，后文将对此进行详细介绍。

2. 计算机网络软件系统

单纯的物理设备并不能使计算机网络完好地运行起来，必须配以相应的软件。常用的网络软件包括网络操作系统（network operating system）、网络协议软件、网络管理软件、网络通信软件和网络应用软件等。

（1）网络操作系统

网络操作系统是运行在网络硬件基础之上的，为网络用户提供共享资源管理服务、基本通信服务、网络系统安全服务及其他网络服务的软件系统。网络操作系统是网络的核心，而其他应用软件系统需要网络操作系统的支持才能运行。

在网络操作系统中，每个用户都可享用系统中的各种资源，所以网络操作系统必须对用户进行控制，否则就会造成系统混乱，造成信息数据的破坏和丢失。为了协调系统资源，网络操作系统需要通过软件工具对网络资源进行全面的管理，进行合理的调度和分配；同时，为了控制用户对资源的访问，必须为用户设置适当的访问权限，采取一系列的安全保密措施。

（2）网络协议软件

网络协议指在计算机网络中两台或两台以上计算机之间进行信息交换的规则，包括一套完整的语句和语法规则。一般来说，网络协议可以理解为不同计算机间相互通信的"语言"，即两台计算机要进行信息交换，必须事先约定好一个共同遵守的规则。

（3）网络管理软件

网络管理软件用于对网络资源进行分配、管理和维护。例如，通过网络管理软件，可以对服务器、路由器和交换机等设备进行远程配置与维护。

（4）网络应用软件

网络应用软件是提供网络应用服务的软件，如提供网页浏览服务的浏览器软件，提供文件下载、网络电话、视频点播等应用服务的软件。

此外，从网络逻辑功能角度来看，可以将计算机网络分成通信子网和资源子网两部分。其结构形式如图 7.5 所示。

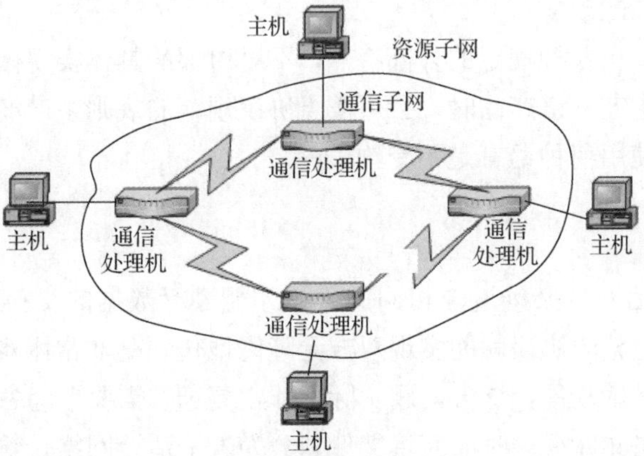

图 7.5　通信子网和资源子网

网络系统以通信子网为中心，通信子网处于网络的内层，主要由通信控制处理机和通信线路组成，负责完成网络数据传输、转发等通信处理任务。当前通信子网一般由路由器、交换机和通信线路组成。

资源子网处于网络的外围，由主机系统、终端、外设、各种软件资源和信息资源组成，负责全网的数据处理业务，向网络用户提供各种网络资源和网络服务。主机系统是资源子网的主要组成部分，它过高速通信线路与通信子网的通信控制处理机相连接。普通用户终端可通过主机系统接入网络。

随着计算机网络技术的不断发展，在现代网络系统中，直接使用主机系统的用户在减少，资源子网的概念已有所变化。

7.1.3　计算机网络的体系结构

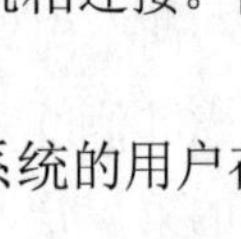

7-4　网络通信原理

1. 协议

在日常生活中，人们相互间可以通过声音、文字和手语等方式进行信息的交流。这些交流的基础是建立在一些事先所确定的规则上的。例如，当通过手语进行交流时，是建立在事先规定的各种手势所代表的特定意义的基础上，离开此基础，很难想象两个人通过各种手势的比划如何能相互明白对方的意思。

在计算机网络中，为了使计算机之间能正确传输信息，也必须有一套关于信息传输顺序、信息格式和信息内容的约定。这些规则、标准或约定称为网络协议。

网络协议的内容有很多，可供不同的需要使用。一个网络协议至少要包含 3 个要素。

1）语法。语法用于规定数据与控制信息的结构或格式。例如，采用 ASCII 或 EBCDIC 字符编码。

2）语义。语义用于说明通信双方应当怎么做。例如，报文的一部分为控制信息，另一部分为通信数据。

3）同步。同步用于详细说明事件如何实现。例如，采用同步传输或异步传输方式来实现通信的速度匹配。

协议只确定计算机各种规定的外部特点，不对内部的具体实现做任何规定。计算机网络软硬件厂商在生产网络产品时，必须按照协议规定的规则生产产品，但生产商选择什么电子元器件或使用何种语言是不受约束的。

2. 协议的分层

前面说到了通信双方必须遵守相同的协议才能进行数据的交换，但在计算机网络中，要想制定一个完整的协议就能实现双方无障碍地传输是非常困难的。例如，要实现两台主机间文件的传输功能，这一问题实际上非常复杂，需要考虑各种各样的问题，如文件格式的转换，在文件很大时如何将文件划分为若干适合网络传输的数据包，每个数据包在传递过程中如何选择路径，主机以何种方式接入网络等。对于这些问题，要想通过一个单独的协议来完成，无论在设计上还是实现上都很困难。如何解决这一问题呢？通常可以将这个大问题分为若干个小问题，然后采取“分而治之”的方法，逐步解决这些小问题。当解决了这些小问题后，大问题也随之解决了。

在计算机网络中，也采取类似的方法，通过对协议的分层来解决这一问题。如图 7.6 所示，人们将协议分为若干层次，每个层次相对独立并实现某一特定功能，如第 N 层只处理数据包的路由选择。这样就将众多复杂问题划分到若干层次，每个层次只解决其中的一两个问题，那么在该层的设计与实现上就只需针对该层要解决的特定问题，而无须考虑其他过多的细节，在设计与实现上都要容易得多。在图 7.6 所示的模型中，主机 A 上的第 N 层与主机 B 上的第 N 层之间的约定称为第 N 层协议。第 N 层功能的实现是通过第 N−1 层所提供的服务来完成的，这些服务是通过 N/N−1 层接口来获取的。在该模型中要注意，第 N 层只关心第 N−1 层为它提供何种服务、接口是什么，而对于第 N−1 层究竟是通过硬件还是软件或是采用何种算法来实现的，并不关心，也不必知道，只要提供的接口与服务没有改变，第 N 层就不会出现问题。

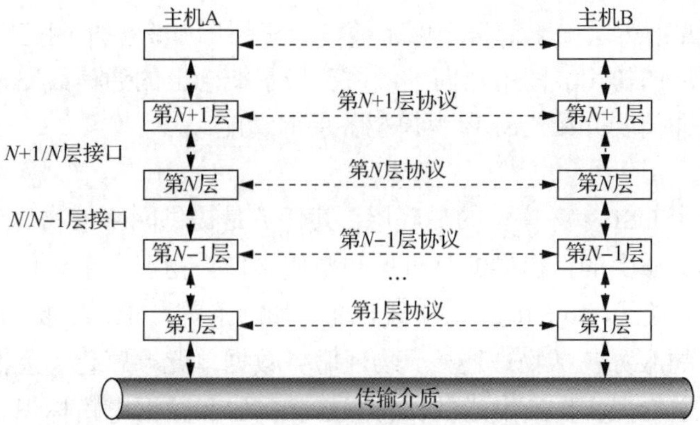

图 7.6　协议分层

这种协议分层的方法使各层之间相互独立，结构上被分割开，每层可以采用适合本层的技术来实现，更灵活、更易于实现与维护。

3. 计算机网络的体系结构

一个功能完备的计算机网络需要制定一整套复杂的协议集，网络协议按上述层次结构进行组织。计算机网络的各个层和在各层上使用的全部协议统称为计算机网络的体系结构。网络体系结构对计算机网络应该实现的功能进行了精确的定义，而这些功能是用什么硬件与软件去完成是具体的实现问题。体系结构是抽象的，而实现是具体的。

但协议到底分几层，从不同的观点、不同的角度出发，其结果也不尽一致。国际标准化组织提出了一种七层结构，即开放式系统互联（open system interconnection，OSI）参考模型。其中的“开放”指只要遵循 OSI 标准，一个系统就可以与位于世界上任何位置、同样遵循同一标准的其他任何系统进行通信。

4. OSI 参考模型

OSI 参考模型将数据从一个站点到达另一个站点的工作按层分割为 7 个不同的任务，每一层是一个模块，用于执行某种主要功能，并具有自己的一套通信指令格式(即协议)。用于相同层的两个功能之间通信的协议称为对等协议。OSI 参考模型的结构如图 7.7 所示。

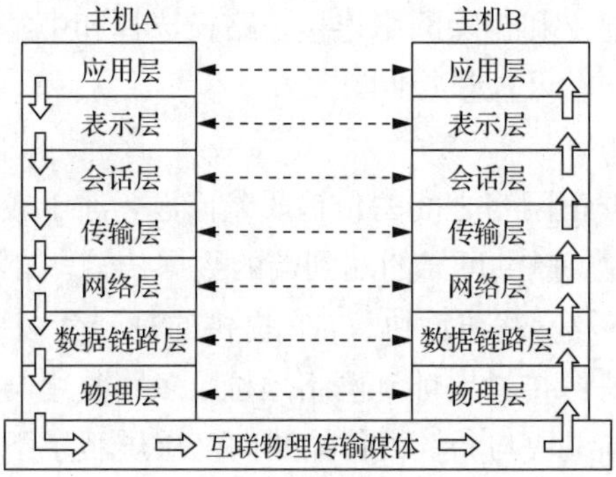

图 7.7　OSI 参考模型的结构

OSI 模型中的下三层归于通信子网范畴，上三层归于资源子网范畴，传输层起着衔接上三层和下三层的作用。图中双向虚线箭头表示概念上的通信线路，空心箭头表示实际通信线路。下面简要介绍 OSI 参考模型各层的功能。

（1）物理层

物理层是整个 OSI 参考模型的最底层，其任务是提供网络的物理连接。所以，物理层是建立在物理介质上的，提供的是机械和电气接口。物理层主要包括电缆、物理端口和附属设备，如双绞线、同轴电缆、接线设备（如网卡等）、RJ-45 接口、串口和并口等。

物理层提供的服务包括物理连接、物理服务数据单元顺序化（接收物理实体收到的比特顺序，与发送物理实体所发送的比特顺序相同）和数据电路标识。物理层的数据传输单元是比特。

（2）数据链路层

数据链路层建立在物理层基础上，以帧为单位传输数据，主要任务是进行数据封装和数据链接的建立。封装的数据信息中，地址段含有发送结点和接收结点的地址，控制段用来表示数据连接帧的类型，数据段包含实际要传输的数据，差错控制段用来检测传输中帧出现的错误。

数据链路层可使用的协议有 SLIP、PPP、X.25 和帧中继等。常见的集线器和低档的交换机网络设备，以及调制解调器（modem）之类的拨号设备都工作在这个层次上。工作在这个层次上的交换机俗称“第二层交换机”。

具体地讲，数据链路层的功能包括数据链路连接的建立与释放、构成数据链路的数据单元、数据链路连接的分裂、定界与同步、顺序和流量控制、差错的检测和恢复等。

（3）网络层

网络层属于 OSI 中的较高层次，从它的名称可以看出，它解决的是网络与网络之间的通信问题，即网际通信问题，而不是同一网段内部的问题。网络层主要用于提供路由，即选择到达目标主机的最佳路径，并沿该路径传输数据包。除此之外，网络层还要能够消除网络拥挤，具有流量控制和拥挤控制的能力。网络边界中的路由器就工作在这个层次上，现在较高档的交换机也可直接工作在这个层次上，因此它们也提供了路由功能，俗称“第三层交换机”。

网络层的功能包括建立和拆除网络连接、路径选择和中继、网络连接多路复用、分段和组块、服务选择和传输及流量控制。

（4）传输层

传输层解决的是数据在网络之间的传输质量问题，属于较高层次的协议层。传输层用于提高网络层服务质量，提供可靠的端到端的数据传输，如常说的 QoS 就是这一层的主要服务。这一层主要涉及网络传输协议，它提供的是一套网络数据传输标准，如 TCP。

传输层的功能包括映像传输地址到网络地址、多路复用与分割、传输连接的建立与释放、分段与重新组装、组块与分块。传输层向高层屏蔽了下层数据通信的细节，是计算机通信体系结构中关键的一层。

（5）会话层

会话层利用传输层来提供会话服务，会话可能是一个用户通过网络登录一个主机，或一个主机向其他主机传输文件。

会话层的功能主要包括会话连接到传输连接的映射、数据传送、会话连接的恢复和释放、会话管理、令牌管理和活动管理。

（6）表示层

表示层用于管理数据的表示方式，如用于文本文件的 ASCII 和 EBCDIC 字符编码。如果通信双方使用不同的数据表示方法，它们就不能互相理解。表示层就是用于屏蔽这种不同之处的。

表示层的功能主要包括数据格式变换、语法表示、数据加密与解密、数据压缩与恢复等。

（7）应用层

这是 OSI 参考模型的最高层，解决的也是最高层次（即程序应用过程中）的问题。它直接面对用户的具体应用。应用层包含用户应用程序执行通信任务所需要的协议和功能，如电子邮件和文件传输等，在这一层中 TCP/IP 协议族中的 FTP、SMTP、POP 等协议得到了充分应用。

由于 OSI 参考模型结构较为复杂也不实用，并没有成为一种流行于市场的标准。相反，在 Internet 上使用的 TCP/IP 协议却成为一种事实上的标准，在后面将具体讲述。

7.1.4　计算机网络的连接设备

7-5　常见的网络设备

局域网的传输距离是有限的，只能覆盖一小块地理区域，如办公楼群或一个小区。如果某个组织的工作超出了这一范围，就必须将多个局域网进行互联，形成一种经济有效的互联网络总体结构。网络互联包括局域网和局域网的互联、局域网和广域网的互联等。在传统的网络结构中主要使用的连接设备有网卡、调制解调器、中继器、集线器、网桥、交换机、路由器和网关等。常用的网络连接设备可以划分为以下 5 种类型。

1. 网络传输介质互联设备

（1）网络适配器

网络适配器又称为网卡，是连接计算机与网络的硬件设备，如图 7.8 所示。网卡插在计算机或服务器主板的扩展槽中，一方面通过总线与计算机相连，另一方面又通过电缆接口与网络传输介质相连。安装网卡后，往往还要进行协议的配置。例如，使用 Windows 操作系统的计算机默认为网卡配置 TCP/IP 协议，以便于连接局域网或通过局域网连接 Internet。

不同型号和不同厂家的网卡，往往有一定的差别，针对不同的网型和场景应正确选择网卡。USB 作为一种新型的总线技术，也被应用到网卡中。

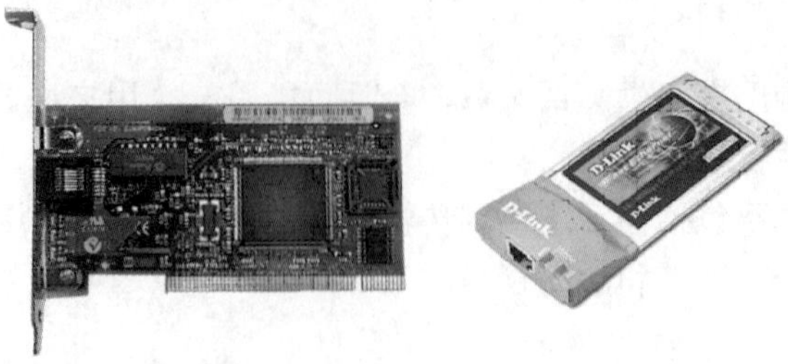

（a）标准以太网网卡　　（b）PCMCIA 网卡

图 7.8　标准以太网网卡与 PCMCIA 网卡

（2）调制解调器

随着计算机的普及，通过普通电话线通信将计算机连接到 Internet 便成为一种迫切需要。然而，计算机处理的是数字信号，而一般的电话线仅适用于传输音频范围的模拟信号，这就要求在通信线路与计算机之间接入模拟信号与数字信号相互转换的变换器，调制解调器应运而生。因此，调制解调器是一种能将数字信号调制成模拟信号，又能将模拟信号解调成数字信号的装置。调制解调器的名称就是从其具有的调制和解调（modulate-demodulate）功能而来的。图 7.9 所示为用电话网实现计算机之间通信的示意图。

图 7.9　用电话网实现计算机之间通信的示意图

调制解调器按形式分为外置式调制解调器和内置式调制解调器，按功能分为普通调制解调器、传真调制解调器和语音调制解调器。

外置式调制解调器放置于机箱外，通过串行通信口与主机相连。外置式调制解调器需要使用额外的电源与电缆。内置式调制解调器在安装时需要拆开机箱，这种调制解调器要占用主板上的扩展槽，但不需要额外的电源与电缆。由于内置式调制解调器直接由主机箱电源供电，故主机箱电源设备的质量对内置式调制解调器的影响很大。

普通调制解调器只具有调制和解调功能。传真调制解调器除具有普通调制解调器的功能外，还具有收发传真功能。语音调制解调器是一种具有语音功能的调制解调器，具有录音电话的全部功能。

2. 网络物理层互联设备

（1）中继器

中继器是最简单的联网设备，作用于 OSI 参考模型中的物理层，用于同种类型的网络在物理层上的连接。信号在传输介质中传播时会衰减，要保证信号能可靠地传输到目的地，使用的传输介质长度必须受到限制。中继器可最大限度地扩展传输介质的有效长度，从而能够扩展局域网的长度并连接不同类型的介质，保证信号可靠地传输到目的地。中继器不仅具有信号放大功能，还具有信号再生功能。中继器通常不包括操作软件，是一个纯物理设备，只是完成从一个网段向另一个网段转发信息的任务。图 7.10 所示为用中继器连接两段线缆的示意图。

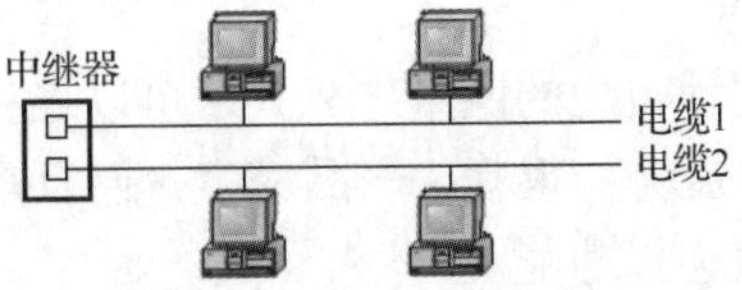

图 7.10　用中继器连接两段线缆的示意图

（2）集线器

集线器是一种特殊的中继器，能够提供多端口服务，也称为多端口中继器。图 7.11 所示为一款 24 端口的集线器。作为网络传输介质间的中央结点，集线器克服了介质单一通道的缺陷。以集线器为中心的优点是，当网络系统中某条线路或某结点出现故障时，不会影响网络上其他结点的正常工作。

图 7.11　24 端口集线器

集线器技术发展迅速，已出现交换技术和网络分段方式，有效提高了传输带宽。

3. 数据链路层互联设备

（1）网桥

网桥是一个局域网与另一个局域网建立连接的桥梁。网桥属于数据链路层设备，作用是扩展网络和通信手段，在各种传输介质中转发数据信号，扩展网络的距离，同时又有选择地将有地址的信号从一段传输介质发送到另一段传输介质。网桥把两个或多个相同或相似的网络互联起来，提供透明的通信。网络上的设备看不到网桥的存在，设备之间的通信就如同在一个网络中一样方便。图 7.12 所示为两个局域网通过网桥互联的结构示意图。

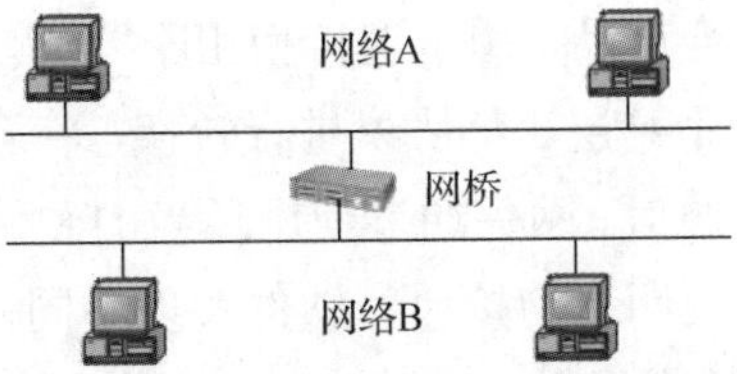

图 7.12　两个局域网通过网桥互联的结构示意图

（2）交换机

交换机是一种在通信系统中完成信息交换功能的设备。作为高性能的集线设备，随着价格的不断降低和性能的不断提升，在以太网中，交换机已经逐步取代了集线器而成为常用的网络设备。交换机在同一时刻可进行多个端口对之间的数据传输。每一个端口对都可视为一个独立的网段，连接在其上的网络设备独自享有全部的带宽，无须同其他设备竞争使用。

交换机除了能够连接同种类型的网络之外，还可以连接不同类型的网络。交换机是目前最热门的网络设备，发展势头很猛，产品繁多，而且功能越来越强。交换机取代了集线器和网桥，增强了路由选择功能。

4. 网络层互联设备

路由器是一种典型的网络层设备，用于连接多个逻辑上分开的网络，如图 7.13 所示。当数据从一个子网传输到另一个子网时，可通过路由器来完成，因此，路由器具有判断网络地址和选择路径的功能。它能在多网络互联环境中建立灵活的连接，可用完全不同的数据分组和介质访问控制方法连接各种子网。路由器只接收源站或其他路由器的信息。它不关心各子网使用的硬件设备，但要求运行与网络层协议相一致的软件。一般来说，异种网络互联与多个子网互联都应采用路由器来完成。

图 7.13　路由器

路由器利用网络层定义的“逻辑”上的网络地址（即 IP 地址）来区别不同的网络，实现网络的互联和隔离，保持各个网络的独立性。路由器不转发广播消息，而把广播消息限制在各自的网络内部。发送到其他网络的数据应该先被送到路由器，再由路由器转发出去。由于是网络层的互联，路由器可方便地连接不同类型的网络。在 Internet 中只要网络层运行的是 IP 协议，通过路由器就可互联起来。

5. 应用层互联设备

网关是软件和硬件的结合产品，用于连接使用不同通信协议或结构的网络。网关的功能体现在 OSI 参考模型的最高层，将协议进行转换，将数据重新分组，以便在两个不同类型的网络系统之间进行通信。网关通过使用适当的硬件与软件实现不同网络协议之间的转换功能，硬件提供不同网络的接口，软件实现不同协议之间的转换。

在 Internet 中，两个网络要通过一台称为默认网关的计算机实现互联。这台计算机能根据用户通信目标的 IP 地址，决定是否将用户发出的信息送出本地网络，同时它还负责接收外界发送给本网络的信息。网关是一个网络与另一个网络相连的通道。为了使 TCP/IP 协议能够寻址，该通道被赋予一个 IP 地址，这个 IP 地址称为网关地址。图 7.14 所示为使用网关无线连接 ISP 服务器的示意图。

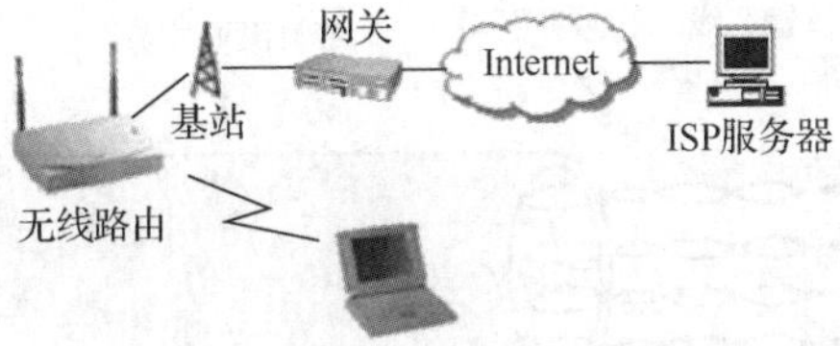

图 7.14　使用网关无线连接 ISP 服务器示意图

目前，网关已成为网络上每个用户都能访问大型主机的通用工具。网关可以设在服务器、微型计算机或大型计算机上，也可使用一台服务器充当网关。由于网关具有强大的功能并且大多数时候都与应用有关，价格比路由器要贵一些。另外，由于网关的传输更复杂，因此传输数据的速率要比网桥或路由器低一些。正是由于网关传输速率较慢，它们有造成网络堵塞的可能。然而，在某些应用场景，只有网关能胜任工作。网络系统中常用的网关有数据库网关、电子邮件网关、局域网网关和 IP 电话网关等。

7.1.5　传输介质

7-6　计算机网络的主要性能指标

传输介质是网络中收发双方之间的物理通道，能对网络上数据传输率和质量产生很大的影响。介质上传输的数据可以是模拟信号也可以是数字信号，通常用带宽或传输率来描述传输介质的容量。传输率用每秒传输的二进制位数（bit/s）来衡量，在高速传输的情况下，也可以用兆位每秒（Mbit/s）作为度量单位。传输介质的容量越大，带宽就越宽，通信能力就越强，数据传输率也就越高；反之，带宽就越窄，通信能力就越弱，数据传输率也就越低。

传输介质分为两类：有线介质和无线介质。网络中使用的有线介质主要有双绞线、同轴电缆、光纤等；使用的无线介质主要有微波和红外线等。使用有线介质传输必须要敷设线缆，而对于偏远地方或难以敷设线缆的地区，使用无线介质作为传输介质则是较好的选择。因此使用无线介质也是计算机网络组网的一个重要手段。

1. 双绞线

双绞线是将两条绝缘铜线相互扭在一起制成的传输线，铜线互相绞合可以抵消外界的电磁干扰，“双绞线”的名称也由此而来。双绞线有两大类：屏蔽双绞线和无屏蔽双绞线。屏蔽双绞线是在双绞线的外面加上一层用金属丝编织成的屏蔽层。屏蔽双绞线的传输效果较无屏蔽双绞线要好，但价格较贵。

计算机网络上使用的主要是无屏蔽双绞线，如图 7.15 所示。无屏蔽双绞线分为 5 类（从 1 类到 5 类），类别越高，传输效果越好，目前常用的是 5 类双绞线。5 类双绞线一共有 4 对 8 根线，各对线之间用颜色进行区别（如橙、橙白为一对，绿、绿白为一对等）。

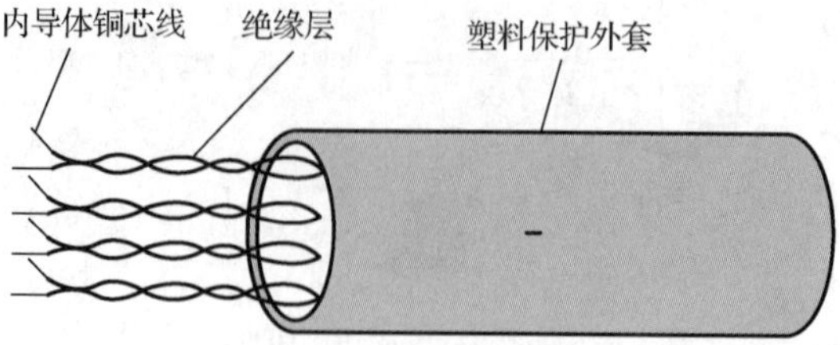

图 7.15　无屏蔽双绞线

2. 同轴电缆

同轴电缆的结构如图 7.16 所示。同轴电缆主要由内导体铜芯线、绝缘层、屏蔽层和塑料保护外套组成。通常按特性阻抗的数值不同将同轴电缆分为 50Ω 和 75Ω 两类。50Ω 的同轴电缆用于数据通信，也称为基带同轴电缆。在计算机网络中主要使用 50Ω 的同轴电缆。50Ω 的同轴电缆又可以分为粗缆和细缆两种。75Ω 的同轴电缆用于模拟传输系统，这种同轴电缆也称为宽带同轴电缆，主要用于有线电视的传输。同轴电缆主要用于总线结构，现在计算机网络较少使用同轴电缆。

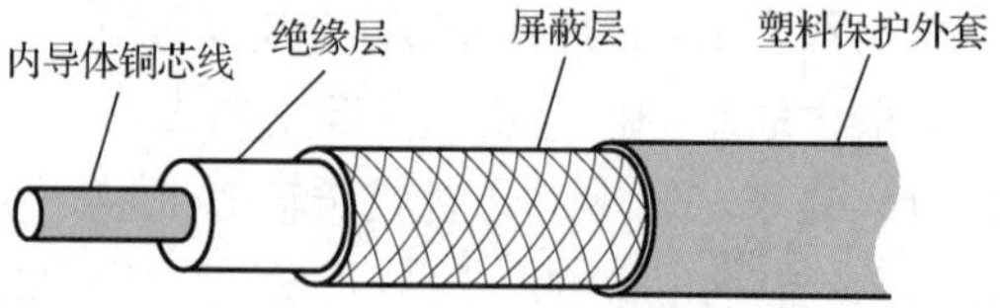

图 7.16　同轴电缆

3. 光纤

如图 7.17（a）所示，光纤由纤芯、玻璃封套、塑料封套组成，其中纤芯由石英玻璃组成。纤芯用于传输光波，纤芯外的保护层是一层折射率比纤芯低的玻璃封套，如图 7.17（b）所示。光纤中光信号的传输利用的是光的全反射性能，使光波能够传输很远但损失很少。由于光纤传输的是光信号，所以光纤的传输带宽非常宽，目前已经达到几十到数百吉位每秒。但由于在长距离传输过程中需要若干光纤中继设备（负责信号的放大、再生），而这些光纤中继设备仍使用电子工作方式，因而需要进行光/电、电/光的转换，这成为传输的瓶颈。正在研制的“全光网络”将克服这一缺点，能够极大地提高传输带宽。

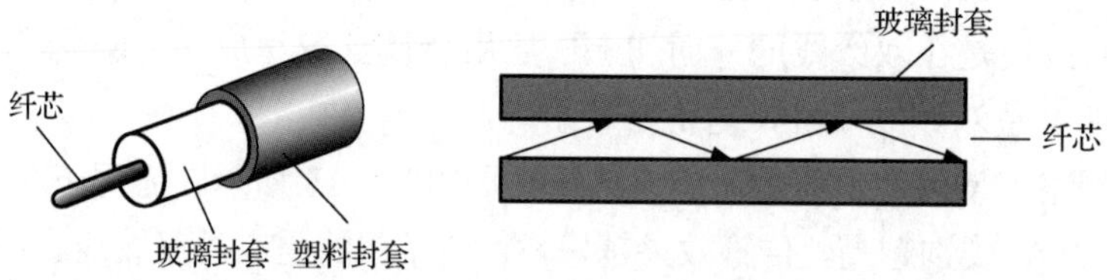

（a）光纤结构　　（b）光波在光纤中的传输

图 7.17　光纤

全光网络是指信号只在进出网络时才进行电/光和光/电的变换，而在网络中传输和交换的过程中始终以光的形式存在。在整个传输过程中没有电的处理，因此不受原有网络中电子设备响应慢的影响，有效地解决了电子瓶颈问题，提高了网络资源的利用率。

光纤又分为多模光纤和单模光纤两类。多模光纤的纤芯直径较大，一般为 62.5μm，传输时使用较短的波长（0.85μm）传输，损耗较大，传输距离仅为数百米到数千米。单模光纤的纤芯直径较小，一般为 8～10μm，常采用较长的波长（1.3μm）传输。在单模光纤中，由于光波的传输可以像光线一样一直向前传播，而不用多次反射，因而在单模光纤中光波的传输损耗小，传输距离可以达到数十千米。光纤传输中的光源可以是发光二极管和半导体激光，使用半导体激光作为光源在传输的速率和距离等方面都要优于发光二极管，但价格较高。单模光纤只能使用半导体激光作为光源，多模光纤则两种光源都可以使用。

由于光纤的传输带宽很宽，且成本低，传输距离远，抗干扰能力强，不易被窃听，因此目前光纤广泛应用于数据传输领域。

4. 微波

微波传输又分为地面微波接力通信和卫星微波通信两种方式。如图 7.18（a）所示，地面微波接力通信是在收发端点间设立若干中继站，通过中继站的转发实现数据的传输，这样做的主要原因是微波在空间中是直线传播，而地球是一个曲面。如图 7.18（b）所示，卫星微波通信则是使用卫星进行中转。根据卫星的位置可以将卫星分为地球同步卫星和近地卫星：地球同步卫星处于地球赤道上空 36 000 km 的高空，其电磁波覆盖范围较广，只需 3 颗就可以覆盖全球；而近地卫星由于周期较短，无法像地球同步卫星那样与地球保持相对静止，为了能够很好地接收信号则需要更多的卫星才能覆盖全球。

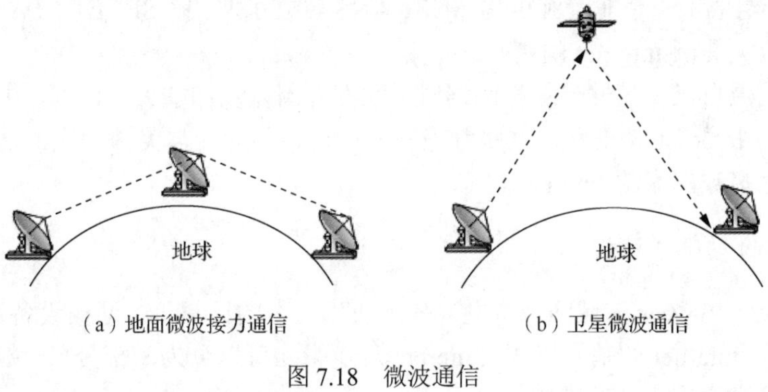

（a）地面微波接力通信　　（b）卫星微波通信

图 7.18　微波通信

5. 红外线

日常生活中所使用的遥控装置都是红外线装置。红外线通信的特点是相对有方向性和成本较低。其主要缺点是不能穿透坚实的物体。许多笔记本式计算机都内置了红外线通信装置。红外线不能穿透坚实的物体也是一个优点，这意味着不会对其他系统产生串扰，因此其数据保密性比较高。红外线的传播距离仅在可视范围内，被广泛应用于短距离通信，因而红外线主要在局域网中使用。

目前，在局部范围内的中、高速局域网中使用双绞线，在远距离传输中使用光纤，在有移动结点的局域网中使用无线技术的趋势已经越来越明朗化。

7.2 Internet 基础

7.2.1 Internet 概述

Internet 也称为国际互联网、互联网、因特网等。Internet 是世界上最大的互联网络，不属于任何国家，是一个对全球开放的信息资源网。

1. Internet 的历史

Internet 的前身可以追溯到 1969 年美国国防部高级研究计划局为军事实验而建立的 ARPANET。ARPANET 的最初主要用于研究如何保证网络传输的高可行性，避免由于一条线路损坏就导致传输中断，因而在 ARPANET 的设计建设过程中采用了许多新的技术，如数据传输使用分组交换而不是传统的电路交换，使用 TCP/IP 协议作为互联协议等，这些都为以后 Internet 的发展打下了良好的基础。ARPANET 最初只连接了 4 个结点，但其发展非常迅速，并且通过卫星与欧洲等地的计算机连接起来。

ARPANET 的成功组建使美国国家科学基金会（National Science Foundation，NSF）注意到它在大学科研上的巨大影响，1984 年，NSF 将分布于美国不同地点的 5 个超级计算机使用 TCP/IP 协议连接起来，形成了 NSFNET 的骨干网，其后众多的大学、研究院、图书馆接入了 NSFNET。1991 年，在 NSF 的鼓励支持下，美国 IBM、MCI 和 MERIT 3 家公司联合组成了一个非营利机构 ANS。ANS 建立了取代 NSFNET 的 ANSNET 骨干网，形成了今天美国 Internet 的基础。

在美国发展自己全国性计算机网络时，欧洲各国以及加拿大、日本、中国等也先后建立了各自的 Internet 骨干网，这些骨干网又通过各种途径与美国相连，从而形成了今天连接全球大多数国家的 Internet。

2. Internet 的基本结构

Internet 是一个公众广域网，将世界各地成千上万的计算机、通信设备连接在一起。图 7.19 显示了 Internet 的基本组成，Internet 从逻辑上可以分为两部分：一部分是通信子网，另一部分是通信子网的外围。

Internet 的通信子网由许多路由器相互连接而成，主要负责数据的传输。在 Internet 上数据的传输采用一种称为包交换的方式进行，这种方式将要传输的信息在必要时（如传输的数据太大）拆分为若干适合网络传输的数据包，然后将这些数据包递交给路由器。路由器的主要作用就是为接收到的数据包寻找适合的到达目的地的路径并将其转发出去。网络上的各种数据包通过路由器的转发最终到达目的地，然后组装还原。这种包交换的方式实际上采用了“存储-转发”的思想，通过这一方式使网络线路资源得到了充分利用。

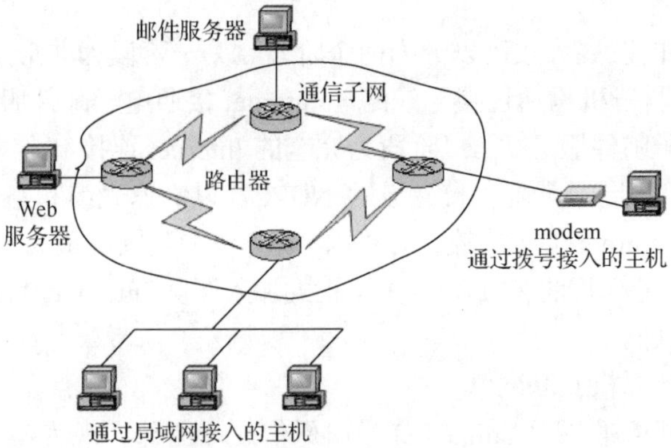

图 7.19　Internet 的基本组成

通信子网的外围就是各种主机。这里的主机是一种泛指，可以是一台存储各种网页的提供网页浏览服务的 Web 服务器，也可以是一台负责收发电子邮件的 E-mail 服务器，或一台通过拨号上网或局域网接入的台式计算机、便携式计算机等。随着 Internet 的发展，接入 Internet 的各种设备也越来越多，如手机、Web 电视、PAD 等。

3. Internet2

1996 年美国率先发起了下一代高速互联网络及其关键技术的研究，并于 1999 年 1 月开始提供服务。目前，Internet2 的 Abilene 网络规模已覆盖全美，线路的传输速率可达 622 Mbit/s，最高传输速率为 2.5 Gbit/s。

Internet2 与 Internet 的区别在于，前者更大、更快、更安全、更及时、更方便。

① 更大。Internet2 将逐渐放弃 IPv4 地址协议，启用 IPv6 地址协议，几乎可以给家庭中的每一个可能的家电产品分配一个 IP 地址，让数字化生活变成现实。

② 更快。Internet2 将是现在网络传输率的 1 000～10 000 倍。目前 Internet 上的带宽概念，更多是指一种接入方式，它与 Internet2 高速概念有本质的区别。例如，一个有 1 000 户住户的小区，每家都是 10 Mbit/s 带宽接入，但接入小区的总带宽仅有 100 Mbit/s，由于用户共享 100 Mbit/s 宽带，往往会发生拥塞。但 Internet2 会消除现有 Internet 上存在的各种瓶颈问题和低速率，任何一个端到端的传输率都可能是 10 Mbit/s 或者更高。

③ 更安全。目前的 Internet 网络因为种种原因，存在大量安全隐患，而 Internet2 在建设之初就充分考虑了安全问题。

④ 更及时、更方便。基于以上 3 个因素，Internet2 在使用上更及时、更方便。

Internet2 与 Internet 的区别不仅存在于技术层面，也存在于应用层面。例如，目前网络上的远程教育、远程医疗，在一定程度上并不是真正的网络远程教育或远程医疗。远程教育大多还是采用网上、网下相结合的方式，互动性、实时性较强的课堂教学一时还难以实现。远程医疗则更多的只是远程会诊，并不能进行远程手术，尤其是精细的手术治疗。但在 Internet2 上，这些都将成为最普通的应用。

4. Internet 在我国的发展状况

Internet 在我国的发展大致可以分为两个阶段。第一阶段为非形式的连接。从 1987 年到 1993 年，一些科研机构通过拨号线路与 Internet 接通电子邮件服务，并在小范围内为国内单位提供电子邮件服务。第二阶段为完全的 Internet 连接，提供 Internet 的全部功能。从 1994 年起，中国科学院主持建设的 NCFC，以高速光缆和路由器连接主干网，正式开通了与国际 Internet 的专线连接，并以“cn”作为我国的最高域名在 Internet 网管中心登记注册，实现了真正的 TCP/IP 连接，正式加入国际 Internet。目前，国内的 Internet 主要有以下四大互联网。

（1）中国公用计算机互联网

中国公用计算机互联网（ChinaNET）由原信息产业部（现为工业和信息化部）负责组建，其骨干网覆盖全国各省、自治区、直辖市，以经营商业活动为主，业务范围覆盖所有电话能通达的地区。

ChinaNET 与公用电话分组交换网、中国公用分组交换网、中国公用数字数据网、帧中继网等互联，国际线路带宽的总容量占全国互联网出口总带宽的 80%，已达 20 975 Mbit/s，是接入 Internet 最理想的选择。

（2）中国国家计算机与网络设施

中国国家计算机与网络设施（the national computing and networking facility of China，NCFC）又称为中国科学技术网（China science and technology network，CSTNET），是由中国科学院主导，联合北京大学、清华大学共同建设的全国性网络。1994 年 5 月 21 日，完成了我国最高域名“cn”主服务器的设置，主要通过光纤、DDN 和数字电缆等多种方式连接。国际线路带宽总容量为 155 Mbit/s，可以提供 Internet 全部功能。

（3）中国教育和科研计算机网

中国教育和科研计算机网（China education and research network，CERNET）是 1994 年由国家计划委员会（现国家发展和改革委员会）、国家教育委员会（现教育部）组建的一个全国性的教育科研基础设施。CERNET 完全是由我国技术人员独立自主设计、建设和管理的计算机互联网络。它主要面向我国的教育和科研单位、政府部门及非营利机构，是我国最大的公益性网络。CERNET 的总体建设目标是，利用先进的计算机技术和网络通信技术，把全国大部分高等学校连接起来，推动这些学校校园网的建设和信息资源的交流，与现有国际学术计算机网络互联，使 CERNET 成为中国高等学校进入世界科学技术领域的快捷方便入口，同时成为培养面向世界、面向未来高层次人才，提高教学质量和科研水平的重要的基础设施。CERNET 是一个涵盖全国主干网、地区网和校园网在内的三级层次结构的计算机网络，有功能齐备的网络管理系统、丰富的网络应用资源和便利的资源访问手段。CERNET 网络中心位于清华大学，地区网络中心分别设在北京大学、北京邮电大学、上海交通大学、东南大学、西安交通大学、华南理工大学、华中科技大学、成都电子科技大学和东北大学。

2004 年 3 月，CERNET2 正式开通，在全国第一个实现了与国际下一代高速网 Internet2 的互联。

（4）中国国家公用经济信息通信网

中国国家公用经济信息通信网（China golden bridge network，ChinaGBNET）又称为金桥网，是为配合中国的“四金”［金税——银行、金关——海关、金卫——卫生部（现为国家卫生健康委员会）、金盾——公安部］工程，自 1993 年开始建设的计算机网络。ChinaGBNET 以卫星综合数字业务网为基础，以光纤、无线等方式形成天地一体的网络结构，使天上卫星网和地面光纤网互联互通，互为备用，可以覆盖全国各省、自治区、直辖市。与 ChinaNET 一样，ChinaGBNET 也是一个可在全国范围内提供 Internet 商业服务的网络。

随着我国国民经济信息化建设迅速发展，拥有连接国际出口的互联网已由上述 4 家发展为 10 家，增加的六大网络分别如下。

1）中国联合通信网（中国联通）。

2）中国网络通信网（中国网通）。

3）中国移动通信网（中国移动）。

4）中国长城互联网。

5）中国对外经济贸易网。

6）中国卫星通信集团公司（中国卫通）。

我国也积极参与了国际下一代互联网的研究和建设。2000 年，中国高速互联研究试验网络 NSFCNET 开始建设，NSFCNET 采用密集波分多路复用技术，已分别与 CERNET、CSTNET、Internet2、APAN 互联。2004 年 1 月，中、美、俄环球科教网络（global ring network for advanced applications development，GLORIAD）开通。

中、美、俄环球科教网络由中国科学院、美国国家科学基金会、俄罗斯部委与科学团体联盟共同出资建设。以芝加哥为起点，穿越大西洋抵达荷兰的阿姆斯特丹，然后继续往东经莫斯科和俄罗斯科学城，穿越西伯利亚，进入中国到达北京，再经过中国香港，穿越太平洋，经过西雅图，回到芝加哥，形成一个贯通北半球的闭合环路。该网络采用光纤传输，目前的传输率可达到 2.5 Gbit/s，随着网上科教应用的发展，传输率将进一步提升到 10 Gbit/s。

7.2.2　TCP/IP 参考模型

7-7　TCP-IP 协议

Internet 上所使用的网络协议是 TCP/IP（transmission control protocol/internet protocol，传输控制协议/互联网协议）。目前，众多的网络产品厂家都支持 TCP/IP 协议，它已成为一个事实上的工业标准。

TCP/IP 协议通常指的是整个 TCP/IP 协议族，包含从网络层到应用层的许多协议，如支持超文本传输的 HTTP、支持文件下载的 FTP 等，其中最重要的两个协议是 TCP 和 IP。对应于 TCP/IP 协议的网络体系结构就是 TCP/IP 参考模型。图 7.20 中给出了 OSI 参考模型与 TCP/IP 参考模型的层次对应关系。

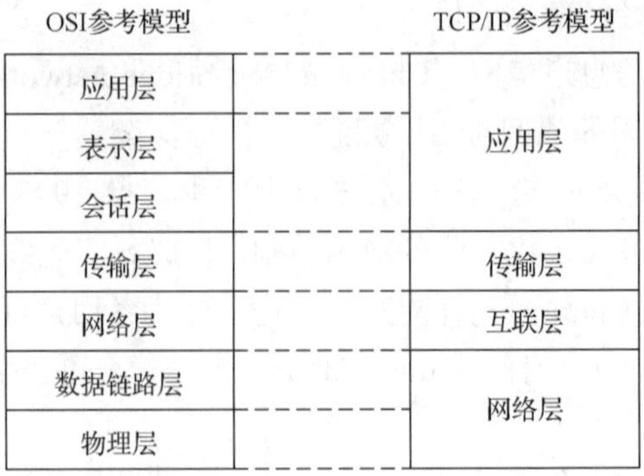

图 7.20　OSI 参考模型与 TCP/IP 参考模型的层次对应关系

按照层次结构的思想，TCP/IP 协议按照从上到下的单向依赖关系构成协议栈。图 7.21 给出了 TCP/IP 参考模型与 TCP/IP 协议栈的对应关系。

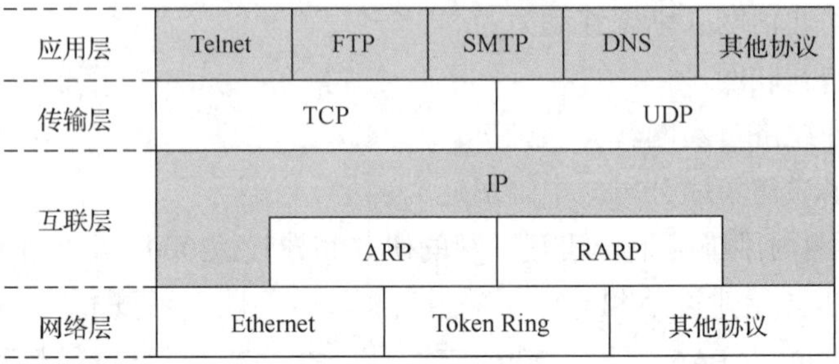

图 7.21　TCP/IP 参考模型与 TCP/IP 协议栈的对应关系

TCP/IP 参考模型分为 4 个层次。

（1）网络层

网络层是 TCP/IP 参考模型的最底层，包括多种逻辑链路控制和媒体访问协议，主要负责通过网络发送和接收 IP 数据报。允许主机连入网络时使用多种现有的主流协议，这些系统大到广域网、小到局域网或点对点连接等。这也正体现了 TCP/IP 协议与网络的物理特性无关的灵活性特点。

（2）互联层

互联层也称为 IP 层、网际层，是 TCP/IP 参考模型的关键部分。该层负责相同或不同网络中计算机之间的通信，主要负责处理数据报和路由。

该层包括的协议有 IP、地址解析协议（address resolution protocol，ARP）及反向地址协议（reverse address resolution protocol，RARP）。互联层最重要的协议是 IP 协议，它将多个网络连成一个互联网，可以把高层的数据以多个数据报的形式通过互联网分发出去。它把传输层送来的消息组装成 IP 数据报，并把 IP 数据报传递给网络层。IP 协议制定了统一的 IP 数据报格式，以消除各通信子网的差异，从而为信息发送方和接收方提供透明的传输通道。

IP 数据报在传输的过程中可能出现丢失、出错、延迟等现象，但 IP 协议并不确保

IP 数据报可靠且及时地从源端传递到目的端。只是“尽最大努力交付”（best effort delivery），若出现丢失、出错等问题则由其上层 TCP 进行处理。

在 TCP/IP 网络环境下，每个主机都分配了一个 32 位的 IP 地址，这种 Internet 地址是在国际范围内标识主机的一种逻辑地址。为了使报文在物理网上正确传输，必须知道彼此的物理地址。互联层中，ARP 用于将 IP 地址转换为物理地址，RARP 用于将物理地址转换为 IP 地址。

（3）传输层

在互联网中，传输层负责在源主机与目的主机的应用进程间建立用于会话的端到端连接。该层提供了 TCP 和用户数据报协议（user datagram protocol，UDP）两个协议，两者建立在 IP 协议的基础上。其中，TCP 提供可靠的面向连接服务，处理了 IP 中没有处理的通信问题，向应用程序提供可靠的通信连接。这种可靠性主要使用确认和重传两种策略来实现。确认指当接收方收到一个 IP 数据报后，会向发送方发出一个确认信息以表明自己已经收到该 IP 数据报。若发送方等待多时仍未收到确认信息，则该 IP 数据报可能已经丢失，此时发送方会再次发送该 IP 数据报，如此重复直到成功。这一方式实现了在不可靠的线路上达到可靠的传输。

由于 TCP 使用确认和重传策略，会在时间上出现一些延迟，因此并不适用于一些对时间敏感的网络。例如，网络电话、视频点播这些网络应用要求有较高的实时性，但对可靠性要求并不高，因此，Internet 还提供了另一个传输层协议——UDP。

UDP 与 IP 类似，不保证数据的可靠性传递，因而也不使用重传与确认策略，这就使得数据能够更及时地被传递。UDP 是一种不可靠的、无连接的协议。前面所说的网络电话、视频点播等这些对时间较敏感而对可靠性要求并不是很高的应用都是基于 UDP 的。另外一些网络应用，如 Web 浏览、文件传输、电子邮件则对数据传输的可靠性要求较高，而对时间敏感性并不高，大都是基于 TCP 的。

（4）应用层

TCP/IP 参考模型的应用层相当于 OSI 参考模型的会话层、表示层和应用层。TCP/IP 协议向用户提供一组常用的应用层协议，为用户解决所需要的各种网络服务，如远程登录协议（Telnet protocol）、文件传输协议（file transfer protocol，FTP）、简单邮件传输协议（simple mail transfer protocol，SMTP）、域名系统（domain name system，DNS）、简单网络管理协议（simple network management protocol，SNMP）、超文本传输协议（hyper text transfer protocol，HTTP），并且总是不断有新的协议加入。

7.2.3　IP 地址与域名机制

7-8　IP 地址及域名

Internet 由许多小网络构成，要传输的数据通过共同的 TCP/IP 协议进行传输。传输中一个重要的问题就是传输路径的选择（路由选择）。简单地说，需要知道由谁发出的数据及要传送给谁，网际协议地址（即 IP 地址）就解决了这个问题。

1. IP 地址

打电话需要电话号码才能拨通对方电话，同样，在 Internet 上为了实现不同计算机之间数据的交换，也需要为每台计算机分配一个通信的地址，这个地址就是 IP 地址。每台计算机的 IP 地址在全球是唯一的，它可用于与该计算机有关的全部通信。

（1）IP 地址组成

IP 地址由“网络地址”和“主机地址”两部分组成，网络地址标明该主机在哪个网络，而主机地址则标明具体是哪一台主机。

IP 地址的长度为 32 位（4 字节）。Internet 是一个网际网，每个网所含的主机数目各不相同。有的网络拥有很多主机，而有的网络主机则很少，网络规模大小不一。为了便于对 IP 地址进行管理，充分利用 IP 地址以适应主机数目不同的各种网络，人们对 IP 地址进行了分类，共分为 A、B、C、D、E 5 类地址。目前大量使用的地址是 A、B、C 3 类，这 3 类地址主要根据网络大小进行区别，A 类网络最大，C 类最小。不同类型的 IP 地址，其网络地址和主机地址的长度也不同，如图 7.22 所示。

图 7.22　IP 地址类型格式

A 类地址中表示网络地址的部分有 8 位，其最左边的一位是“0”，主机地址有 24 位。第一字节对应的十进制数范围是 0～127。由于地址 0 或 127 有特殊用途，因此，有效的地址范围是 1～126，即有 126 个 A 类网络。

B 类地址中表示网络地址的部分有 16 位，最左边的 2 位是“10”，第一字节地址范围是 128～191（10000000B～10111111B），主机地址也是 16 位。

C 类地址中表示网络地址的部分为 24 位，最左边的 3 位是“110”，第一字节地址范围为 192～223（11000000B～11011111B），主机地址有 8 位。

由于网络地址和主机地址的长度不一样，因此这 3 类 IP 地址的容量也不同。IP 地址容量表如表 7.1 所示。

表 7.1　IP 地址容量表

类型	最大网络数	第一个可用网络号	最后一个可用网络号	每个网络中最大主机数
A	126	1	126	16 777 214
B	16 382	128.1	191.254	65 534
C	2 097 150	192.0.1	223.255.254	254

由于用 32 位二进制数表示的 IP 地址很难记忆与书写，因此在使用时常采用“点分十进制”表示法表示：将 32 位的 IP 地址分为 4 段，每段 8 位，每段用等效的十进制数字表示，并且在这些数字之间加上一个圆点，其形式如下。

×××．×××．×××．×××

例如，有 IP 地址“00111011 10101111 10110010 10000100”，利用上面的方法可记为“59.175.178.132”。

点分十进制表示法在书写与记忆上显然要比 32 位二进制容易得多。采用点分十进制表示法可以很容易通过第一字节值识别 Internet 地址属于哪一类。例如，202.112.0.36（中国教育科研网）是 C 类地址。

为了确保 IP 地址在 Internet 上的唯一性，IP 地址统一由 Internet 网络信息中心进行分配。网络信息中心只分配地址的网络号，而地址的主机号则由申请该地址的机构自行分配。具体到一个机构如何对主机进行 IP 地址分配，可以采用静态 IP 地址分配与动态 IP 地址分配两种方法。

静态 IP 地址分配是使用手工的方式为每一台主机分配一个该网络的唯一 IP 地址，通常分配给该主机的 IP 地址不做改变。假设该机构申请到了一个 C 类地址，原则上只能分配给 254 台主机。

动态 IP 地址分配则需要在网络上设置一台用于 IP 地址分配的动态主机配置协议（dynamic host configuration protocol，DHCP）服务器。当主机接入网络后，网络上的 DHCP 服务器会从其 IP 地址集中找到一个未使用的 IP 地址分配给该主机，该 IP 地址是根据当时网络所连接的主机而定的，因而每次可能有所不同。当这台主机断开网络后，DHCP 服务器会收回该 IP 地址，收回后的 IP 地址还可以分配给其他接入网络的主机。通常拨号上网采用这种 IP 地址分配方式。动态 IP 地址分配提高了 IP 地址的利用率，可以分配给更多的主机，但同一时刻与静态 IP 地址分配一样只能分配给 254 台主机。

注意：

1）网络地址中，以 127 开头的地址用于循环测试，不可用作其他用途。例如，如果发送信息给 IP 地址为 127.0.0.1 的主机，则此信息将回传给自己的主机。

2）主机地址位为全 0 时，表示该网络的地址。主机地址位为全 1 时，表示广播地址。例如，发送信息给 IP 地址为 168.95.255.255 的目的主机，表示将信息发送给网络地址为 168.95 的每一台主机。

3）网络地址位和主机地址位为全 1 时，表示将信息发送给网络上的每一台主机。

（2）子网与子网掩码

一个单位分配到的 IP 地址实际上是 IP 地址的网络地址，而后面的主机地址则由本单位进行分配。本单位所有主机使用同一个网络地址。当一个单位的主机很多而且分布在很大的地理范围时，往往需要用一些网桥将这些主机互联起来。但网桥的缺点有很多，如容易引起广播风暴，同时当网络出现故障时也不太容易隔离和管理。为了使本单位的主机便于管理，可以将本单位所属主机划分为若干子网，将 IP 地址的主机部分再次划分为子网号与主机号两部分。这样做就可以在本单位的各个子网之间用路由器互联，因而便于管理。需要注意的是，子网的划分纯属于本单位内部的事，在本单位以外是看不到这样的划分的。从外部看，这个单位仍只有一个网络地址。只有当外面的数据分组进入本单位范围时，本单位的路由器再根据子网地址进行选择，最后送到目的主机。

如何划分子网号与主机的位数，主要视实际情况而定。这样 IP 地址就划分为“网络一子网一主机”3部分，用IP地址的网络部分和主机部分的子网号一起来表示网络标识部分。这样既可以利用IP地址的主机部分来拓展IP地址的网络标识，又可以灵活划分网络的大小。

为了进行子网划分，需要引入子网掩码的概念。通过子网掩码来告诉本网是如何进行子网划分的。子网掩码与IP地址一样，也是一个32位的二进制数码，凡是IP地址的网络地址和子网地址部分，用二进制数1表示；凡是IP地址的主机地址部分，用二进制数0表示。由32位的IP地址与32位的子网掩码对应的位进行逻辑“与”运算，得到的便是网络地址。

图7.23说明了在划分子网时要用到的子网掩码的意义。图7.23（a）表示将本地控制部分增加一个子网地址；图7.23（b）列出了图7.23（a）所示IP地址使用的子网掩码。该子网掩码为255. 255. 248. 0。

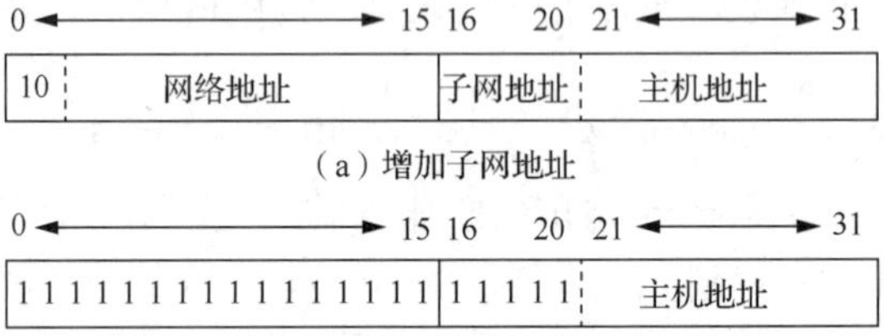

（a）增加子网地址

（b）子网掩码

图7.23　子网掩码的意义

多划分一个子网地址是要付出代价的。划分子网比不划分子网时可用的IP地址要少一些。例如，对于图7.23（b）所示的例子，本来一个B类IP地址可容纳65 534个主机地址，但划分出5位长的子网地址后，最多可有$2^5-2=30$个子网（去掉全1和全0的子网地址）。每个子网有11位的主机地址，即每个子网最多可容有$2^{11}-2=2\,046$个主机IP地址。因此可用的主机IP地址总数变为$30\times2\,046=61\,380$个。

若一个单位不划分子网，则其子网掩码即为默认值，此时子网掩码中“1”的长度就是网络地址的长度。因此，对于A类、B类和C类IP地址，其对应的子网掩码默认值分别为255.0.0.0、255.255.0.0和255.255.255.0。

2. 域名系统

Internet使用IP地址作为网络通信地址，但对于众多的IP地址用户而言，IP地址用数字表示难以记忆。另外，从IP地址上看不出拥有该地址的组织的名称或性质，同时也不能根据公司或组织名称、类型猜测其IP地址。由于存在这些缺点，Internet引入了域名系统（domain name system，DNS），域名系统使用域名指代IP地址。例如，中国教育科研网的Web服务器IP地址是202. 112. 0. 36，域名为www. edu. cn，当要访问其Web服务器时，只需要记住其域名而不必记住其IP地址，显然，域名要容易记得多。

域名采用分层次的方法命名，其方式如下。

……三级域名. 二级域名. 顶级域名

如前面的域名www. edu. cn，顶级域名为cn，二级域名为edu，三级域名为www，其级别按从高到低从右到左排列。一个完整的域名不超过 255 个字符。在域名系统中既不规定一个域名下需要包含多少个下级域名，也不规定每一级域名代表什么意思。各级域名由其上一级域名管理，最高域名由 Internet 的有关机构管理。这种方法可使每一个名称都是唯一的。

为了保证域名系统的通用性，Internet 规定了一些正式的通用标准，分为区域名和类型名两类。区域名用两个字母表示世界各国或地区。表 7.2 列出了部分国家或地区的域名代码。

表 7.2　以国家（或地区）区域区分的域名示例

国家（或地区）	域名	国家（或地区）	域名	国家（或地区）	域名
中国	cn	日本	jp	埃及	eg
中国香港	hk	加拿大	ca	卡塔尔	qa
中国台湾	te	法国	fr	马来西亚	my
英国	uk	俄罗斯	ru	巴西	br
韩国	kr	德国	de	新加坡	sg
意大利	it	澳大利亚	au	瑞典	se
荷兰	nl	挪威	no	希腊	gl

类型域名共有 13 个，如表 7.3 所示。

表 7.3　类型域名示例

域名	意义	域名	意义	域名	意义
com	商业类	edu	教育机构	gov	政府部门
int	国际机构	mil	军事类	net	网络机构
org	非营利组织	arts	文化娱乐	nom	个人
firm	公司企业	info	信息服务		
shop	销售单位	web	与 WWW 有关单位		

在国家顶级域名下注册的二级域名均由该国家自行确定。例如，荷兰就不再设二级域名，其所有机构均注册在顶级域名 nl 之下。又如，顶级域名为 jp 的日本，将其教育和企业机构的二级域名定为 ac 和 co（而不用 edu 和 com）。

我国则将二级域名划分为类别域名和行政区域名两大类。其中类别域名有 6 个，如表 7.4 所示。行政区域名有 34 个，适用于我国各省、自治区和直辖市。例如，bj 表示北京市；sh 表示上海市；hb 表示湖北省。

表 7.4　中国互联网二级类别域名

域名	意义	域名	意义	域名	意义
ac	科研机构	edu	教育机构	net	网络机构
com	工商金融	gov	政府部门	org	非营利组织

在我国，在二级域名下可申请注册三级域名。在二级域名 edu 下申请注册三级域名则由中国教育和科研计算机网网络中心负责。在其他二级域名下申请注册三级域名的，

则应向中国互联网络信息中心（China Internet Network Information Center，CNNIC）申请。

通过域名很容易记住 Internet 上的众多站点，如央视网是 www.cctv.com，武汉城市学院是 www.wic.edu.cn，但域名并不反映计算机所处的物理位置，网络上的通信仍然是需要 IP 地址的。假如要访问 www.cctv.com，先要将该域名所指定机器的 IP 地址找到，即进行域名解析。

在 Internet 上，域名解析是通过域名服务器来完成的，Internet 上几乎每一个子域都设有域名服务器，服务器中包含有该子域的全体域名和地址信息。Internet 每台主机上都有地址转换请求程序，负责域名与 IP 地址转换。域名和地址之间的转换工作称为域名解析。整个解析过程是自动进行的。有了 DNS，凡域名空间中有定义的域名都可以有效地转换成 IP 地址，反之，IP 地址也可以转换成域名。因此，用户可以等价地使用域名或 IP 地址。

7.2.4 Internet 的接入方式

提到接入 Internet，首先要涉及带宽问题。随着互联网技术的不断发展和完善，接入网的带宽被人们分为窄带和宽带，宽带接入是未来的发展方向。宽带指在同一传输介质上，使用特殊的技术或者设备，可以利用不同的频道进行多重（并行）传输，并且传输率在 256 Kbit/s 以上。其实，至于到底多少速率以上算作宽带，目前并没有国际标准。有人认为大于 56 Kbit/s 就是宽带，有人认为 1 Mbit/s 以上才算宽带，这里按照网络多媒体视频数据传输带宽要求来考量为 256 Kbit/s。因此与传统的互联网接入技术相比，宽带接入技术最大的优势就是其传输率远远超过 56 Kbit/s。

常见的 Internet 接入方式有以下几种。

1. PSTN 拨号接入

公用电话交换网（public switched telephone network，PSTN）技术是利用 PSTN 通过调制解调器拨号实现用户接入的方式。这种接入方式的最高传输率可达 56 Kbit/s，已经达到香农定理确定的信道容量极限，拨号上网的传输率一般为 9.6～56 Kbit/s，这种速率远远不能满足宽带多媒体信息的传输需求。

但是，由于电话网络非常普及，用户终端设备调制解调器很便宜，而且不用申请就可开户，只要有计算机，把电话线接入调制解调器就可以直接接入网。PSTN 接入方式如图 7.24 所示。随着宽带的发展和普及，PSTN 接入方式已经被淘汰。

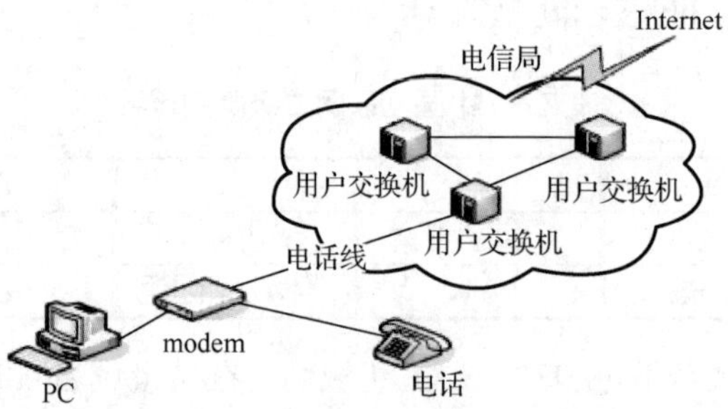

图 7.24　PSTN 接入方式示意图

2. ISDN 拨号接入

综合业务数字网（integrated services digital network，ISDN）接入技术，俗称“一线通”，采用数字传输和数字交换技术，将电话、传真、数据、图像等多种业务综合在一个统一的数字网络中进行传输和处理。用户利用一条 ISDN 用户线路，可以在上网的同时拨打电话、收发传真，就像拥有两条电话线一样。ISDN 基本速率接口有两条 64 Kbit/s 的数据信道和一条 16 Kbit/s 的控制信道，简称 2B+D。当有电话拨入时，它会自动释放一个 B 信道来进行电话接听。

就像普通拨号上网要使用调制解调器一样，用户使用 ISDN 也需要专用的终端设备，主要由网络终端 NT1 和 ISDN 适配器组成。网络终端 NT1 就像有线电视上的用户机顶盒一样必不可少，为 ISDN 适配器提供接口和接入方式。ISDN 适配器和调制解调器一样分为内置和外置两类，内置的 ISDN 适配器一般称为 ISDN 内置卡或 ISDN 适配卡；外置的 ISDN 适配器则称之为 TA。

ISDN 接入技术示意图如图 7.25 所示。用户采用 ISDN 拨号方式接入需要申请开户。ISDN 的极限带宽为 128 Kbit/s。各种测试数据表明，双线上网速度并不能翻番，从发展趋势来看，窄带 ISDN 也不能满足高质量的 VOD 等宽带应用，终将被彻底淘汰。

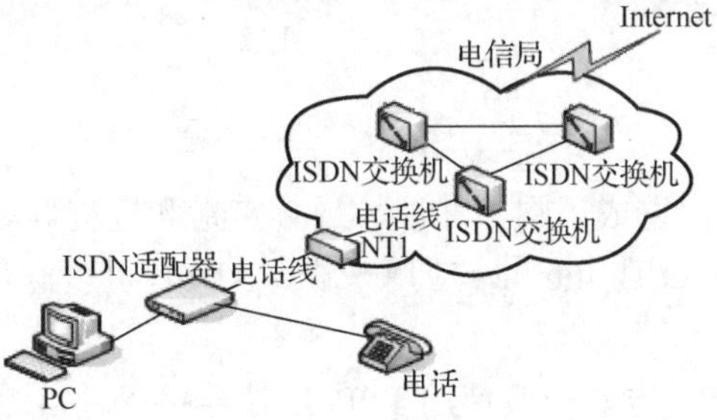

图 7.25　ISDN 接入方式示意图

3. DDN 专线接入

数字数据网（digital data network，DDN）是随着数据通信业务发展而迅速发展起来的一种新型网络。DDN 的主干网传输介质有光纤、数字微波、卫星信道等，用户端使用普通电缆和双绞线。DDN 将数字通信技术、计算机技术、光纤通信技术及数字交叉连接技术有机地结合在一起，提供了高速度、高质量的通信环境，可以向用户提供点对点、点对多点透明传输的数据专线出租电路，为用户传输数据、图像、声音等信息。DDN 的通信速率可达 N×64 Kbit/s（N=1～32），当然速率越高租用费用也就越高。

用户租用 DDN 业务需要申请开户。DDN 的收费一般采用包月制或者计流量制，这与一般用户拨号上网按时计费方式不同。DDN 的租用费较贵，主要面向集团公司等需要综合运用的单位。

4. ADSL 接入

非对称数字用户环路（asymmetric digital subscriber line，ADSL）是一种能够通过普

通电话线提供宽带数据业务的技术，也是目前极具发展前景的一种接入技术。ADSL 素有“网络快车”之美誉，因其具有下行速率高、频带宽、性能优、安装方便、不需交纳电话费等特点而深受广大用户喜爱，成为继调制解调器、ISDN 之后的又一种全新的高效接入方式。

ADSL 接入方式示意图如图 7.26 所示。ADSL 接入方式最大特点是不需要改造信号传输线路，完全可以利用普通铜质电话线作为传输介质，配上专用的调制解调器实现数据高速传输。ADSL 是一种上行和下行传输速率不对称的技术。ADSL 支持上行速率 640 Kbit/s～1 Mbit/s，下行速率 1～8 Mbit/s，其有效的传输距离在 3～5 km。在 ADSL 接入方案中，每个用户都有单独的一条线路与 ADSL 局端相连，它的结构可以看作星形结构，数据传输带宽是由每一个用户独享的。

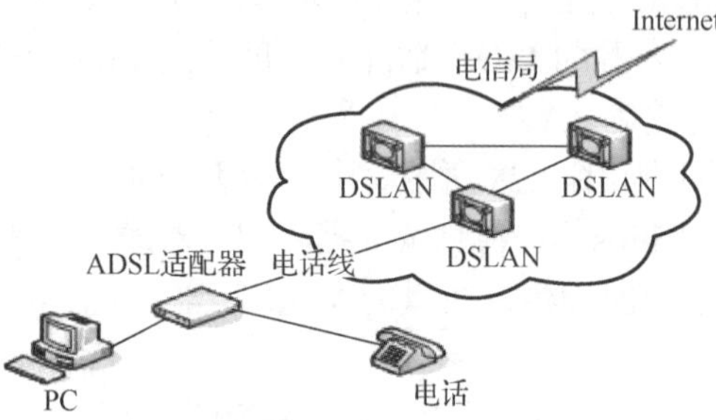

图 7.26　ADSL 接入方式示意图

ADSL 的技术特性使它成了网上冲浪、视频点播和远程局域网接入 Internet 的理想方式，对于大部分 Internet 和 Intranet 应用来说，ADSL 可以满足用户宽带上网的要求，主要适用于用户远程通信等连接。

家庭常见 ADSL 接入方式一般使用 PPPoE 拨号接入，这是一种最简单、最容易的方式，特别适合个人、家庭用计算机。此外，还可选择无线上网的方式。图 7.27 所示为个人计算机使用 PPPoE 拨号接入 Internet 的示意图。

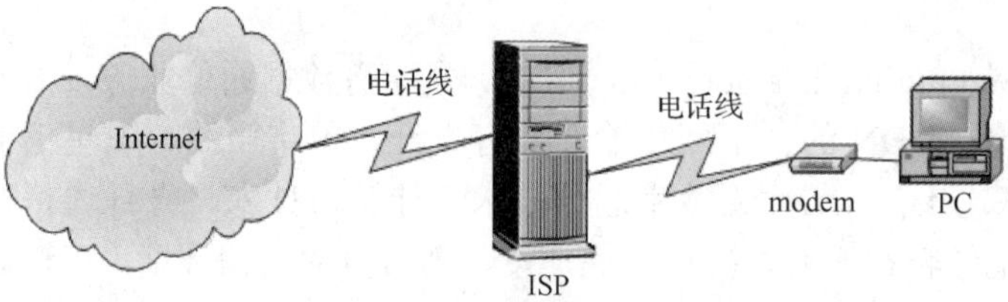

图 7.27　个人计算机使用 PPPoE 拨号接入 Internet 示意图

5. VDSL 接入

超高速数字用户环路（very-high-bit-rate digital subscriber loop，VDSL）的最大特点是可以在相对较短的距离（0.3～1.5 km）内以最高 52 Mbit/s 的传输率提供对称或者非对称数据传输服务。VDSL 比 ADSL 传输率高，短距离内的最大下载速率可达 55 Mbit/s，上传速率可达 19.2 Mbit/s，甚至更高。VDSL 的设计目的是提供全方位的宽带接入，用于音频、视频和数据的快速传输。由于 VDSL 传输距离缩短，码间干扰小，对数字信号处理要求大为简化，所以设备成本比 ADSL 低。

VDSL 接入方式示意图如图 7.28 所示，在机房端增加 VDSL 交换机，在用户端放置用户端 CPE（用户前端设备），二者之间通过室外 5 类铜线连接。

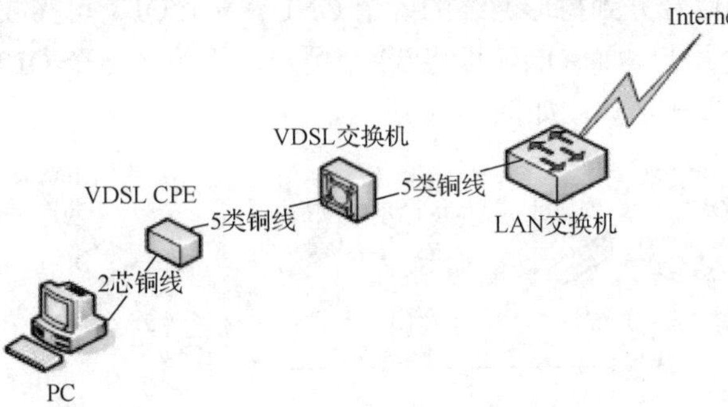

图 7.28　VDSL 接入方式示意图

6. cable modem 接入

cable modem（电缆调制解调器）是通过有线电视（community antenna television，CATV）网络进行高速数据接入的设备，终端用户安装 cable modem 后即可在有线电视网络中进行数据的双向传输。它具备较高的上、下行传输率，用 cable modem 开展宽带多媒体综合业务，可为有线电视用户提供宽带高速 Internet 的接入、视频点播、各种信息资源的浏览、网上多种交易等增值服务。

由于有线电视网采用的是模拟传输协议，因此网络需要用一个调制解调器来协助完成数字数据的转化。cable modem 与以往的调制解调器在原理上都是将数据进行调制后在电缆的频率范围内传输，接收时进行解调，传输机理与普通调制解调器相同，不同之处在于它是通过有线电视网络的某个传输频带进行调制解调的。

使用 cable modem 接入网络的缺点是 cable modem 模式采用相对落后的总线网络结构，这就意味着网络用户共同分享有限带宽；另外，购买 cable modem 和初装费也都不便宜，这些都阻碍了 cable modem 接入方式在国内的普及。但是，它的市场潜力很大，毕竟我国有线电视网已成为世界第一大有线电视网。

7. PON

无源光纤网络（passive optical network，PON）技术是一种一点对多点的光纤传输和接入技术，下行采用广播方式，上行采用时分多址方式，可以灵活地组成树形结构、星形结构、总线结构等拓扑结构，在光分支点不需要结点设备，只需要安装一个简单的光分支器，具有节省光缆资源、带宽资源共享、节省机房投资、设备安全性高、建网速度快、综合建网成本低等优点。

PON 包括基于 ATM 的无源光网络（ATM-PON，APON）和基于以太网的无源光网络（Ethernet-PON，EPON）两种。APON 技术发展得比较早，它还具有综合业务接入、

QoS 服务质量保证等独有的特点，ITU-T 的 G.983 建议规范了 ATM-PON 的网络结构、基本组成和物理层接口，我国信息产业部也已制定了完善的 APON 技术标准。

PON 接入设备主要由光线路终端（optical line terminal，OLT）、光网络终端（optical network terminal，ONT）、光网络单元（optical network unit，ONU）组成，由无源光分路器件将 OLT 的光信号分到树形网络的各个 ONU。一个 OLT 可接 32 个 ONT 或 ONU，一个 ONT 可接 8 个用户，而 ONU 可接 32 个用户。因此，一个 OLT 最大可负载 1 024 个用户。PON 接入方式示意图如图 7.29 所示。

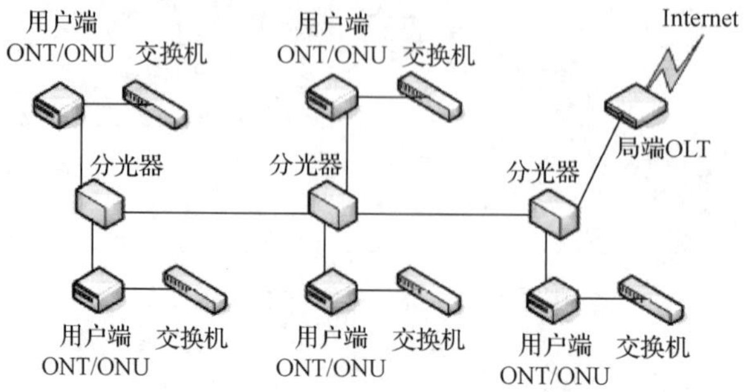

图 7.29　PON 接入方式示意图

PON 技术的传输介质采用单芯光纤，局端到用户端最大距离为 20 km，接入系统总的传输容量为上行和下行各 155 Mbit/s，一个 OLT 上所接的用户共享 155 Mbit/s 带宽，每个用户使用的带宽可以从 64 Kbit/s 到 155 Mbit/s 灵活划分。

8. LMDS 接入

区域多点传输服务（local multipoint distribution service，LMDS）是一种无线接入 Internet 的方式。在该方式中，一个基站可以覆盖直径 20 km 的区域，每个基站可以负载 2.4 万个用户，每个终端用户的带宽可达到 25 Mbit/s。但是，它的带宽总容量为 600 Mbit/s，每基站下的用户必须共享带宽，因此一个基站如果负载用户较多，每个用户所分到的带宽就很小了，所以这种技术不适用于较多用户的接入。但它的用户端设备可以捆绑在一起，可用于宽带运营商的城域网互联。采用这种方案的好处是可以在已建好的宽带地区迅速开通运营，缩短建设周期。LMDS 接入方式示意图如图 7.30 所示。

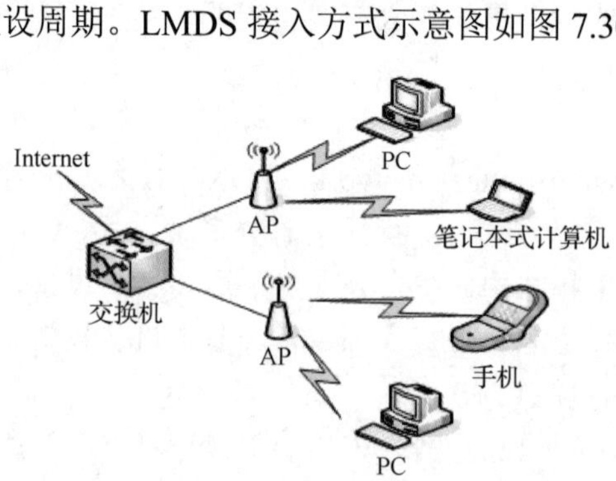

图 7.30　LMDS 接入方式示意图

9. LAN 接入

LAN 接入利用以太网技术，采用光缆和双绞线的方式进行综合布线。LAN 方式接入示意图如图 7.31 所示。局域网的传输率可以达到 100 Mbit/s，甚至更高。以太网技术成熟、成本低、结构简单、稳定性、可扩充性好，便于网络升级，同时可实现实时监控、智能化物业管理、小区/大楼/家庭保安、家庭自动化（如远程遥控家电、可视门铃等）、远程抄表等，可提供智能化、信息化的办公与家居环境，满足不同层次的人们对信息化的需求。

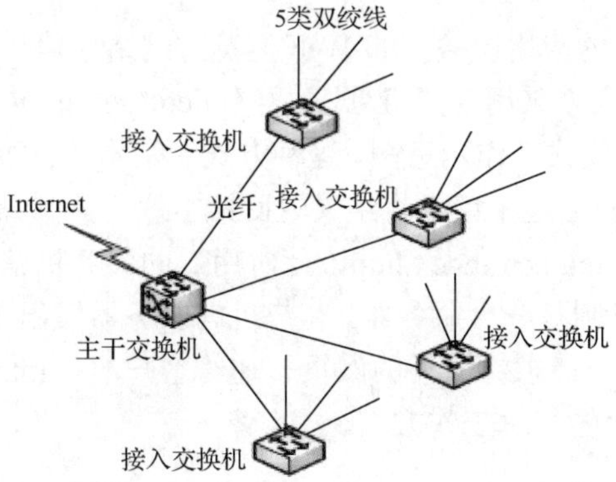

图 7.31　局域网接入方式示意图

此外，Internet 接入方式还有卫星接入，即所谓的“星网通”或者数字卫星服务（digital satellite service，DSS）。“星网通”是一种非对称的卫星高速数据接入方式。用户上行采用调制解调器或其他方式（如专线等），下行由卫星高速向用户提供所需服务，传输率可达 400 Kbit/s。

卫星接入方式有如下优点。

1）绕过公共电信网络，直接通过卫星连接到 Internet。

2）采用非对称线路的传输方法，可使 ISP 根据其业务需求租用所需转发器的容量。

3）经济高效。光缆建设通常要花几年的时间及几十亿美元的投资，而卫星的建设比光缆快，且经济得多。

4）更适用于局域网短距离接入 Internet 的需求越来越多的现状。

5）可作为多信道广播业务的平台。

“三网融合”是网络接入的发展趋势，指电信网、计算机通信网和有线电视网三大网络通过技术改造，能够传输语言、数据、图像等综合多媒体的通信业务。这并不表示电信网、计算机通信网和有线电视网三大网络在物理层面上合而为一，而主要指高层业务应用的融合。只要拉一条线路或用无线接入，就可以按照需求选择网络和终端，获取通信、电视、上网等信息服务。

电信网、计算机通信网和有线电视网的相互渗透、互相兼容并逐步整合成为统一的信息通信网络，有利于实现网络资源的共享，避免低水平的重复建设，形成适应性广、容易维护、费用低的高速宽带多媒体基础平台。“三网融合”表现为技术上趋向一致，网络层上实现互联互通，形成无缝覆盖，业务层上互相渗透和交叉，应用层上趋向使用统一的 IP 协议，并在经营上互相竞争、互相合作，朝着提供多样化、多媒体化、个性化服务的同一目标逐渐交汇，行业管制和政策也逐渐趋向统一。

7-9 上网参数设置

7.3 Internet 应用

Internet 提供了众多的应用服务，如 Web 浏览、网络通信、网络直播、网上教学、电子商务等。这些服务大多采用客户机/服务器（client/server，C/S）模式。

图 7.32 显示了 C/S 模式工作示意图。这种方式的基本工作过程是，客户机向服务器发出一个请求，服务器根据这个请求将结果返回给客户机。例如，当用户在网上浏览网页时，单击超链接 www.edu.cn/index.htm，此时用户的计算机就是一台客户机，而域名为 www.edu.cn 的计算机则是一台服务器，客户机向服务器发出一个获取 index.htm 网页的请求，服务器根据这一请求将所需的网页传递给客户机。Internet 上很多应用都基于这种方式，它是 Internet 的基本工作方式。

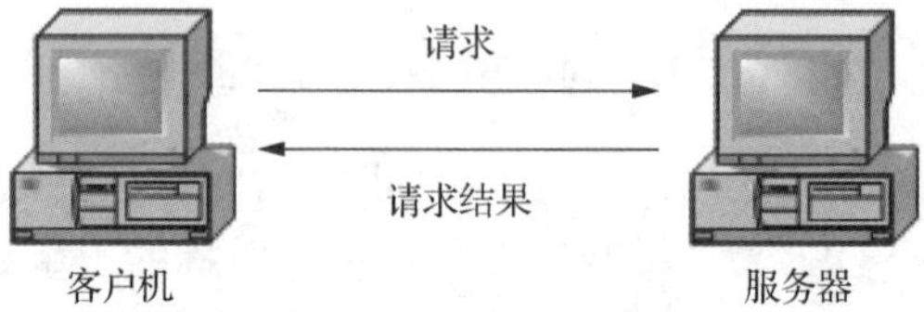

图 7.32　C/S 模式工作示意图

通过 C/S 模式，可以将在该环境中运行的程序归结为客户机类程序和服务器类程序。服务器类程序提供各种服务，通常服务器始终运行，随时接受请求。客户机类程序则连接一个服务器，发出请求并等待服务器返回结果，然后将其结果显示在主机上。如用于网页浏览的 Edge 浏览器、用于收发邮件的 Outlook Express 等属于典型的客户机类程序，而提供网页浏览服务的 IIS、提供邮件收发的 Exchange 则属于服务器类程序。

在介绍 Internet 提供的服务之前，先介绍几个常用术语。

1）网页。Internet 上 Web 站点的信息由一组精心设计制作的页面组成，一页一页地呈现给观众，类似图书的页面，称为网页或 Web 页。站点的第一个页面称为主页，它是一个站点的出发点，一般由主页通过超链接的方式进入其他页面。

2）超链接。超链接是指包含在每一个页面中能够跳转到 Web 上其他页面的超链接信息。用户可以单击这个超链接，跳转到它所指向的页面。通过这种方法可以浏览相互链接的页面。

3）HTML。HTML（hyper text markup language，超文本标注语言）定义了信息的格式，告诉浏览器如何显示该信息及如何进行超链接。浏览器程序中的一个重要部分就是 HTML 解释程序，它的主要功能就是解释使用 HTML 生成的文档，然后显示出来。

Internet 使用 HTML 来进行标注，这样有利于各种主机都能够正确地显示页面。

4）URL。URL（uniform resource locators，统一资源定位器）的作用是指出用什么方法、去什么地方、访问哪个文件。URL 由协议、Web 服务器的 DNS 和页面文件名 3 部分组成，由特定的标点分隔各个部分。例如，http://www.edu.cn/index.htm 的大体含义如下：以 HTTP 方式来访问在 www.edu.cn 主机上的 index.htm 文件。对于使用 FTP 进行文件传输的形式可表示为 ftp://ftp.wust.edu.cn/readme.txt。

7.3.1 WWW 服务

万维网（World Wide Web，WWW）是目前 Internet 上最方便、最受欢迎的一种信息服务类型。WWW 系统有时也称为 Web 系统。由于其操作直观便捷，原来使用不同技术实现的一些 Internet 应用服务（如电子邮件、文件传输、BBS 等）现在越来越多地以基于 Web 的方式来实现，它已经成为 Internet 上最广泛的一种应用。

1. WWW 的信息组织形式

WWW 的信息组织形式主要以超文本和超媒体概念为基础。超文本是一种信息的组织方式，将存储在不同位置、不同主机上的信息单元通过超链接有机地组织在一起，当阅读超文本时，可以根据需求进行选择，而不必像在单纯的文本方式下只能按顺序进行。图 7.33 显示了以超文本方式组织信息的原理。

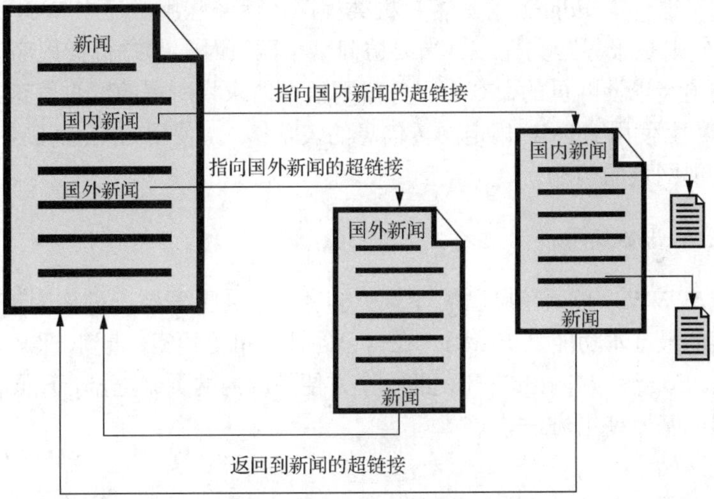

图 7.33 以超文本方式组织信息的原理

随着多媒体技术的发展，图像、声音、视频等信息越来越多，超文本只是将纯文本链接在一起，而超媒体方式则进一步扩展了超文本的概念，除了链接文本信息外，还可以链接图像、声音、视频等多媒体信息。图 7.34 显示了以超媒体方式组织信息的原理。

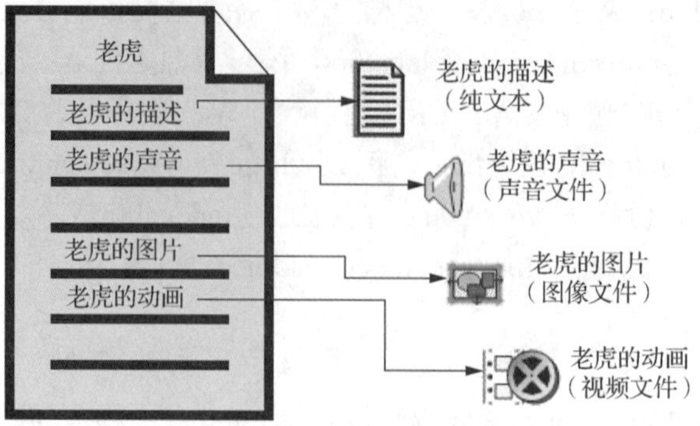

图 7.34　以超媒体方式组织信息的原理

使用超文本和超媒体技术，Internet 将网络上的各种资源（文本、声音、图片、动画等）通过超链接有机地组合起来。这种超链接使用 Internet 上规定的 URL 来定位链接信息资源的位置。用户使用 URL 不仅能够访问 WWW 页面，还能使用 Internet 的应用程序，如 FTP（文件传输）、Telnet（远程登录）、Gopher（用于查找 Internet 上的信息资源）、电子邮件等。更重要的是，用户在使用这些应用程序时只需要使用浏览器就能够达到目的。

HTML 规定了 WWW 上网页的格式，这些网页则使用 HTTP 来实现网页的传输，HTTP 使用 TCP 进行传输。它基于 C/S 模式，规定了 HTTP 的客户机与服务器方，一般上网使用的浏览器（如 Edge）就是客户机类程序，而一些用于建立 Web 服务器的应用软件（如 IIS）则是服务器类程序。当要访问某个网页时，客户机类程序（如浏览器）就向服务器发出请求该网页的命令，服务器则根据请求将所需的网页发送给客户机。简单来说，WWW 上使用 HTML 规定网页信息的表示格式，使用 URL 链接各网页或资源，使用 HTTP 实现网页的传输。

2. 浏览器的基本使用

要想访问 WWW，必须在自己的计算机（客户端）上安装一种称为浏览器的软件。WWW 浏览器的最基本功能是支持用户在自己的计算机上检索、查询、采掘、获取 Internet 上的各种资源。Edge 是 Microsoft 开发的一个方便易用的网页浏览器。下面通过介绍 Edge 来说明浏览器的基本使用方法。

（1）浏览网站

Windows 桌面上有 Edge 图标，双击该图标即可启动 Edge 浏览器程序。在浏览器主页窗口地址栏输入网站的 IP 地址或域名，就可浏览相应的网站。浏览网站的常用方法如下。

1）通过 URL 直接浏览。如果知道某资源的 URL，则可直接在地址栏中输入 URL，让 Edge 直接跳转到该页面。例如，如果已知中国教育和科研计算机网的域名地址为 https://www.edu.cn，接入该网站只需在 Edge 浏览器地址栏中输入 https://www.edu.cn，然后按【Enter】键。若链接成功，即进入中国教育和科研计算机网的主页，如图 7.35 所示。

图 7.35　中国教育和科研计算机网主页

2）通过超链接浏览。Web 页面上有很多超链接，通过这些超链接既可以跳转到本网站的其他网页，也可以跳转到其他网站。

3）使用搜索引擎浏览。Internet 上的资源非常庞大，就像一个大型图书馆，一般只能记住极少的书名和索引，大部分的书名必须通过图书馆中的检索工具得到。网络上有一种称为搜索引擎（search engine）的搜索工具，它是某些站点提供的用于网上查询的程序，可以通过搜索引擎站点找到用户要找的网页和相关信息。

例如，通过百度搜索引擎，搜索与“计算机二级考试”相关的网站或文章。

在浏览器地址栏中输入百度搜索引擎的网址 https://www.baidu.com，进入到该搜索引擎的中文网站主页。在搜索文本框内输入关键字“计算机二级考试”，单击“百度一下”按钮，即开始查找，搜索结果如图 7.36 所示。

图 7.36　百度搜索引擎搜索结果

（2）保存网页

浏览 Web 网页时会发现很多非常有用的信息，这时可以将它们保存下来以便日后参考，或者不进入 Web 站点直接查看这些信息。可以保存整个 Web 页，也可以只保存其中的部分内容（文本、图形或超链接），还可以将 Web 网页打印出来。

若要将网页中的信息复制到文档中，可选中网页的全部或一部分内容并右击，在弹出的快捷菜单中选择“复制”命令，将所选内容放在 Windows 的剪贴板上，然后通过“粘贴”命令插入到 Windows 的其他应用程序中。

若要保存整个 Web 页的信息，则可在浏览窗口中按【Ctrl+S】快捷键，弹出“另存为”对话框，选择用于保存网页的文件夹，在“文件名”文本框中输入保存的文件名，选择保存类型，如图 7.37 所示，单击“保存”按钮。

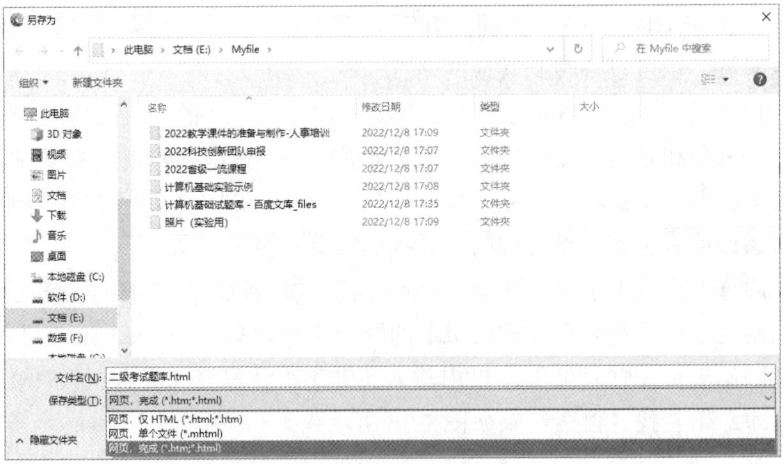

图 7.37　保存网页

在“保存类型”下拉列表中有 3 种类型供用户选择。如果想保存当前网页中的所有文件（包括图形、框架等），应该选择“网页，完成(*.htm;*.html)”选项，但需要注意的是，这种方法保存的只是当前的网页内容，并不包含该网页超链接中的内容；如果选择“网页，仅 HTML(*.html;*.htm)”选项，则以 HTML 源文件形式保存网页。

（3）保存图片

用户可以只保存网页上的图片。右击要保存的图片，在弹出的快捷菜单中选择“将图像另存为”命令，弹出“另存为”对话框，后面的操作与保存网页一样；不同之处仅在于保存的图片文件的扩展名为.jpg，该格式图片可用其他图像处理软件显示或处理。

（4）定制个人收藏

Edge 专门提供了“收藏夹”功能，把用户平时最喜欢的或经常要访问的网页分门别类地管理起来，其结构类似于 Windows 文件夹。“收藏夹”仅记录了所收藏网页的标题和超链接，实际网页并没有保存在收藏夹内。

例如，要将“武汉城市学院”网页添加到收藏夹中，应先进入“武汉城市学院”主页，单击“收藏夹”按钮，在弹出的“收藏夹”列表框中单击“将此页添加到收藏夹”按钮，在“收藏夹栏”列表中会自动出现标题“武汉城市学院”，如图 7.38 所示，此时即将“武汉城市学院”主页添加到收藏夹中。

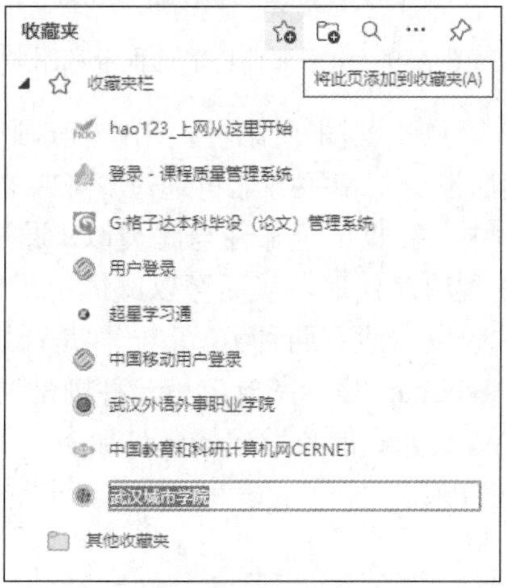

图 7.38　“收藏夹栏”列表框

若想访问“收藏夹”中的网页，只需要单击“收藏夹”按钮，在弹出的列表框中选择网页名或保存网页的收藏夹名。当不想再保留某个网页时，可右击要删除的网页名称，在弹出的快捷菜单中选择“删除”命令。

7.3.2　网络通信

人们可以利用电子邮件、网络电话、视频会议、电子公告牌（bulletin board system，BBS）和聊天程序交流信息、相互通信。

1. 电子邮件

电子邮件是 Internet 一个主要的应用。通过 Internet 可以及时地发送电子邮件并能使电子邮件携带图片、声音、动画等内容，弥补了传统邮政系统的不足。

在收发邮件时，用户首先需要一个电子邮箱，目前许多网站都提供了免费的电子邮箱，当用户申请到一个免费邮箱后将会获得一个邮箱地址，其格式如下：用户名@域名。

例如，abcdefg1234@163.com 就是一个邮箱地址，其中 abcdefg1234 是用户名，@表示“at”，163.com 则是邮件服务器的域名。有了用户名、邮箱、账户等就可以进行邮件的收发了。用户收发电子邮件是通过用户代理完成的，发送电子邮件时一般使用 SMTP，接收电子邮件则使用邮局协议（post office protocol，POP）。其传输过程示意图如图 7.39 所示。

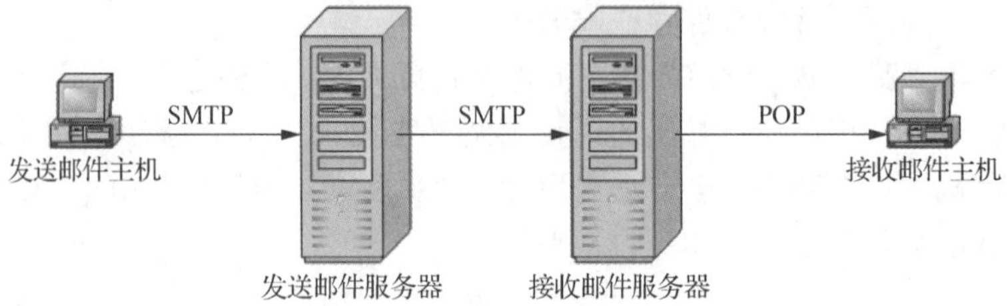

图 7.39　电子邮件传输过程示意图

从图 7.39 中可以看出，写好一封电子邮件，用户代理通过 SMTP 首先将电子邮件发送到发送邮件服务器，然后发送邮件服务器再通过 SMTP 将邮件发送到对方的接收邮件服务器，放入对方的邮箱中。接收电子邮件与此类似，通过用户代理连接接收邮件服务器，然后将电子邮件下载到用户代理，从而可以阅读电子邮件。

用户代理完成电子邮件收发一般有两种方式：一种是通过一些专用的收发电子邮件软件（如 Outlook Express、Foxmail 等）完成，另一种则是通过 Web 方式完成。许多提供免费邮箱的网站都提供 Web 方式的收发电子邮件服务，其操作非常简单，已成为一种广受欢迎的收发电子邮件方式。

2. IP 电话

IP 电话（voice over internet protocol）又称为网络电话。它是一种在 Internet 网上通过 TCP/IP 协议实时传送语音信息的应用，即分组语音通信。分组语音通信先将连续的语音信号数字化，然后将得到的数字编码打包、压缩成一个个语音分组，再发送到计算机网络上。

传统的模拟电话是以纯粹的音频信号在线路上进行传输，而 IP 电话是以数字形式作为传输媒体，占用资源少，所以成本很低，价格便宜。

IP 电话有计算机与计算机、计算机与电话机、电话机与电话机 3 种通话形式。

网络电话中的计算机要求是一台能连接到 Internet、带有语音处理设备（如声卡）的多媒体计算机，并且已安装支持 IP 电话的软件，如 Microsoft 的 NetMeeting 等。

电话机用户方应当具备能拨号连接本地网络上的 IP 电话网关的功能。作为网络电话的网关，一定要有专线与 Internet 网络相连，即是 Internet 上的一台主机，该主机通常由电信公司建立，提供 IP 电话接入服务。

计算机方呼叫远端电话的过程为，先通过 Internet 登录 IP 电话网关，进行账号确认，提交被叫号码，然后由网关完成呼叫。

普通电话客户通过本地电话拨号连接到本地的 IP 电话网关，输入账号、密码，确认后输入被叫号码，使本地 IP 电话网关与远端的 IP 电话网关进行连接，远程的 IP 电话网关通过当地的电话网呼叫被叫用户，从而完成普通电话客户之间的电话通信。

IP 电话与普通电话之间的通话方式是目前发展得最快且最有商用化前途的一种通话方式。国际、国内许多大的电信公司都推出了这项业务。

7.3.3　网络直播

网络直播可以在同一时间通过网络系统在不同的交流平台观看视频，是一种新兴的网络社交方式，网络直播平台也成了一种崭新的社交媒体。网络直播主要分为实时游戏直播、电影或电视剧直播等。

网络直播发挥互联网的优势，可以将产品展示、相关会议、背景介绍、方案测评、网上调查、对话访谈、在线培训等内容现场发布到互联网上，利用互联网的直观、快速，表现形式好、内容丰富、交互性强、地域不受限制、受众可划分等特点，加强活动现场的推广效果。现场直播完成后，还可以随时为观众提供重播、点播服务，有效延长了直播的时间和空间，将直播内容价值最大化。

国内网络直播大致分为两类。一类是在网上提供电视信号的观看，如各类体育比赛和文艺活动的直播。这类直播的原理是将电视（模拟）信号通过采集，转换为数字信号输入计算机，实时上传网站供人们观看，相当于网络电视。另一类则是真正意义上的网络直播，即在现场架设独立的信号采集设备导入导播端（导播设备或平台），再通过网络上传到服务器，发布到网络上供人们观看。后者较前者的最大区别就在于直播的自主性：独立可控的音视频采集，完全不同于转播电视信号的单一收看；同时，后者还可以是政务公开会议、群众听证会、法庭庭审、公务员考试培训、产品发布会、企业年会、行业年会、展会等的网络直播。

7.3.4　网上教学

在知识经济和信息化时代，教育教学的根本目标是提高教育教学的效益和效率，通过 Internet 提供的 Web 技术、视频传输技术、实时交流等功能可以开展远程学历教育和非学历教育，举办各种培训，提供各种自学和辅导信息。

网上教学更能体现学生的主体地位，有利于培养兴趣、启发诱导并真正调动学生参与教学的积极性、主动性和创造性。学生可以自主学习，自己支配学习的节奏、内容，给自己的思维留下一定的时间、空间，还可以对某事件重复学习，强化学习效果。网上教学大致有以下 5 种模式。

（1）讲授式网络教学模式

讲授式网络教学模式的特点是以教师为中心，系统授课。这种教学模式是传统的班级授课教学在网络教学中的新发展。讲授式网络教学模式是一种利用网络作为教师和学生的通信工具进行的以讲授为主的教学模式。利用 Internet 实现的讲授式网络教学模式又分为同步式和异步式两种。同步式讲授式网络教学模式除了教师、学生不在同一地点上课之外，学生可在同一时间聆听教师讲课，师生间有一些简单的交流，这与传统教学模式是一样的。异步式讲授式网络教学模式只需要利用 Internet 的 WWW 服务及电子邮件服务就可以简单地实现，这种模式是由教师将教学要求、教学内容及教学评测等教学材料编制成 HTML 文件，并存放在 Web 服务器上，学生通过浏览这些页面来达到学习的目的。这种模式的特点在于教学活动可以全天 24 h 进行，每个学生可以根据自己的实际情况确定学习的时间、内容和进度，可随时在网上下载学习内容或向教师请教。其主要缺点是缺乏实时的交互性，对学生的学习自觉性和主动性要求较高。

（2）演示式网络教学模式

教师可以根据教学的需要，利用网络向学生演示各种教学信息。教学信息可以是教师装载的 CAI 课件，也可以是来自校园网或因特网上的教学信息。在这种模式中，网上的教学信息一般可分为 4 类：第一类是将有关的板书内容、教学挂图、实物模型等通过计算机处理后传递给学生，相当于一台高效率的、可灵活控制的投影机，这是最简单的一类；第二类是各种场景的模拟，使学生在教室中就能体验到与实际情况相类似的情境；第三类是形象化的各种抽象的内容；第四类是在实验室不能或不易完成的影响学生健康或者费用很高的实验。演示式网络教学模式是传统教学模式的直接延伸，教学中还是教师讲学生听，教师展示学生看，教师通过网络面向全体学生传授知识，学生的被动地位没有改变，网络的教学功能没有充分发挥。但由于教学经费、教师水平等因素的限制，在相当的一段时间内，这种模式仍将是许多学校网络教学的主要模式。

（3）探索式网络教学模式

这种教学模式在 Internet 上涵盖的范围很广，从简单的电子邮件到大型的、复杂的学习系统都有。学生在独立学习、探索和获取知识的同时，也提高了独立解决问题的能力和技巧。探索式网络教学模式技术简单、容易实现、价格低廉，又能有效地促进学生学习的积极性、主动性和创造性。尤其是学生在学习过程中身负两种角色，既是知识的学习者，又是解决问题的研究者、探索者。它能有效克服传统教学过程中学生总是被动接受知识的弊端，是培养适应未来社会发展的创新型人才的有效途径。

（4）讨论式网络教学模式

讨论式网络教学模式的特点是师生之间相互交流，教学采用启发式，注重对问题的讨论。中国古代的孔子、古希腊的柏拉图留下来的教育经典大都是以问答形式表述的，因此说这种教学模式的渊源是最为久远的。在基于网络进行的讨论式教学模式中，常常采用 BBS 或 E-mail 邮件列表进行关于特定问题的讨论和解答。这种基于讨论式的教学模式在经费开支上的低廉和易管理性，使得它在现代网络教学中应用得比较多。

（5）信息收集整理式网络教学模式

在这种模式中，教师首先向学生提出问题，然后引导学生查询、收集网络所提供的多样化的、丰富的信息资源，并帮助学生对收集的信息进行筛选、分析和重新组织，结合学生自己的观点，提出解决问题的方案。此外，这种模式有利于跨文化的交际，网络为学生提供了接触各国信息与文化的条件，促进了学生对外国文化与文明的了解，弥补了传统教学很难提供外国文化环境的缺陷，使学生能将所学的语言与其所在的文化环境融合，从而扩展了学生的视野，并有助于学生外语水平的提高。

7.3.5　电子商务

电子商务是利用计算机技术、网络技术和远程通信技术，实现整个商务过程的电子化、数字化和网络化。人们不再是面对面地、看着实实在在的货物、靠纸介质单据（包括现金）进行买卖交易，而是通过网络，通过网上琳琅满目的商品信息、完善的物流配送系统和方便安全的资金结算系统进行交易。

电子商务将传统的商务流程电子化、数字化，一方面以电子流代替了实物流，可以大量减少人力、物力，降低了成本；另一方面突破了时间和空间的限制，使交易活动可以在任何时间、任何地点进行，从而大大提高了效率。电子商务所具有的开放性和全球性的特点，为企业创造了更多的贸易机会。电子商务使企业可以以相近的成本进入全球电子化市场，使中小企业有可能拥有和大企业一样的信息资源，提高了中小企业的竞争能力。电子商务重新定义了传统的流通模式，减少了中间环节，使生产者和消费者直接交易成为可能，从而在一定程度上改变了整个社会经济运行的方式。电子商务一方面破除了时空的壁垒，另一方面又提供了丰富的信息资源，为各种社会经济要素的重新组合提供了更多的可能，这将影响到社会的经济布局和结构。

通过互联网，商家之间可以直接交流、谈判、签合同，消费者也可以把自己的反馈建议反映到企业或商家的网站，而企业或者商家则要根据消费者的反馈及时调查产品种类及服务品质，做到良性互动。

利用手机、掌上电脑等无线终端进行的移动电子商务，使人们可以在任何时间、任何地点进行各种商贸活动，实现随时随地、线上线下的购物与交易、在线电子支付，以及各种交易活动、商务活动、金融活动和相关的综合服务活动等，与传统的通过 PC 平台开展的电子商务相比，拥有更为广泛的用户基础。

7.4　网络安全

7-10　网络安全

随着通信与计算机网络技术的快速发展，以及计算机互联网、移动通信网等商业性应用步伐的加快，数据通信和资源共享等信息服务功能广泛覆盖于各行各业及各个领域，人们对网络环境和网络信息资源的依赖程度日渐加深。然而，在人们享受网络信息所带来的巨大利益的同时，网络的安全隐患也逐渐凸显出来。作为数据通信和资源共享的重要平台——互联网是一个开放系统，它虽具有资源丰富、高度分布、广泛开放、动态演化、边界模糊等特点，但其安全防御能力非常脆弱，并且难留痕迹。近年来黑客袭击事件不断发生并逐年递增，重要情报资料不断地被窃取，计算机病毒不断产生和传播，甚至由此造成网络系统的瘫痪等，给人们的经济生活带来了巨大的损失，甚至危及国家和地区的安全。

7.4.1 网络安全概述

1. 网络安全的定义

网络安全指基于网络的互联互通和运作而涉及的物理线路和连接的安全、网络系统的安全、操作系统的安全、应用服务的安全和人员管理的安全等。但总体而言，计算机网络的安全性，主要包括网络硬件设备和线路的安全性、网络系统和软件的安全性、网络管理人员的安全意识3部分。网络安全是对网络信息保密性、完整性、可用性和可控性的保护。

2. 产生网络信息安全问题的原因

产生网络信息安全问题有3个方面的原因：网络自身的安全缺陷、网络的开放性和人的因素。

（1）网络自身的安全缺陷

网络自身的安全缺陷主要指协议不安全和业务不安全。

导致协议不安全的主要原因有两个。一方面，Internet 从建立开始就缺乏安全的总体构想和设计，因为 Internet 起源的初衷是方便学术交流和信息沟通，并非商业应用。Internet 所使用的 TCP/IP 协议是一个基于相互信任的环境下，为网络互联而专门设计的协议体系。一旦对方不可信，就会产生一系列相关的问题。TCP/IP 协议的 IP 层没有安全认证和保密机制（只基于 IP 地址进行数据包的寻址，无认证和保密）。在传输层，TCP 连接能被欺骗、截取、操纵。另一方面，协议本身可能会泄露口令、连接可能成为被盗用的目标、服务器本身需要读写特权、密码保密措施不强等。

业务的不安全主要表现为：业务内部可能隐藏着一些错误的信息；有些业务本身尚未完善，难以区分出错原因；几乎所有的网络操作系统都存在某些漏洞；有些业务设置复杂，一般非专业人士很难完善设置。

（2）网络的开放性

网络的开放性主要表现为业务基于公开的协议；连接是基于主机上的社团彼此信任的原则；远程访问使远程攻击成为可能。在计算机网络所创造的特殊的、虚拟的空间中，网络犯罪往往十分隐蔽，有时可能会留下蛛丝马迹，但更多的时候是无迹可寻。

（3）人的因素

人是信息活动的主体，是引起网络信息安全问题最主要的因素，包括人为的无意失误、黑客攻击、管理不善。

1）人为的无意失误。人为的无意失误主要指用户安全配置不当造成的安全漏洞，包括用户安全意识不强、用户口令选择不当、用户将自己的账号信息与别人共享、用户在使用软件时未按要求进行正确的设置等。

2）黑客攻击。这是人为的恶意攻击，是网络信息安全面临的最大威胁。早期的黑客对计算机和网络技术非常精通，而现在大部分黑客利用已有的黑客工具，并不需要高超的技术就可以攻击网络。黑客站点在 Internet 上到处可见，黑客工具可以任意下载。

黑客要么为了满足个人私欲，要么受雇于一些商业机构，他们修改网页，窃取机密数据，故意破坏他人财产，甚至攻击和破坏整个网络系统。因其危害性较大，黑客已成为网络安全真正的、主要的防范对象。

3）管理不善。对网络信息系统的严格管理是避免受到攻击的重要措施。据统计，在美国，90%以上的 IT 企业对黑客攻击准备不足，75%～85%的网站都抵挡不住黑客的攻击。总之，管理的缺陷也可能导致系统内部人员泄露机密，被一些不法分子获取信息。

3. 网络安全的技术对策

一个不设防的网络，一旦遭到恶意攻击，将意味着一场灾难。网络安全是对付威胁、克服脆弱性、保护网络资源的所有措施的总和，涉及政策、法律、管理、教育和技术等多方面的内容。网络安全是一项系统工程，针对来自不同方面的安全威胁，需要采取不同的安全对策。应综合应用法律、制度、管理和技术上的措施，彼此相互补充，达到较好的安全效果。技术措施是最直接的屏障，目前常用且有效的网络安全技术对策有如下 5 种。

（1）加密

加密是所有信息保护技术措施中最古老、最基本的一种。加密的主要目的是防止信息的非授权泄露。加密方法多种多样，在信息网络中一般是利用信息变换规则把可懂的信息变成不可懂的信息。既可以对传输信息加密，也可以对存储信息加密，把计算机数据变成他人读不懂的数据，攻击者即使得到经过加密的信息，也不过是一串毫无意义的字符。加密可以有效地对抗截收、非法访问等威胁。现代密码算法不仅可以实现加密，还可以实现数字签名、鉴别等功能，有效地对抗截收、非法访问、破坏信息的完整性、冒充、抵赖、重演等威胁，因此，密码技术是信息网络安全的核心技术。

（2）数字签名

数字签名机制提供了一种鉴别方法，以解决伪造、抵赖、冒充和篡改等安全问题。数字签名采用一种数据交换协议，使收发数据的双方能够满足两个条件：接收方能够鉴别发送方所宣称的身份；发送方以后不能否认他发送过数据这一事实。数据签名一般采用不对称加密技术，发送方对整个明文进行加密变换，得到一个值，将其作为签名；接收者使用发送者的公开密钥对签名进行解密运算，如其结果为明文，则签名有效，证明对方身份是真实的。

（3）身份鉴别

身份鉴别的目的是验明用户或信息的正身。对实体声称的身份进行唯一识别，以便验证其访问请求，或保证信息来自或到达指定的源和目的地址。鉴别技术可以验证消息的完整性，有效地对抗冒充、非法访问、重演等威胁。按照鉴别对象的不同，鉴别技术分为消息源鉴别和通信双方相互鉴别。按照鉴别内容的不同，鉴别技术分为用户身份鉴别和消息内容鉴别。鉴别的方法有很多：利用鉴别码验证消息的完整性；利用通行字、密钥、访问控制机制等鉴别用户身份，防止冒充、非法访问；当今最佳的鉴别方法是数字签名。利用单方数字签名，可实现消息源鉴别、访问身份鉴别、消息完整性鉴别。利用收发双方数字签名，可同时实现收发双方身份鉴别、消息完整性鉴别。

（4）访问控制

访问控制的目的是防止非法访问。访问控制是采取各种措施保证系统资源不被非法访问和使用，一般采用基于资源的集中式控制、基于源地址和目的地址的过滤管理以及网络签证等技术来实现。

（5）防火墙

防火墙技术是建立在现代通信网络技术和信息安全技术基础上的应用性安全技术，越来越多地应用于专用网络与公用网络的互联环境中。大型网络系统与因特网互联的第一道屏障就是防火墙。防火墙通过控制和监测网络之间的信息交换和访问行为来实现对网络安全的有效管理。其基本功能为过滤进出网络的数据，管理进出网络的访问行为，封堵某些禁止行为，记录通过防火墙的信息内容和活动，对网络攻击进行检测和告警。

4. 加强网络信息安全的重要性和紧迫性

随着全球信息基础设施和各个国家信息基础的逐渐形成，计算机网络已经成为信息化社会发展的重要保证。网络已深入到各个国家的政府、军事、文教、企业等诸多领域，许多重要的政府宏观调控决策、商业经济信息、银行资金转账、股票证券、能源资源数据、科研数据等重要信息都通过网络存储、传输和处理，所以难免会吸引各种主动或被动的人为攻击，如信息泄露、信息窃取、数据篡改、计算机病毒等。同时，通信实体还面临着诸如水灾、火灾、地震、电磁辐射等方面的考验。

关于加强网络信息安全的重要性和紧迫性，从大的方面说，网络信息安全关系到国家主权的安全、社会的稳定、民族文化的继承和发扬等；从小的方面说，网络信息安全关系到公私财物和个人隐私的安全。因此，必须设计一套完善的安全策略，采用不同的防范措施，并制定相应的安全管理规章制度来保护网络的安全。

7.4.2 网络道德

当今社会已进入以互联网为标志的信息时代。互联网以其交互性、开放性为青少年的成长带来了无限广阔的空间，成为他们获取知识、交流思想、休闲娱乐的重要平台。但是，网络的负面影响也越来越引起人们的关注。

1. 网络道德的现状

网络正在改变着人们的行为方式、思维方式乃至社会结构，它对信息资源的共享和传播起到了无与伦比的巨大作用，并且蕴藏着无尽的潜能。网络时代所构筑的新的生存方式和生活方式，正影响着人们特别是青少年的认知、情感、思想和心理。但是，网络如同一把双刃剑，既有巨大的使用价值，同时也存在值得警惕的负面效应。在它广泛的积极作用背后，也有使人堕落的陷阱，这些陷阱产生着巨大的反作用。一旦某种网络生活方式在青少年中间形成，由于青少年群体集中的特点，会使这一方式以巨大的力量和速度在青年学生间相互影响和传播。还有极少数学生会访问不良网站，恶意制造病毒，剽窃他人网上成果而侵犯知识产权。可以说，网络已经成为一个新的思想道德教育阵地。

2. 网络道德教育的必要性

防止网络陷阱对青少年的危害，首先要通过法律手段来使网络的运行规范化、程序化，并设立专门的机构来保障网络法律的实行。但是，仅以法律手段来应对计算机和网络的不道德现象和犯罪现象，就目前来看仍显得不够。因为计算机和网络系统的种种非道德和犯罪现象，都具有隐蔽性、瞬时性、高技术、跨地域、更新快的特点，大大削弱了外在制约的力度。因此，在现有条件下，必须启动网络道德教育工程，以适应新型社会条件下道德建设的需要。

目前，世界各国纷纷研究制定了一系列相应的道德规范，这些规范涉及网络行为的方方面面，从电子邮件使用的语言格式、网络通信协议，到字母的大小写及电子邮件签名等细节，都有详尽的规范。网络道德教育已经成为一些西方国家高等学校的教育课程，如美国杜克大学就对学生开设了“伦理学和国际互联网络”课程。在世界范围内，网络道德的研究时间虽然不长，但是这方面的研究机构有的较早就已经存在，并进行了一系列的研究工作，如美国计算机伦理协会，华盛顿布鲁克林计算机伦理协会，佐治亚州伦理协会计算机法律部设立的网络伦理研究会等。这些机构对网络用户的行为制定了详细的道德规范，为人们提供了借鉴。美国计算机伦理协会制定的“计算机伦理十戒”就很有代表性。其内容如下。

1）你不应该用计算机去伤害他人。

2）你不应该去影响他人的计算机工作。

3）你不应该到他人的计算机里去窥探。

4）你不应该用计算机去偷窃。

5）你不应该用计算机去做假证。

6）你不应该拷贝或利用你没有购买的软件。

7）你不应该使用他人的计算机资源，除非你得到了准许或者做出了补偿。

8）你不应该剽窃他人的精神产品。

9）你应该注意你正在写入的程序或你正在设计的系统的社会效应。

10）你应该始终注意，你使用计算机时是在进一步加强你对你的同胞的理解和尊敬。

我国从实际出发，借鉴发达国家网络道德教育的经验，针对不同对象制定并实施了具有中国特色的、与中华传统美德及社会主义道德相互兼容的、切实可行的网络伦理规范。中共中央、国务院印发的《新时代公民道德建设实施纲要》中明确指出要抓好网络空间道德建设，并从加强网络内容建设、培养文明自律网络行为、丰富网上道德实践、营造良好网络道德环境 4 个方面做出相关要求。为增强青少年自觉抵御网上不良信息的意识，2001 年，共青团中央、教育部、文化部（现文化和旅游部）、国务院新闻办公室、全国青联、全国学联、全国少工委、中国青少年网络协会共同召开网络发布会，正式发布了《全国青少年网络文明公约》。2023 年 7 月，《新时代青少年网络文明公约》在中国网络文明大会上发布。这是对青少年网络行为的道德规范，将对促进社会主义精神文明建设产生积极的影响。通过对青少年的网络道德教育，使他们能够以道德理性来规范自己的网络行为，明确认识到任何借助网络进行的破坏、偷窃、诈骗和人身攻击等都是非道德的或违法的，必须承担相应的责任或受到相应的制裁，从而杜绝任何恶意的网络行为。

当代青少年作为“网上的一代”，网络在他们的生活中占据重要位置。将来网络是造福人类还是危害人类，取决于他们如何利用这一工具。网络道德教育可以引导青少年以正确的宗旨开发、研究、利用这一工具，激励他们自觉履行网络规范而不是想方设法钻网络法规的“空子”。面对网络上存在的陷阱，网络道德教育可以提高他们对网络陷阱的识别能力，增强他们对网络毒素的抵抗能力，使他们从内在自觉的角度，建立一种自我保护、自律自强的机制。

《新时代青少年网络文明公约》内容如下。

强国使命心头记，时代新人笃于行。
向上向善共营造，上网用网要文明。
善恶美丑知明辨，诚信友好永传承。
传播中国好故事，抒写青春爱国情。
个人信息防泄露，谣言蜚语莫轻听。
适度上网防沉迷，饭圈乱象请绕行。
远离污秽不炫富，谨防诈骗常提醒。
与人为善拒网暴，守好底线不欺凌。
线上新知勤学习，数字素养常提升。
网络安全靠你我，共筑清朗好环境。

3. 网络用户行为规范

（1）遵纪守法

网络用户相当于国际网络公民，在网络这个虚拟社会中，人们首先应该遵纪守法，遵守共同的规则，做一名有网络道德的人。一定的道德规范，不仅体现着自身的利益和需要，也是每一个网民在网络社会立身处世的根本。其次，要处理好目的与手段的关系。在网络社会中，目的和手段应当都是正当的，而绝不是目的决定手段的正确性。道德行为和不道德行为之间，总是有本质区别和原则界限的，绝不容混淆。最后，要处理好大节与小节的关系。网络社会中的“小节无关紧要”论是不对的、有害的。事实上，小节与大节只是相对而言的，在一般情况下彼此间不仅没有绝对界限，而且是相互联系、相互转化的。在这里，应谨记并践行一句古训：“勿以善小而不为，勿以恶小而为之。”

（2）讲究网络礼仪

网络礼仪是网民之间交流的礼貌形式和道德规范。网络礼仪是建立在自我修养和自重自爱的基础上的。网络礼仪主要内容包括使用电子邮件时应该遵守的规则、上网浏览时应该遵守的规则、网络聊天时应该遵守的规则、网络游戏时应该遵守的规则，以及尊重软件知识产权。就现状而言，目前的网络礼仪主要涉及以下 3 部分。

1）问候礼仪。问候礼仪指在网络社会交往中，问候和称呼对方时应遵守的规则。它表明的是某人想与谁交谈，该怎样问候和称呼。可以说，学会网上问候礼仪，是网民行为礼仪的初级教程。

2）语言礼仪。语言礼仪指在网络社会交往中语言表达应遵循的规则，这些礼仪可以表明一个人的态度或情感。

3）交往方式礼仪。交往方式礼仪指在网络社会交往中所采取某种交往方式时应遵守的规则。例如，许多网络就“规定”发邮件者要写明信件“主题”等，这就是一种典型的交往方式礼仪。

网络礼仪是在网络相互交往中所形成的，与网络社会的特点相适应。网络礼仪也有自己的一些特点，如虚拟性、强制性较弱和普遍性等。总之，网络礼仪是网民行为文明程度的标志和尺度。一个人如果连这些起码的网络道德要求都做不到或不会做，很难相信他能遵循更严格、更高的网络道德标准。从人的直接交往，到电话交往，再到网络交往，是人类交往方式的进步和变化，与此相适应，也要求人们采用新的交往礼仪。

（3）遵守网络道德规范

互联网为人们自由地上网、开展各种活动提供了前所未有的空间与自由度。但是，虚拟的网络活动与现实社会的活动在本质上是一致的。网民的自由在本质上是理性的，网民必须具有道德意识，不能认为匿名、数字化式的交往就可以随意制造信息垃圾、进行信息欺诈，反之，必将受社会舆论的谴责与良心的自责。

具体而言，就是要利用网络为社会和人类作出贡献，不应用计算机去伤害他人；做到网络行为诚实守信，不应在网络发布虚假信息；尊重包括版权和专利在内的知识产权，不应未经许可而使用他人的计算机资源，应尊重他人的隐私，不窥探他人的文件或泄露相关秘密；慎重使用计算机，不应干扰他人的计算机工作；科学选择网络资源，不应浏览黄色、不健康或反动的网络信息。

习　题　7

一、选择题

1．计算机网络最突出的优点是（　　）。

A．精度高　　　　B．内存容量大

C．运算速度快　　D．共享资源

2．调制解调器的功能是实现（　　）。

A．数字信号编码　　B．数字信号的整形

C．模拟信号的放大　　D．模拟信号与数字信号的转换

3．在网络中，各个结点相互连接的形式称为网络的（　　）。

A．拓扑结构　　B．协议
C．分层结构　　D．分组结构

4．超文本的含义是（　　）。
A．该文本中包含有图像　　B．该文本中包含有声音
C．该文本中包含有二进制字符　　D．该文本中有链接到其他文本的链接点

5．在计算机网络术语中，WAN 的中文意义是（　　）。
A．以太网　　B．广域网
C．互联网　　D．局域网

6．下列 4 项中，合法的 IP 地址是（　　）。
A．190.220.5　　B．207.53.3.78
C．207.53.312.78　　D．123.43.82.2.20

7．IP 地址 202.123.45.67 是一个（　　）。
A．A 类地址　　B．B 类地址
C．C 类地址　　D．D 类地址

8．下面对 Internet 的描述中，正确的定义是（　　）。
A．一个协议　　B．一个由多个网络组成的网络
C．一种内部的网络结构　　D．TCP/IP 协议栈

9．HTTP 是一种（　　）。
A．高级程序设计语言　　B．域名
C．超文本传输协议　　D．文件传输协议

10．最常见的保证网络安全的工具是（　　）。
A．防病毒软件　　B．防火墙
C．操作系统　　D．网络分析仪

二、填空题

1．计算机网络按地理位置分类，可以分为__________、城域网和广域网。
2．常用的通信介质主要有有线介质和__________两大类。
3．表示数据传输可靠性的指标是__________。
4．根据带宽来分，计算机网络可分为宽带网和__________网。
5．局域网的拓扑结构主要有总线结构、__________、环形结构和树形结构。
6．HTTP、FTP、SMTP 都是________层协议。
7．101.12.23.112 是一个________类 IP 地址。
8．产生网络信息安全问题有 3 方面的原因，即________、_________、_________。
9．网络道德指除________之外应当遵守的一些标准和规则。

三、简答题

1．什么是计算机网络？举例说明计算机网络的应用。

2．什么是计算机网络的拓扑结构？常见的拓扑结构有几种？
3．简述局域网与广域网的区别。
4．什么是计算机网络协议？Internet 采用什么网络协议？
5．计算机网络中常使用的传输介质有哪些？各有何优缺点？
6．简述 IP 地址分配的两种方法及各自的优缺点。
7．简述 TCP 与 UDP 的区别。
8．在 Internet 中，IP 地址和域名各起什么作用？
9．简述在 Internet 上搜索信息的方法。

参考文献

方风波，钱亮，杨利，2021．信息技术基础：微课版[M]．北京：中国铁道出版社．

龚沛曾，杨志强，2017．大学计算机[M]．7版．北京：高等教育出版社．

李顺新，张葵，2021．大学计算机基础[M]．北京：电子工业出版社．

聂玉峰，邓娟，周凤丽，2020．计算机应用基础[M]．4版．北京：科学出版社．